PAUL TILLICH · GESAMMELTE WERKE

BAND X

PAUL TILLICH

DIE RELIGIÖSE DEUTUNG DER GEGENWART

Schriften zur Zeitkritik

GESAMMELTE WERKE
BAND X

EVANGELISCHES VERLAGSWERK STUTTGART

Herausgegeben von Renate Albrecht

An der Übersetzung dieses Bandes waren beteiligt:
Renate Albrecht, Herbert Drube, Ingeborg C. Henel, Gertie Siemsen.

1. Auflage

Erschienen 1968 im Evangelischen Verlagswerk GmbH, Stuttgart
Gesamtherstellung: Union Druckerei GmbH Stuttgart
Printed in Germany

INHALT

VORBEMERKUNG DES HERAUSGEBERS

Die Schriften zur Zeitkritik unterscheiden sich nicht prinzipiell von den Schriften zur „Theologie der Kultur“ (Band IX). Sie sind selbst „Theologie der Kultur“, aber in diesem Band unter einem bestimmten Gesichtspunkt vereinigt. Es ist der Gesichtspunkt der Konkretheit. Bei den hier vorliegenden Aufsätzen geht es weniger um Prinzipien einer „Theologie der Kultur“ als um Analysen bestimmter Zeitsituationen, oft unter weitgehender Berücksichtigung des politischen Aspekts. Das berechtigte ihre Zusammenfassung zu einem gesonderten Band. Die Reihenfolge der Aufsätze ist chronologisch. So spiegeln sie nahezu ein halbes Jahrhundert Zeitgeschichte in ihrem wechselvollen Ablauf.

Nach dem Tode des Autors ist der vorliegende Band der erste, der ganz ohne seine Mithilfe erscheint. Verlag und Herausgeber sind Herrn Professor D. Dr. Carl Heinz Ratschow zu besonderem Dank verpflichtet, daß er in mühevoller Kleinarbeit die Übersetzungen durchgesehen, verbessert und autorisiert hat.

Weiterhin sei gedankt:

Frau Dr. Ingeborg Henel und Herrn Dr. Herbert Drube für die Erstbearbeitung der vorliegenden Übersetzungstexte,
Frau Dr. Gertie Siemsen für ihre kritische Stellungnahme und ihre Vorschläge zu den Übersetzungen,
Frau Hildegard Behrmann, Fräulein Liesel Frings und
Frau Gertraut Stöber für ihre Mithilfe beim Korrekturlesen.

Gesondert gedankt sei Herrn Oberstudienrat Adolf Müller, der die Aufstellung des Sachregisters übernahm, nachdem Herr Dr. Theodor Mahlmann aus zeitlichen Gründen diese Arbeit leider aufgeben mußte. Verlag und Herausgeber möchten Herrn Dr. Mahlmann nochmals ihren wärmsten Dank für 8 Jahre der Mitarbeit aussprechen. Er hat eine Methode der Registeraufstellung entwickelt, die es gestattet, über die Schlagworte hinaus Sinnzusammenhänge zu erfassen und dem Leser mühelos zugänglich zu machen.

Düren, im Juli 1968. Renate Albrecht

DIE RELIGIÖSE LAGE DER GEGENWART
(1926)

Vorwort

Ein Buch über die religiöse Lage der Gegenwart muß von *allem* Gegenwärtigen etwas sagen. Denn es gibt nichts, das nicht auch Ausdruck der religiösen Lage wäre. Es ist aber für niemanden möglich, von *allem* Gegenwärtigen zu reden; die Grenzen der lebendigen Beziehung zu den Dingen sind auch die Grenzen einer ernsthaften Aussage. Nicht die Fachgrenzen sind gemeint. Die Dinge vom Ewigen her betrachten, heißt nicht, sie fachlich – auch nicht fachtheologisch – betrachten. Es heißt, sie auf das hin betrachten, was sie für die Lage der Zeit vor der Ewigkeit bedeuten. Das aber ist nicht möglich ohne lebendiges Einswerden mit ihnen. Und daraus folgen Grenzen der Aussagemöglichkeit, Grenzen, die so für den Leser nicht bestehen, weil seine Grenzen anderswo liegen. Das ist unvermeidlich und ist gut, wenn es den Erfolg hat, daß der Leser nun von sich aus seine Lebensbeziehungen walten läßt, angeregt durch Widerspruch und Zustimmung.

Literaturangaben hätten bei der Fülle der behandelten Gebiete ins Unendliche gehen müssen. Es ist darum ganz auf sie verzichtet worden. Nicht Literatur, sondern eigenes Fragen und lebendige, verantwortliche Teilnahme an der Gegenwart und ihren Problemen ist entscheidend für eine Betrachtung wie die vorliegende. – Manchem Leser wird es das Verständnis erleichtern, wenn er nach der Einleitung zuerst den dritten, dann den zweiten Teil liest und als letztes die Abschnitte über Wissenschaft und Metaphysik.

Nicht nur die Auswahl des Stoffes, sondern auch der Standpunkt seiner Beurteilung ist zuletzt in persönlicher Entscheidung begründet. Welches der Standpunkt des Verfassers ist, wird dem aufmerksamen Leser nicht entgehen. Er ist deutlich genug vertreten. Eine sogenannte objektive Darstellung der Gegenwart heißt teils Selbsttäuschung, teils Langeweile. Dennoch hoffe ich, daß es ein *Standpunkt* ist und keine bloß subjektive, also willkürliche Zusammenstellung von Meinungen. Denn nur von einem Standpunkt aus und weder von einer Scheinobjektivität noch von einer zufälligen Subjektivität her ist eine verantwortliche und schöpferische Zeitkritik möglich.

Nur einem Mißverständnis mag vorgebeugt werden: der „Geist der bürgerlichen Gesellschaft", der im Mittelpunkt der Betrachtung steht, ist nicht der Geist einzelner Menschen, auch nicht einer Klasse oder einer Partei, sondern er ist das Symbol für eine letzte, grundlegende Welt- und Lebenshaltung. Freilich ist er ein sehr reales Symbol, und in unserer Lage vorzüglich anschaubar in der realen bürgerlichen Gesellschaft und darum nach ihr benannt. Seine Bedeutung aber geht weit über sie hinaus.

Wenn es dem Buch gelingt, von der Erschütterung dieses Geistes und damit von der Erschütterung unserer Zeit durch die Ewigkeit ein wirkungskräftiges Zeugnis zu geben, so hat es seinen Zweck erfüllt.

Einleitung

1. Gegenwart und religiöse Lage

Von der religiösen Lage der Gegenwart wollen wir reden. Ehe wir an die Sache selbst gehen, wollen wir einen Augenblick über das Thema und den Sinn seiner Begriffe nachdenken. Vielleicht wird sich dabei ergeben, daß wir auf diesem Wege unmittelbarer und tiefer in die Sache hineinkommen, als wenn wir uns ihr direkt zugewendet hätten. Ist doch die Fassung eines Themas selbst schon das Ergebnis einer langen geistesgeschichtlichen Arbeit und zuweilen ein sehr fragwürdiges und problemreiches Ergebnis. Und geradeso liegt es in unserem Falle.

Von der gegenwärtigen Lage der Religion sollen wir reden, also irgendwie von der Gegenwart. Und da beginnt das Fragen schon. Wie ist es möglich, von der Gegenwart zu reden, wo doch die Gegenwart ein Nichts ist, eine Grenze zwischen Vergangenheit und Zukunft, die keinerlei Breite hat, auf der darum nichts stehen und über die nichts ausgesagt werden kann? Darum geht es jedem, der von der Gegenwart reden will, unvermeidlich so, daß er von der Vergangenheit redet, der näheren oder der ferneren, und daß er von der Zukunft redet, der fernsten oder der nächsten. Und manchem, der von der Gegenwart reden will, geht es auch so, daß er von keiner der drei Zeiten redet, sondern von der Ewigkeit, die über den Zeiten ist. So hätten wir denn drei Antworten auf unsere Frage nach der Gegenwart: Gegenwart ist Vergangenheit, Gegenwart ist Zukunft, und Gegenwart ist Ewigkeit. Diese drei Antworten wollen wir zunächst betrachten.

Gegenwart ist Vergangenheit: Jede gegenwärtige Bewegung ist eine Welle, die gehoben ist von den Wellen aller Vergangenheit. Wohl ist sie ein Eigenes, Einmaliges, aber dieses Eigene ist gefüllt und getragen von der Unendlichkeit des Anderen, des Vergangenen. Und darum kann der Blick nicht haften bleiben auf diesem Einen, sondern je tiefer er in sein Wesen eindringt, desto mehr gleitet er bewußt oder unbewußt zurück in die Vergangenheit zu dem nächsten Anderen und von da zu dem ferneren Anderen, und wenn er es könnte, zu allem Anderen. Nur in Einheit mit all diesem ist das Gegenwärtige, was es ist, und ohne dieses Andere, auf dem es ruht, ist das Gegenwärtige ein Nichts. – Wie kann aber überhaupt etwas ausgesagt werden, wenn bei jeder Aussage alles ausgesagt werden müßte? Die sinnliche Natur hilft sich im Schauen der Außenwelt aus der gleichen Schwierigkeit durch ein einfaches Mittel: die Perspektive. Und wie im Räumlichen, so ist es auch im Zeitlichen. Deutlich sichtbar sind allein die Gestalten der unmittelbaren Nähe. Je ferner die Gestalten rücken, desto einfacher werden die Umrisse, um schließlich dem Blick langsam zu entschwinden. Ohne solche Perspektive kann kein Gegenstand in seinem rechten, räumlichen oder zeitlichen, Ort gesehen werden. Und im Geistigen noch weniger als im Dinglichen. Denn das Geistige wird nur dadurch ein Eigenes, daß es in sich ein Ja und ein Nein trägt gegen das Andere. Eine geistige Erscheinung erkennen, heißt, ihr Ja und ihr Nein zu anderen geistigen Erscheinungen erfassen. Und die Gegenwart erkennen, heißt, ihr Ja und Nein zur Vergangenheit, der näheren und ferneren, begreifen.

Und nun die zweite Antwort: Gegenwart ist Zukunft. Alles Leben im Gegenwärtigen ist ein Gespanntsein auf das Zukünftige; jede Gegenwart ist wesentlich ein Schreiten aus der Vergangenheit in die Zukunft. Geist ist immer Gerichtetsein von dem, was ist, zu dem, was sein soll. Eine Gegenwart verstehen, heißt, diese ihre innere Spannung auf die Zukunft sehen. Auch hier gibt es eine geistige Perspektive, eine Möglichkeit, in all der Unendlichkeit der Bestrebungen und Spannungen, die jede Gegenwart in sich birgt, das zu finden, was nicht nur Weitertragen der Vergangenheit, sondern was zukunftsschwere Neuschöpfung ist. Es gibt ein Schauen der werdenden Gestalt, wie es ein Schauen der großen Linien der Vergangenheit gibt. Und Gegenwart verstehen, heißt, zutiefst die Zukunft verstehen, mit der diese Gegenwart schwanger geht. – Ist aber Geist Gerichtetsein, Spannung auf das Zukünftige, so ist notwendig auch jene Schau der Zukunft aus der Gegenwart heraus eine solche Spannung, ein solches Gerichtetsein, kurz, ein schaffender Wille und nicht nur eine gleichgültige Betrachtung. Wer ein solches Ideal der bloßen Betrachtung aufstellen wollte, der müßte sich begnügen mit Zahlen und Namen, mit Statistik und Zeitungsausschnitten. Er könnte tausend Dinge sammeln, die man feststellen kann, aber von dem, was in der Gegenwart geschieht, wüßte er darum noch nichts. Wer aber vom Lebendigsten der Gegenwart reden will, also von dem, worin sie zeugungskräftig ist, der kann es nur, insoweit und insotief, wie er selbst eingetaucht ist in diesen schaffenden Prozeß, der aus der Vergangenheit die Zukunft werden läßt.

Das scheint sehr subjektiv und willkürlich gesprochen und ist es doch nicht, wenn man die dritte Antwort versteht, den Satz: Gegenwart ist Ewigkeit. Erst das ist die eigentliche und letzte Antwort auf unsere Frage und zugleich die, die uns mitten in unser Thema hineinstellt. Denn das wäre doch nichts, von dem sich zu reden lohnte, daß irgendwelche Dinge oder Gedanken oder Taten oder Gefühle oder Werke sich aus der Vergangenheit in die Zukunft schieben durch die geheimnisvolle Grenze der Gegenwart hindurch – wenn sie nichts wären als eben ein solches Geschiebe, ein Strömen, ein Werden und Vergehen ohne letzten Sinn und letzte Bedeutsamkeit. Bedeutung hat das alles doch erst, wenn es einen unbedingten Sinn, eine unbedingte Tiefe, eine unbedingte Wirklichkeit hat. Daß es das hat, ist nicht Sache des Beweisens und Widerlegens, es ist Sache des Glaubens an den unbedingten Lebenssinn. Ohne ein Fünkchen dieses Glaubens kann kein Geist sein; denn geistig leben heißt doch im Sinnvollen leben, und ohne einen letzten Sinn versinkt alles im Abgrund der Sinnlosigkeit. Von einem unbedingten Sinn reden, heißt, von etwas reden, das dem bloßen Werden, dem bloßen Schreiten aus der Vergangenheit in die Zukunft enthoben ist, heißt, von etwas reden, das zwar die Zeiten trägt, selbst aber nicht den Zeiten unterworfen ist. Hat irgendeine Gegenwart Sinn, so hat sie Ewigkeit. Nur weil Gegenwart Ewigkeit ist, hat sie eine Bedeutung, die sie wert macht, betrachtet zu werden. – *Und so können wir unsere drei Fragen zusammenfassen und nach dem Ewigen fragen, das in der Gegenwart aus vergangener nach zukünftiger Verwirklichung drängt.*

Mit dieser Frage sind wir im Mittelpunkt unseres Themas, nämlich bei der Frage nach der religiösen Lage der Gegenwart. Und wir machen nun noch einmal halt und fragen: Was ist das, eine religiöse Lage? In der Religion handelt es sich um eine Verbindung des Menschen mit dem Ewigen. Eine Verbindung aber hat immer zwei Seiten, und darum kann die Antwort auf doppelte Weise gegeben werden, vom Zeitlichen und vom Ewigen her. Die erste Antwort, die vom Zeitlichen, Menschlichen ausgeht, wird von den Strömungen reden, in denen es sich um spezifisch religiöse Dinge handelt, von Kirchen, Sekten, Theologen und allerlei nebenhergehenden religiösen Bewegungen. Zweifellos muß man auch auf diese Dinge achten, will man die religiöse Lage einer Zeit verstehen. Aber das Bedenkliche ist dies, daß man dann gerade auf das sieht, worauf es in der Religion nicht ankommt, auf den Strom, der aus der Vergangenheit in die Zukunft eilt, aber nicht auf das, was sein eigentlicher Sinn und Gehalt ist, auf das Ewige, das doch in all dem gemeint ist. Stellt man aber die Frage umgekehrt, beginnt man also mit der anderen Seite der Religion, mit dem Ewigen, Göttlichen, so gewinnt sie eine sehr viel umfassendere und grundlegendere Bedeutung. Sie wird zur Frage nach der Lage einer Zeit in all ihren Beziehungen und Erscheinungen, nach dem Wesensgehalt, nach dem Ewigen in einer Zeit. Damit ist das Menschlich-Religiöse zu einer Teilerscheinung geworden, die auch von diesem Letzten zeugen kann, und die besonders berufen ist, davon zu zeugen, weil sie ihrem Wesen nach Verbindung mit dem Ewigen sein will. Aber sie ist nicht die einzige Erscheinung, die davon zeugt, und in manchen Zeiten nicht einmal die wichtigste, die ausdrucks- und symbolkräftigste. Denn jede geistige Erscheinung einer Zeit drückt den Ewigkeitsgehalt dieser Zeit aus, und gerade das ist eins der wichtigsten Merkmale einer Zeitlage: *welche* der verschiedenen Seiten des Geistes am ausdruckskräftigsten für ihren eigentlichen Gehalt ist.

Wenn wir nun in diesem umfassenden Sinne die Frage nach der religiösen Lage der Gegenwart stellen, so ergibt sich sofort eine Antwort, die jeder Gegenwart gemeinsam ist und darum auch für unsere Zeit zutrifft. Jede Zeit ruht als Zeit in sich selber, in ihren Formen, in ihrer Daseinsfülle, in ihren Lebenstrieben; und zugleich: keiner Zeit ist es möglich, in sich zu ruhen. Weil sie Zeit ist, ist etwas in ihr, was sie in jedem Augenblick über sich selbst hinaustreibt, nicht in die Zukunft – das wäre eine neue Zeit mit derselben Unmöglichkeit, in sich zu ruhen –, sondern in etwas, was nicht mehr Zeit ist. Und diese Unmöglichkeit alles Daseins, in sich und seinen Formen Genüge zu haben, offenbart sich gerade in seinen tiefsten Erschütterungen, da, wo das eigentlich Schöpferische wirksam ist. Denn die wirklichen Schöpfungen jeder Zeit sprechen von dem, was nicht Zeit ist. Und die tiefsten Offenbarungen des Daseins zeugen von dem, was nicht Dasein ist. Da, wo eine jede Gegenwart am deutlichsten, am symbolkräftigsten von sich selbst spricht, da spricht sie gerade nicht von sich selbst, sondern von etwas anderem, von einer Tiefe, die unter aller Zeit und über jeder Daseinsform liegt. Es ist das eigentliche Wunder der Zeit und jeder Gegenwart, daß sie nicht nur über sich hinausgehen kann, sondern daß sie durch unnennbare Erschütterungen immer wieder über sich hinausgehen muß. Das ist die eine Seite der religiösen Lage jeder Gegenwart: ihrer religiösen Lage, d. h. ihrer Lage vor dem Ewigen. Aber nun die andere Seite, von der wir ausgingen: Die Zeit lebt in sich und ihren Formen, und dadurch, daß das Ewige aufgenommen wird in die Form der Zeit, wird es selbst Daseinsform, Zeit, Gegenwart. Das andere, das, worin jede Zeit über sich hinaus geht, wird zum Eigenen, zu dem, was in jeder Zeit Gegenwart ist. Das, was nicht Zeit ist, wird zur Zeit, das, was nicht Daseinsform ist, wird zur daseienden Form. Das ist die andere Seite der religiösen Lage einer Zeit, daß sie als Zeit vor dem Ewigen liegt. Wir finden also in jeder Gegenwart ein Übersichhinausgehen, ein Sichöffnen dem Ewigen, ein Heiligwerden. Und auf der anderen Seite ein Sichaneignen des Ewigen, ein Insichselbstbleiben der Zeit, ein Profanwerden des Heiligen. Also ein Hin und Her zwischen Übersichhinausgehen und Insichbleiben, zwischen Gefäß-sein-Wollen und Selbst-Inhalt-sein-Wollen, zwischen Hinwendung zum Ewigen und Hinwendung zu sich selbst. In diesem Hin und Her erkennen wir die eigentliche Tiefe in der religiösen Lage einer jeden Gegenwart.

Wo finden wir nun das Dasein, die Zeit, die Gegenwart, von der das alles gesagt werden soll? Zweifellos nicht in der Natur mit ihrem Kreislauf und ihrer fernen, uns fremden Vergangenheit und ihrer fernen, uns fremden Zukunft. Träger des Daseins der Gegenwart als geschichtlicher Wirklichkeit ist die Gesellschaft; sie ist das Daseiende im Sinne unserer Fragen und Betrachtungen. Eine religiöse Lage ist also immer zugleich die Lage einer Gesellschaft. Aber schon das Wort „Lage" drückt etwas sehr Festes, Ruhiges, Gleichbleibendes aus, einen Untergrund, der tiefer ist als die sichtbaren Strömungen, der unsichtbar ist für alle, die in ihm leben, darum aber um so stärker wirksam. Es ist der unbewußte, selbstverständliche Glaube, der eine Schicht tiefer liegt als der sichtbare Gegensatz von Glaube und Unglaube, die beide aus ihm stammen und die beide gleich in ihm verwurzelt sind. Dieser unbewußte Glaube, diese nicht bestrittene, weil gar nicht gedachte, sondern nur gelebte Voraussetzung alles Lebens, diese alles bestimmende, letzte Sinngebung macht die eigentliche religiöse Lage einer Gesellschaft aus. Bis zu ihr müssen wir versuchen, vorzudringen.

Dabei aber müssen von vornherein gewisse sehr wesentliche Grenzen zugestanden werden. Nicht jede Geisteslage, nicht jede Gesellschaft kann von der anderen verstanden werden, sondern nur diejenige, die mit der anderen in Lebenszusammenhang steht. Darum ist unsere Gegenwart, von der wir reden können, das Dasein unserer, der abendländischen Gesellschaft. Und auch diese ist in sich geteilt und hat Grenzen in sich, die für den einzelnen schwer übersteigbar sind, die Nationen und die Konfessionen. Nicht eine absichtliche Einschränkung ist damit gemeint, aber eine tatsächliche, nie ganz zu überwindende, derer man sich bewußt bleiben muß, insonderheit, wenn man von dem schwer erschütterten Boden der mitteleuropäischen Gesellschaft aus spricht.

2. Die religiöse Lage der bürgerlichen Gesellschaft im 19. Jahrhundert

Die gegenwärtige religiöse Lage ist entscheidend bestimmt durch die Gegenbewegung gegen Geisteslage und Gesellschaftsform der letzten Jahrzehnte des vorigen Jahrhunderts. Um den Sinn dieser Gegenbewegung zu verstehen, die nach einigen prophetischen Vorläufern etwa um die Jahrhundertwende einsetzte und im 2. Jahrzehnt des 20. Jahrhunderts volle Kraft gewann, ist es notwendig, den Sinn der abendländischen Geistes- und Gesellschaftslage, die wir als die typisch bürgerliche bezeichnen, in den allgemeinsten Zügen zu verdeutlichen.

Wir fragen zu diesem Zweck nach den geistig mächtigsten, den eigentlich symbolischen Schöpfungen jener Zeit. Es sind drei: die mathematische Naturwissenschaft, die Technik und die Wirtschaft; und alle drei gehören zusammen. Die Wissenschaft dient der Technik und feiert in ihr ihre höchsten Triumphe; die Technik dient der Wirtschaft und ermöglicht ein die Erde umspannendes Weltwirtschaftssystem. Träger dieser dreifachen Tätigkeit – und wieder getragen und gefestigt von ihr – ist die bürgerliche Gesellschaft. Es ist nun leicht zu zeigen, wie alles andere diesem Dreifachen dienstbar wurde. Zunächst die Wissenschaft selbst: Die Geisteswissenschaft mußte abdanken zugunsten der Naturwissenschaft, und wenn man von geistigen Dingen sprach, so betrachtete man sie als naturwissenschaftliche Vorgänge im Inneren der Gattung Mensch. Die Psychologie, die wie eine Seite der Naturwissenschaft behandelt wurde, machte den Anspruch, grundlegende Geisteswissenschaft zu sein. Der Historie überließ man die Auffindung von Tatsachen der Vergangenheit, ohne ihr den Rang einer exakten Wissenschaft zuzugestehen. Die Philosophie zog sich vorsichtig zurück auf logische und methodische Fragen zur Grundlegung der Naturwissenschaften, und die Metaphysik erklärte die Grundbegriffe der Naturwissenschaft und Technik, das Atom und die Gesetze seiner Bewegung für das Wesen aller Dinge. Die bildende Kunst und Literatur bemühten sich um naturwissenschaftlich richtige Darstellung jeder denkbaren Wirklichkeit, oder sie zeigten mit glänzender Formkraft die Momenteindrücke, die die äußere Natur in der inneren, der Seele, hinterläßt (Realismus und Impressionismus).

Im staatlichen Leben wird der Nationalstaat innerlich und äußerlich in den Dienst der Wirtschaft gezogen. Daß die nationale Idee, die das 19. Jahrhundert so mächtig bewegte, im Grunde einen tiefen Widerspruch enthält gegen die naturwissenschaftliche Begriffsbildung und den von ihr geforderten allgemeinen Vernunftsstaat, wird vergessen. Zugunsten der freien kapitalistischen Wirtschaft müssen alle Bindungen des ursprünglichen, gegliederten Gemeinschaftslebens hinfallen. Recht und Macht des Staates stehen der kapitalistischen Schicht gegen die von ihr beherrschten proletarischen Massen zur Verfügung. Und nicht nur nach innen, sondern auch nach außen dient der Staat mit all seinen Machtmitteln und seiner ständig wachsenden militärischen Rüstung dem Ausdehnungswillen der führenden Wirtschaftsschicht. Wie im staatlichen, so im gesellschaftlichen Leben. Die bürgerliche Gesellschaft bedeutet schon ihrem Begriff nach eine Menschengruppe, die nach naturwissenschaftlicher Art in lauter Einzelne, die Atome der Gesellschaft, zerfällt und durch Wirtschaftszweck und Wirtschaftsnotwendigkeiten, die Naturgesetze der bürgerlichen Gesellschaft, zusammengehalten wird. Interessengegensatz und Interessensolidarität sind die entscheidenden Kräfte der Gruppierung. Es entstehen die Klassen und ihre Kämpfe. Die geistige Bildung selbst wird zu einem Klassenmerkmal und wirtschaftlichen Machtmittel. Und auch das sittliche Ideal ordnet sich immer mehr dem Wirtschaftsziel unter: Wirtschaftliche Tüchtigkeit bis zur äußersten, rücksichtslosen Energieentfaltung bei den Führern, Einordnung in die große Maschine der Gesamtwirtschaft bei den Geführten, Unterwerfung unter die Konventionen der bürgerlichen Sitte bei allen, daneben unpersönliche Unterstützung der wirtschaftlich Hilflosen – das sind Grundzüge des Ethos der bürgerlichen Gesellschaft.

Die Kirchen waren dieser Entwicklung gegenüber machtlos. Der reformierte Protestantismus in England, Amerika, Holland, Westdeutschland ging schon früh ein Bündnis ein mit dem Wirtschaftsethos der bürgerlichen Gesellschaft. Das Luthertum stand und steht ihm fremder gegenüber, geriet aber auf dem Umweg über das Staatskirchentum und die Heiligsprechung des nationalstaatlichen Machtwillens in fast noch größere Abhängigkeit von ihm. Die katholische Kirche verharrte in gemäßigter Opposition, wurde aber so lange beiseite gedrängt, bis sie ein loses Bündnis mit der sozialen Opposition einging. – Deutlicher als in den praktischen Lebensgebieten retteten die Kirchen ihre Selbständigkeit in den theoretischen. Der Kampf gegen die materialistische Metaphysik wurde von allen mit selbstverständlichem Nachdruck geführt. Auch manche anderen Folgen der naturwissenschaftlichen Weltbetrachtung wurden lange Zeit hindurch abgelehnt, wie z. B. die Entwicklungslehre. Aber auch hier wichen sie Schritt für Schritt zurück. Die protestantische Theologie verband sich mit der kritischen, an Kant anschließenden Philosophie, erkannte die moderne Wissenschaft vorbehaltlos an und nahm für sich den Glauben als ihr Sondergebiet in Anspruch, in der festen Zuversicht, auf diese Weise allen Konflikten mit der Wissenschaft enthoben zu sein. Es war eine Flucht, ein Rückzug auf der ganzen Linie, der zwar das religiöse Leben vor völliger Zerstörung rettete, es aber weithin zu einer Winkelangelegenheit machte. Die hohen Ansprüche, die die Religion als Staats- und Volkskirche aufrechterhielten, standen darum in gar keinem Verhältnis zu ihrer tatsächlichen Bedeutung.

Es wäre freilich einseitig und eine abstrakte, lebensunwahre Betrachtung, wollte man verbergen, daß auch im 19. Jahrhundert schon zahlreiche Gegenbewegungen gegen den Geist der bürgerlichen Gesellschaft vorliegen. Am Anfang des Jahrhunderts steht die große Zeit des Idealismus und der Romantik mit ihrem allseitigen Widerspruch gegen den naturwissenschaftlich aufklärerischen Geist des 18. Jahrhunderts. Trotz der schweren geistigen Katastrophe, in der diese Zeit in den dreißiger Jahren zu Ende ging, machen sich ihre Wellen im ganzen 19. Jahrhundert bemerkbar. Aber daß die stärksten Kräfte, die sie weckte: das Nationalgefühl, die religiöse Erneuerung, das Geschichtsbewußtsein, langsam aber sicher von dem technisch-wirtschaftlichen Geist aufgezehrt oder in Dienst gestellt wurden, das zeugt gerade von dessen überragender Kraft.

Eine ständige Opposition gegen die Herrschaft der bürgerlichen Gesellschaft in den westlichen Ländern ging von Rußland aus. Dort erwuchs in dieser Zeit ein eigentümliches religiöses Berufungs- und Heilsbewußtsein gegenüber dem Westen. Aber wirklich gehört wurde diese Opposition erst viel später, im 20. Jahrhundert, und zwar, nachdem der naturwissenschaftliche und wirtschaftliche Geist in Form der marxistischen Revolution auch in Rußland einen ungeheuren, den äußerlich größten Sieg errungen hatte.

Wie hoffnungslos die Opposition gegen Ende des 19. Jahrhunderts war, das zeigt mit erschreckender Deutlichkeit das Schicksal dreier großer Kämpfer gegen das Gegenwärtige und Propheten des Kommenden: Nietzsche, Strindberg, van Gogh. Der Philosoph, der Dichter, der Maler, alle drei sind in dem verzweifelten Ringen mit dem Geist der bürgerlichen Gesellschaft geistig und seelisch zerbrochen. – So zeugen auch die Gegenbewegungen am Anfang und am Ende des vorigen Jahrhunderts durch ihr Unterliegen für den Sieg der Dreieinigkeit von Naturwissenschaft, Technik und Wirtschaft, für den Sieg des Geistes der bürgerlichen Gesellschaft.

Was ist nun aber der Gehalt einer solchen Geisteslage? Was bedeutet sie im Sinne unserer Frage nach dem Verhältnis von Ewigkeit und Zeit? Offenbar ist sie ein äußerster Fall des sich selbst behauptenden, in seiner eigenen Form ruhenden Daseins. Das gilt von der mathematischen

Naturwissenschaft, deren Ziel es ist, die durchgängige Eigengesetzlichkeit und vernünftige Erkennbarkeit des Seienden aufzuweisen, die sich fern hält von all den Erschütterungen des Denkens, die an den inneren und äußeren Grenzen der mathematischen Berechenbarkeit beginnen. Das gilt von dem weltbeherrschenden, Raum, Zeit und Naturkraft überwindenden Willen der Technik, die die Erde zum wohleingerichteten Hause der Menschheit machen will. Es gilt endlich von der Wirtschaft, die möglichst vielen eine möglichst hohe Gütermenge zuführen will, immer höhere Bedürfnisse erweckend und befriedigend, ohne die Frage nach dem Sinn dieses alle geistigen und leiblichen Kräfte beanspruchenden Prozesses zu stellen. Von einem Hinausgehen über sich, von einer Heiligung des Daseins ist in alledem nichts zu spüren. Die Formen des Lebensprozesses sind völlig selbständig gegenüber der Lebenstiefe geworden. Sie ruhen in sich und schaffen eine in sich ruhende Gegenwart. Und alle Seiten des Lebens, die dem Geist der rationalen Wissenschaft, Technik und Wirtschaft unterworfen sind, zeugen von der in sich bleibenden, sich selbst und ihre Endlichkeit bejahenden Zeit.

Und doch geht es nicht an, daß wir bei dieser Beurteilung stehen bleiben. Ist doch das Ewige unsichtbarer Träger auch der Zeit, die sich von ihm abwendet. Wäre es anders, keine Zeit könnte bestehen. Aber auch die dreifach beschriebene Weise des Daseins, sich auf sich selbst zu richten, ist noch eine Wirkung vergangener Hingabe an das Ewige. So ist die mathematische Naturwissenschaft bei Kepler, Galilei, Newton geboren aus dem Willen, die Schöpfungsgesetze Gottes zu erkennen, die Materie in ihrer schöpfungsmäßigen Herrlichkeit und Vernünftigkeit zu durchschauen, nachdem sie seit der Zeit der Griechen als das Minderwertige, Gegengöttliche betrachtet wurde. Erst als der Wille, Gott in der Natur zu erkennen, verlorenging, wurde die Naturwissenschaft profan und wurde schließlich zum Ort des Widerstandes gegen die vom Ewigen her ausgehenden Fragen und Erschütterungen. – Die siegreiche Technik war ursprünglich eine Form der Befreiung des Menschen aus der Furcht vor den dämonischen Kräften in allen Dingen der Natur. Sie war Offenbarung der Herrschaft des Geistes über den Stoff. Und sie war und ist für Unzählige eine Befreiung von einem dumpfen, tierähnlichen Dasein. Sie ist weithin Erfüllung dessen, was die Utopien der Renaissancephilosophen als Reich der Vernunft und der Naturbeherrschung erträumten. – Ebenso ist die von ihr getragene freie Wirtschaft und bürgerliche Gesellschaft begründet in einer Tat der Befreiung und Wertung des Einzelnen und seiner schöpferischen Kräfte. Zahllose Fesseln und Unterdrückungsarten mußten zerbrochen werden, damit die bürgerliche Gesellschaft, d. h. die Gesellschaft freier, auf sich selbst gestellter Persönlichkeiten zustande kam. Die Kraft zu dieser Befreiung aber ging aus von der Erkenntnis der Heiligkeit des Persönlichen, von dem Glauben an Menschenrecht und Menschenwürde. Es ist die Kraft und Überlegenheit der bürgerlichen Gesellschaft, daß sie diese Werte in sich trägt. Die Abwendung von diesem ihrem Ewigkeitssinn vollzog sich erst, als die freie Persönlichkeit im Kampf der kapitalistischen Wirtschaft mit dem ungehemmten wirtschaftlichen Machtwillen erfüllt wurde und die freie Konkurrenz fast allen Kreisen der Gesellschaft das unendliche Profitstreben und damit den Kampf aller gegen alle aufzwang. Erst jetzt wurde die freie Wirtschaft und die sie tragende Technik zum stärksten Symbol des sich selbst wollenden, zeitgebundenen Daseins, und für viele, insonderheit für die im Kampfe unterdrückten Massen, nicht nur ein profanes, sondern geradezu ein widergöttlich-dämonisches Wahrzeichen.

Die letzten Betrachtungen haben uns deutlich gemacht, wie ein Geschichtsverlauf durch das Hin und Her von heilig und profan, von ewig und zeitlich beherrscht werden kann, wie in einem Dasein unmittelbare Hingabe an das Ewige in Abwendung, in Profanisierung des ursprünglich Heiligen, ja in dämonische Gegenstellung gegen das Göttliche umschlagen kann. Dieser Zeitverlauf aber ist nicht irgendein beliebiger. Er ist der, auf dem wir ruhen und dessen Bedeutung dadurch nicht geringer wird, daß wir uns von ihm fortbewegen. Wir kommen aus einer Zeit des auf sich selbst gerichteten Daseins, der in sich selbst ruhenden und dem Ewigen gegenüber sich absperrenden Lebensformen. Und keine Seite des Lebens, aus dem wir kommen, auch nicht die ausdrücklich religiöse, ist von dieser Haltung ausgenommen. Ja, selbst die Gegenkräfte sind ihr weithin zum Opfer gefallen. Wir kommen aus einer Zeit, die keine Symbole mehr hatte, in denen die Zeit über sich selbst hinauswies. Unerschüttert ruhte die bürgerliche Gesellschaft in ihrer endlichen Form.

Dieser Zustand ist zerbrochen. Die Zeit hat Erschütterungen erfahren, die sie nicht überwinden, deren Wirkungen sie nicht abstoßen oder entheiligen konnte. Es waren nicht nur der Krieg und die Revolutionen, die diese Erschütterungen bewirkten. Schon vorher hatte der innere Kampf gegen den Geist der bürgerlichen Gesellschaft auf der ganzen Linie begonnen und in der jüngeren Generation zu entscheidenden Umgestaltungen geführt. Krieg und Revolution haben diese Entwicklung beschleunigt. Aber sie haben die Stetigkeit der Entwicklung nicht wesentlich gestört. Wir können also das ganze erste Viertel des 20. Jahrhunderts für unsere Betrachtung zusammenfassen.

Wir wollen von der Lage dieser Zeit vor der Ewigkeit reden. Darin sehen wir die eigentliche religiöse Lage der Gegenwart. Darum beschränken wir uns nicht auf die innerreligiösen Bewegungen, sondern beginnen mit einer ausführlichen Betrachtung aller Seiten des geistigen und gesellschaftlichen Lebens. Wer die religiöse Lage der Gegenwart sehen will, der muß sie hier in erster Linie suchen. Und das ist kein Zufall. Wie es die außerkirchliche Kultur war, die im vorigen Jahrhundert fast ausschließlich die Führung hatte, so war sie es auch, aus der im 20. Jahrhundert die Gegenbewegungen hervorgingen. Nur langsam folgten die Kirchen nach, und nur an wenigen Stellen mit originaler Schöpferkraft. Die Gesamtbewegung, um die es sich für uns handelt, ist also die mit der Jahrhundertwende langsam einsetzende Überwindung der Geisteslage des 19. Jahrhunderts. Die in sich selbst ruhende Diesseitigkeit der bürgerlichen Kultur und Religion wird aus ihrer Ruhe gebracht. An allen Punkten erheben sich Fragen und Fragwürdigkeiten, die in eine Jenseitigkeit des Zeitlichen weisen und die Sicherheit der vom Ewigen her gelösten Gegenwart bedrohen. Die durchgängige Vernünftigkeit der drei großen Mächte Wissenschaft, Technik, Wirtschaft beginnt zweifelhaft zu werden; überall tun sich Abgründe auf, und überall ringt die Seele um Erfüllungen, die aus tieferen Schichten des Lebens hervorbrechen sollen. Nicht immer ist dieses Ringen erfolgreich. Zu stark sind die Mächte der auf sich selbst gerichteten Zeit, der Rationalität und des Mechanismus. Wie sollte es auch möglich sein, in einem Anlauf zu überwinden, was seit fast fünf Jahrhunderten Geist und Seele in Anspruch genommen hat! Und doch werden Siege errungen, vor allem der Sieg, daß man weiß: der Kampf darf nicht mehr aufhören, bis eine Gegenwart da ist, deren Dasein und Formen Gefäß sein wollen des ewigen Gehaltes.

Von diesen Kämpfen, Niederlagen und Siegen wollen wir reden. Sie sind die religiöse Lage unserer Zeit. Und zwar wollen wir zuerst sprechen von der theoretischen Seite des Geisteslebens, unter der wir Wissenschaft, Kunst und Metaphysik zusammenfassen, dann von der praktischen, der Wirtschaft und Staat, Soziales und Ethisches zugeordnet sind; endlich von den unmittelbar religiösen Bewegungen außer und in den Kirchen.

Erster Teil

Die religiöse Lage der Gegenwart auf wissenschaftlich-künstlerischem Gebiet

1. Die Wissenschaft

a) Das Lebendige und die Gestalt

Unerschüttert in ihrer methodischen Grundhaltung und auf absehbare Zeit wohl nicht zu erschüttern steht die mathematische Naturwissenschaft da und mit ihr alles, was auf sie methodischen Einfluß hat. Auch die moderne Relativitätstherorie hat daran nichts geändert. Sie ist vielmehr als ein Höhepunkt der gesamten Entwicklung zu werten. Sie hat durch Aufhebung jedes absoluten Bezugspunktes für die Berechnung der Bewegungen der mathematischen Tendenz zum vollkommenen Sieg verholfen. Und doch hat sie in das physikalische Bewußtsein eine Unruhe gebracht. Sie hat deutlicher, als es vorher war, die innere Unendlichkeit des Seienden gezeigt, das zwar der mathematischen Abstraktion immer das gleiche Ergebnis liefert, das aber in seinem eigentlichen Wesen sich tiefer verhüllt hat als bisher.

Der Blick für die Irrationalität des Seienden selbst hat sich auch nach anderer Seite hin geschärft. Die von Nietzsche wesentlich beeinflußte Lebensphilosophie hat den Unterschied von schöpferischem Leben und erstarrender Berechnung überaus eindrucksvoll zur Darstellung gebracht. Die Schriften Bergsons in Frankreich und Georg Simmels in Deutschland haben dem Leben sein Recht als erstes und ursprüngliches wiedergegeben und haben die mathematische Abstraktion als das zweite, abgeleitete gekennzeichnet. Bergson hielt sich dabei vor allem in der Ebene des Biologischen und Psychologischen; Simmel geht darüber hinaus zum Soziologischen und den einzelnen geistigen Sinngebieten. Der Weg in die Tiefe des Lebendigen ist aber nicht die physikalische oder psychologische Analyse, sondern ein intuitives Eindringen, ein Verstehen auf Grund der eigenen Lebenswirklichkeit. Dabei kann es nicht ausbleiben, daß sich der Sinngrund der Dinge, wo er wirklich angerührt wird, als ihre Ewigkeitsbeziehung, ihr religiöser Gehalt offenbart. Es ist die schöpferische und doch unerschöpfliche Tiefe des Wirklichen, die von der Lebensphilosophie wieder aufgedeckt ist.

Auch die fachwissenschaftliche Bewegung kam dieser Richtung entgegen. Der alte Kampf, der in der Biologie um die Frage geht, ob das Lebendige verstanden werden kann aus dem Unlebendigen, den Atomen und ihrer Zusammensetzung, oder ob ein eigenes Gebiet des Lebendigen, eine Lebenskraft oder dgl. angenommen werden müsse, entschied sich immer mehr zugunsten der zweiten Auffassung. Man begriff, wie immer man es auch im einzelnen durchführte, daß die lebendige Gestalt das erste ist und die physikalisch-chemischen Prozesse das zweite sind. Nicht um eine Einschränkung der physikalisch-chemischen Analyse handelt es sich – das Prinzip des Lebendigen ist kein Prinzip der Einzelerklärung –, sondern um eine Schau des Lebendigen als der Voraussetzung aller Prozesse, die an ihm vor sich gehen. Es handelt sich um die Einsicht, daß eine lebendige Gestalt nicht zusammengesetzt werden, sondern nur aus urschöpferischer Tiefe hervorwachsen kann.

Der in der Biologie gewonnene Gestaltbegriff wirkte nun seinerseits zurück auf die Physik. In der Analyse des Stoffes zeigte sich immer deutlicher, daß auch im Anorganischen die Gestalt das erste ist und nicht die Gestaltlosigkeit. Die Struktur der Kristalle tat sich auf, ja selbst der Moleküle und schließlich der Atome mit ihrer spannungsreichen Polarität von Atomkern und umkreisenden Elektronen. Und wie der Blick in das Unendlich-Kleine die Gestalt fand, so auch der Blick in das Unendlich-Große, den Fixsternhimmel, dessen Struktur sich mehr und mehr aus der anscheinenden Regellosigkeit und Zufälligkeit heraushebt. Zufälligkeit auf der einen, rationale Notwendigkeit auf der anderen Seite: das sind die beiden Begriffe, in denen sich mit besonderer Deutlichkeit die Sinnleere des in sich selbst ruhenden Weltbildes der vergangenen Epoche zeigen konnte, während die Einheit von schöpferischer Freiheit und sinnvoller Form den Hinweis des Daseins auf den ewigen Sinngrund zum Ausdruck bringt.

Praktische Bedeutung gewann die Gestaltlehre im wachsenden Maße auf dem Gebiet der Medizin. Die Betrachtung der Krankheit vom Gesamtorganismus aus, die heilende Einwirkung auf die zentralen Lebensfunktionen gewinnen an Bedeutung gegenüber der Spezialbetrachtung des einzelnen Gliedes und einzelnen Vorganges. Und das gilt nicht nur von dem Äußeren der lebendigen Gestalt, sondern auch von ihrem Inneren, dem seelischen Leben.

Damit ist ein weiteres Gebiet genannt, auf dem der Gestaltbegriff und die Methode der inneren Anschauung Sieg auf Sieg erfochten haben: die Psychologie. Auch die Seele war in Atome und die Gesetze in ihre Bewegung aufgelöst worden: die Empfindungen und ihre Assoziationen. Aber schon Wundt, der Meister der Psychologie in Deutschland, hatte gezeigt, daß die entscheidenden Akte des geistigen Lebens auf einer schöpferischen Tat beruhen, die sich nicht aus den Elementen ableiten läßt. Die moderne Psychologie (Köhler, Wertheimer, Spranger) hat erkannt, daß kein einziger seelischer Vorgang losgelöst von der ganzen seelischen Gestalt gedacht werden kann, sondern daß in jedem Moment des inneren Erlebens das Ganze gegenwärtig ist, und daß die Seele auch die Wirklichkeiten nicht als einzelne Momente, sondern als Ganzheiten aufnimmt. Auch das Seelische und die Einzelseele sind eine urgegebene, in ihrer Einheit und Lebendigkeit nur der Anschauung zugängliche schöpferische Gestalt. Wo aber der schöpferische Charakter einer Wirklichkeit anschaubar wird, da ist der Weg zum urschöpferischen Grunde frei geworden.

Besonders wichtig für diese Entwicklung war die Befreiung der Psychologie von der Herrschaft der Physiologie. Niemand kann im Ernst an der Abhängigkeit des Seelischen vom Leiblichen zweifeln. Aber wie diese Abhängigkeit zu denken ist, darauf kommt es an. Die experimentelle Methode in der Psychologie sicherte dem Leiblichen ein außerordentliches Übergewicht und verdeckte den selbständigen Gestaltcharakter des Seelischen. Ein entscheidender Gegenstoß gegen diese Auffassung ging auch hier von der Medizin aus. Die psychoanalytische Schule des Wiener Arztes Freud gelangte zu Einsichten in das Triebwerk des seelischen Organismus, die das Dogma von der körperlichen Grundlage aller geistigen Erkrankungen schwer erschütterten und eine rein im Seelischen bleibende Heilmethode, eben die Psychoanalyse, ermöglichten. Ethisch und religiös erheblich war diese Entdeckung vor allem auch deshalb, weil sie die grundlegende Bedeutung der erotischen Sphäre – wenn auch unter bedenklicher Überbetonung – für alle Seiten des geistigen Lebens erkannte: eine Einsicht, die der Religion immer bewußt war und die erst von der Konvention der bürgerlichen Gesellschaft zum Vergessen gebracht worden ist. Es ist darum kein Zufall, daß auch die dichterische Psychologie an diesem Problem einsetzte und mit leidenschaftlichem Kampf die Anerkennung seines vollen Gewichtes erzwang. Es war, religiös gesprochen, ein Blick in die dämonischen Hintergründe, der der Psychoanalyse und der mit ihr verbündeten Dichtung zuteil wurde. Wo aber das Dämonische auftaucht, da kann die Frage nach seinem Korrelat, dem Göttlichen, nicht ausbleiben. Es ist, psychoanalytisch gesprochen, die Frage nach der Kraft zur Sublimierung und Erhöhung des alles Seelische treibenden *eros*.

Der Psychologie verwandt ist die Soziologie, sofern man darunter nicht in unklarer Weise das gesamte Geistesleben, das ja von der Gesellschaft getragen wird, sondern in deutlicher Begriffsbestimmung „die Formen der Vergesellschaftung" begreift. Und auch in der Soziologie haben wir die Entwicklung vom Atom zur Gestalt. Es war kaum zu vermeiden, daß die bürgerliche Gesellschaft sich selbst als eine Vereinigung Einzelner zum Zweck gemeinsamer Produktion verstand, daß sie also von der gestaltlosen Vielheit ausging. Denn eben dieses ist die bürgerliche Gesellschaft. Aber sie kann doch nur sein, weil auch in ihr allgemeine soziologische Formkräfte wirksam sind, die sie nicht geschaffen hat und von denen sie doch getragen wird. Auch in der bürgerlichen Gesellschaft ist die soziologische Gestalt das erste und die nie ganz durchführbare Tendenz zur Auflösung das zweite. Der Gestaltcharakter der soziologischen Gebilde ist nicht nur anerkannt von der romantisch-reaktionären Soziologie eines Othmar Spann, sondern ebenso von der mehr realistischen, nur zögernd der Gestaltidee sich nähernden Soziologie Vierkandts, die darum um so beweiskräftiger ist. Der Punkt, wo im soziologischen Denken die Beziehung des Daseins auf das Ewige offenbar wird, ist der gleiche wie in der Psychologie und Biologie: die Urgegebenheit, Unableitbarkeit, Unkonstruierbarkeit der lebendigen Gestalt, die irrationale Tiefe, auf der sie ruht, die in der dämonisch-göttlichen Polarität von Kampf und Gemeinschaft, von Machtwille und Liebe zum Ausdruck kommt. – Übrigens sind diese Dinge in ihrer eigentlichen, dem Ewigen zugewandten Wesenstiefe nur selten gesehen, und ein berechtigter Realismus wehrt sich hier wie in der Biologie gegen romantische Reaktionen, die immer nur verhüllte Niederlagen sind. Ja, an vielen Orten ist die Soziologie wie die Psychologie immer noch ein Hindernis für die klare Sonderung der Geisteswissenschaft von denjenigen Wissenschaften, die von den Trägern des Geistes, der Seele und der Gesellschaft handeln. Auch darin ist noch Herrschaft der bürgerlichen Gesellschaft, die in ihrem unmittelbaren Dasein ruhen und den Schmerz des Geistes nicht fühlen will.

b) Das Individuelle und der Geist

„Geist ist das Leben, das selber ins Leben schneidet" (Nietzsche, Zarathustra II). Diese innere Tiefe des Geistes, dieser Schmerz des Geistigen zeigt an, daß da, wo Geist ist, das unmittelbar in sich ruhende Dasein zerbrochen ist. Darum ist der Kampf um das Ewige immer auch ein Kampf um den Geist. Er ist noch mehr als das, aber er ist es auch. Und darum ist der Stand dieses Kampfes ein höchst bedeutungsvolles Zeichen für die religiöse Lage einer Zeit.

In der Wissenschaft begann man zu erkennen, daß die Methode der naturwissenschaftlichen Abstraktion an einer Seite des Wirklichen vorbeigehen mußte, dem Individuellen. Denn eben vom Individuellen abstrahiert die Gesetzesmethodik. Geistiges aber tritt uns nie anders entgegen als in individueller Form, nämlich als Geschichte individueller Schöpfungen. Wissenschaft dagegen schien Allgemeinheit und exakte Gesetzlichkeit zu fordern. So ergaben sich zwei Wege: Entweder man schloß die Geschichte aus dem Kreise der echten Wissenschaften aus, oder man versuchte die Gesetzesmethode in die Geschichte einzuführen. Aber der erste Weg erwies sich angesichts der gewaltigen Fortschritte des geschichtlichen Erkennens und der strengen Methode der historischen Arbeit als ungangbar. So blieb der zweite Weg; er führte im ersten Jahrzehnt dieses Jahrhunderts zu dem historischen Methodenstreit. Ist es möglich, den Geschichtsverlauf wie einen physikalischen Prozeß gesetzmäßig zu erfassen, oder handelt es sich hier um einmalige, unableitbare Vorgänge, die man nur anschauen und beschreiben kann? Während ein großer Historiker wie Lamprecht sich theoretisch und vor allem praktisch für das erste entschied, kämpfte die Philosophie, besonders durch Rickert vertreten, und mit ihr zahlreiche Historiker siegreich für das zweite – die wirkliche Geschichtsschreibung widersprach der Gesetzesmethode zu nachdrücklich, als daß sie sich durchsetzen konnte. Der individuelle, schöpferische Geist triumphierte über das allgemeine Gesetz, und Troeltsch konnte in seinem Historismus auf dem erstrittenen Boden methodisch aufbauen. An seinen Ausführungen kann man deutlich erkennen, welche religiöse Bedeutung dieser Wendung zum Geistig-Schöpferischen zukommt. Es gibt wieder Unableitbares, Einmaliges, Offenbarung in der Geschichte.

Um die geisteswissenschaftliche Methode hatte sich im 19. Jahrhundert in schwerem Ringen Dilthey bemüht. Er hat den Begriff des historischen Verstehens entdeckt und hat selbst mit unerreichter Meisterschaft historisches Verstehen in Anwendung gebracht. Verstehen aber heißt Eingehen in die fremde, lebendige Gestalt. Auch dieser Begriff ist im Grunde ein Kampfbegriff gegen die naturwissenschaftliche Analyse und Gesetzlichkeit, die nicht versteht, sondern erklärt. Die breite Wirkung, die Dilthey im wachsenden Maße ausgeübt hat, ist für die Einsicht in die Selbständigkeit und Unableitbarkeit des Geisteslebens von größter Bedeutung geworden. Sehr wesentlich unter diesen Einflüssen ist der Materialismus im allgemeinen Bildungsbewußtsein so gut wie verschwunden.

Auf eine höhere Ebene wurde die historische Schau unter dem Einfluß der dichterischen Intuition von den wissenschaftlichen Schülern Stefan Georges gehoben. Ein unmittelbar religiöser Einfluß machte sich in dem Gedanken bemerkbar, den namentlich Bertram in der Vorrede zu seinem Nietzschebuch aussprach, daß große geistige Gestalten in der geschichtlichen Schau zu mythischen Charakteren werden. Mythos aber ist eine spezifisch religiöse Denkform. Es ist damit zweierlei gesagt: einmal dieses, daß der anschauende Geist im historischen Verstehen mehr ist als eine leere Tafel, die eine fremde, feststehende Wirklichkeit deutlich oder undeutlich aufnimmt. Wenn Geist Geist versteht, so deutet er ihn zugleich. Er gibt ihm einen Sinn, der aus der Wechselwirkung von Verstehendem und Verstandenem geboren wird. Dadurch wird das historische Erkennen zu einer Lebensfunktion, zur Sinnerfüllung des Vergangenen im Gegenwärtigen und des Gegenwärtigen im Vergangenen. Geist ist kein Ding, das vom Geist, ohne daß er sich ändert, betrachtet werden kann, sondern Geist gibt sich hin, opfert sich und wird schöpferisch am Geist. – Nennt man die historische Wesensschau mythisch, so meint man aber noch etwas anderes damit. Mythisch heißt ja symbolisch: für das Ewige. Eine historische Gestalt mythisch sehen, heißt, sie als Ausdruck eines in die Tiefe des Ewigen reichenden Lebensgehaltes sehen, heißt schließlich, sie religiös sehen. – Es kann auch diesen Formulierungen gegenüber das Bedenken nicht unterdrückt werden, daß Mythos wächst und nicht gemacht wird – gerade weil er die rationale Sphäre durchbricht. Die große schöpferische Geschichtsschreibung wird immer mythische Züge tragen, mag sie es wollen oder nicht. Die geringere Kraft aber wird dadurch nicht weiter führen, daß sie von Mythos spricht; im Gegenteil, sie wird in Phantasie oder leeren Geistreichtum geraten. Das sind die Niederlagen, die auf dem Weg aus der Vergangenheit in die Zukunft wohl noch lange unvermeidlich sind.

Die Selbständigkeit des Geistigen wird im wachsenden Maße offenkundig. Dafür zeugt weiter, daß sich eine besondere Geistesgeschichte von der allgemeinen Geschichte getrennt hat und dauernd an Bedeutung gewinnt. Geistesgeschichte ist Geschichte der geistigen Schöpfungen, nicht insofern sie da sind, sondern insofern sie sinnvoll sind. Den Sinnzusammenhang der geistigen Bewegungen zu verstehen, ist ihr Ziel. Ein Sinnzusammenhang kann aber nur gedeutet werden von einer Sinnauffassung, von einem eigenen Standpunkt, einer eigenen Normidee aus. Dadurch rückt die Geistesgeschichte in die Nähe der aufbauenden, systematischen Geisteswissenschaften. Ja, vielfach wird die aufbauende Arbeit geradezu als geistesgeschichtliches Verstehen vergangener, klassischer Gestalten getrieben, ein Zeichen, in welchem Maße die Einsicht in das Wesen des Geistes und seine urschöpferische Art das geschichtliche Denken beherrscht.

Entscheidend für die Geisteswissenschaft ist ihr Verhältnis zur Psychologie. Hier lagen die schwersten Bedrohungen der Selbständigkeit des Geisteslebens vor; hier ist am schwersten gerungen worden, der Sieg aber auch am durchschlagendsten gewesen. Und zwar ist die Wendung eigentümlicherweise aus der Psychologie selbst hervorgegangen. Schon Dilthey bemühte sich um den Unterschied der erklärenden und beschreibenden Psychologie. Während die Erklärung in Elemente auflöst und dann wieder zusammensetzt, richtet sich die Beschreibung auf die einheitliche, lebendige Gestalt und ihre Glieder. Zu entscheidender Bedeutung geführt wurden diese Gedanken aber erst durch ihre Verbindung mit logischen, aus der Mathematik hervorgehenden Motiven. Husserls „Logische Untersuchungen", die seit 1900 erschienen, gaben die Kritik des Psychologismus und führten zu einer kaum mehr bestrittenen Anerkennung der Selbständigkeit des Geistigen gegenüber seiner seelischen Verwirklichung. Ja, die Lehre von den intentionalen Geistesakten und ihrer notwendigen Beziehung auf die Sinngebiete hat das psychische Geschehen selbst dem Sinn und der geistigen Notwendigkeit unterworfen. So bricht gerade aus dem kritischen Punkt des Ineinander von Natur und Geist der Geist immer machtvoller in seiner Eigenbedeutung durch und mit dem Geist das Nein zur Unmittelbarkeit des Daseins.

c) Philosophie und Methode

Der unmittelbare Ausdruck der Zeit auf wissenschaftlichem Gebiet ist die Philosophie. Weil sie jenseits der einzelnen Wissenschaften steht und doch mit jeder aufs engste verbunden ist, zeigt sich in ihr das Allgemeinste der wissenschaftlichen Haltung, das, was aus Tiefen hervorgeht, die nicht mehr nur Wissenschaft sind, sondern den ganzen Menschen, die ganze Zeit betreffen. Ausdruck dafür sind nicht so sehr die Einzelerkenntnisse wie die philosophische Methode. Die Methode ist in der Philosophie das, was in der Kunst der Stil ist, der Ausdruck für die Denkhaltung des Einzelnen, für die Geisteslage des Ganzen.

Die der bürgerlichen Gesellschaft entsprechende philosophische Methode ist die kritische. Das gilt sowohl positiv wie negativ. Die Herrschaft der reinen rationalen Form, die Unterwerfung der Natur, die Befreiung der autonomen Persönlichkeit, das ist in dieser von Kant klassisch formulierten Denkmethode enthalten. Zugleich aber auch die Isolierung des Einzelnen, die innere Entleerung der Natur und des Gemeinschaftslebens, die Bindung an die in sich geschlossene Welt der Form, um die sich alles kritische Denken bemüht. Es ist nach der einen Seite eine heroische, von starkem Ethos getragene Philosophie, auf der anderen Seite Ausdruck einer nie endenden und doch immer ans Endliche gebundenen Weltbezogenheit in Denken und Handeln.

Der von allen Seiten unternommene Angriff auf die reine kritische Methode richtete sich gegen beide Seiten, die positive wie die negative. Die Unterwerfung unter die reine rationale Form wurde als Formalismus bekämpft, die Bindung an das in sich geschlossene System der

Formen suchte man überall zu durchbrechen. Das „Hinaus über Kant" wurde zum Losungswort für die verschiedensten Bewegungen. Gegenwärtig, wo dieses Ziel weithin erreicht ist, versucht man die kritische Kantauffassung zu entwurzeln und zu zeigen, daß die Motive des Hinausgehens über den kritischen Kant bei Kant selbst schon vorliegen, wofür namentlich die bisher unbekannten Altersschriften Kants Zeugnis ablegen. – Es lag nahe, den gleichen Weg über Kant hinauszugehen, den seine unmittelbaren Nachfolger beschritten hatten. Die Philosophie des deutschen Idealismus, die von dem 19. Jahrhundert mit Spott überschüttet und fast in Vergessenheit gebracht worden war, wurde neu entdeckt und gewann wachsenden Einfluß: Fichte, Hegel, Schelling, Fries machten und machen Schule. Es kreuzen sich mancherlei Motive in dieser Bewegung: die imponierende Kraft von Fichtes Persönlichkeit, sein tief begründetes, nationales Pathos und der mystische Charakter seiner „Anweisung zum seligen Leben", die Größe und Geschlossenheit des Hegelschen Denkens, die Macht seiner Begriffsbildung, der Universalismus und die Konkretheit seiner Anschauung, der Tiefsinn und ästhetische Zauber von Schellings romantischer Philosophie und schließlich die geistvolle Art, in der Fries, in nächster Nähe bei Kant bleibend, den Durchbruch zur Intuition vollzog. Das alles machte je nach persönlicher Veranlagung und oft auch zufälliger Kenntnisnahme auf zahlreiche Vertreter der jüngeren Generation seit 1900 den stärksten Eindruck. Ein schneller Sieg schien dieser dem Geist und dem Ewigen zugewandten Philosophie sicher zu sein. Aber der Weg des Geistes war anders. Zu furchtbar war die Katastrophe des Idealismus im 19. Jahrhundert gewesen, als daß man sich ihr von neuem aussetzen konnte. Zu stark war die realistische Grundhaltung, als daß sie einem Idealismus weichen konnte, der unwillig war, die Last der Zeit zu tragen. Denn das war ja die Ursache des ersten Sturzes des Idealismus, und das hätte zu seinem zweiten Sturz führen müssen, daß er die wahre religiöse Lage, die Lage der Zeit vor der Ewigkeit, nicht sieht, daß er an dem Gericht vorbei will, unter dem das Dasein vom Ewigen her steht. Wohl öffnet er seine Formen dem lebendigen Gehalt, wohl gibt er selbst der Logik und dem Staat ihre ursprüngliche und wesensmäßige Heiligkeit zurück, aber er ruht dann aus in diesen geheiligten Formen, er dringt nicht durch zu dem absoluten Jenseits auch der heiligsten Form, heißen sie Staat oder Kirche, er sieht nicht den Abgrund der Zeit und jeder Gegenwart. Darum verbanden und verbinden sich im Kampf gegen die Wiedergeburt des Idealismus kritische Philosophie und positive Theologie; vor allem aber macht die soziale und politische Wirklichkeit der Zeit eine neue idealistisch-romantische Philosophie unmöglich. Krieg und Revolution haben Wirklichkeitstiefen eröffnet, denen der Idealismus nicht gewachsen ist.

Und doch hatte er den Boden bereitet für eine Reihe von Bewegungen, die auf anderen, dem Realismus näher laufenden Wegen ähnlichen Zielen zustrebten. Die Kantische Schule selbst suchte als Wertphilosophie dem lebendigen Kulturbewußtsein näher zu kommen, und in geschichtsphilosophischen Gedankengängen durchbrach sie schließlich die kritischen Grenzen (der spätere Natorp). Aber auch das Bewußtsein um metaphysische Elemente in ihren eigenen Voraussetzungen brach sich Bahn (Nikolai Hartmann). Und Begriffe wie Mythos und Symbol, die im echten Kantianismus keinen Platz hatten, gewannen fundamentale geistesphilosophische Bedeutung (Cassirer). Die Krisis der kritisch-bürgerlichen Philosophie wurde als Kulturkrisis überhaupt unter tragischem Aspekt betrachtet (Liebert). Ein Blick auf die stark wachsende Kantgesellschaft zeigt nicht nur die überraschend schnelle Zunahme des philosophischen Interesses, sondern auch das Verschwinden des ursprünglichen Kantianismus in den Hochburgen seiner früheren Herrschaft.

Von entscheidender Bedeutung für die Philosophie des 20. Jahrhunderts wurde die Phänomenologie. Sie ging, wie wir schon bei Gelegenheit der Geisteswissenschaften bemerkten, hervor aus Husserls „Logischen Untersuchungen", die um die Jahrhundertwende erschienen und eine wahre Jahrhundertwende in der Philosophie bedeuteten. Was die Phänomenologie bewirkt hat, ist in erster Linie eine Änderung der geistigen Blickrichtung. Anstatt die Gegenstände kritisch aufzulösen und die Frage nach der Existenz und ihren Bedingungen zu stellen, wird die Wesenheit der Dinge selbst angeschaut, ganz unabhängig von der Existenzfrage. Das äußere natürliche Dasein verliert seine Herrschaft über den Geist, das innere geistige Wesen, die ideale Wirklichkeit der Dinge wird gesucht. Und die Gesamtheit der so erschauten Wesenheiten ergibt eine Ideenwelt, die über der raumzeitlichen Wirklichkeit steht und ihre Wahrheit ausmacht. Die Erfassung dieser Wesenswelt ist natürlich nicht möglich auf dem Wege kritischer Reflexion. Nur Hingabe und Intuition können zum Ziel führen. Die Dinge des äußeren, natürlichen und geschichtlichen Seins sind nur Beispiele, an denen die Wesensschau vorgenommen wird. Aber nicht die Dinge selbst, ihre Existenz, sondern das Wesen, an dem sie teilhaben, soll erschaut werden. Erst wenn die Frage nach dem „Was" durch phänomenologische Schau beantwortet ist, kann die Frage nach dem „Daß", der Existenz, erhoben werden. – Der religiöse Sinn dieser Wendung liegt darin, daß anstelle der bürgerlich-herrschaftlichen Haltung zur Wirklichkeit, die die Dinge zerschlägt und wieder zusammensetzt, eine hingebende Haltung getreten ist, die sich in das geistige Wesen der Dinge in ihrer Unmittelbarkeit und Tiefe versenkt. Zugleich aber ist das Wissen um eine dem Strome der Zeit enthobene Welt der Wesenheit und Wahrheit für die Durchbrechung des in sich ruhenden Daseins von entscheidender Bedeutung. Ein mystisches Element ist mit der phänomenologischen Bewegung in die moderne Philosophie eingedrungen. Und das ist nicht zufällig. Führt doch eine deutliche Linie von Husserl über Brentano und Bolzano zur mittelalterlichen Philosophie zurück und verbindet die gegenwärtige Philosophie mit dem feinsten Geist der katholischen Tradition. Es ist darum gleichfalls kein Zufall, daß die Phänomenologie namentlich auf katholisch beeinflußtem Boden starke Wirkungen ausübt.

Von hier aus ist es notwendig, auf eine Methode zu achten, die der lebensphilosophischen verwandt ist und sich doch sehr wesentlich von ihr unterscheidet, die pragmatische. Obgleich ihre geistvollsten Formulierungen auf deutschem Boden gegeben sind, in Nietzsches „Willen zur Macht" und Vaihingers „Philosophie des Als-Ob", ist sie zur geistigen Herrschaft doch nur in der amerikanischen Philosophie gelangt. Sie verzichtet auf eine Wahrheit an sich und erklärt für wahr diejenigen Begriffe oder Fiktionen, die lebensnotwendig und lebensstärkend sind. Ein Wahrheitswert, der ihnen abgesehen von dieser Lebensfunktion zukäme, ist nicht feststellbar. – Das ist ein plastischer Ausdruck für das Herrschaftsverhältnis der bürgerlichen Gesellschaft zu den Dingen, aber ohne Kritik und Rationalismus. Infolgedessen war es möglich, daß diese Auffassung z. B. in der Religionsphilosophie des Amerikaners James zu höchst konservativen Ergebnissen gegenüber der Religion kam. Denn gerade die positive, konfessionell gebundene Religion mußte hier als Kraftquelle hohen Ranges und damit als Wahrheit gewertet werden. Freilich zeigen diese Gedanken die völlige Andersartigkeit der amerikanischen Geisteslage gegenüber der europäisch-kontinentalen. Sie zeigen ihren vorkritischen, aber im Grunde auch vorgeistigen Charakter. Von einer Wende, wie sie namentlich in Mitteleuropa offenkundig ist, kann hier keine Rede sein. Dafür fehlen die negativen wie die positiven Vorbedingungen.

Im Gegensatz dazu hebt sich die Hinwendung des europäischen Geistes zu einer neuen Erfassung des Geistes und des Ewigen um so deutlicher hervor. Und daß dies auf dem Boden der Philosophie geschieht, auf demselben Boden also, auf dem sich die Abwendung vom Ewigen und vom Geistigen vollzogen hatte, das ist eines der wichtigsten Merkmale der religiösen Lage der Gegenwart.

2. *Die Metaphysik*

Die philosophische Bewegung der Gegenwart wirkt sich aus auf einem Gebiet, das mit der Wissenschaft eng verbunden und doch ihm gegenüber selbständig ist: in der Metaphysik. Umgekehrt und richtiger ausgedrückt: Die Änderung der wissenschaftlichen Haltung ist eine Auswirkung der Änderung in der metaphysischen Haltung. Die metaphysische Haltung der bürgerlichen Gesellschaft ist die Ablehnung der Metaphysik. Auch das ist noch Metaphysik, nämlich Glaube an die Selbstgenügsamkeit der Welt und ihrer Formen. Aber man verzichtet darauf, dieses ausdrücklich zu sagen; man versteckt sich hinter erkenntnistheoretischen Erörterungen über die Grenzen der Erkenntnis.

Es war darum sachgemäß, wenn die neuen Bewegungen zur Metaphysik auf die stillschweigenden Voraussetzungen ihre Aufmerksamkeit richteten, von denen aus die Metaphysik bekämpft wurde, und sie in Frage stellten. Die unzulängliche Lösung des Realitätsproblems im kritischen Idealismus wie im dogmatischen Materialismus, die Einsicht in die ursprüngliche Zusammengehörigkeit von Form und Stoff des Erkennens führte zu neuen ontologischen Fragestellungen. In anderer Weise trieb die phänomenologische Wesenslehre zu den alten metaphysischen Fragen nach dem Verhältnis von Wesen und Existenz. Insonderheit drängte die Religionsphilosophie auf Anerkennung des transzendenten Charakters des Seins und des Sollens. Trotz aller kritischen Gegenwehr konnten diese Fragen nicht mehr zum Schweigen gebracht werden. Freilich ist man bis heute noch nicht im Reinen über den eigentlichen Charakter der metaphysischen Erkenntnis. Daß sie nicht in das System der Wissenschaft gehört, darüber besteht kaum ein Zweifel. Dunkel aber ist ihr Verhältnis zur Philosophie. Doch wirkt hier das kritische Element der vergangenen Periode stark genug nach, um die Philosophie im engeren Sinne von der Metaphysik abzugrenzen. Am richtigsten wird das Verhältnis wohl so gefaßt, daß die Metaphysik als eigene, auf das Unbedingte gerichtete, also wesentlich religiöse Haltung bezeichnet wird, die sich der wissenschaftlichen Begriffe bedient, um das im Erkennen wirksame und tragende Element der Transzendenz symbolisch zum Ausdruck zu bringen. Doch bedarf das Verhältnis noch weiterhin der Klärung.

Überhaupt kann beobachtet werden, daß die Metaphysik des Seins zur Zeit weniger entwickelt ist als die Metaphysik der Geschichte. Das ist nicht zufällig. Die mittelalterliche Metaphysik war Metaphysik des Seins, weil sie auf dem Boden einer ruhenden, geschichtslosen Mystik geboren war. Auf protestantischem Boden hat sich der dynamische, bewegte Geist des Geschichtlichen in wachsendem Maße durchgesetzt. Die Tiefe der Geschichte erscheint dem Bewußtsein wichtiger als die Tiefe des Seins. Metaphysische Sinndeutung der Geschichte wird zum drängenden, praktischen Anliegen. Der Zwang, geschichtlich im eigentlichen Sinne (nämlich geschichtsumbildend) zu handeln, wird zum stärksten Motiv der Geschichtsmetaphysik. Eine ständig wirksame Form ist die über Marx von Hegel herkommende utopische Geschichtsmetaphysik des Sozialismus. Sie ist die Veranlassung gewesen zu geschichtsmetaphysischen Gedanken, wie sie in größerer Nähe zu der bürgerlichen Fortschrittsmetaphysik und doch stark beeinflußt vom romantischen Sozialismus Ernst Troeltsch in seinem „Historismus" angedeutet hat. Von anderer Seite wendet sich gegen die Fortschrittsmetaphysik der bürgerlichen Gesellschaft die organisch-konservative Geschichtsdeutung, die an die deutsche Romantik anschließt und eine eigentümliche Fortbildung zu einer biologisch-aristokratischen Geschichtsauffassung bei Spengler gefunden hat. Endlich ist die energische Durcharbeitung der Geschichtsmetaphysik seitens der religiös-sozialistischen Bewegung zu beachten. Es kann nach dem Gesagten kein Zweifel sein: wir stehen mitten in der geschichtsmetaphysischen Arbeit. Die Scheinverbannung der Metaphysik ist nach dieser Seite längst aufgehoben. Zu offenkundig war der bürgerliche Fortschrittsglaube selbst eine Metaphysik, als daß nicht mit der Bekämpfung der bürgerlichen Gesellschaft eine andersartige Geschichtsdeutung sich durchsetzen mußte. Der Kreis der in sich geschlossenen Endlichkeit des Fortschrittglaubens ist durchbrochen und die Gegenwärtigkeit des Ewigen in Zeit und Geschichte erschaut. Daß dieses so allseitig und mit solchem Nachdruck geschieht, ist ein überaus wichtiges Element der religiösen Lage unserer Zeit.

Naturgemäß wirkt die Metaphysik der Geschichte zurück auf die des Seins. Und auch der innere Zusammenhang beider Seiten des metaphysischen Denkens wird zum Problem. Von der Notwendigkeit metaphysischer Geschichtsdeutung aus ergibt sich die Notwendigkeit einer Metaphysik überhaupt. Aber Notwendigkeit ist noch nicht Wirklichkeit. Das gilt allen Versuchen gegenüber, im Anschluß an Idealismus und Romantik oder auf eigenen Wegen voreilig zum Ziel zu kommen. Der Geist des Kritizismus ist diesen Versuchen gegenüber lebendig; er hindert vor allem, daß man die Metaphysik als eine beweisbare Wissenschaft behandelt, d. h. das Unbedingte auf das Bedingte gründet und damit vernichtet. Aber er hindert nicht mehr den Weg zur Metaphysik selbst, d. h. zur Anschauung des Unbedingten in den Symbolen des Bedingten. Er hält den Geist nicht mehr in den Grenzen der in sich abgeschlossenen Endlichkeit. Der Romantik gegenüber muß die neue Metaphysik Realismus sein, dem Kritizismus gegenüber gläubiger Realismus. Diese Aufgabe aber kann kein Einzelner erfüllen. Sie ist das Werk einer ganzen Zeit, und sie ist das Symbol, in dem eine Zeit sich und ihre Lage vor der Ewigkeit anschaut.

3. Die Kunst

a) Die bildende Kunst

Während die Wissenschaft unmittelbar verursachende Bedeutung für die Geisteslage der Zeit hat, zerstörende und aufbauende, ist die Kunst nur als mittelbare Ursache zu werten. Denn ihre unmittelbare Aufgabe ist nicht, Wesenserfassung, sondern Bedeutungsausdruck zu geben. Die Kunst zeigt an, wie beschaffen eine Geisteslage ist; sie zeigt es unmittelbarer, direkter an als die Wissenschaft, denn sie ist unbelasteter durch sachliche Rücksichten. Sie hat etwas Offenbarerisches in ihren Symbolen, während die wissenschaftliche Begriffsbildung das Symbolische zurückdrängen muß zugunsten der sachlichen Angemessenheit. Die Wissenschaft ist wichtiger für das Werden einer Geisteslage, die Kunst ist wichtiger für ihre Erkenntnis. In der Metaphysik ist beides im Gleichgewicht. Sie verbindet Willen zur sachlichen Erfassung mit symbolischem Charakter ihrer Begriffe.

Am unzweideutigsten prägte sich die Abwendung von dem Geist der bürgerlichen Gesellschaft in der Malerei seit der Jahrhundertwende aus. Maßgeblich dafür ist die Richtung, die man sich gewöhnt hat, „Expressionismus" zu nennen, die aber weit über die engere Bedeutung dieses Begriffes hinausreicht. – Die unbedingte Führung in der Malerei des 19. Jahrhunderts hatte das bürgerliche Frankreich. In Rückschlag gegen Idealismus und Romantik entfaltete sich als echte Konsequenz des bürgerlichen Geistes seit der Mitte des 19. Jahrhunderts die naturalistische und impressionistische Richtung zu außerordentlicher Kraft der Formgebung. Ihre Formen aber sind vollendete Formen der in sich ruhenden Endlichkeit, im Naturalismus mehr vom Objekt her, im Impressionismus mehr vom Subjekt her. Die in der Wechselwirkung von naturalem Subjekt und naturalem Objekt erschaute Wirklichkeit, das Zeitmoment, die Impression wird festgehalten. Das geschieht mit genialer Formkraft und darum groß und symbolkräftig. Aber nirgends bricht man durch zum Ewigen, zum unbedingten Wirklichkeitsgehalt, der jenseits des Gegensatzes von Subjekt und Objekt liegt. Wohl schwingt eine heimliche naturalistische Metaphysik durch alles hindurch, aber es ist eine Metaphysik der sich absolut setzenden Endlichkeit.

In dem Willen zu objektiver Gestaltung rang Cézanne mit der Form und gab den Dingen ihre wirkliche metaphysische Tiefe zurück. Mit leidenschaftlicher Gewalt offenbarte van Gogh die schöpferische Dynamik in Licht und Farbe, und der Nordländer Munch zeigte das kosmische Grauen in Natur und Menschheit. Auf diesem Boden entfalteten sich dann allenthalben die neuen Kräfte: in Italien, in Frankreich, in Deutschland, in Rußland. Der eigentliche Expressionismus stieg herauf mit revolutionärem Bewußtsein und revolutionärer Kraft. Die Eigenformen der Dinge lösten sich auf, aber nicht zugunsten subjektiver Impression, sondern objektiven metaphysischen Ausdrucks. Der Abgrund des Seienden sollte heraufbeschworen werden in Linien, Farben und plastischen Formen. Für Deutschland hatten die Maler des „Brücke-Kreises", Schmidt-Rottluff, Nolde, Kirchner, Heckel die Führung. Andere gingen mit ihnen. Naturgemäß griff die Bewegung auf ältere, primitive und exotische Formen zurück, in denen die innere Ausdruckskraft des Wirklichen noch ungebändigt zu finden war. Die Entdeckung der primitiven und der asiatischen Kunst wird zum Symbol der Abwendung vom Geist der bürgerlichen Gesellschaft. – Eine eigentümliche Bewegung schlägt die Richtung ein unter den Leitworten des Futurismus, Kubismus, Konstruktivismus. Die Auflösung der natürlichen Formen der Dinge nimmt geometrischen Charakter an. Darin liegt das Gefühl, wie unwahr jeder organische Formausdruck unter der Herrschaft des bürgerlich-rationalen Geistes ist. Zugleich aber erhalten die so gewonnenen Flächen, Linien und Kuben eine mystische Transparenz. Hier wie allenthalben im Expressionismus zeigt sich der Durchbruch durch die in sich ruhende Form des Daseins. Nicht eine jenseitige Welt wird dargestellt, wie in der Kunst der Alten, sondern ein inneres Hinausgehen der Dinge über sich selbst ins Jenseitige.

Dieser Unterschied wird besonders deutlich bei Betrachtung der religiösen Kunst dieser Periode. Auch die naturalistische Malerei hat die alten religiösen Symbole der Kunst gebraucht, vor allem das Jesusbild spielte hier eine gewisse Rolle. Aber die Art der Darstellung stand in deutlicher Analogie zu der liberalen Jesusauffassung der derzeitigen protestantischen Theologie, so daß im besten Falle eine ideale Endlichkeit, keineswegs aber ein Durchbruch zum Ewigen ausgedrückt war. Die religiöse Kunst der bürgerlichen Gesellschaft drückt die religiösen Symbole der Tradition auf das Niveau der bürgerlichen Moralität herab und nimmt ihnen ihre Transzendenz und ihren sakramentalen Charakter. – Demgegenüber hat der Expressionismus an sich, ganz abgesehen von seiner Stoffwahl, einen mystisch-religiösen Charakter. Und es ist nicht zuviel gesagt, wenn man einem Stilleben von Cézanne oder einem

Baum von van Gogh mehr Heiligkeitsqualität zuspricht als einem Jesusbild von Uhde. Sobald nun aber der Expressionismus selbst zum religiösen Stoff greift, zeigt sich seine charakteristische Grenze. Seine Mystik steht außerhalb der religiösen Tradition. Sie kann sich an den alten Symbolen nicht entzünden, und sie kann den alten Symbolen keinen neuen Gehalt abgewinnen. Wo sie es versucht, da wird sie entweder zu einem schwachen Nachklang des Alten, wie bei Eberz von katholischen Voraussetzungen aus, oder sie verwandelt die Symbole und setzt anstelle der göttlichen Tat die menschliche Inbrunst, wie etwa bei Schmidt-Rottluff, Nolde und Heckel. Dieser Vorgang ist überaus charakteristisch für die religiöse Lage der Gegenwart. Er zeigt den Abbruch der religiösen Tradition durch die bürgerliche Gesellschaft und die Notwendigkeit, für das religiöse Bewußtsein der Gegenwart, frei von jeder bestimmten Symbolik in reiner mystischer Unmittelbarkeit sich wiederzufinden. Das aber kann an jedem Symbol geschehen.

Das Mittel dieser Geistdeutung des Seienden ist die Zerbrechung seiner Naturformen, seines unmittelbaren Daseins, seiner in sich ruhenden Endlichkeit. Insonderheit werden die dritte Dimension und die Perspektive, diese Formen des Fürsichseins der Dinge, verneint. Es ist zu verstehen, daß sich gegen diese Kunst alle diejenigen mit leidenschaftlichem Protest wandten, die den Geist nicht kennen oder ihn haben wollen ohne Bruch mit dem unmittelbaren Dasein, höchstens als Idealisierung. Aber gerade die Leidenschaftlichkeit dieses Protestes von seiten der bürgerlichen Gesellschaft zeigt, daß es sich hier um einen zentralen Angriff auf ihren Geist handelt.

Was an diesem Protest historisch zu Recht bestand, wirkte sich aus in den Bewegungen der letzten Jahre, die bedeutungsvoll genug sind für die religiöse Lage unserer Zeit, um die stärkste Aufmerksamkeit zu erfordern. Es ist das Hervorbrechen eines Realismus, der bei George Grosz und Otto Dix in haßerfüllter Opposition gegen die im Weltkrieg sich enthüllende, bürgerliche Gesellschaft bis an die Grenze der Karikatur gelangte. Es war ein brutaler Realismus, der alle romantischen Elemente des Expressionismus von sich stieß und doch nichts mit dem Realismus der vorhergehenden Epoche zu tun hatte. Allmählich hörte die karikaturistische Tendenz auf, bildeten sich Formen aus, von denen man vielleicht als von dem Werden eines gläubigen Realismus reden kann. Vielfach ist diese Entwicklung in einfachen Gegensatz zum Expressionismus gestellt worden. Der bürgerliche Geist glaubte wieder triumphieren zu dürfen. In Wahrheit ist ihm ein mächtigerer Gegner entstanden, der ihn im eigenen Lager angreift und seine besten Waffen gegen ihn selbst kehrt. Daß dabei die Gefahr naheliegt, der ungeheuren

Übermacht dieses Geistes wieder zu verfallen, ist sicher. Auch hier gilt, daß der Kampf schwer und voller Rückfälle und Umwege ist.

Wir haben die Malerei ausführlich behandelt, weil sie für unsere Frage besonders ergiebig und offenbarend ist. Die Plastik ging analoge Wege, während die Architektur sich nur selten und dann mit zweifellosem Mißerfolg eigentlich expressionistischer Formen bediente. Denn ihre Beziehung auf den baulichen Zweck erzwingt einen Realismus, von dem die freien Künste infolge ihrer Zweckfreiheit sich loslösen können. Ihre eigentlichen Erfolge errang die Architektur infolgedessen im Dienste des realsten der gegenwärtigen Zwecke, der Wirtschaft, also in Bahnhöfen, Kaufhäusern, Fabrik- und Bürogebäuden, wie z. B. das Hamburger Chilehaus. Und doch ist es ein durchgeistigter Realismus, der aus diesen Dingen spricht. Sie deuten auf eine transzendente Beziehung von Technik und Wirtschaft hin, auf ein Mythischwerden dieser in der bürgerlichen Periode rein rational und herrschaftlich gedeuteten Funktionen. Für die religiöse Lage der Zeit ist es jedenfalls höchst charakteristisch, daß nicht kultische, sondern wirtschaftliche Gebäude etwas von diesem inneren Transzendieren zeigen, von diesem Willen, den Geist der in sich ruhenden Endlichkeit zu durchbrechen. Mit dem Kultgebäude dagegen ist es wie mit dem religiösen Bild: es ist nicht symbolkräftig für die religiöse Lage der Gegenwart.

Ein selbständiges Interesse für unsere Frage bietet die Tanzkunst. Schon dieses ist bedeutungsvoll, daß sie im letzten Vierteljahrhundert eine völlige Erneuerung erfahren hat und wieder als eigene, geistige Ausdrucksmöglichkeit erfaßt ist. Dabei hat sie sich von ihren individuell-ästhetisierenden Anfängen her in wachsendem Maße in einer Richtung entwickelt, als deren Ziel man vielleicht den kultischen Tanz bezeichnen kann. Freilich gibt es für diese Dinge kaum einen ungünstigeren Boden als das christliche, speziell protestantische Abendland. Um so bedeutungsvoller sind Leistungen, wie sie in der Labanschule, besonders aber bei Mary Wigman vorliegen. Ihre Gruppentänze deuten auf eine Überwindung des Individualismus, die Figuren erstreben eine innere Erfüllung und Organisation des Raumes, die Ausdruckshandlungen suchen metaphysische Tiefen zu offenbaren. Das alles ist in den Anfängen, und es würde sofort aufs schwerste gefährdet werden, wenn es von sich aus versuchen würde, Kultus in engerem Sinne zu schaffen. – Und dieser Satz gilt für die ganze Sphäre der bildenden Kunst. Sie kann vorhandenen metaphysischen Gehalt zum Ausdruck bringen, aber sie kann nicht selbst welchen schaffen. Es ist die Unzulänglichkeit aller falschen Romantik im Künstlerischen, Wissenschaftlichen und Sozialen, daß sie von der Form her den unbedingten Gehalt herbeizwingen, d. h.

aber die Ewigkeit durch eine Bewegung in der Zeit fassen und fixieren will. Diesem Versuch gegenüber ist der die Endlichkeit als Endlichkeit festhaltende Geist der bürgerlichen Gesellschaft ehrlicher und darum stärker. Ewigkeit ist zuerst Nein über die Zeit, Erschütterung der Gegenwart, und nur, soweit sie das ist, können endliche Formen auf das Ewige hinweisen.

b) Die Dichtung

Es ist überaus schwierig, in dem ungeheuren Reichtum europäischer Dichtung aller Gattungen eine deutliche Linie im Sinn unserer Fragestellung aufzuweisen. Das ist auf diesem Gebiet noch weniger möglich als auf dem der bildenden Kunst. Subjektivität in Beurteilung und Auswahl sind nicht zu vermeiden. Und doch ist die Wirkung der Dichtwerke auf die religiöse Lage einer Zeit kraft der Überlegenheit des Wortes über Linie und Farbe direkter und umfassender. Wir können uns darum wenigstens dem Versuch nicht entziehen, auch hier den Ausdruck für den Kampf gegen den Geist der bürgerlichen Gesellschaft aufzuweisen und nach seiner Bedeutung für das Gesamtbewußtsein zu fragen.

Emile Zola, der Freund des Impressionistenkreises, war zugleich der machtvollste Vertreter des dichterischen Naturalismus. Der Geist der wissenschaftlichen, rationalen Beobachtung kommt in seiner Form zu uneingeschränkter Herrschaft; die wissenschaftliche Haltung droht ständig die dichterische zu überwältigen. Dem entspricht der Gehalt: es ist kritischer Naturalismus. Die in sich ruhende Endlichkeit der bürgerlichen Gesellschaft wird zwar mit ungeheurer Leidenschaft kritisiert, aber der Maßstab der Kritik ist sie selbst und ihre von der Wissenschaft geleitete ideale Gestaltung. Von einer inneren Transzendenz kann hier keine Rede sein. Das gilt auch weithin von dem dramatischen Werk Ibsens. Kritik der bürgerlichen Gesellschaft und der Lüge ihrer Konvention, aber mit ihren eigenen Maßstäben, ist der Inhalt seiner Werke. Doch sprengt er an gewissen Punkten, wie im Peer Gynt, diese Grenzen. Ähnlich Flaubert, dessen Naturalismus ihn nicht hindert, in seiner Entwicklung mystische Elemente zu assimilieren. Unzweideutig ist der Einfluß katholisierender Mystik – wenn auch in negativ-dämonischer Richtung – in der Dekadenz-Lyrik von Baudelaire. Aber dieses Element ist doch nicht stark genug, um aus dem Bann des bürgerlichen Geistes zu befreien. Der Widerspruch ist da, aber er bleibt abhängig von dem, dem er widerspricht. Er ist der Ausdruck für die Vereinsamung des kulturell überformten, gemeinschafts- und substanzlos gewordenen Einzelnen und für die Verzweiflung dieser Einsamkeit und Entleerung.

Entscheidende Impulse zur Wendung gingen von Strindberg aus, der sich einerseits in den Tiefen der Negativität des bürgerlichen Zeitalters bewegte, andererseits nach Form und Gehalt darüber hinauskam. Die Gestalten seines Dramas nehmen typische Formen an, sie werden der Zufälligkeit des Daseins und der Impression enthoben. Die transzendente Sphäre rückt in das Geschehen hinein. Die Gestalten werden symbolisch und durchscheinend, die Grenzen der Wirklichkeit verwischen sich. Als Ziel der Entwicklung erscheint mönchische Mystik und Askese. – In Gerhart Hauptmann zeigt sich die ähnliche Entwicklung auf deutschem Boden. Auch die übrigen europäischen Dramatiker sind an ihr beteiligt. – In der Romanliteratur machen sich diese Tendenzen noch direkter bemerkbar. Die Hochschätzung von E. T. A. Hoffmann ist charakteristisch. Direkte mystisch-theosophische Stoffe werden bevorzugt und lockern den naturwissenschaftlich fixierten Wirklichkeitsbegriff auf. – In der Lyrik führen Hugo von Hofmannsthal und Dehmel zwar nicht zu wirklicher Durchbrechung der Immanenz, wohl aber bannen sie in ihre Sprache Gefühlswirklichkeiten, die nicht nur subjektive Impressionen sind, sondern sich zu metaphysischer Bedeutsamkeit erheben. Daneben läuft die impressionistische Linie der Dichtung einher, in feinster formaler Vollendung bei Thomas Mann, und erreicht hier, wie die Malerei im späteren Lovis Corinth, eine Größe, die über das Ästhetisch-Subjektive der Haltung hinausweist.

Eine direkt religiöse Wendung nimmt die Lyrik bei Rilke. Noch klingt in seiner Mystik die impressionistische Auflösung der Natur in die anschauende oder fühlende Subjektivität nach. Aber das, was in den Dingen angeschaut und gefühlt wird, ist religiöser Gehalt im Sinne neuplatonisch-mittelalterlicher Tradition. Die religiöse Wirkung, die von diesen Gedichten ausging, darf auch dann nicht unterschätzt werden, wenn man ihr stark ästhetisierendes Element in Anrechnung bringt. Der Boden wurde gelockert für Dinge, die weiter führen konnten. – Weitaus die wichtigste dichterische Erscheinung der Zeit ist Stefan George. Seine Vereinigung von klassischem mit katholischem Geist in strengster Formung war einer der machtvollsten Proteste gegen den Geist der bürgerlichen Gesellschaft mit ihrer Gleichmachung, Verflachung und Entgeistigung. Die Strenge und Unzugänglichkeit seiner Sprache, das asketisch ernste Bemühen um das symbolkräftige Wort, die zentrale metaphysische Schau des Lebens und der Dinge, der Wille zur reinen, Subjekt und Objekt überlegenen Form, das alles war ein Impuls, der in Kunst- und Geisteswissenschaft weitergewirkt hat. Eine Grenze freilich hat Stefan George mit der bürgerlichen Gesellschaft gemeinsam: den Mangel eines umfassenden, gemeinschaftsbildenden, religiösen Gehaltes. Seine aristokratische Exklusivität ist bedingt durch das klassische Element in ihm, und darin berührt er sich mit der ja auch von Humanismus und Klassik herkommenden bürgerlichen Gesellschaft. Die Sphäre der endlichen Form ist nicht wirklich durchbrochen. Die klassische Form bändigt nicht nur das Chaos, sondern hindert auch die vom Unbedingten ausgehende, unbedingte und darum jede Form durchbrechende Erschütterung. Der schöpferische *eros* geht vom Einzelnen zum Einzelnen, daher bleibt er zufällig an kleine Kreise gebunden und in eine geistige, aber nicht universale Form gefaßt. George ist nicht der „Herr der Ewe", d. h. Symbol und Überwinder unserer Gegenwart, zu dem seine Jünger ihn machen wollen. Dazu fehlt ihm die Universalität und nach außen gerichtete Kraft der prophetischen Persönlichkeit. Er ist eine Quelle priesterlichen Geistes für viele, nicht aber prophetischen Geistes für alle.

Die große Linie der dichterischen Bewegung ging nicht so sehr von der Zusammenfassung und vollendeten Gestaltung aus, die George darstellt, sondern vielmehr von den auflösenden Tendenzen, die sich bei Dehmel ankündigen und unter dem mächtigen Einfluß Nietzsches in der jüngeren Vorkriegsgeneration sich durchsetzten. Nietzsches Kampf gegen die Lüge der bürgerlichen Konvention führt zu einem dynamischen Hervorbrechen der Urkräfte Machtwille und Erotik. Zwar ist das alles noch durchtränkt von naturalistischen Einflüssen, enthält aber doch schon eine dämonische Transzendenz, die dem bürgerlichen Geist schlechthin zuwider ist. Erscheinungen wie Kasimir Edschmid und Heinrich Mann sind hierfür typisch und neben einer Anzahl Lyriker Wedekind in der dramatischen Sphäre. – Der Form nach gleichartig, der Tendenz nach durchaus entgegengesetzt geht Franz Werfel seinen Weg. Anstelle der Macht- und *Eros*-Kräfte tritt bei ihm die Demut, die Liebe zum Niedrigsten, die Beugung unter das Gericht. Die Dinge werden in einer tiefen, alles durchwaltenden Gemeinschaft des Leidens und der Liebe gesehen; auch das Gemeine und Ekelhafte ist davon nicht ausgenommen. Die Härten und Widerstände der Dinge werden ausgelöscht. Die Dinge werden ihrer Gegenständlichkeit beraubt, ohne doch in ein Nichts aufgelöst zu werden. Diese eigentümliche Weichheit drückt sich auch in der Sprache und ihrem – Stefan George gegenüber – zerfallenden Charakter aus.

An dieser Stelle ist es angebracht, auf die Neuentdeckung Dostojewskis und die religiöse Bedeutung dieses Vorganges hinzuweisen. Was hier religiös wirkt, ist der mystische Realismus des russischen Dichters, die Anschauung der Dämonien und negativen Realitäten des Wirklichen auf dem Grunde eines gegenwärtigen Göttlichen. Auch in den extremsten Gegenpolen zur bürgerlichen Moral fehlt dieses Göttliche nicht; ja, dort wird es besser vernommen als in der bürgerlichen Gesellschaft. Der ungeheuren Größe von Dostojewskis Gestalten ist es zu danken, daß ihre Fremdheit allem abendländischen Bewußtsein gegenüber weniger deutlich empfunden wurde und ihr Geist auch da wirken konnte, wo man von der Tiefe des Gegensatzes nichts ahnte. Freilich blieb es infolgedessen vielfach bei einer bloß ästhetischen und darum vorübergehenden Wirkung.

Krieg und Revolution beeinflußten die Dichtung in der Weise, daß die im Weltkrieg sich vollziehende Katastrophe der bürgerlichen Gesellschaft mit revolutionärer Leidenschaft gesehen und mit revolutionärer Form zum Ausdruck gebracht wurde. Es ist für unsere Gesamtlage höchst bedeutungsvoll, daß eine positive Kriegsdichtung nicht geschaffen wurde; auch die geringen Ansätze dazu zeigen einen so schweren Realismus, daß man sie eher auf die negative Seite rechnen möchte. Der Krieg wurde durchweg als Kulturkatastrophe, als Enthüllung der bürgerlichen Dämonie erlebt. An diesem Erlebnis entzündete sich wie in der Malerei so auch in der Dichtung jener Realismus, der erst ganz erfüllt war von der Leidenschaft politisch-sozialer Tendenzen, um dann langsam zu einer objektiven Form emporzusteigen. Becher, Unruh, Toller u. a. gebrauchten die expressionistische Form zur Darstellung dieser Gehalte. Aber bei ihnen allen geht die Tendenz ins Dämonische. Es sind nicht die Kräfte von *eros* und Machtwillen, wie sie die Vorkriegsdichtung erfüllen, sondern es ist die unentrinnbare Gewalt der objektiven Gesellschaftsformen, in denen die zerstörende Dämonie angeschaut wird. Dadurch wird sie tiefer, hoffnungsloser, wirklicher. Die romantischen Elemente schwinden. Das in der jüngsten Dramatik stark hervortretende Element des Generationsgegensatzes, der Kampf gegen den Vater, faßt die erotischen und sozialen Dämonien in eigentümlicher Weise zusammen und zeigt, wie völlig die Gegenwart aus der Tradition des bürgerlichen Geistes herausgebrochen ist.

Wenn wir die religiöse Lage der Gegenwart, wie sie sich in der Dichtung darstellt, zusammenfassend charakterisieren wollen, so müssen wir sagen, daß der Realismus und Impressionismus des bürgerlichen Zeitalters auf dem Wege über Symbolismus, Mystik und Expressionismus gebrochen ist, daß aber ein neuer Realismus im Begriff ist, sich durchzusetzen, der zuerst mit leidenschaftlicher Tendenz, dann mit objektiv-metaphysischer Schau die Dämonie der sozialen Wirklichkeit enthüllt hat und vielleicht, wie Metaphysik und Malerei, im Begriff ist, sich zu einem gläubigen Realismus zu entwickeln.

Zweiter Teil

Die religiöse Lage der Gegenwart in Politik und Ethos

1. *Die politisch-soziale Sphäre*

a) Wirtschaft und Gesellschaft

Der Geist der in sich ruhenden Endlichkeit ist für unsere Zeit der Geist der bürgerlichen Gesellschaft. Diese Namengebung schon weist in die Sphäre des Handelns als dem vornehmsten Ort, in dem jener Geist sich verwirklicht. Hier aber ist es wieder das Gebiet der Wirtschaft, das herrschend ist und dessen unbedingtes Herrschertum den bürgerlichen Geist am deutlichsten kennzeichnet. Nicht die Wirtschaft an sich ist Ausdruck der in sich ruhenden Endlichkeit, sondern eine bestimmte Stellung der Wirtschaft im sozialen Ganzen und die Formen ihres Vollzuges, die sich daraus ergeben.

Die bürgerliche Gesellschaft ist geboren mit der Befreiung der Wirtschaft von den Bindungen einer übergeordneten Sozialform und der Durchsetzung einer autonomen, ihren eigenen Gesetzen folgenden Wirtschaft. Die klassische Nationalökonomie ist die theoretische Erfassung der Gesetze der sich selbst überlassenen Wirtschaft, die Erkenntnis ihrer rationalen, vom Gesamtorganismus losgelösten Form. Der freie Markt, die Regulierung der Produktion durch Angebot und Nachfrage, die unendliche Möglichkeit von Profit und Kapitalbildung, das alles sind Dinge, in denen sich die autonome Wirtschaft auswirkt. Sie entsprechen den rationalen Erkenntnismethoden in der Wissenschaft und haben die gleichen Folgen für das Ding- und Gemeinschaftsverhältnis.

Das Verhältnis zu den Dingen wird in der freien Marktwirtschaft *eros*los, gemeinschaftslos, herrschaftlich. Die Dinge werden Waren, d.h. Gegenstände, deren Sinn es ist, durch Kauf und Verkauf Profit zu schaffen, nicht aber, den Umkreis des persönlichen Lebens zu erweitern. Sie werden herrschaftlich, nicht gemeinschaftsmäßig erworben und veräußert. Darum hat ihr Erwerb auch keine Grenze. Die freie Wirtschaft treibt notwendig zu dem in sich unendlichen händlerischen Imperialismus. Er ist unendlich – aber gegenüber der Endlichkeit. Er ist gerade durch diese seine Unendlichkeit der vollkommenste Ausdruck der in sich ruhenden, immer unruhigen, aber nie über sich hinauskommenden Endlichkeit. Das Dingverhältnis der Vergangenheit war durch die Ehrfurcht, die heilige Scheu, durch Pietät und Dank gegenüber dem

Besitz geweiht. Das Dingverhältnis der vorbürgerlichen Zeit hatte etwas in sich Transzendentes. Das Ding, der Besitz, war Symbol der Teilnahme an der gottgegebenen Wirklichkeit, abgestuft je nach dem Ort, der mehr oder weniger weitreichend Anteil an ihr gab. Demgegenüber ist die Ware Symbol der unendlichen Endlichkeit des reinen Herrschaftswillens. – Infolgedessen verlieren die begrenzten Besitztümer, Acker, Haus, Vieh, Möbel, Kleider usw. ihren symbolkräftigen Charakter. Sie werden Gebrauchsware, ausschließlich durch Verbrauchszwecke bestimmt, *eros*- und individualitätslos hergestellt, behandelt und weggegeben. Sie erhalten nicht nur den ideellen Sinn, sondern auch die reale Gestalt des Ware-Seins. – Dieses rein herrschaftliche, *eros*lose Dingverhältnis ist doppelseitig in seiner religiösen Wirkung: es befreit von endlichen Heiligkeiten, die die Heiligkeit des Ewigen selbst beanspruchen; es befreit von heiliger Dingverhaftetheit und erhebt die Persönlichkeit über die gesamte Dingsphäre. Das ist die protestantische Wirkung der liberalen Wirtschaft. Zugleich aber bindet sie die Persönlichkeit durch den unendlichen Dienst an der entleerten Dingbeherrschung und macht sie dadurch selbst leer und dem Endlichen hingegeben. Das ist die Wirkung des bürgerlichen Geistes in der liberalen Wirtschaft.

Der *Eros*losigkeit des Dingverhältnisses entspricht die Unendlichkeit des Bedürfnisses nach Dingen und die Möglichkeit, die dem Händler gegeben ist, unendliche Bedürfnisse zu wecken. Der *eros*, die Pietät richten sich auf einen begrenzten Güterkreis, dessen Gehalt und symbolkräftige Form den Geist erfüllt. Die Dinge, deren Gehalt verlorengegangen ist, befriedigen nicht und treiben weiter von einem zum andern ohne Erfüllungsmöglichkeit. Die entleerte Persönlichkeit ist ohne bestimmte *Eros*richtung. Sie ist jedem Reiz zugänglich, der ihr von außen zugetragen wird. Darauf beruht die unbegrenzte Möglichkeit der Bedürfniserregung durch Werbung und Reklame. – Auch darin liegt ein religiös-positives Element, die Befreiung aus erdgebundener, bedürfnisloser Dumpfheit, die zivilisatorische Loslösung der Persönlichkeit von der Tierheit und Zufälligkeit der Bedürfnisbefriedigung. Zugleich aber bedeutet es den Zwang zur unendlichen, sich ständig steigernden, alle Lebenskräfte aufzehrenden Aktivität im Dienst der grenzenlosen Bedürfnisse. Es bedeutet die Herrschaft des Wirtschaftlichen über alle Lebensfunktionen und hat zur Folge das Verhaftetsein an die Zeit und darum das Fehlen von Zeit, die der Ewigkeit zugewandt ist – eins der schwerwiegendsten Kennzeichen der bürgerlichen Zeit. Die Peitsche des unendlichen Bedürfnisses gönnt dem Geist nicht die Zeit, die etwas anderem als der Zeit dient. Sie treibt den Geist im unentrinnbaren, wenn auch unendlichen Kreis der Endlichkeit umher.

Wichtiger noch als die Zerstörung des *Eros*-Verhältnisses zur Dingwelt ist die Einwirkung der liberalen Wirtschaftsform auf das Sozialverhältnis. Der freie Markt ist der Ausdruck für die Gegenschaltung der Interessen, für den Kampf aller gegen alle als Prinzip; also für ein Handeln, das dauernd dem Impuls folgt, sich selbst gegenüber dem Andern durchzusetzen. Es ist das eigentümlich Dämonische in der Lage der bürgerlichen Gesellschaft, daß diese Gegenschaltung nicht Ausdruck subjektiver Willkür oder chaotischer Anarchie ist, sondern notwendig verbunden mit der Aufrechterhaltung des bürgerlichen Wirtschaftssystems, Konsequenz des Wirtschaftssystems selbst. – Doch wird diese allgemeine Gegenschaltung der Interessen im großen erst wirksam, wo sie sich verbindet mit relativer Gleichschaltung umfassender Gruppeninteressen, d. h. mit Solidarität. Die wichtigste Gegenschaltung, die sich auf diese Weise aus der liberalen Wirtschaft ergibt, ist die zwischen den Besitzern der Produktionsmittel und den Besitzlosen, auf die Produktionsmittel Angewiesenen, also die von Unternehmern und Lohnarbeitern. Freilich hebt dieser Gegensatz die Gegensätze innerhalb der Gruppen nicht auf. Die Solidarität ist immer nur vorläufig und taktisch und beruht immer nur auf einer teilweisen, niemals auf einer völligen Gleichschaltung der Interessen. Sie ist darum jederzeit auflöslich und hat nur in Verbindung mit anderen Momenten gemeinschaftsbildende Kraft. – Dieser Hauptgegensatz innerhalb der bürgerlichen Gesellschaft erhält nun seine Tiefe und dämonische Gestalt dadurch, daß er zum Klassengegensatz wird und in den Klassenkampf treibt. Klasse ist mehr als Wirtschaftsgegensatz. Klasse ist Schicksalsgegensatz und schließt alle Seiten der geistigen und gesellschaftlichen Form ein, wenn auch das Wirtschaftliche grundlegend ist. Die Klassenbildung bedeutet den radikalen Riß durch die menschliche Gemeinschaft und damit eine radikale Zerstörung der Gemeinsamkeit vor dem Ewigen. Die Elemente der in sich bleibenden Endlichkeit setzen sich gegeneinander absolut, anstatt sich als ergänzende Hinweise auf das Ewige zu wissen.

Eine verhängnisvolle Folge dieser Gesamtlage ist die Entleerung namentlich der Massen zugunsten ihres Dienstes an der Maschine, ist die eigentliche mechanische Massenbildung. Masse ist Zusammenballung atomisierter, qualitätslos gewordener Einzelner. Masse ist Ausdruck des naturgesetzlich gebundenen, ihres lebendigen Gehaltes beraubten, der Endlichkeit unterworfenen Teiles der Gesellschaft. Die mechanisierte Masse und ihre triebhaften Bewegungen sind das furchtbare Zerstörungsprodukt der Dämonie des bürgerlichen Geistes. – Die der Masse gegenüberstehende bürgerliche Schicht ist zwar im Besitz der Bildungsmittel, bedient sich ihrer aber teils zum Zweck der rationalen Herrschaft über Natur und Masse, teils zu individueller Höchstformung ohne metaphysische Verantwortung für sich und die Gemeinschaft. Der Geist im Dienst der rationalen Dingbeherrschung und der verantwortungslose Geist, das sind die beiden Folgen der Tatsache, daß die bürgerliche Gesellschaft die Beziehung des Geistes zum Ewigen zerschnitten hat.

Es ist für unsere Frage notwendig, so ausführlich auf diese Dinge einzugehen, weil sie wie kaum etwas anderes die religiöse Lage der Gegenwart bestimmen und weil es den Gegenbewegungen bis heute nicht gelungen ist, das Verhängnis dieser Lage zu beseitigen. – Das gilt zunächst und vor allem für die größte und geschichtlich wirksamste aller Gegenbewegungen gegen die bürgerliche Gesellschaft, für den Sozialismus. In der sozialistischen Kritik, die sich durch das ganze 19. Jahrhundert hinzieht und deren Höhepunkt das von Marx und Engels verfaßte kommunistische Manifest mit seiner hinreißenden, prophetischen Kraft ist, sind fast alle Waffen geschmiedet, mit denen der Kampf gegen die bürgerliche Gesellschaft geführt werden kann. Wenn nun der Geist der bürgerlichen Gesellschaft der Geist der in sich bleibenden Endlichkeit ist, so müßte die Kritik an diesem Geist zugleich Durchbruch durch die Endlichkeit bedeuten. Es ist in der Tat nicht zu bestreiten und von jeher beobachtet worden, daß in der leidenschaftlichen, endgerichteten Spannung, in der alle Kräfte bewegenden Hoffnung der ursprünglichen sozialistischen Bewegung ein transzendentes Element, eine Durchbrechung der endlichen Möglichkeiten enthalten ist. Die sozialistische Bewegung hatte in ihrer Tiefe ein Element religiöser Endhoffnung. Es ist nun aber der Triumph des bürgerlichen Geistes, der größte vielleicht, den er errungen hat, daß er sich die mächtigste gegen ihn gerichtete Bewegung von innen her unterwarf. Das in der Tiefe transzendente Ziel des Sozialismus wird in der tatsächlichen Zielbestimmung endlich und zeitlich gemacht. Es wird ein Zeitpunkt in Aussicht genommen, in dem das, was „Nein" zur Zeit ist, die Ewigkeit, sich verwirklichen soll. Die Enttäuschung, das Kompromiß, das Fortschrittlich- und Bürgerlich-Werden des Sozialismus war die notwendige Folge dieses inneren Widerspruchs. Selbst die extremen Bewegungen, die sich, wie der Kommunismus, gegen die Verbürgerlichung sträuben, haben ein genügendes Element bürgerlichen Geistes in sich, um immer wieder jener Täuschung zu erliegen. Diese Haltung ist zum Teil darin begründet, daß vom Sozialismus neben dem Kampf um die Überwindung der bürgerlichen Gesellschaft der Kampf um die Lebenserhaltung des Proletariats in der bürgerlichen Gesellschaft geführt werden muß. Beide Ziele aber stehen in einem geradezu tragischen Gegensatz zueinander. Zugleich übernahm der Sozialismus die theoretischen und praktischen Denkformen des bürgerlichen Zeitalters, stellte sich also grundsätzlich auf den gleichen Boden, auf dem sein Gegner stand. So tief darum der Widerspruch der sozialistischen Massen gegen das Schicksal ist, das die bürgerliche Gesellschaft über sie gebracht hat, so unfähig sind sie, sich der Umschlingung der bürgerlichen Gesellschaft zu entziehen und das System der in sich ruhenden Endlichkeit zu durchbrechen.

Mit der allgemeinen Wendung gegen die bürgerliche Geisteshaltung vollzog sich auch eine Wendung im sozialistischen Denken. Man kam zu der Einsicht, in welchem Maße die tatsächliche sozialistische Bewegung dem Geist des 19. Jahrhunderts verfallen war, man setzte Ziele, die jenseits der gemeinsamen Grundlagen von bürgerlichem und sozialistischem Denken liegen. Hierher gehört Landauers „Aufruf zum Sozialismus", eine typische Rückwendung vom marxistischen zum romantischen Sozialismus. Weniger romantisch, Marx näherstehend, ihn aber von Hegel und nicht von Kant und dem Materialismus her verstehend, gibt sich der Kommunismus von Lukacs und anderen. Dem bürgerlichen Zentralismus und seiner einheitlichen Durchrationalisierung der Welt, dem auch der Staatssozialismus noch nahestand, tritt aufs nachdrücklichste entgegen der Syndikalismus mit seinen bedeutenden französischen Theoretikern und Gedankengängen, wie sie von Krapotkin und Bakunin in Rußland vertreten wurden. Auflockernde Elemente dringen von der Jugendbewegung her durch den Jungsozialismus in die Partei. Von der letzten religiösen Voraussetzung aus packt der Religiöse Sozialismus namentlich des Berliner Kreises um Mennicke die Probleme an. All diese Bewegungen versuchen den Sozialismus als Glied einer umfassenden Geistesbewegung zu verstehen, ihn in den übergreifenden Zusammenhang der antibürgerlichen Haltung überhaupt einzureihen und ihn von da aus von seinen bürgerlichen Elementen zu befreien. Das naive Absolutheitsbewußtsein der sozialistischen Partei, der Führer wie der Massen, wird abgelehnt. Man ringt um eine neue theoretische Grundlegung und um neue praktische Ziele. Die Probleme der Gemeinschaft und des *eros* zu den Dingen, die Frage nach dem Bedürfnis, nach der Klassenbildung, das Massenproblem nach seiner wirtschaftlichen und religiösen Seite, die Eigentumsfrage, der Sinn der liberalen Wirtschaftsgesetze und ähnliche Fragen werden behandelt. Die Kritik ist oft radikal, radikaler und tiefgehender als die von der bürgerlichen Seite kommende, und doch ist es eine Kritik, die zugleich Bejahung des sozialistischen Kampfes ist.

Es konnte nicht ausbleiben, daß in all diese Richtungen romantische

Elemente eindrangen, denen gegenüber die alte Bewegung ein überlegenes Recht hatte. Namentlich die Revolutionsperiode mit ihren hochgespannten Erwartungen beförderte einen unwirklichen Enthusiasmus. Er konnte nicht lange währen. Die reale Gewalt der Kapitalherrschaft und die Überlegenheit des alle Lebensseiten formenden, bürgerlich-rationalen Geistes war viel zu groß, als daß selbst eine gelingende Revolution ihn hätte beseitigen können. Reale Versuche, in kleinen Gemeinschaften, Siedlungen usw. das sozialistische Ideal vorwegzunehmen, scheiterten, soweit sie sich nicht in das allgemeine Wirtschaftssystem einfügten. Die sozialistischen Parteien hielten in ihrer älteren Führerschicht an den bürgerlich-rationalen Elementen ihrer Tradition fest. Der Jungsozialismus ist bis auf weiteres einflußlos. Der Religiöse Sozialismus ist durch die für ihn grundsätzlichste und schwerste Frage erschüttert, wie vom Religiösen, also Ewigen her überhaupt eine Entscheidung in der Zeit möglich ist. Unter dem Druck dieser Frage wird auch er zusehends entromantisiert. Von ihm vor allem geht die Forderung dessen aus, was wir an verschiedenen Stellen als *gläubigen Realismus* bezeichnet haben: ein unbedingtes Ernstnehmen der konkreten Lage unserer Zeit und der Zeit vor der Ewigkeit überhaupt, also ein Nein zu jeder Romantik und Utopie, aber die Hoffnung auf eine Gesellschafts- und Wirtschaftslage, in der der Geist des Kapitalismus – das stärkste Symbol der in sich ruhenden Endlichkeit – überwunden ist. Inwieweit es gelingen wird, bürgerliche und – was oft noch schwerer ist – altsozialistische Kreise mit diesem Bewußtsein zu erfüllen, kann nicht gesagt werden. Ebensowenig, welche Konsequenzen sich für die gegenwärtige Wirtschaftsgestaltung und den politischen Kampf daraus ergeben. Soviel ist sicher, daß die Erschütterung, die von den Gegenbewegungen gegen die bürgerliche Wirtschafts- und Gesellschaftsordnung nach allen Seiten, auch der sozialistischen, ausgegangen ist, nicht mehr zur Ruhe kommen kann.

b) Volk und Menschheit

Die bürgerliche Gesellschaft ist ihrer Idee nach weltbürgerliche Gesellschaft. Denn die rationale Entleerung aller Qualitäten hebt auch die spezifischen Qualitäten der Völker auf und ordnet sie der einheitlichen Menschheit unter. Es ist nun bemerkenswert, daß die Verwirklichung und Wirklichkeit der bürgerlichen Gesellschaft von vornherein dieser Konsequenz ihrer Idee widersprach. Der demokratische Gedanke wurde von England und von Frankreich getragen, also von Völkern, die gerade durch ihn am frühesten zu ihrem eigentlichen Nationalgefühl kamen. Eine abstrakt-weltbürgerliche Formulierung fand er vor allem da, wo er keine nationale Wirklichkeit hinter sich hatte, in der deutschen Philosophie. Die demokratischen Völker dagegen sahen in der Durchsetzung des Geistes der bürgerlichen Gesellschaft ihre geschichtliche Berufung. Ein religiöses Schicksalsgefühl war die Wurzel ihres Nationalgefühls. Die nationale Herrschaft ist Verwirklichung göttlicher, nämlich demokratischer Herrschaft. Dieses Bewußtsein trägt auch jetzt noch in stark verweltlichter Form die großen westlichen Demokratien. Das entspricht dem, was wir von den religiösen Ursprüngen der bürgerlichen Gesellschaft anfänglich gesagt haben. – Die nationale Berufungsidee hat jedoch dieses in sich, daß sie sich die übrigen Völker unterwerfen will. Sie ist wesensmäßig universal, imperialistisch. Dadurch aber kommt sie in Widerspruch mit ihrem eigenen demokratischen Inhalt, ein Widerspruch, der da, wo er nicht verstanden wird, notwendig Heuchelei genannt werden muß. Er ist aber nicht Heuchelei, und es ist nicht so, daß etwa die englisch-amerikanische Demokratie ihre humanitäre Idee nur zu Zwecken nationaler Machtentfaltung benutzt, ohne selbst an sie zu glauben, sondern das Berufungsbewußtsein ist wirklich da und bildet eine unlösliche Einheit von religiösem Glauben und nationalem Machtwillen.

Es konnte aber nun nicht ausbleiben, daß sich gegen dieses imperialistische Nationalgefühl im Abwehrkampf das Nationalgefühl der bedrohten Völker erhob. Aus dieser Erhebung wurde das mystische Nationalgefühl geboren, diese machtvolle Gegenbewegung gegen den Geist der bürgerlichen Gesellschaft. Anstelle des rationalen, atomistischen Denkens soll das organische treten. Das Volk soll sich als Gemeinschaft nach innen, als bedeutungsvoller individueller Charakter nach außen fühlen, die einzelnen Stände sollen in gegenseitiger Verantwortung zueinander und zum Ganzen stehen, das Ganze aber soll sich erfüllen lassen von einem aus dem Ewigen stammenden und ins Ewige reichenden Gehalt. Freilich blieb diesem christlich-konservativen Nationalgefühl verborgen, daß es im Verhältnis der Völker zueinander den Individualismus und die liberale Kampfbeziehung unangetastet läßt. Denn zu dem Gedanken einer menschheitlichen Gemeinschaft im Sinne der mittelalterlichen Idee der einheitlichen Christenheit erhebt sich diese Auffassung nicht.

Nur schrittweise ist die altkonservative Nationalidee von der bürgerlichen Gesellschaft beiseite gedrängt worden. Entscheidend waren dafür viel weniger innerpolitische Siege, die schrittweise errungen wurden, als die außenpolitische Haltung und das durch sie bedingte Bündnis von konservativer und nationalliberaler Politik. Hier wurde das liberale Element des konservativen Nationalgedankens offenbar. Das nationalliberale Prinzip enthält ausdrücklich und dem Wort nach die Verbindung der nationalen Idee mit dem Geist der bürgerlichen Gesellschaft in sich. Es enthält der Sache nach die Forderung nach Kapitalherrschaft im Inneren und kapitalistischer Machtausdehnung nach außen. Durch den Sieg der nationalliberalen über die konservative Idee war das nationale Prinzip dem Geist der bürgerlichen Gesellschaft unterworfen.

In dieser Verbindung liegt aber nun ein innerer Widerspruch, dessen Unlösbarkeit zu den schwersten Konsequenzen geführt hat. Die innere Gestalt der bürgerlichen Gesellschaft steht zur nationalen Idee durchaus im Gegensatz. Die wirtschaftliche Durchrationalisierung des Volkes zerstört den ständischen Aufbau und führt zur Klassenspaltung, und die wirtschaftliche Durchrationalisierung der Welt zerstört die nationale Besonderheit und legt den kapitalistischen Querschnitt durch alle Völker. Die ursprüngliche Berufungsidee kann sich demgegenüber ebensowenig halten wie die mystisch-organische Auffassung des Volksgeistes. Wird nun die nationale Idee doch bejaht, so erhält sie den Sinn eines weltwirtschaftlichen Interessenverbandes, dem die nationale Wehrmacht zu Zwecken der wirtschaftlichen Expansion zur Verfügung steht. Durch diese Entwicklung aber wird der innere Widerspruch der ganzen Haltung offenbar. Er tritt in Erscheinung als realer Widerspruch, der vom Proletariat ausgeht. Wohl kann auch das Proletariat von der nationalen Wirtschaftsexpansion profitieren. Aber es wird dadurch seines Klassenschicksals nicht ledig. Und dieses Schicksal liegt ja gerade darin, daß durch die Mechanisierung und technische Massenbildung die lebendige Beziehung zum Boden, zur Heimat, zur Sprache, zum Gemeinschaftsleben, zum Geist des Volkes verloren gegangen sind. Es zeugt eher für als gegen das nationale Gefühl des Proletariats, wenn es die Solidarität mit der Nation als Wirtschaftsverband nicht als nationale Verwirklichung empfinden kann. Infolgedessen greift das proletarische Bewußtsein unmittelbar zu den menschheitlichen Idealen, und das religiöse Berufungsbewußtsein verschiebt sich vom Volk auf das Menschheitsproletariat als Klasse. Mit dem Menschheitsgedanken und dem pazifistischen Ideal nimmt das Proletariat eine Wesenstendenz der bürgerlichen Gesellschaft auf und führt sie folgerichtig durch. Mit der Beziehung dieses Gedankens auf die proletarische Klasse meldet das Proletariat seinen Willen zur Bekämpfung der bürgerlichen Gesellschaft an. Der Sozialismus pflegt darum pazifistisch nur in bezug auf das Verhältnis der Völker zueinander, dagegen kriegerisch-revolutionär in bezug auf das Klassenverhältnis zu sein.

Auch die bürgerliche Gesellschaft war gezwungen, der pazifistischen Konsequenz ihres Grundprinzips entgegenzukommen. Durch die Verbindung mit der nationalen Idee aber blieb ihr nichts anderes übrig, als den Menschheitsgedanken von den einzelnen Nationen her aufzubauen und im Völkerbund ein demokratisches Schutzmittel zu finden, durch das Störungen der weltumspannenden kapitalistischen Wirtschaft vermieden werden sollten. So stark auch namentlich im amerikanischen Pazifismus religiöse Kräfte, Berufungsbewußtsein der demokratischen Völker, humanitärer Utopismus im Hintergrund liegen: im Vordergrund steht der störungslose Ablauf der weltwirtschaftlichen Gesetze und der durch sie garantierte wirtschaftliche Nutzen aller einzelnen. Es ist Wille zur in sich ruhenden wirtschaftlichen Endlichkeit, der hinter dem bürgerlichen Pazifismus steht und der auch den sozialistischen Pazifismus weithin trägt. Die ursprünglichen religiösen Kräfte sind verlorengegangen. Der anglo-amerikanische oder proletarische Wirtschaftsfriede gilt als Ziel der übernationalen menschheitlichen Entwicklung.

Der Religiöse Sozialismus und ähnlich die national gerichteten Jungdeutschen versuchen zum Teil in gemeinsamer Arbeit die nationale Idee ebenso von den romantisch-reaktionären wie von den nationalistisch-bürgerlichen Elementen zu befreien. Welchen Erfolg diese Bestrebungen auf dem leidenschaftlich umstrittenen Gebiet des Nationalen haben werden, ist nicht abzusehen. Jedenfalls wird ihr Erfolg oder Mißerfolg für die religiöse Lage von erheblicher Bedeutung sein. Denn es gehört zu den am schwersten zu durchschauenden Dämonien des Geistes der bürgerlichen Gesellschaft, daß sie die ihr entscheidend widersprechende nationale Idee in einem solchen Maße durchdrungen und deformiert hat.

c) Staat und Verfassung

Zu den Ideen, die für die bürgerliche Gesellschaft am verräterischsten sind, gehört ihre Auffassung vom Staat. Der Staat als rechtstragende Gemeinschaft hatte in der vorbürgerlichen Geisteslage die Weihe und Heiligkeit, die ihm wesensmäßig zukommt, wenn in ihm eine Gemeinschaft ihre grundlegende, alle Seiten des Geisteslebens bestimmende Form sieht. Die mittelalterlichen Konflikte mit der Kirche konnten ihm seine Heiligkeit nicht rauben. Denn diese Konflikte selbst waren nur möglich, weil zwei Repräsentanten der universalen Geistes- und Kulturgemeinschaft miteinander rangen: der Staat von der profanen, die Kirche von der religiösen Seite her, aber der Staat zugleich mit dem Anspruch auf die religiöse, die Kirche zugleich mit dem Anspruch auf die profane Seite.

Die bürgerliche Staatsauffassung kann als die vollendete Profanisierung des Staates bezeichnet werden. Infolge der Auflösung der Gemeinschaft und der geistigen und religiösen Substanz erhält er lediglich die Aufgabe, den Rechtsschutz der Wirtschaft zu garantieren, nach innen und nach außen. Je besser er diese Aufgabe leistet, je ruhiger und gesicherter das Wirtschaftsleben sich abspielen kann, desto mehr steht der Staat im Wesen. Eingriffe in die geistige und religiöse Sphäre kommen für ihn nicht in Frage. Sein Verhältnis zu Religion und Kultur ist durch die Idee der Toleranz bestimmt; die Vergewaltigung der Persönlichkeit in ihrem Verhältnis zum Lebenssinn, d. h. in ihrem Glauben, ist beseitigt, damit aber auch jede Bedeutung der staatlichen Gemeinschaft für den letzten Lebenssinn. Die Beziehung zum Ewigen ist aus der staatlichen Öffentlichkeit in die private Sphäre gerückt. Religion als Privatsache und als Sache privater Vereine ist die selbstverständliche Konsequenz, die auf deutschem Boden freilich erst von der Sozialdemokratie gezogen worden ist. Auf englisch-amerikanischem Boden ist nicht nur die Religion, sondern auch das gesamte Bildungswesen dieser Privatisierung überlassen. In dem Maße, in dem die Entwicklung fortschreitet, verliert naturgemäß der Staat seine ursprüngliche Heiligkeit und wird zu einer leeren, technischen Maschine, von der der Einzelne sich möglichst fernhält.

Aber eine solche Maschine könnte nicht von selbst laufen. Die reine Rechtsform hat nicht die Macht, ins Dasein zu treten, wenn sie nicht getragen ist von unmittelbar vitalen Kräften. Die tragende Kraft aber war die nationale Idee. Sie gab dem Staat auf kontinentalem wie auf englisch-amerikanischem Boden eine gewisse Heiligkeit wieder. Sie gab ihm die Möglichkeit, Begeisterung zu wecken, Opfer zu fordern, gelegentlich auch einzugreifen in die religiöse und geistige Sphäre und der Toleranz sehr nachdrückliche Grenzen zu ziehen. Von hier aus konnte dann auf deutschem Boden die Idee des christlich-nationalen oder auch des heidnisch-nationalen Staates eine gewisse Rolle spielen. Doch war der Geist der bürgerlichen Gesellschaft stark genug, jede ernsthafte Gefährdung der Toleranz und der wirtschaftlichen Schutzaufgaben des Staates zu verhindern.

Der Sozialismus zog auf deutschem Boden zunächst die Konsequenz der liberalen Staatsidee. Aber sie war ihm doch nie ernst; in Wahrheit wollte er die religiöse und geistige Kultur von der sozialistischen Idee aus gestalten. Seine Forderungen, die Religion als Privatsache zu behandeln oder die weltliche Schule durchzuführen, bedeuten doch nur Vorstufen für sein eigentliches Ziel, die sozialistische Religion und Kultur zur Grundlage des öffentlichen Bewußtseins und der verschiedenen Bildungseinrichtungen zu machen. Und das ist notwendig so. Denn der

Sozialismus ist zwar in der Taktik weithin zum Vollstrecker liberaler Tendenzen auf deutschem Boden geworden, seinem Wesen nach aber ist er antiliberal. Seine Grundidee steht im Widerspruch zur Profanität der bürgerlichen Staatsidee. – Es ist nun freilich für die Wirkung des Sozialismus verhängnisvoll geworden, daß er eine eigene Staatsidee nicht geschaffen hat. Daran hinderten ihn die anarchistischen Elemente seines Denkens, die trotz alles vorläufigen Staatssozialismus für die letzten Zielbestimmungen immer in Kraft blieben und von Lenin im Anschluß an Marx wieder ausdrücklich verkündigt sind. Der Gedanke, daß mit Aufhebung des Klassengegensatzes auch der Staat verschwindet und durch gesellschaftliche Selbstverwaltung ersetzt wird, ist die Profanisierung der alten religiösen Idee von der vollkommenen Liebesgemeinschaft des vollendeten Gottesreiches. Seine glänzendste Vertretung hatte ihm Tolstoi zuteil werden lassen. Aber auch der utopische Sozialismus in der Landauerschen Form oder in der mystischen Art, mit der ihn der Zionist Martin Buber vertritt, ist nicht unwirksam geblieben und gehört zu der romantischen Gegenbewegung gegen die bürgerliche Staatsidee. Sehr viel realistischer und darum den Vertretern der nationalen Staatsidee näher stehend, versucht der Religiöse Sozialismus die Staatsidee durchzuarbeiten und sie ebenso dem bürgerlich-profanen Staatsrationalismus wie der romantisch-nationalen oder anarchischen Staatsmystik gegenüber neu zu gestalten. Auch hier wandelt sich die Romantik in gläubigen Realismus.

Mit der Staatsidee hängt zusammen die Staatsverfassung, und auch sie ist für die Frage nach der religiösen Lage der Gegenwart von Bedeutung, zumal sie in Deutschland Gegenstand erbitterter Kämpfe und intensiver Denkarbeit ist. In der Konsequenz des bürgerlichen Geistes liegt die Aufhebung der naturgewachsenen und geheiligten Herrschaftsverhältnisse, also der Aufbau des Staates aus den atomisierten Einzelnen, die sich durch den Staatsvertrag das verbindende Gesetz geben. Dieser Vertrag kann der Form nach sogar zur Errichtung eines fürstlichen Absolutismus führen, der Sache nach aber treibt er zur Demokratie. An und für sich kann auch das demokratische Prinzip eine mystisch-religiöse Verankerung haben in dem Grundsatz: Volkes Stimme Gottes Stimme. Aber dieser Ursprung ist längst verschwunden, und die formale Gleichheitsidee, praktisch brauchbar gemacht durch das Mehrheitsprinzip, beherrscht das demokratische Denken. Die Beziehung auf das Ewige im Sinne eines Schicksals oder einer Gnade, die den Aristokraten oder den Herrscher tragen, ist ausgeschaltet. Die Herrschaft ist eine rationale Angelegenheit der politischen Begabung. Sie ist ein Fach, aber kein Stand.

Aber eine demokratische Herrschaftsform ist ebenso unwirklich wie eine rein formale Staatsmaschine. Tragende Kraft der Demokratie sind die Mächte, die sich ihrer bedienen, um die eigene Herrschaft an die Stelle der geheiligten alten Aristokratie zu setzen. Trägerin der Demokratie ist das Bürgertum, und zwar das wirtschaftlich führende, in dessen Händen das Kapital liegt. Bürgerliche Demokratie ist die politische Form der Kapitalherrschaft. Das Kapital schafft die Mehrheit und mit der Mehrheit die Macht. Wo es aber aus irgendwelchen Gründen die Mehrheit nicht in die Hand bekommt, höhlt es den Staat aus und macht sich ihn indirekt durch die Beherrschung der Wirtschaft abhängig.

Auch hier tritt wieder die eigentümliche Lage ein, daß der Sozialismus, also die Gegenbewegung gegen den bürgerlichen Geist, die demokratische Idee zu Ende denkt, wenn er sich gegen die Kapitalherrschaft wendet. Freilich hat diese Kampfstellung den Sozialismus auch hier verhindert, zu einer selbständigen Durcharbeitung der Probleme des staatlichen Aufbaues zu gelangen. Die reale Mächtigkeit bestimmter Gruppen und ihre hervorragende Bedeutung für das Herrschaftsverhältnis blieb der sozialistischen Theorie verborgen. Erst die extremen Bewegungen stellten mit der Lehre von der „Diktatur des Proletariats" eine schlechthin antidemokratische und antibürgerliche Forderung auf, ohne freilich die geringsten Mittel zu ihrer Verwirklichung zu haben.

Wichtiger, weil von stärkeren Wirklichkeiten getragen, war die konservativ-nationale Opposition gegen die demokratische Verfassungsidee. Dabei spielte die Monarchie eine verhältnismäßig geringe Rolle, obgleich auch sie als religiös fundierte Herrschaftsform bejaht wurde. Die eigentliche Kraft des Gegenstoßes ging von der organischen Staatsidee aus, von der Auffassung, daß urgegebene und gewachsene Herrschaftsverhältnisse aufrechterhalten und wiedergewonnen werden müßten. Das Ideal einer ständischen Verfassung tauchte auf und erhielt eine gewisse mythische Weihe. Es verband sich mit der nationalen Idee zu einer christlich-konservativen Gesamtauffassung, die als geistige Kraft in weiten Kreisen, namentlich auch der Jugend, wirksam geworden ist und sich in Form des Rätesystems zeitweise sogar mit der revolutionären Idee verbinden konnte.

Die Romantik der konservativ-ständischen Idee liegt darin, daß sie Dinge durch politisches Handeln erreichen will, die ihrer Auffassung nach organisch gewachsen sein sollen. Das muß naturgemäß mißlingen und führt immer wieder dazu, daß die tatsächlichen Gewalten, also die Träger der Kapitalherrschaft, an die Stelle rücken, an der nach der organischen Theorie die Vertreter der Volksgemeinschaft stehen müßten. Agrarfeudalismus und Kapitalfeudalismus verbinden und verschmelzen sich und bewirken statt eines ständischen Aufbaus notwendig eine Vertiefung des Klassenkampfes. Es gelingt der organisch-mystischen Verfassungslehre zur Zeit ebensowenig, sich dem Geist der bürgerlichen Gesellschaft zu entziehen, wie der sozialistischen. Die in sich ruhende Endlichkeit bleibt undurchbrochen. Herrschaftsformen, die eine jenseitige Weihe haben, ständischer Aufbau, der eine innere geheiligte Mächtigkeit hat, werden nicht gefunden. Auch die Bemühungen des Religiösen Sozialismus, wenigstens begriffliche Klarheit über diese Dinge zu schaffen, stehen in den Anfängen.

2. *Die ethisch-soziale Sphäre*

a) Gemeinschaftsprobleme

Kaum eine Bewegung hat seit langer Zeit so viel Aufmerksamkeit erregt wie die Jugendbewegung des beginnenden 20. Jahrhunderts. Es kann nicht zweifelhaft sein, was hier geschah: der Geist der Jugend als Jugend protestierte gegen den Geist der bürgerlichen Gesellschaft. Darin liegt die Größe und die Grenze der Bewegung. Die Größe, daß eine ganze Generation in ihren besten Kräften sich empörte gegen den Zwang der in sich ruhenden Endlichkeit; die Grenze, daß diese Empörung nicht ausging von einer positiven prophetischen Kraft, sondern von der ungeformten Sehnsucht des jugendlichen Gemüts. – In allen entscheidenden Punkten hat die Jugendbewegung Protest gegen die bürgerliche Gesellschaft erhoben, zuerst – das war ihr Ausgangspunkt – hat sie den *eros* der Natur gegenüber wiedergefunden und ihn zu einer stark religiös gefärbten Naturmystik vertieft. Von hier aus hat sie einen vielseitigen Angriff gegen die Sitten und Unsitten der bürgerlichen Konvention unternommen, sowohl gegen das naturalistische Spießertum wie gegen die impressionistische Boheme. In Kleidung, Sprache, Gebrauch der Genußmittel, Tanz, Geselligkeit usw. wurde das Natürliche, Ursprüngliche, Volkstümliche in den Vordergrund gerückt. So wurde ein romantisch-religiöses Verhältnis zu der vorbürgerlichen Epoche, speziell dem Mittelalter, gewonnen. – In gleicher Weise eroberte die Jugendbewegung das Verhältnis von Mensch zu Mensch für ein religiös-mystisches Gemeinschaftsideal. Anstelle der gesellschaftlichen Gegenschaltung tritt der *eros* der Gemeinschaft. Inwieweit in diesem *eros* eine sexual-erotische Komponente mitschwingt, ist schwer festzustellen; jedenfalls wirkt sie nur dann zerstörerisch, wenn sie bewußt gemacht und in das Zentrum des Gemeinschaftslebens gerückt wird, wie es an einigen wenigen Stellen geschehen ist. An sich ist sie die notwendige unterbewußte Kraft jedes wirklichen Gemeinschaftslebens. Auch der Gemeinschafts-*eros* in der Jugendbewegung hat einen mystischen Zug und führt die Jugend zu vergangenen Gemeinschaftsideen zurück. Es entwickeln sich Bünde, Führerschaftsverhältnisse, Ritterschaftsromantik usw. Gerade um diese Dinge rankte sich die Sehnsucht der Jugendbewegung mit besonderer Leidenschaft, und sie hat hier zu Fragen und Einblicken geführt, die der bürgerlichen Gesellschaft völlig verlorengegangen waren.

Es ist verständlich, daß mit diesen Voraussetzungen die Jugendbewegung die mystische Seite der Religion wiederfinden konnte. In ihren Kreisen fand die ältere mystische Literatur Pflege, aus ihren Kreisen kamen Anstöße zu einer protestantischen Kultreform in mystischer Richtung. Und es war dem Katholizismus nicht schwer, in sich selbst eine Jugendbewegung zu schaffen, die kirchlich blieb und sich doch in Mystik und Gegnerschaft gegen den bürgerlichen Geist mit der übrigen Jugend traf. Am wenigsten berührt von der Jugendbewegung wurde der kirchliche Protestantismus, weil er mit seiner Antimystik und seinem männlich geformten Charakter einen Gegentyp gegen den Geist der Jugendbewegung darstellt.

Die Krisis der Jugendbewegung, in der wir seit längerer Zeit stehen und die irgendwie ihr Ende bedeutet, ist darin begründet, daß sie den Protest gegen den bürgerlichen Geist als Jugend erhebt. Jugend aber ist Auflockerung, Sehnsucht, Empfänglichkeit; Jugend ist dazu bestimmt, zur Form und Reife zu kommen, männlich zu werden. Im Übergang von der Jugend zur Mannheit liegt der kritische Punkt der Jugendbewegung; hier setzte die Krisis ein. Denn bei diesem Übergang zeigte sich, daß die Jugendbewegung keine eigene Form hatte, die sie als positive Kraft der Form der bürgerlichen Gesellschaft entgegensetzen konnte. Und so kam, was kaum zu vermeiden war, daß die bürgerliche Gesellschaft sich der Jugendbewegung bemächtigte, der Einzelnen und der Bewegung selbst. Die Politisierung der Jugendbewegung, ihre Einbeziehung in die bestehenden Parteien der bürgerlichen Gesellschaft ist der äußere Ausdruck ihres grundsätzlichen Endes. – Und doch ist es unmöglich, daß die Jugend einfach den bürgerlichen Realismus annimmt. Wo sie ihn hat, ist sie eine Karikatur von Jugend. Wohl aber ist ihr möglich und notwendig ein gläubiger Realismus. Daß in der Jugend selbst die Sehnsucht danach lebendig ist, kann nicht zweifelhaft sein. Wohin sie führen wird, ist nicht vorauszusagen. Das hängt davon ab, welche Form für den Gehalt gefunden werden wird. Wohl aber kann man sagen, daß mit dieser Wendung eine Annäherung der

Jugend an die protestantische Grundhaltung gegeben ist, und die starke Einwirkung der neureformatorischen Richtung der protestantischen Theologie auch auf die nichttheologische Jugend ist ein Zeugnis dafür. – Für die religiöse Lage der Gegenwart ist und bleibt die Hauptleistung der Jugendbewegung die Tatsache, daß die besten Kräfte einer ganzen Generation sich dem Geist der bürgerlichen Gesellschaft widersetzt und die in sich ruhende Endlichkeit durchbrochen haben. Die Kräfte, die von hier in die Gesellschaft einströmen, sind immer noch die besten und wichtigsten und schaffen ein Element der Unruhe und des Widerspruchs, dessen Wirkung noch längst nicht erschöpft ist und dessen religiöse Bedeutung nicht leicht unterschätzt werden kann.

Unter den zahlreichen Gemeinschaftsproblemen, die mit der Wiederentdeckung des Gemeinschafts-*eros* lebendig wurden, sind für die religiöse Lage der Gegenwart von besonderer Wichtigkeit das Geschlechterverhältnis, das Heilverhältnis und das Erziehungsverhältnis, das jedoch im Zusammenhang des Bildungsproblems zu behandeln ist.

Für das Geschlechterverhältnis ist im allgemeinen die Lage die, daß die Auflösung des sakramentalen Charakters der Ehe durch den Protestantismus Ehe und Geschlechterverhältnis überhaupt in die persönliche Verantwortung des Einzelnen gestellt und zugleich dem göttlichen Naturgesetz der ausschließlichen Monogamie unterworfen hat. In der bürgerlichen Gesellschaft wurde das göttliche Gesetz zur gesellschaftlichen Konvention, die dem Mann fast bedingungslos, der Frau in Grenzen Durchbrechungen der Ausschließlichkeit gestattete, – wenn nur die Konvention in ihrer Geltung unangetastet blieb. – Gegen diese Herrschaft der konventionellen Lüge richteten sich die Kreise des ästhetischen Individualismus, zum Teil unter der Einwirkung von Nietzsches machtvoller Verkündigung des *eros*. Aber dieser Gegenschlag führte nicht weiter, da er in der Sphäre des Individuellen stecken blieb und zu einer gemeinschaftslosen erotischen Anarchie führte. Auch im Proletariat war die bürgerliche Konvention zerbrochen, und zwar unter dem Druck der wirtschaftlichen Atomisierung, die auch vor der Familie nicht haltmachte und den losgelösten Einzelnen beider Geschlechter gestaltlos und individualitätslos der mechanischen Masse einordnete. Es konnte nicht ausbleiben, daß im vollen Gegensatz zur bürgerlichen Sitte eine ungeformte Sexualität das Geschlechterverhältnis bestimmte. Darin war Protest gegen die Lüge des Bürgertums. Aber der Protest stand auf dem gleichen Boden. Ein Durchbruch zum Ewigen im Geschlechterverhältnis wurde nicht erreicht. – Ein drittes Element in dieser Bewegung war die Befreiung der Frau aus den Resten des ursprünglichen patriarchalischen Verhältnisses, ihr Schicksal, in den Wirtschaftskampf hereingeworfen zu werden, und ihre Tat, die Gleichberechtigung im geistigen und öffentlichen Leben zu erringen. Auch das lag noch in der Konsequenz der bürgerlichen Gesellschaft und ihres Atomismus, aber es gab doch, wie auch die übrigen Auflösungsbewegungen der bürgerlichen Sitte, die Grundlage für das Erwachen eines neuen Geschlechterideals. Es war nicht anders möglich, als daß die Versuche, es zu verwirklichen, zunächst in voller Freiheit unternommen wurden, also ohne sakramentale, religiös-gesetzliche oder bürgerlich-konventionelle Bindung. Die innere Bindung wurde zum Ideal erhoben; der Versuch, sie zu finden, war ein Wagnis, aber kein Gesetz. Der Neubau des Geschlechterverhältnisses von Einzelnen her wurde an vielen Stellen mit großem Ernst und hohem Idealismus unternommen. Und doch zeigte sich fast in allen Fällen die Unmöglichkeit, ein Geschlechterverhältnis so aufzubauen: Individualität und Individualität können nur aus einem dritten, unbedingt übergeordneten Prinzip zur Lebenseinheit geführt werden. Unbedingt übergeordnet aber ist allein das der Zeit und ihrem Wechsel Enthobene, das Ewige. Eine Lebensgemeinschaft, die nicht auf dem Grunde des Ewigen ruht, gilt auf Zeit, auch wenn diese Zeit sich zufällig mit der Lebenszeit deckt. Aber das ist dann Zufall und kein allzu häufiger. Hier ist einer der Punkte, wo die Not der in sich ruhenden Endlichkeit sich in der Tragik unzähliger einzelner offenbart und nach einem Durchbruch zur Transzendenz drängt, auf dem sich das Geschlechterverhältnis neu aufbauen kann.

Eine eigentümliche und für die religiöse Lage wichtige Bedeutung hat das Heilverhältnis in der Gegenwart bekommen. Voraussetzung dafür ist die Tatsache, daß mit Aufhebung der priesterlichen Beichte und mit dem Verlust ihrer inneren Möglichkeit der Arzt weithin als Ersatz eintrat; aber als ein Ersatz, der gerade nicht ersetzen konnte, was er sollte, die Heilung des Menschen von seinem Zentrum, also seinen religiösen Beziehungen aus. Erst die Trennung von Leib und Seele, dann die Mechanisierung des Leibes, dann die Auffassung des Seelischen als Produkt des mechanisierten Leiblichen: diese aus der rationalen, atomistischen, des Lebens und der Innerlichkeit beraubten Naturanschauung notwendig sich ergebenden Folgen machten das Heilen immer mehr zu einem Akt mechanischer Technik. Behandelt werden die einzelnen Organe wie einzelne Maschinenteile, die man isolieren kann, und behandelt wird der Leib und nur er. Auch die Seelenheilkunde war in Wirklichkeit Heilkunde des Leibes oder einzelner Organe. Es ist klar, daß bei dieser Auffassung das Verhältnis von Arzt und Patient grundsätzlich ein äußerliches, gegenständliches, gesellschaftliches, aber kein vom *erōs* getragenes Gemeinschaftsverhältnis sein konnte. Das entspricht der grundsätzlichen Gemeinschaftslosigkeit des bürgerlichen Geistes. Freilich spielten allen Grundsätzen zum Trotz Autorität auf der einen, Vertrauen auf der anderen Seite immer eine erhebliche Rolle und zeigten besonders bei psychischen Erkrankungen ihre entscheidende Bedeutung. Zu tieferen Konsequenzen führte aber erst die seit 1900 wirksame psychoanalytische Methode. Hier wird der Seele ihre Selbständigkeit wiedergegeben. Man spürt unabhängig von leiblich-organischen Vorgängen den Tiefen des Unterbewußten nach. Naturgemäß kann dieses Verfahren nicht ohne völlige Einfühlung des Arztes in den Patienten ausgeübt werden, und dazu wieder gehört ein (zwischen Liebe und Haß schwankendes) *Eros*verhältnis zum Arzt (das mit Erotik nichts zu tun hat, sie sogar ausschließt). Hier ist ein wichtiges Analogon zu dem alten Beichtverhältnis geschaffen. Die seelische Not, die fast durchweg mit Schuldkomplexen verbunden ist, die Befreiung durch Erkenntnis, Aussprache und Realisierung der verborgenen Zusammenhänge, endlich der Wille zum Umbau der Seele, das sind Dinge, die hier wie dort von entscheidender Bedeutung sind. Und doch liegt ein tiefgehender Unterschied vor. In der Beichte geschieht das alles vor Gott. Der Geist ist zuerst gerichtet auf das Ewige und erst in zweiter Linie auf sich selbst. Die Dinge, um die es sich in der Beichte handelt, stehen im Zentrum der Persönlichkeit, in Freiheit und Verantwortung. Die Gefahr der Psychoanalyse ist nun die, daß sie die gleichen Dinge unter dem Gesichtspunkt des naturhaften Geschehens behandelt und den Blick des Patienten ständig auf sich selbst und sein zeitliches Dasein lenkt. Dadurch kann das Schwergewicht des Seelischen aus dem Zentrum, nämlich aus der vor dem Unbedingten stehenden, persönlichen Verantwortung in die unterpersönliche, unbewußte, naturbestimmte Sphäre verschoben werden. Hier liegt der Grund für leicht eintretende zerstörerische Wirkungen der Psychoanalyse und der Hinweis, daß auch hier die in sich ruhende Endlichkeit des Subjektiv-Seelischen nicht endgültig durchbrochen ist. Nur der priesterliche Mensch ist vollkommener Psychiater. Denn das *Eros*verhältnis zu dem Patienten und die innere Bewegung des Patienten ist bei ihm völlig aus der Subjektivität des Endlichen erhoben in das übergreifende Leben des Ewigen.

Ähnliches gilt nun aber nicht nur für die unmittelbar psychischen Krankheiten, sondern in bedingter Weise auch für die physischen. Die Einsicht in die Abhängigkeit aller Einzelfunktionen und Einzelorgane von der Gesamtverfassung und die Einsicht, daß diese ebenso eine seelische wie eine körperliche Tatsache ist, machen auch das Heilen des Körpers zu einer Sache des Gemeinschafts-*eros*. Die Übertragung unmittelbarer Heilkräfte ging in einer gewissen Schicht immer neben der offiziellen Medizin einher. Sie wurde ausgeübt von Menschen mit intuitiv-diagnostischer Fähigkeit und unter Anwendung von Mitteln, die offenkundig nur Symbole unmittelbarer Einwirkung des Menschen auf den Menschen sind. Der Kampf der offiziellen Medizin gegen eine medizinische Romantik ist berechtigt, sobald er sich gegen ihren Versuch richtet, die Sphäre der technischen Organbehandlung auszuschalten. Er ist unberechtigt, sobald er seinerseits das zentrale geistleibliche Heilverhältnis bestreitet und *eros* und Intuition ausschalten will. Doch macht sich gegenwärtig in den Kreisen der offiziellen Medizin eine Wandlung der Anschauungen in dieser Beziehung bemerkbar.

Für die religiöse Lage der Gegenwart sind diese Dinge von Bedeutung, weil das zentrale, tragende Verhalten des Menschen das religiöse ist, das Heilverhältnis also aufhören muß, neben dem seelsorgerischen oder im Gegensatz zu ihm zu stehen. Wenn man bedenkt, welche unabweisbare, dauernd wirksame Bedeutung das Heilverhältnis fast ausnahmslos für jeden Menschen hat, so muß fast unverständlich erscheinen, wie wenig die speziellen Vertreter des Religiösen im bürgerlichen Zeitalter ihre Aufmerksamkeit auf diese Dinge gerichtet haben.

b) Leib und Seele

Es ist angebracht, in diesem Zusammenhang einen Blick auf die Bestrebungen für Körperkultur zu richten. Man kann hier vielleicht eine vierfache Richtung unterscheiden: erstens die turnerisch-sportliche Körperertüchtigung, zweitens der eigentliche Sport, drittens die Körperformung aus ästhetischen Gründen, endlich die einheitliche Gestaltung der gesamten Persönlichkeit vom Körper her. Die erste Richtung ist im allgemeinen als Ausgleich für die intellektuelle Einseitigkeit der modernen Berufsausbildung gedacht. Sie beruht also auf der Trennung von Körperlichem und Geistigem und führt darum trotz ihrer relativen Berechtigung nicht weiter. – Die rein sportliche Kultur bewirkt die einseitige Durchbildung bestimmter körperlicher Funktionen und wird in den Spitzenerscheinungen zu einer Berufsangelegenheit, die von dem ursprünglichen Sinn der Körperkultur ziemlich weit abliegt. Doch äußert sich in der Teilnahme der Sportgemeinde am sportlichen Wettkampf eine gewisse – oft deutlich ausgesprochene – Rückwendung zur primitiven Hochschätzung körperlicher Mächtigkeit und sinnlich anschaubaren Heldentums. Auch das ist Romantik, Widerspruch gegen die bloße Technisierung und Mechanisierung des Körperlichen, aber es ist kein Widerspruch, der über dem steht, dem er widerspricht. Oft genug jedoch steht er unter ihm und zeigt an, wie weitgehend obere und untere Masse der bürgerlichen Gesellschaft einer echten substanzgetragenen Geistigkeit und Körperlichkeit beraubt sind. – Die ästhetische Form der Körperkultur steht wesentlich im Dienste des Tanzes und ist bereits gewürdigt worden. – Von zukunftschaffender Bedeutung ist aber die vierte Richtung, in der es sich darum handelt, den Gegensatz von Körperlichem und Geistigem grundsätzlich zu überwinden und die Körperkultur zu einer Formung der Gesamtpersönlichkeit zu vertiefen. Die rhythmische Gymnastik als Helferin zu einem neuen, rhythmischen, ins Metaphysische reichenden Lebensgefühl, darum ausgeübt nicht als eine körpertechnische Angelegenheit, sondern als eine Sache des ganzen Menschen, das sind Ideen, deren weite Verbreitung in geistig wichtigen Schichten überaus bedeutungsvoll ist. Auch Gedanken über den Lebensrhythmus überhaupt, wie Fritz Klatt sie in seinem Buch über die „schöpferische Pause" ausgesprochen hat, gehören hierher. Naturgemäß fehlt auch in diesen Dingen die Romantik nicht, und es besteht die Gefahr, daß man durch den körperlichen Ausgangspunkt unter Vernachlässigung der seelischen Gesamthaltung doch wieder in die körpertechnische oder ästhetische Art zurückfällt. Im übrigen ist bemerkenswert, daß das Ideal, das sich hier herausbildet, soweit man es übersehen kann, nicht das klassische ist. Nicht das geformte körperliche Dasein wird erstrebt, sondern vielmehr eine irgendwie mystische, innerlich gesammelte, Leib und Seele formende und ausstrahlende Kraft, freilich ohne die mit den älteren mystischen Formen verbundene grundsätzliche Askese.

c) Bildungsideal und sittliche Idee

Das Problem der Körperkultur gehört im weitesten Sinne in die Erziehungsfrage, die wir als letzte der Sozialverhältnisse auf ihre religiöse Bedeutsamkeit hin untersuchen wollen. Die Pädagogik der bürgerlichen Gesellschaft ist bedingt durch zwei Voraussetzungen: den Verlust eines vom Ewigen her bestimmten Gehaltes und demgemäß die Richtung auf die endlichen Bildungsformen, und durch den Verlust eines Gemeinschafts-*eros* und demgemäß die Zerspaltung in Subjekte und Objekte des erzieherischen Tuns. Von da aus ergeben sich eine Reihe von Erscheinungen, die für den Geist der bürgerlichen Gesellschaft als Geist der in sich ruhenden Endlichkeit charakteristisch sind. Der Formcharakter der bürgerlichen Bildung äußert sich darin, daß Natur und Tradition nicht von seiten ihres ins Ewige weisenden Gehaltes, sondern von seiten ihrer endlichen, erscheinenden Form aufgefaßt werden. Der Bildungsstoff wird darum notwendig intellektuell aufgenommen, durch Erkenntnis der endlichen Erscheinungsform. Das

Wissenschaftliche oder Formal-Ästhetische rückt in den Vordergrund aller Bildungsarbeit. Das Große dieser Art ist die mit ihr verbundene Erziehung zur Sachlichkeit, Nüchternheit, Wahrhaftigkeit. Die Grenze aber ist die, daß den Dingen die lebendige Gegenwarts- und Lebensbedeutung genommen wird. Die Geschichte wird unmythisch-gegenwartsfremd angeschaut, die Natur wird ihres unmittelbaren Lebens beraubt und vom Standpunkt ihrer technischen Unterwerfung betrachtet. Von dieser allgemeinen Bildung unterscheidet sich die Fachbildung nur dadurch, daß sie auf einen praktischen Zweck bezogen ist. Sie ist die eigentliche konsequente Bildungsform der bürgerlichen Gesellschaft und darum auch die durchgearbeitetste und erfolgreichste. Die allgemeine Bildung dagegen erhebt sich nur mit Hilfe ästhetischer Einfühlung und Verarbeitung bei wenigen einzelnen über den Intellektualismus zu wirklich geistiger Höhe. Aber auch dieser Geist hat einen letztlich verantwortungslosen Charakter. Die Masse ist von dieser ganzen Formbildung ausgeschlossen. Was zu ihr dringt, ist nicht viel mehr als Abfall der bürgerlichen Bildung. Im übrigen fühlt das Proletariat, daß der eigentliche Sinn der bürgerlichen Bildung teils in der Aufnahme in die obere Klasse der Gesellschaft, teils in der Kapitalisierung von Wissen zu technisch-herrschaftlichen Zwecken besteht. Und das Proletariat hat selbst genug bürgerlichen Sinn in sich, um die Anteilnahme an diesem Kapital für sich zu erstreben.

Alle Bewegungen gegen den Geist der bürgerlichen Gesellschaft im Erziehungsverhältnis sind darin einig, daß sie den Intellektualismus der rein formalen Bildung bekämpfen. Die Schwierigkeit dieser Bestrebungen beruht darauf, daß die Art der Erziehung letztlich abhängig ist von den geistigen Gehalten, aus denen sich Ziel und Wege ergeben. Wohl gibt es auch in der Pädagogik und im Erziehungsverhältnis ein rationales, der Idee nach allgemeingültiges Element. Auf ihm beruht die wissenschaftliche Pädagogik, die darum als typisches Produkt des bürgerlichen Geistes anzusehen ist. Diese Sachlage erschwert es naturgemäß außerordentlich, in der Pädagogik den bürgerlichen Geist, und das heißt ja auch die Pädagogik als rationale Wissenschaft, zu überwinden. Wohl sind die meisten pädagogischen Gegenbewegungen auf Überwindung der formalen Pädagogik gerichtet, aber sie wissen nicht, daß sie es sind, und tun es in den Bahnen dieser Pädagogik selbst, die sie damit am Leben erhalten. Nun aber ist jedes Erziehungsverhältnis unzulänglich, das nicht auf der gemeinsamen Richtung beider Teile zum Ewigen hin beruht. Denn in der Sphäre des Endlichen ist jedes Ziel, das gesteckt, jedes Mittel, das angewandt wird, fragwürdig, begrenzt, verantwortungslos. Nur das Unbedingte schafft unbedingte Verantwortung und damit ein Erziehungsverhältnis, das selbst auf beiderseitiger Verantwortung und der Möglichkeit unbedingter Hingabe beruht. Ist eine solche Grundlage gegeben, so ist die Technik der Formvermittlung, also das eigentliche Problem der wissenschaftlichen Pädagogik, eine Frage zweiten Ranges.

Diese Einsicht ist vor allem für die Sozialpädagogik von größter Wichtigkeit, denn sie gibt die Lösung für das von der Formpädagogik her unlösbare Problem der Massenbildung. Die Volkshochschulbewegung der Nachkriegsjahre hat um dieses Problem gekämpft und nach anfänglich großen, äußeren Erfolgen erhebliche Rückschläge erlebt. Denn das Problem in der Art, wie die Volkshochschule es sich stellte, war unlösbar. Die Absicht zwar, den Massen oder einer Elite die bürgerliche Formkultur zu bringen, wurde von den Führern der Bewegung sofort bekämpft. Nun aber entstand die Frage, was an ihre Stelle treten soll. Und hier ergab sich ernsthaft nur die Möglichkeit, eine Welt- und Lebensanschauung zur pädagogischen Grundlage zu machen und sie in „Arbeitsgemeinschaft" zwischen Lehrern und Schülern zu entfalten. Für die konfessionell gebundenen Kreise war die Frage, welche Weltanschauung zugrunde gelegt werden soll, leicht beantwortet; für die übrigen aber blieb nur die Möglichkeit, sich zwischen den Weltanschauungen einen Weg zu suchen und ihn, wenn es glückte, zu finden. Im allgemeinen aber glückte es nicht und konnte nicht glücken. So blühten die konfessionellen Volkshochschulen, während die übrigen hinter ihren weitgesteckten Zielen zurückblieben. Der Geist der bürgerlichen Gesellschaft war stärker. – Dennoch wird der Versuch nicht aufgegeben werden, die gesamte antibürgerliche Geistesbewegung für das Bildungsideal und Erziehungsverhältnis fruchtbar zu machen. Das kann mehr von seiten der aristokratischen Einzelerziehung und mehr von seiten des Problems der Massenbildung aus geschehen. Der religiöse Sozialismus versucht es mit besonderem Nachdruck von der sozialpädagogischen Seite her, im Anschluß an die in der Arbeiterbewegung verschütteten religiösen Kräfte. Inwieweit es gelingen wird, sie frei zu machen und in ihnen eine neue, unbedingt verantwortliche Grundlage für Bildungsideal und Erziehungsverhältnis zu finden, ist eine Frage, die nur von der Zukunft beantwortet werden kann.

Aber nicht nur die sozialpolitischen Bestrebungen sind von hier aus zu beurteilen, sondern ebenso die großen allgemeinen pädagogischen Reformbewegungen, wie sie vom Bund entschiedener Schulreformer und ähnlichen Richtungen getragen sind. Auch hier tobt überall ein leidenschaftlicher Kampf gegen die bürgerliche Pädagogik. Die autoritative Übermittlung des Stoffes wird bekämpft und die eigene Produktivität des Schülers gefordert. An Stelle der intellektuellen Mitteilung der rational abstrakten Dingformen soll eine lebendige Fühlung des Schülers mit der anschaulichen Wirklichkeit treten. Für das Erziehungsverhältnis wird das Ideal eines Gemeinschafts-*eros* der Schüler untereinander und mit dem Lehrer verkündigt. Das alles ist von größter Bedeutung für die religiöse Lage der Gegenwart und vor allem der Zukunft. Gemeinschafts-*eros* und Sach-*eros* setzen sich durch, im Gegensatz zu dem bürgerlichen, rationalen Ding- und Gesellschaftsverhältnis. Und doch stellen sich dauernde Rückschläge ein. Die Grundvoraussetzung für die Verwirklichung all dieser Forderungen ist nur als Sehnsucht, nicht als Tatsache gegeben. Es fehlt ein greifbarer, unbedingt verpflichtender und alle Formen tragender, heiliger Gehalt für Bildungsideal und Erziehungsverhältnis. Solange er aber fehlt und in dem Maße, in dem er fehlt, wird die antibürgerliche Pädagogik einen schweren Stand haben und mehr ein Hinweis auf die Zukunft als eine gegenwartsgestaltende Macht sein. Auch hier ist Realismus und Glaube am Platz und nicht Romantik und Fanatismus.

Hinter der Frage des Erziehungsverhältnisses und des Bildungsideals, sowie hinter allen Problemen der praktischen Sphäre steht zuletzt die Frage nach dem Ethos, d. h. nach dem auf das Unbedingte gerichteten Handeln. Die ethische Haltung in der praktischen Sphäre entspricht der metaphysischen in der theoretischen Sphäre, und wie die Metaphysik, so ist auch das Ethos unter der Herrschaft des bürgerlichen Geistes zerstört worden. Das ethische Ideal, das die bürgerliche Gesellschaft von Renaissance und Humanismus übernommen hat, ist die Humanität. In der Idee der Humanität liegt ein Doppeltes: einerseits die Fülle möglichen menschlichen Gehaltes, andererseits die Aufnahme dieses Gehaltes in einer in sich geschlossenen organischen Form. Auch die Beziehung auf das Ewige gehört zu den menschlichen Gehalten, auch sie erhält ihren Platz in der geistigen Formeinheit. Die Idee der Humanität ist nicht unreligiös, aber sie enthält den Gegensatz zum unmittelbar religiösen Bewußtsein, daß dieses um der Beziehung zum Ewigen willen die Einheit der geistigen Form zerbricht und den Widerspruch im Geist lebendig macht, der mit dem Verhältnis von Ewigem und Zeitlichem, von Gott und Welt notwendig gegeben ist. Diesem Bruch gegenüber, der dem religiösen Bewußtsein wesenmäßig ist, muß das Ideal der Humanität als Ethos der in sich ruhenden Endlichkeit bezeichnet werden.

Die Idee der Humanität wirkt sich in doppelter Richtung aus, in bezug auf den Einzelnen und in bezug auf die Gemeinschaft. Dem Einzelnen gegenüber ergibt sich das Ideal der geistig geformten, autonomen Persönlichkeit, für die Gemeinschaft ergibt sich das Ideal des freien

Zusammenschlusses möglichst vieler, möglichst geformter Einzelpersönlichkeiten. Von beiden Idealen gilt das gleiche, das von der Humanität im ganzen gilt: die Beziehung zum Ewigen ist ein Formelement neben oder über den andern, aber es ist nicht die Erschütterung, die alle Formen der Einzelpersönlichkeit und der Gemeinschaft vom Ewigen her zerbricht. Die Humanität befreit die Persönlichkeit und die Gemeinschaft von den Dämonien alter, sakramentaler Herkunft. Die Menschlichkeit hebt sich herauf, auch aus religiösen Unter- und Unmenschlichkeiten. Verloren aber geht die Übermenschlichkeit, die Erschütterung des Menschlichen, das Gericht auch über die vollendete geistige Form. Das Ethos der Humanität macht wie die Metaphysik der Humanität die Beziehung zum Ewigen selbst zu einer endlichen Form. Das bedeutet aber ihre Aufhebung.

Tiefer geht die Opposition, die von Nietzsche herkommt und der bürgerlichen Persönlichkeit die aristokratische, gehalterfüllte und doch formbewußte Persönlichkeit gegenüberstellt. Vielfach verbinden sich damit Rassentheorie, nationale Ideologie und romantische Auffassung des Adels und der Führerschaft, so z. B. bei Spengler, hinter dessen Geschichtsphilosophie dieses Ethos steht. Während aber in Nietzsches Symbol des Übermenschen ein Hinweis auf das transzendente Unbedingte vorlag, bleiben diese modernen Bewegungen fast durchweg im Diesseitigen. Darum verbindet sich dieses Ethos so leicht und gern mit dem Ethos des unbegrenzten Machtwillens und des wirtschaftlichen, erfolgreichen, bürgerlichen Eroberertypus. Eine wirkliche Durchbrechung der Endlichkeit ist auch hier nur selten zu finden. Es herrscht ein oft brutaler Naturalismus. Was darüber hinausgeht, bleibt gewöhnlich ganz im Romantischen. – Ernsthafter ist die von romantischem und religiösem Denken herkommende Gemeinschaftsidee. Sie hat das bürgerliche Glücksideal des Altsozialismus abgestreift und ein ins Transzendente schwingendes Ideal der Gemeinschaft und Persönlichkeit aufgezeigt, das jeder, ganz abgesehen von seiner kulturellen Geformtheit, verwirklichen kann. Doch fehlt diesen Idealen fast durchweg eine symbolkräftige Realisierung, und sie muß ihnen fehlen, denn eine solche kann nur aus der Religion kommen. Nur als religiöses Ethos kann das Ethos sich vollenden. Darum bleibt das Ethos der antibürgerlichen Bewegung allenthalben in einer Haltung der Vorläufigkeit, der Unsicherheit, des Wartens, und darum wird es immer wieder zu einem Opfer der bürgerlichen Moral. Erst wenn die Idee der Humanität nicht verneint, aber in Schauen und Verwirklichung über sich hinausgehoben wäre, würde das Ethos der in sich ruhenden Endlichkeit durchbrochen sein.

Die Betrachtung der praktischen Sphäre hat gezeigt, daß die religiöse Lage hier noch viel mehr durch den Geist der bürgerlichen Gesellschaft bestimmt ist als in den theoretischen Gebieten. Das liegt im Wesen der Dinge. Wenn der Geist in seiner Tiefe, die unterhalb des Gegensatzes von Theorie und Praxis liegt, sich bewegt, so kommt er zur Bewußtseinsgestaltung zuerst in der schauenden und vorausschauenden Betrachtung. Die reale Gestaltung folgt nach, und sie folgt notwendig nach; denn es ist ja der gleiche Geist, der in der Vorausbetrachtung und in der Umgestaltung wirkt. Nur diese Gewißheit kann der tatsächlichen und im Augenblick mächtig wachsenden Herrschaft des Geistes der in sich ruhenden Endlichkeit Trotz bieten; nur sie kann einem schwächlichen und willkürlichen Realismus entgegentreten, der das, was ist, anbetet, weil es ist, und nicht weiß, daß die Wirklichkeit nicht standhalten kann, wenn die Idee, nämlich die Tiefe des Geistes, selbst revolutioniert ist (Hegel). Daß sie es ist, kann aber trotz aller Macht des Widerstandes gerade der praktischen Sphäre auch in ihr angeschaut werden.

Dritter Teil

Die religiöse Lage der Gegenwart im Gebiet der Religion

1. *Die Bewegungen der außerkirchlichen Mystik*

a) Die ästhetische Mystik

Wenn unsere beiden Voraussetzungen richtig sind, daß das Verhältnis von Ewigkeit und Zeit in allen Gebieten des Geisteslebens wirksam ist und daß unter der Herrschaft des bürgerlichen Geistes die Führung durchaus auf die kulturelle Sphäre übergegangen ist, so ist nunmehr der wichtigste Teil unserer Aufgabe erfüllt, die Antwort auf die Frage nach der religiösen Lage unserer Zeit grundsätzlich gegeben. Daß das möglich ist, ohne die eigentliche religiöse Sphäre zu berühren, ist überaus charakteristisch für unsere Zeit. Ihre wichtigsten religiösen Bewegungen vollziehen sich außerhalb der Religion.

Es ist nun aber doch nicht möglich, daß dieses Geschehen ohne Rückwirkung bleibt auf die engere religiöse Sphäre. Gerade weil sie weithin abhängig geworden ist von dem kulturellen Geschehen, muß sich dieses sichtbar in ihr widerspiegeln. So ist es auch, und die Betrachtung der religiösen Lage in der religiösen Sphäre selbst hat außerdem den Vorzug, die Vorgänge unmittelbar und darum deutlicher vor Augen zu haben. Denn dieses ist ja das Eigentümliche der religiösen Sphäre, daß in ihr die Hinwendung der Zeit zur Ewigkeit ausdrücklich gemeint und in ausdrückliche Symbole gefaßt ist. Religion will Richtung des Bedingten auf das Unbedingte sein. Und sie steht deswegen wesensmäßig im Gegensatz zu einer Kultur, deren Prinzip die in sich ruhende Endlichkeit ist. Sie steht wesensmäßig im Gegensatz zu dem Geist der bürgerlichen Gesellschaft. Um so schwieriger wird ihre Lage in einer Zeit, die unter der Herrschaft dieses Geistes steht. Da bleiben nur zwei Möglichkeiten: entweder sie behauptet sich in ihren alten, dem Ewigen zugewandten Formen und stellt sich mit ihnen in Gegensatz zu den in sich selbst ruhenden Formen der Kultur. Sie schafft ein mehr oder weniger enges Gebiet der grundsätzlichen Opposition. So tat es das orthodoxe oder klerikale Kirchentum, das sich aber damit an den Rand des eigentlichen Geschehens drängen ließ und in sich selbst unfruchtbar wurde. Oder die Religion öffnet sich den Formen des bürgerlichen Geistes, nimmt damit den Widerspruch gegen sich selbst in sich selbst auf, gerät in die schwersten Konflikte und wird schließlich zu völliger Selbstaufgabe getrieben. Das war das Schicksal des liberalen Protestantismus, Judentums und katholischen Modernismus. Diese Gegensätze beherrschten die religiöse Lage in den Kirchen. Die Alternative schien unerschütterlich und war ein Verhängnis für das religiöse Leben geworden. Ihre Überwindung war nur möglich, wenn gleichzeitig zwei Wege beschritten wurden: der eine von der Kultur, der andere von der Kirche her. In der Kultur mußte das System der in sich ruhenden endlichen Formen durchbrochen und der Weg zum Unbedingten gesucht werden. In der Religion mußte die Bindung des Unbedingten an bestimmte Formen der Vergangenheit aufgegeben werden, ohne daß seine Unbedingtheit aller Zeit und allem Dasein gegenüber verlorenging. Beide Wege sind beschritten worden und haben sich in wachsendem Maße gefunden. Sie laufen mehr und mehr trotz der nie ganz überwindlichen Spannung in einen Weg zusammen.

Den Weg der Kultur zur Religion haben wir betrachtet. Der Weg von der Religion zur Kultur ist nun ins Auge zu fassen. Dabei aber zeigt sich sofort eine Doppelseitigkeit: auf der einen Seite stehen die innerkirchlichen Bewegungen, auf der anderen Seite zeigen sich eine Reihe außerkirchlich religiöser Bewegungen, die das Gesicht der Gegenwart zweifellos mehr bestimmen als jene. Von diesen müssen wir darum ausgehen, zumal sie in gewisser Weise auch als die vermittelnden Bewegungen zwischen Kultur und Religion aufgefaßt werden können. – Wenn wir nun den Versuch machen, die zahlreichen religiösen Bewegungen unserer Tage zu gruppieren, so bietet sich folgender Gesichtspunkt dar: das Verhältnis des Endlichen zum Unendlichen, des Zeitlichen zum Ewigen kann grundsätzlich in doppelter Weise gemeint sein. Das Ewige kann aufgefaßt werden als das Gegenwärtige, Tragende, Erfüllende des Zeitlichen und seiner endlichen Form; es kann aber auch aufgefaßt werden als das Jenseitige, Fordernde, Richtende gegenüber allem Zeitlichen und jeder endlichen Form. Beides ist im Wesen des Ewigen und seinem Verhältnis zur Zeit enthalten. Beides strebt nach Ausdruck, und die ganze Religionsgeschichte ist ein Ringen um den Ausgleich beider Richtungen. Die erste Richtung ist verwirklicht von der mystischen Seite der Religion, sowohl der reinen Mystik wie der kultischen und sakramentalen Mystik; die andere liegt vor in den endgerichteten Bewegungen, in denen sich die Hoffnung auf eine jenseitige Vollendung mit dem Gedanken der Forderung und des Gerichtes verbinden. Wir werden demgemäß zuerst die mystischen, dann die endgerichteten Bewegungen außerhalb der großen Kirchen betrachten.

Es ist durchaus verständlich, daß der Gegenschlag gegen den Geist der bürgerlichen Gesellschaft von der mystischen Seite herkam. Ist doch die bürgerliche Gesellschaft das Endresultat einer Entwicklung, die durchaus der entgegengesetzten Richtung angehört. Aus den zahlreichen Gegenbewegungen des ausgehenden Mittelalters gegen den katholischen Sakramentalismus ist die bürgerliche Gesellschaft entstanden. Der Wille, die Welt dem fordernden Göttlichen zu unterwerfen und die Persönlichkeit in ihrem Zentrum unmittelbar vor Gott zu stellen, war ihre Kraft. Aber es war zugleich der Grund zu ihrem Verlust des gegenwärtigen Göttlichen und damit zur langsamen Entleerung des Religiösen und zur Hingabe an die endlichen Formen. Es war der Verlust des priesterlichen Geistes, der tragenden, bewahrenden, die Persönlichkeit, auch abgesehen von ihrem Persönlichkeitszentrum, umfangenden, mystisch-kultischen Atmosphäre, wodurch die Entstehung der profanen bürgerlichen Gesellschaft ermöglicht wurde. Die Gegenbewegungen knüpften demgemäß an den mystischen Geist der Vergangenheit an.

Ein Vorläufer neben anderen war Johannes Müller, der mit seiner Verkündigung des unmittelbaren Lebens in Gegensatz trat zu der Verdinglichung und Rationalisierung der Wirklichkeit sowohl in der bürgerlichen Philosophie wie in der kirchlichen Dogmatik. Er sucht die Quellen des inneren Lebens aus der dinglichen Verschüttung frei zu machen und hatte auf nicht wenige der jüngeren Generation eine wahrhaft priesterliche Wirkung. Er befreite sie von der Last der begrifflichen Gegensätze und stellte das religiöse Leben auf sich selbst. Freilich blieb der Lebensbegriff bei ihm in einer Sphäre der Endlichkeit und Subjektivität, die es unmöglich machte, daß sein Vorstoß gegen den Geist der bürgerlichen Gesellschaft sich zu einem wirklichen Durchbruch auswuchs. – Wichtiger wurde die Wiederentdeckung der alten Mystiker. Meister Ekkehart, die mystischen Frauen des Mittelalters, die Heiligengeschichten, die Franziskanische Legende, die protestantischen Mystiker, Angelus Silesius: das alles wurde in lesbarer Form dargeboten und fand Aufnahme in der gesamten Bildungswelt. Von Rußland her wirkten Erscheinungen wie Solowjews mystische Philosophie und Dostojewskis Schilderungen des russischen Mönchtums in den Gebrüdern Karamasow. Ja, die Grenzen des abendländischen Kulturkreises wurden überschritten. Wie die Mystik sich grundsätzlich über alle Formen zu dem namenlosen Einen erhebt, so durchbrach die mystische Bewegung auch die christlich-europäischen Formen und fühlte sich bis Indien und China durch. Noch aus der Tradition Schopenhauers und der französischen Dekadenz stammte die Hochschätzung der altbrahmanischen Frömmigkeit der Upanischaden und der Lehren von Maja und Nirwana. Der modern-pessimistische Zug freilich, den man von dort aus in der indischen Religion fand, hat sich als Eintragung erwiesen. Allgemein hat man den positiven Sinn des Nirwana eingesehen und damit die indische Mystik der abendländischen angenähert. Den stärksten Eindruck aber machte die Gestalt Buddhas und der frühe Buddhismus. Es kam bis zur Entstehung buddhistischer Gemeinschaften in Europa. Neben Buddha trat in letzter Zeit auch Laotse, dessen schwer übersetzbare, vieldeutige Aussprüche die Möglichkeit eines sehr modernen – historisch sicher unzulänglichen – Verstehens boten.

Durch die Gesamtheit dieser Einflüsse ergab sich eine Atmosphäre, in der ein mystisch gefaßter Gottesgedanke unmittelbare Gewißheit hatte. Die materialistische oder atheistische Lösung des Gottesproblems erschien mehr und mehr als gänzlich abwegig und unmöglich. Aber auch ein eigentlicher Pantheismus, wie ihn die geistig völlig dem 19. Jahrhundert angehörige monistische Bewegung vertritt, fand in den Kreisen der höheren Bildung kein Gehör mehr. Die mystische Weltanschauung siegte auf der ganzen Linie. Eine Ausnahme bildet lediglich das Proletariat, wo freireligiöse Gemeinden, Freidenker und Bünde der Naturfreunde die naturalistische Tradition der bürgerlichen Gesellschaft der siebziger und achtziger Jahre des vorigen Jahrhunderts fortführten, wenn auch unter dem Einfluß von Bölsche u. a. mit stark romantisch-ästhetischem Einschlag. In der geistig führenden Schicht aber gehören diese Dinge längst der Vergangenheit an. Der Grund, warum es gerade die Mystik war, mit deren Hilfe das 20. Jahrhundert die Gottesgewißheit wieder gewann, ist deutlich: Die Not der religiösen

Lage war die, daß die begrifflichen Formen, in denen der Gottesgedanke religiösen oder philosophischen Ausdruck gefunden hatte, durchweg zerstört oder kraftlos geworden waren. Eine kümmerliche, dauernd zurückweichende kirchliche Apologetik hatte die alten Begriffe noch mehr um ihre Schätzung gebracht. Von hier aus war eine Wendung undenkbar. Sie konnte nur so kommen, daß jenseits aller Begriffsformen die unmittelbare Wirklichkeit des Religiösen entdeckt und zu lebendiger Anschauung gebracht wurde. Darin aber war die Mystik die gegebene Führerin. Sie ist ja selbst das Produkt der Zersetzung alter kultischer Formen und der Versuch, jenseits aller Formen mit dem göttlichen Abgrund eins zu werden.

So hoch nun aber die positive Leistung der modernen Mystik für das Wiederfinden eines unmittelbaren Gottesbewußtseins gewertet werden muß, so gering ist ihre religiös gestaltende Kraft einzuschätzen, und darin kommt zugleich ihr fundamentaler Unterschied zu der alten Mystik zum Ausdruck. Diese ging hervor aus der Entwicklung einer positiven konkreten Religion und blieb dauernd mit ihr in engstem Zusammenhang. Der Mystiker überflog Kultus und Sakrament, aber er kritisierte sie nicht. Der moderne Mystiker dagegen verwendet die Mystik zur völligen Beiseiteschiebung der positiven Religion. – Damit hängt der ästhetische Charakter der modernen Mystik zusammen, durch den sie sich im innersten Kern von der alten Mystik unterscheidet. Es ist nicht Zufall, daß sie literarisch vermittelt ist, teils unmittelbar in Dichtungen, teils in ästhetischer Darbietung alter mystischer Literatur. Ihr fehlt der Lebensernst, der den echten Mystiker immer auch zum Asketen machte. Sie blieb schließlich in der ästhetischen Form hängen und gab damit zu erkennen, daß der Geist der in sich ruhenden Endlichkeit stärker in ihr war als die Sehnsucht, zum Ewigen durchzubrechen. – Nicht etwa in die asketische Isolierung des echten Mystikers, der immer innerlich verbunden bleibt mit der Kultgemeinde, aus der er kommt, begab man sich, sondern man blieb im bürgerlichen Individualismus und benutzte die Mystik oft nur dazu, ihn noch zu verfeinern und zuzuspitzen. Wo sich – wie etwa in der Jugendbewegung – Bünde mit mystischem Einschlag bildeten, da war das Verbindende doch nicht die Religion, sondern die nationale Idee oder der gestaltlose Gemeinschafts-*eros*.

b) Die okkulte Mystik

Zu wirklicher Gemeinschaftsbildung brachte die Mystik es nur in einer Sphäre, die man als Mystik zweiter Ordnung betrachten muß, in der okkulten. Okkultismus ist der Inbegriff all derjenigen Vorstellungen und Handlungen, die sich auf eine dem natürlichen Bewußtsein verborgene Wirklichkeit beziehen. Die Frage, ob es eine solche Wirklichkeit gibt, kann hier nicht gestellt werden; jedenfalls gibt es keine Möglichkeit, ihr Dasein zu widerlegen. Wichtig dagegen ist für die Beurteilung unserer religiösen Lage die Frage, wie sich eine solche okkulte Zwischenwelt zur religiösen verhalten müßte. Dazu ist zu sagen, daß das in der Religion Gemeinte, also das Göttliche, das unbedingt Verborgene, das alle (auch okkulte) Erfahrung Übersteigende ist. Dem Ewigen gegenüber ist auch das Okkulte ein Zeitliches, Diesseitiges, Endliches. Religiöse Bedeutung hat die okkulte Sphäre durch sich selbst also nicht. Sie steht wie die Erfahrungswelt unter der Erschütterung vom Ewigen her und kann wie sie zur Verhüllung des Ewigen dienen.

Offenkundig außerhalb der religiösen Sphäre liegt der Spiritismus, also der Versuch, mit den Seelen Verstorbener in Realbeziehungen zu treten. Denn selbst der Beweis für die Unsterblichkeit der Seele, den der Spiritismus, falls seine Erklärung der spiritistischen Erscheinungen zuträfe, scheinbar liefern würde, ist religiös nur indirekt bedeutsam. Wohl macht er den primitiven Materialismus zuschanden; aber für das, worauf es ankommt, die Ewigkeit der Seele, ihre Erhabenheit auch über die okkulte Zeitlichkeit, ist damit nichts bewiesen; das bleibt auch für den Okkultismus unbeweisbar. – Die Astrologie ist, falls sie irgendwie auf Wahrheit beruht, eine Einsicht in den Weltzusammenhang, die nach einer eigentümlichen, der Naturwissenschaft schlechthin entgegengesetzten Methode arbeitet, aber sie ist als solche noch keine religiöse Weltanschauung. – Das Gebiet der magischen Wirkungen von Mensch zu Mensch oder vom Menschen auf Dinge ist Ausdruck einer bestimmten psychisch-technischen Fähigkeit, wahrzunehmen und zu wirken. Aber auch das liegt außerhalb des unmittelbar Religiösen, selbst wenn kein dämonischer Mißbrauch damit getrieben wird. – Die Erhebung des Bewußtseins in höhere Zustände, das Sich-Erschließen höherer Seinszusammenhänge, wie es in der Theosophie und Anthroposophie gelehrt und getan wird, kann zwar zu einem sehr umfassenden und in sich konsequenten Weltbild führen. Und dieses Weltbild kann der neuplatonischen Mystik sehr nahe stehen; man kann von einer Schau der Ideen in Gott reden. Aber gerade wenn das zugestanden wird, macht sich der Unterschied zur echten Mystik um so deutlicher bemerkbar. Die Mystik, auch die neuplatonische, bricht in ihrer letzten und ersten Setzung durch die Geistes- und Ideenwelt hindurch zu dem Abgrund, der jenseits aller Formen liegt. Sie kennt den Sprung aus der Zeit, auch der überirdischen Zeit, in die Ewigkeit. Nur dann haben Theosophie und Anthroposophie religiösen Charakter, wenn sie auch die Zwischenwelt unter sich lassen. Sonst bringen sie es zu einer Weltanschauung, die wohl in hohem Maße hinweisend auf das Göttliche sein kann und insofern in Widerspruch steht zum Geist der bürgerlichen Gesellschaft, aber sie bringen es nicht zu einer eigentlichen religiösen Haltung.

Den welt- und lebensanschaulichen Charakter der okkulten Schau hat Rudolf Steiner in umfassender Weise entfaltet. Kaum ein Gebiet gibt es, das er nicht von der okkulten Wirklichkeit her neu betrachtet und neu gestaltet hat. Dabei verbindet er in eigentümlicher Weise okkulte Tradition mit abendländischer Rationalisierung. Darüber hinaus hat er die anthroposophische Gesellschaft zu einer Gemeinschaft zusammengeschlossen, deren Glieder formal alle Merkmale einer fanatisierten religiösen Sekte zeigen. Doch kann auch hier von einer echt religiösen Bewegung nicht gesprochen werden. Wohl hat Steiner den Zug des Geistes verstanden, der auf allen Gebieten dem Geist des 19. Jahrhunderts entgegentritt, aber die positive Schöpfung kommt bei ihm nicht aus der Tiefe des Religiösen, sondern aus der okkulten Schau. Sie bleibt innerweltlich. Daß sie sich selbst nun doch religiöse Qualität zuspricht, hat den eigentümlichen Fanatismus zur Folge, der sich immer einstellt, wenn ein Begrenztes, Endliches den Anspruch der Göttlichkeit erhebt.

Und doch muß in der Anthroposophie ein Gefühl dafür gewesen sein, daß das religiöse Problem in ihr nicht wirklich gelöst ist. Sie setzte die sogenannte Christengemeinschaft aus sich heraus, in der das Spezifisch-Religiöse zu ausdrücklicher Verwirklichung kommen sollte. Hier werden die Steinerschen Grundgedanken in kultischen Formen und im Anschluß an die sieben katholischen Sakramente lebendig gemacht. Ein Priestertum, das sein inneres Recht auf den neuen Durchbruch der geistigen Welt in Steiner gründet, sammelt kleine Gemeinden, deren zentrale Handlung die Menschenweihe ist. – Schon der Name dieses Sakramentes, vor allem aber seine Formen selber zeigen, daß hier anderer als christlicher Geist wirksam ist. Christus wird als ein Wesen aus der Zwischenwelt betrachtet. Die Paradoxie des Kreuzes, daß Gott in wirklichem Menschenleib gegenwärtig ist und daß gerade in seinem Leiden seine Majestät erkennbar wird, dieser christliche Fundamentalgedanke fehlt. Christus reicht weder nach oben zu Gott, noch nach unten zu den Menschen, er bleibt zwischen beiden. An Stelle des Glaubens an die göttliche Paradoxie tritt okkulte Schau und rationale Spekulation über den Christusgeist. Im Grunde ist auch hier die weltanschauliche Sphäre nicht durchbrochen. – Dennoch darf nicht verkannt werden, daß die Christengemeinde der mystisch-priesterlichen Sehnsucht der Zeit entgegenkommt; sie hatte darum anfänglich nicht unerhebliche Erfolge auch unter evangelischen Geistlichen, scheint aber ihren Höhepunkt schon erreicht zu haben.

Was von der Anthroposophie gesagt ist, gilt mit Einschränkung von allen Bewegungen, in der okkulte und religiöse Elemente verschmolzen sind. Die auf Willensmystik, Atemtechnik und ähnliches gegründeten Gemeinschaften wie die Christliche Wissenschaft, die Gesundbeter, Mazdaznan usw. reichen ihrem Prinzip nach wohl in die okkulte, nicht aber in die religiöse Welt. In dieser Mystik zweiter Ordnung ist überall eine Steigerung des menschlichen Bewußtseins mit religiöser Haltung verwechselt. Die in sich ruhende Endlichkeit ist zwar zwiespältig geworden, sie zerfällt in eine niedere und eine höhere Sphäre; aber sie ist nicht wirklich durchbrochen, denn auch die höhere Welt bleibt Welt, während in der echten Mystik die Welt aller Stufen vor dem unanschaubaren Jenseits der Welt, vor dem Ewigen selbst verschwindet. Eine Überwindung des Geistes der in sich ruhenden Endlichkeit kann der Okkultismus als solcher nicht erwirken. Er kann an vielen Stellen auflockern, er kann auf die Welt der wahren Wesenheiten hinweisen, aber er kommt nicht darüber hinaus. So wichtig er darum für die religiöse Lage der Gegenwart ist, so begrenzt ist seine grundsätzliche religiöse Bedeutung.

2. Die Bewegungen der Enderwartung außerhalb der Kirchen

Neben den mystischen Bewegungen erster und zweiter Ordnung stehen die Bewegungen der Enderwartung. Auch sie sind fast durchweg außerkirchlich, haben aber in ihrer Struktur und in zahlreichen Elementen der Tradition einen viel engeren Zusammenhang mit den Kirchen als der mystische Individualismus oder die okkulte Gemeinschaft. Dennoch liegen auch hier die Dinge so, daß der am stärksten wirkende Ausdruck der Enderwartung nicht religiöse Prophetie, sondern Geschichtsphilosophie war, nämlich die von Spengler gegebene Berechnung des europäischen Unterganges und die kommunistische Erwartung des kommenden Idealreiches. Wir haben hier beide nur insofern zu betrachten, als sie für die unmittelbare religiöse Endstimmung auflockernd und vorbereitend wirkten. – Die bürgerliche Gesellschaft hat den Endgedanken ersetzt durch den Fortschrittsgedanken. Für den Geist der in sich ruhenden Endlichkeit gibt es kein Ende im prinzipiellen Sinn. Denn das Ende ist ja die eigentliche Erschütterung der in sich ruhenden Endlichkeit. Darum sind von den großen Prophetien des Endes jederzeit die stärksten und religiös entscheidenden Erschütterungen ausgegangen. Denn das Ende ist der Ausdruck für das Wesensverhältnis von Zeit und Ewigkeit. – Nietzsches Weissagung vom Heraufkommen des europäischen Nihilismus wurde von Spengler in eine Untergangsprophetie für das Abendland umgewandelt. Darin lag Konsequenz. Denn wo der biologische Gesichtspunkt für das Werden und Vergehen der Kulturen angewandt wird, da muß mit dem Vergehen einer Hochkultur als einem unentrinnbaren Schicksal gerechnet werden. Nietzsche rechnete nicht damit; er rechnete überhaupt nicht, er glaubte. Er glaubte an das Wunder der neuen, erlösenden Rasse, der schöpferischen Aristokratie. Freilich gab er nicht an, wie aus einer völlig erschöpften Lebenskraft ein solches Wunder hervorgehen soll. Spengler rechnete und glaubte nicht und mußte darum das Ende herausrechnen. Aber im Hintergrund auch seiner Rechnung war ein Glaube, nämlich an den biologischen Charakter des Geistes, oder, was das gleiche ist, der Unglaube an den Geist als schöpferische Kraft. Spengler konnte infolgedessen nur da wirken, wo die in sich ruhende Endlichkeit sich selbst durchschaute, und zwar negativ, resigniert, im besten Falle stoisch. Und doch konnte für viele diese Negation die Voraussetzung werden für eine Position. Ein gut Teil der religiösen Stimmungen, die im Begriff der Zeitwende ihr Symbol finden, sind indirekt von Spenglers europäischem Pessimismus beeinflußt, wenn sie ihn auch in die Positivität einer starken Endhoffnung umgebogen haben.

Unmittelbar positiv und optimistisch sind die Bewegungen der Endhoffnung, die auf sozialistisch-revolutionärer Linie liegen. Der Geist der Utopie ist ihre tragende Kraft, soweit nicht die Mündigkeit oder reformerische Taktik, also der Geist der bürgerlichen Gesellschaft, sie geschwächt hat. Utopie aber ist Richtung auf das Ewige, als Ziel diesseitigen Handelns aufgefaßt. In jeder Utopie liegt Glaube, Durchbrechung der Endlichkeit. Aber insofern es Utopie ist, liegt auch Unglaube, Verhaftung an die Endlichkeit darin. Dieses Unglaubenselement, dieses Nichtdurchdringen zum unbedingten Jenseits der Zeit hat die Wirkung, daß der religiöse Schwung der Utopie irgendwann entschwindet und als Enttäuschungsprodukt durch Fortschritt oder Rückschritt ersetzt wird. – Der Religiöse Sozialismus hat seine wichtigsten Wurzeln in dem Bestreben, das ungläubige Element der sozialistischen Utopie, die Verhaftung an Endlichkeit und Zeit, aufzuheben, ohne doch den endgerichteten Schwung zu zerstören. Er hat diese Doppelrichtung in dem Begriff des „Kairos“ zum Ausdruck gebracht. Kairos ist erfüllte Zeit, Zeitmoment, in den die Ewigkeit hereinbricht. Aber Kairos ist nicht Vollendung in der Zeit. Im Sinne des Kairos warten und handeln heißt demnach, auf das Hereinbrechen des Ewigen warten und ihm gemäß handeln, heißt aber nicht, so warten und handeln, als ob das Ewige fixiert und in die Zeit eingeführt werden könnte, etwa als ein Gesellschaftsbau, der das Ende und Ziel darstellt. Das Ewige ist das Hereinbrechende, aber nie das Greifbare, Gegenständliche. Es gibt Gesellschaften, die vom Ewigen abgewendet sind, in der Zeit und Endlichkeit ruhen, und es gibt Gesellschaften, die dem Ewigen zugewandt sind und die Erschütterung, die sie durch das Ewige erfahren haben, in ihren Formen zum Ausdruck bringen. Aber es gibt keine Gesellschaften, die das Ewige haben als einen Besitz. Nur das kann darum nach Meinung des Religiösen Sozialismus Ziel der Endhoffnung sein, daß die Erschütterung durch das Ewige zu einer Gestaltung des Daseins und der Gesellschaft führt, in der die Hinwendung zum Ewigen erkennbar ist. Die Idee des Kairos drückt gläubigen Realismus im Gegensatz zum ungläubigen Realismus und zum gläubigen, aber utopischen Idealismus aus. Es ist eine der wichtigsten Entscheidungen für die künftige religiöse Lage, ob auch der Sozialismus als Ganzes zu dieser Haltung des gläubigen Realismus durchdringen wird.

Unmittelbar in die religiöse Sphäre kommen wir durch Betrachtung der endgerichteten religiösen Sekten, die zahlreich und kraftvoll namentlich auf protestantischem Boden Anhänger suchen und finden. Die einzelne Sekte in ihrer Besonderheit ist dabei für die Gesamtlage unwesentlich, die Wirkung von allen zusammen aber, der Adventisten und neuapostolischen Gemeinden, der „ernsten Bibelforscher" und Weißenberger und mancher anderer und manches einzelnen Propheten ähnlicher Haltung ist ein wirkliches Kennzeichen unserer Lage. Es sind im allgemeinen zwei Elemente, die die endgerichtete Sekte erfüllen: die Endhoffnung und ein besonderes, intensives Gemeinschaftsleben. Im Vordergrund steht die Endhoffnung. Sie ist die Form, in der sich die Richtung auf das Ewige symbolisiert. Sie gibt der Bewegung die Schwung- und Stoßkraft für viele, die an der Endlichkeit zerbrochen sind. Insonderheit wirkt diese Form der Endverkündung auf Menschen, die in der Endlichkeit weder unmittelbar erlösende Kräfte spüren, noch eine kommende Erlösung in der Endlichkeit erwarten, die aber auch nicht die religiöse Kraft haben, die wirkliche Jenseitigkeit des Ewigen anzuerkennen, und die darum auf eine innerzeitliche, sehr anschaulich vorgestellte Endkatastrophe hoffen. Es sind vor allem Kreise des kleinen Mittelstandes, in denen solche Haltung wie zu allen Zeiten, so auch gegenwärtig, Boden findet. Aber auch in der Arbeiterschaft werden viele einzelne infolge der Enttäuschung an ihrer utopischen Hoffnung zu solchen Gruppen getrieben. Daß freilich diese Dinge auf weitere Kreise, sei es der Arbeiterschaft, sei es der höheren Bildung, entscheidenden Einfluß gewinnen könnten, muß als ausgeschlossen gelten. Dazu ist der Standpunkt zu fragwürdig in seinem Schwanken zwischen Ewigkeit und Zeit, dazu gibt er beiden zu wenig. Die endgerichteten Erwartungen haben religiöse Wichtigkeit immer nur da, wo sie in Einheit mit religiös schöpferischen Kräften auftreten, wie z. B. im neutestamentlichen Zeitalter. Davon kann bei den vorhandenen aber nicht die Rede sein. – Das andere Element, das jede Sekte trägt, ist die konkrete, begrenzte Gemeinschaft, die in ihr verwirklicht werden kann im Unterschied zu Volkskirche oder Kulturgemeinschaft. Die aktive Teilnahme eines jeden an Kultus und Gemeindeleben, die gegenseitige innere und äußere Hilfe, die Freiwilligkeit der Teilnahme, die persönliche Verantwortung eines jeden Einzelnen, die Einfachheit und Symbolkräftigkeit der Verkündigung, das Bewußtsein, zum Kreise der Erwählten zu gehören, all diese Dinge wirken überaus anziehend auf zahlreiche vom Leben der Kirchen unberührte oder abgestoßene, aber religiös bedürftige Menschen. Die Grenzen ihrer Wirksamkeit liegen da, wo die Anforderungen an geistige Geformtheit größer sind als in den Sektenkreisen, oder wo profane Gemeinschaftsbildungen ähnliche Bedürfnisse befriedigen wie sie. Die Grenzen liegen vor allem darin, daß für den Sektentypus eine ganz bestimmte, verhältnismäßig seltene seelische Grundhaltung Vorbedingung ist. Infolgedessen kann nicht erwartet werden, daß die Gemeinschaften der Endhoffnung für die religiöse Gesamtlage entscheidende Bedeutung gewinnen werden. Auch sie wirken auflockernd und stehen darum im Gegensatz zu der bürgerlichen Gesellschaft; aber sie haben andererseits durch ihren Individualismus eine unbestreitbare Verwandtschaft mit diesem Geist, wie ja die bürgerliche Gesellschaft ein nicht geringes geistiges Erbgut der protestantischen Sekte in sich trägt.

Auch der Religiöse Sozialismus war zeitweise in Gefahr, zu einer pietistisch endgerichteten Sekte zu werden; er hätte damit seine übergreifende und weitertreibende Bedeutung aufgegeben. Vor allem hätte er jeden Einfluß auf die Massenbewegung des Sozialismus verloren. In jeder Sekte steckt die Dämonie des Pharisäismus. Ihm gegenüber ist der Geist der bürgerlichen Gesellschaft nicht nur im Unrecht. Nur eine endgerichtete Bewegung ist ihm überlegen, die nicht auf sich selbst sieht, sondern auf das Ewige, dem sie zugewandt ist – die darum frei ist von sich und frei ist auch für die Massen.

3. Die religiöse Lage in den Kirchen

a) Der Katholizismus

Die grundlegende Schwierigkeit der gegenwärtigen kirchlichen Lage folgt aus dem inneren Widerspruch zwischen der Religion und der bürgerlichen Gesellschaft. Die Ansätze zu einer Überwindung dieses Widerspruchs von seiten der Kultur haben wir kennengelernt. Ebenso die außerkirchlichen religiösen Bewegungen, in denen sich ein Ausgleich anbahnt. Es bleibt nun als letzte Aufgabe die Betrachtung der Art, wie sich die Kirchen selbst mit dem Grundproblem ihrer gegenwärtigen Lage abfinden. Prinzipiell gibt es drei Möglichkeiten: die Verneinung des bürgerlichen Geistes, die Hingabe an ihn und der Versuch, ihn von seinen eigenen Voraussetzungen aus zu überwinden. Alle drei Formen finden sich in beiden Kirchen, doch ist die katholische Kirche grundsätzlich geneigt, den bürgerlichen Geist abzulehnen, während der Protestantismus eher einer Vereinigung zustrebt.

Der Katholizismus steht seit der Gegenreformation in einem Abwehrkampf, der sich in gleicher Weise gegen den Protestantismus wie gegen die autonome Kultur richtet. Beiden gegenüber wird die mittelalterliche, von Thomas von Aquino theoretisch gefaßte Form des religiösen, geistigen und gesellschaftlichen Lebens als Ideal angesehen. Die religiöse Lage des frühen und hohen Mittelalters ist aber in jeder Beziehung das völlige Gegenteil zur religiösen Lage unter der Herrschaft der bürgerlichen Gesellschaft. Sie ist in all ihren Formen und Symbolen dem Ewigen zugewandt. Es gibt in ihr grundsätzlich keine in sich ruhende Endlichkeit, auch nicht in Wissenschaft und Wirtschaft, auch nicht in Recht und Politik. – Es scheint also, als ob die Überwindung des bürgerlichen Geistes notwendig zu einem neuen Mittelalter, notwendig in die katholische Kirche zurückführen müßte. Auf diesem Urteil beruht das überaus starke Siegesbewußtsein des gegenwärtigen Katholizismus. Er glaubt zu sehen, daß seine Stunde gekommen ist. Die Abwendung vom bürgerlichen Geist ist allgemein. Der Protestantismus ist in schwierigster Lage. Die Zeit der Trennung von der mütterlichen, priesterlichen Kirche ist vorbei. Das sind Gedanken, die die ganze katholische Literatur erfüllen und praktisch in Propaganda und kirchlicher Ausdehnungsarbeit zur Wirkung kommen.

Von Wichtigkeit ist dabei ganz allgemein der universale Charakter des Katholizismus, seine religiöse Kulturidee. Sie gibt ihm die Möglichkeit, in der politischen Sphäre einen parteimäßigen Ausdruck im Zentrum und in den entsprechenden katholischen Parteien, in der theoretischen Sphäre einen wissenschaftlich-künstlerischen Ausdruck in Zeitschriften wie dem „Hochland“ u. a. zu finden. In beiden Beziehungen ist der Protestantismus in völlig anderer Lage, und auch der Versuch, protestantische Kulturzeitschriften wie „Die Zeitwende“ zu gründen, wird trotz des Interesses, das dieser Versuch verdient, an der Sachlage nichts ändern können, aus dem einfachen Grunde, weil dem Protestantismus eine eigene, von der bürgerlichen Gesellschaft unabhängige Kultur wesensmäßig fehlt.

Die einzelnen Grundtendenzen der katholischen Geisteshaltung ergeben sich aus der Anwendung des mittelalterlichen Ideals auf die gegenwärtige Lage. – Die Menschheitsidee wird von der Idee der einheitlichen Christenheit aus bejaht, aber nicht im demokratisch-idealistischen Sinne, sondern von der religiös-hierarchischen Einheit aus, der sich die einzelnen Völker unterwerfen sollen. Der Nationalismus in nationalliberaler und in konservativer Form wird abgelehnt. Innerpolitisch herrscht die Idee des organischen Aufbaus, aber wieder nicht im konservativ-aristokratischen Sinn, sondern als christlicher Solidarismus, wie er gegenwärtig unter starker Umbiegung des Begriffs der Solidarität genannt wird. Das einende Prinzip ist auch im Gesellschaftsbau die Kirche mit ihrer allen irdischen Gewalten überlegenen hierarchischen Ordnung. Der Klassengegensatz soll von hier aus überwunden werden. In der Wirtschaftspolitik findet sich wenig Möglichkeit, dem Kapitalismus unmittelbar entgegenzutreten. Doch ist die gesamte Stimmung der katholischen Welt dem kapitalistischen Prinzip ungünstig. Er gedeiht hier schlechter als auf protestantischem, jüdischem oder humanistischem Boden. In den einzelnen Sozialproblemen wird von seiten der Kirche das mittelalterliche Ethos möglichst nachdrücklich und oft im Gegensatz zu den üblichen kulturellen Anschauungen der Gegenwart zur Geltung gebracht. Besonders lebendig hat sich die katholische Jugendbewegung entwickelt, im allgemeinen in Analogie zu der übrigen Jugendbewegung, doch mit stärkerer Betonung der mystischen Seite. Ein romantischer Katholizismus ist hier – und nicht nur hier – im Wachsen, der auch für viele Nichtkatholiken einen eigentümlichen Zauber hat und an zahlreichen Stellen in die allgemeine antibürgerliche Bewegung eindringt. – Weniger eindrucksvoll als in den praktischen Gebieten wirkt sich der Katholizismus in den theoretischen aus. Hier ist seine Lebendigkeit und Beweglichkeit sehr viel geringer; denn hier ist er gebunden, in der Wissenschaft durch das Dogma und die kirchliche Lehrautorität, in der Kunst durch den Kult und seine Tradition. Dennoch ist auch hier ein indirekter Einfluß vorhanden. Die Wiederentdeckung vor allem des frühen Mittelalters in der Kunst, das wachsende Verständnis für die Scholastik in der modernen Philosophie, die

Bedeutung des mittelalterlichen intuitiven Begriffsrealismus für die gegenwärtige phänomenologische Schule – das alles zeigt ein Ausströmen katholischen Geistes, wie es noch vor wenigen Jahrzehnten unmöglich gewesen wäre.

Nach dem Gesagten könnte es fast scheinen, als ob die katholische Kirche die führende Macht in dem Kampf gegen den Geist der bürgerlichen Gesellschaft werden könnte. Sie hat die große, nie abgebrochene Tradition von der vorbürgerlichen Geisteslage her. Sie hat zugleich einen positiven Inhalt, durch den sie allen übrigen Gegenbewegungen gegen den Geist der in sich ruhenden Endlichkeit überlegen ist. Und dennoch kann von den Voraussetzungen unserer Zeitbetrachtung aus dieses Urteil, das zugleich das Urteil des Katholizismus über seine Zukunftsbedeutung ist, nicht anerkannt werden. Wir hatten gesehen: auch der Geist der bürgerlichen Gesellschaft hat Elemente in sich, die ursprünglich prophetischer Schau entstammen und die erst allmählich profanisiert sind. An diesen Elementen aber ist der Katholizismus vorbeigegangen. Er hat sich die Erschütterung vom Ewigen her am entscheidenden Punkte ferngehalten. Die Kirche, ihre Lehre und ihr Kultus sind die Sphäre, in der es allein den Durchbruch des Ewigen geben soll. Das Ewige ist gebunden an eine bestimmte, zeitliche Größe, es ist gebunden an die Kirche und ihre Tradition. Damit aber ist die Kirche in bestimmter Weise selbst dem Geist der in sich ruhenden Endlichkeit verfallen. Sie ist ihrer Lebendigkeit, Unmittelbarkeit und Offenheit, die sie bis zum hohen Mittelalter bewahrt hat, verlustig gegangen. Sie hat sich durch die Abwehrstellung gegen Protestantismus und Humanismus zu einer gegenständlichen, fixierbaren, also endlichen Größe machen lassen. Besonders im Jesuitismus fand dieser Rationalismus des endlichen und zugleich endlosen Herrschaftswillens der Kirche einen vollendeten, dem werdenden Kapitalismus sehr ähnlichen Ausdruck. Die Kirche war zu einem Stück in sich ruhender Endlichkeit geworden und hatte damit in Wahrheit die Herrschaft dem Geist der bürgerlichen Gesellschaft überlassen. Nur dann könnte sie ihn überwinden, wenn sie auf ihre eigene kirchliche Unbedingtheit und Unerschütterlichkeit verzichten würde.

Dafür aber liegen keinerlei Anzeichen vor. Die katholische Theologie wird von seiten der Kirche in immer engere Grenzen gewiesen: die wissenschaftliche Schriftauslegung wird unmöglich gemacht, der dogmatischen Theologie wird der heilige Thomas zur unverrückbaren Norm gemacht. Die päpstliche Zentralgewalt wird ständig gestärkt, der Papst nicht nur als oberster Bischof, sondern als Universalbischof angesehen – eine Wendung, die erst vor kurzem erfolgt ist und die Möglichkeit bischöflicher Gegenwirkungen gegen die Herrschaft der Kurie endgültig ausschließt. Die kultreformerischen Bewegungen bemühen sich lediglich um die psychologisch-ästhetische Seite des Kultus. Die Substanz bleibt völlig unberührt, und die Arbeit an den Formen führt zu Rückgriffen auf altes Gut, nicht zu Neubildungen. – Wo sich aber Richtungen bemerkbar machen, die zu einer wirklichen Erschütterung des gegenreformatorischen Katholizismus führen könnten, da werden sie geduldet, solange sie propagandistisch wertvoll sind. In dem Augenblick aber, wo sie dem Zentralismus und der Unbedingtheit der Kirche gefährlich werden können, werden sie zu Fall gebracht. Wann und wie dieses Schicksal den romantischen Katholizismus unserer Tage treffen wird, ist nicht vorauszusagen. Daß es ihn treffen wird, wenn er nicht rechtzeitig haltmacht, ist sicher. Ob er dann die Kraft zu einer schöpferischen, innerkatholischen Bewegung aufbringen wird, ist durchaus fraglich. Jedenfalls ist der kirchlich gebundene, in seinen Formen erstarrte und mechanisierte Katholizismus nicht der überlegene Gegner des Geistes der bürgerlichen Gesellschaft, für den er oft gehalten wird. Nur mit diesem Katholizismus aber haben wir bei Betrachtung der Gegenwart ernstlich zu rechnen.

Ganz anders ist die Lage im griechischen Katholizismus. Er hat die Reformation, den Humanismus und die Gegenreformation nicht durchgemacht. Er steht vor den Zeiten der Verhärtung und Rationalisierung. Dafür aber steht er auf einer Stufe mystischer und sakramentaler Primitivität, die für den Menschen des bürgerlichen Zeitalters ohne völliges Zerbrechen unzugänglich ist. Seine Bedeutung für die religiöse Lage der Gegenwart konnte darum nur indirekt sein. Es konnten starke mystische Kräfte auf Umwegen über die russische Literatur, Kunst und Philosophie in das Abendland eindringen. Diese Wirkung konnte verstärkt werden durch die Anwesenheit zahlreicher, geistig hervorragender Vertreter der russischen Orthodoxie in den westlichen Ländern und durch den starken Eindruck, den ihre religiöse Unmittelbarkeit und Ungebrochenheit in der zersetzten Atmosphäre des Abendlandes machen mußte. Eine Wirkung darüber hinaus ist vorerst nicht wahrscheinlich. Ob die russische Kirche infolge der schweren Erschütterungen des russischen Geistes neue bedeutungsvolle Richtungen einschlagen wird, ist für uns völlig undurchsichtig. Im Augenblick kann sie als wesentliches Element der religiösen Lage des Abendlandes nicht betrachtet werden.

b) Das Judentum

Ehe wir nun zu den protestantischen Kirchen übergehen, ist es angemessen, einen Blick auf das Judentum als religiöse Wirklichkeit zu werfen. Das Judentum steht – hierin dem Protestantismus vergleichbar – in sehr viel engerem Verhältnis zum Geist der bürgerlichen Gesellschaft als der Katholizismus beider Konfessionen. Die enge Verbindung von Religion und Sittlichkeit, die Wertung der Persönlichkeit und Entwertung der sakramentalen Sphäre, die Entgöttlichung der Natur, die Hochstellung des Gesetzes, die religiös begründete, innerweltliche Aktivität, all das findet sich im Judentum wie im Protestantismus, wie in der bürgerlichen Gesellschaft, und zwar nicht nur infolge einer typologischen Verwandtschaft, sondern auch infolge geschichtlicher Einflüsse des Judentums auf die Entstehung der bürgerlichen Gesellschaft. Darum ist es nicht verwunderlich, daß gewisse Kreise des humanistisch gebildeten Judentums schnell und leicht in die bürgerliche Gesellschaft übergingen und ihren religiösen Besitz preisgaben. Und doch wirkt auch im religiös-liberalen Judentum der Geist der alten Prophetie nach. Darum war es möglich, daß die Juden Marx, Lassalle, Adler, Landauer u. a. und zum Teil die Führer der russischen Revolution diesem Geist im Kampf gegen die bürgerliche Gesellschaft stärksten und – wie im kommunistischen Manifest – wahrhaft prophetischen Ausdruck gaben. Weil aber das unmittelbare religiöse Erbgut verloren war, so konnten die Nachwirkungen, die von diesen Männern ausgingen, dem Schicksal einer neuen Verbürgerlichung nicht entgehen. – Anders das orthodoxe Judentum. Es ist an die Tradition gebunden und birgt wertvollste religiöse Kräfte. Aber es trägt sie unter dem Panzer des jüdischen Ritualismus. Darum ist es für die religiöse Lage der Gegenwart nicht von unmittelbarer religiöser Bedeutung. Zwar ist namentlich das Ostjudentum ein Reservoir echter und starker religiöser Tradition, aber es ist vom bürgerlichen Westen her nicht unmittelbar zugänglich.

Eine eigentümliche Verquickung religiöser und nationaler Motive zeigt die zionistische Bewegung. Sie ist der Ausdruck für die Sehnsucht des in alle Völker zerstreuten und doch religiös geeinten Judentums nach einem religiös-nationalen Zentrum. Es ist kein eigentlich abendländischer Nationalismus, der sich hier regt, wohl aber eine Rückkehr zu der ursprünglichen Einheit von religiöser Verheißung und nationaler Existenz. Die Gegnerschaft im Judentum selbst gründet sich auf die Gefahr, die mit der Verwirklichung des zionistischen Ideals verbunden wäre: daß die Juden in aller Welt zu Ausländern würden, daß sich damit ein profaner jüdischer Nationalismus entwickeln könnte und die universale, messianische, völkervereinigende Sendung des Judentums leiden müßte. – Eine mystische Vertiefung hat der Zionismus durch Martin Buber erfahren. Er schaut ein mystisch-idealistisches Ideal, das vom Judentum symbolkräftig und ausstrahlend verwirklicht werden soll. Bubers auch literarisch wertvolle Darbietungen aus der jüdischen Mystik gehören in die mystische Gesamtbewegung gegen den Geist der bürgerlichen Gesellschaft. Nur daß diese jüdische Mystik immer mit dem prophetischen Element der Endhoffnung verbunden ist. – So zeigt sich auch auf jüdischem Boden in mancherlei Beziehung und mit mancherlei Rückfällen die Abwendung vom Geist der bürgerlichen Gesellschaft. Doch hat sie infolge der engen Verflechtung weiter jüdischer Kreise mit dem kapitalistischen System und ihrer ausschließlich händlerischen Lebensform hier gegen besondere Schwierigkeiten zu kämpfen.

c) Der Protestantismus

1. Protestantismus und Kultur. Im Mittelpunkt des Problems Kirche und bürgerliche Gesellschaft steht der Protestantismus. Seine Geschichte verläuft in enger Verbindung mit der Geschichte des bürgerlichen Geistes. Ja, die populäre Vergröberung der Max Weberschen These von der Bedeutung des Calvinismus für die Entstehung des kapitalistischen Geistes läßt es oft so erscheinen, als ob der Protestantismus selbst bürgerlicher Geist und nichts anderes wäre. Dem gegenüber ist festzustellen, daß der ursprüngliche Protestantismus der denkbar schärfste Protest ist gegen den Geist der in sich ruhenden Endlichkeit, sowohl gegen seine kirchlich-hierarchische wie gegen seine humanistisch-rationale Form. Gegen beide Seiten richtet sich der Protest Luthers mit gewaltiger, prophetischer Kraft im Namen des schlechthin jenseitigen, allem menschlichen Tun überlegenen Göttlichen. Und dieser Protest war und ist noch lebendig sowohl im orthodoxen Protestantismus wie im protestantischen Pietismus. – Die Gefahr des Protestantismus war, daß er Protest war und nicht in ausreichender Weise zur Verwirklichung kam. Auf den Protest läßt sich keine Kirche gründen, der Protestantismus wurde aber Kirche. Infolgedessen mußte er positive Elemente aus der Tradition übernehmen, freilich so, daß sie die Kraft des Protestes nicht abstumpfen sollten, also eingeschränkt, zurückgedrängt bis zur Verkümmerung. Dadurch aber verlor der Protest seinen letzten Sinn und wurde zu einem Lehrartikel neben anderen. Das ist die tiefe, innere Not des Protestantismus, daß er gegen jede religiöse oder kulturelle Verwirklichung, die für sich etwas sein will, das Nein sprechen muß, daß er aber solche Verwirklichung braucht, um auch nur das Nein sinnvoll sprechen zu können.

Aus diesem inneren Widerspruch, der die Größe und die Tragik des Protestantismus ausmacht, ergeben sich nun alle einzelnen Probleme seiner gegenwärtigen Lage. Unter der Gewalt seines prophetischen Kampfes brach die Herrschaft der katholischen Hierarchie in weiten

Gebieten zusammen. Die sich selbst unbedingt setzende religiöse Endlichkeit des Priestertums wurde beseitigt. Damit aber war die Frage gegeben, was an seine Stelle treten sollte. Und diese Frage blieb unbeantwortet. In der Orthodoxie zwar erhob sich zeitweilig ein neues Priestertum der reinen Lehre, das dem alten an hierarchischem Selbstbewußtsein nichts nachgab. Aber das war doch ein Übergang, der sich unter dem protestantischen Prinzip des allgemeinen Priestertums nicht lange halten konnte. Zudem fehlte dem Predigtamt die politische Gewalt der katholischen Hierarchie. So kam es denn, daß an die leere Stelle profane Gewalten rückten, im Luthertum der Staat, im Calvinismus die Gesellschaft. – Von da aus ergibt sich das Verhältnis des Protestantismus zu beiden Größen. Das Luthertum wurde mehr und mehr vom Staat abhängig. Die Kirche wurde zu einem Verwaltungsressort und konnte gar nicht daran denken, dem Staat in irgendeiner Beziehung entgegenzutreten. Die Verbindung mit dem absoluten – zur Not auch noch dem konstitutionellen – Fürstentum und mit den aristokratisch-konservativen Gewalten erschien unlöslich. Thron und Altar rückten in eine Nähe, die für den Altar nur eine Dienerrolle übrigließ. Jetzt rächte sich die Zerstörung des hierarchischen Gefüges und die Verkündigung der reinen Jenseitigkeit Gottes dadurch, daß die Religion zu einer untergeordneten, diesseitigen Größe wurde. Sie brauchte den Staat zu ihrer Existenz, und so wurde sie von ihm benutzt und beherrscht. – Für die unmittelbare Gegenwart liegen die Dinge so, daß die protestantische Kirche der demokratisch-revolutionär entstandenen Staatsform innerlich feindlich gegenübersteht, daß sie ihre Hauptstütze in den konservativ-nationalen Kreisen findet und umgekehrt diesen nicht unerhebliche Kräfte zuführt. Grundsätzlich zwar lehnt sie jede politische Bindung ab. Praktisch aber ist sie durch ihre Geschichte auf ein konservativ-monarchisches, agrarisch-beamtenmäßiges und national-militärisches Ideal festgelegt. In all dem steckt viel vorbürgerlicher Geist, und es ist verständlich, wenn das Lebensgefühl weiter großagrarischer, bäuerlicher und handwerklicher Kreise in der protestantischen Kirche den sich gemäßen Ausdruck findet. Eine Verbürgerlichung der protestantischen Kirche auf lutherischem Boden ist eigentlich erst in dem Augenblick eingetreten, als die nationalliberale Idee ihren Siegeslauf begann. Das geschah zum Teil mit Hilfe liberaler protestantischer Theologen, die unter dem Schutz des nationalen Burgfriedens in der Kirche zu Einfluß gelangten und einen nationalen Kulturprotestantismus verkündigten, in dem eine in sich bleibende Endlichkeit religiös geweiht, aber nicht vom Ewigen her durchbrochen wurde. Noch ist die nationalistische Suggestion und der Haß gegen Demokratie und

Sozialismus zu stark, als daß sich der Protestantismus als Ganzes seines Abfalls bewußt werden könnte. Doch finden wenigstens die heidnischen Extreme der völkischen Bewegung nur begrenzten Beifall, und eine offizielle Kundgebung der deutschen protestantischen Kirchen zeigt den Willen, das extrem-kapitalistische Prinzip abzulehnen.

Die eigentliche Schwierigkeit, die hier für den Protestantismus liegt, zeigt sich am deutlichsten an denjenigen Bewegungen, die sich auf seinem Boden ausdrücklich um die Lösung des sozialen Problems bemühen: die kirchlich-soziale, die evangelisch-soziale und die religiös-soziale Richtung. Die kirchlich-soziale Bewegung ist ein Versuch, die Arbeiterschaft in die christlich-konservative Welt- und Lebenshaltung einzubeziehen. Dieser Versuch ist mißlungen, und zwar von beiden Seiten her. Ein ernsthafter sozialer Wille von seiten der herrschenden Gewalten war nach dem Sieg der nationalliberalen Idee auch in der konservativen Partei nicht denkbar. Andererseits war die Arbeiterschaft als Ganzes schlechterdings außerstande, die auf völlig anderer soziologischer Grundlage erwachsene, konservativ-protestantische Lebensauffassung anzunehmen. Die Wirkung dieser Bewegung in der Gegenwart ist infolgedessen gering, und es ist konsequent, daß die christlich-soziale Partei in der deutschnationalen aufgegangen ist. – Mehr theoretisch, vom Standpunkt des liberalen Protestantismus her, arbeitet der evangelisch-soziale Kongreß. Er hat viele wertvolle wissenschaftliche Leistungen hervorgebracht, leidet aber auch wissenschaftlich darunter, daß er den Protestantismus selbst und die bürgerliche Gesellschaft als Ganzes nicht unter die fundamentale Kritik stellt. Ihm fehlt die Kraft einer Zukunftserwartung, eines Bewußtseins um wirkliche, alles in Frage stellende Zeitenwende. Darum wirkt er nicht nur zu theoretisch – das ist kein Schade, wenn die Theorie gut ist –, sondern auch schwunglos; er steckt zu tief im Geist der bürgerlichen Gesellschaft, als daß er über ihn hinausführen könnte. Aber auch die religiös-soziale Bewegung, genauer der Religiöse Sozialismus, steht unter der Last des protestantischen Grundproblems. Nach seinen Anfängen aus dem prophetischen Geist der Blumhardts wurde er durch Ragaz in der Schweiz in enge Beziehung zum Sozialismus und Pazifismus gesetzt, von Kutter und in radikaler Weise von Barth und seiner Schule auf den religiösen Ursprung zurückgewiesen und schließlich jeder Beziehung auf den Sozialismus oder irgendeine konkrete Bewegung beraubt. Er ist hier zu einer theologischen Richtung geworden, in der das protestantische Thema von der reinen Jenseitigkeit Gottes mit größtem Nachdruck aufgenommen ist. Die Frage der Verwirklichung aber, die Frage, auf welchem soziologischen Boden eine derartige Verkündigung überhaupt hörbar, welches die Grenzen der Vernehmbarkeit in unserer Zeit sind, also alle Fragen nach der religiösen Lage unserer Zeit als einer konkreten einmaligen Wirklichkeit werden hier abgelehnt. Das bedeutet für die Praxis natürlich eine Unterstützung dessen, was ist, also der vom Geist der bürgerlichen Gesellschaft beherrschten und gestalteten Gegenwart. – Eine kirchenpolitische Ausprägung hat der Bund religiöser Sozialisten. Er will Sozialismus und protestantisches Kirchentum versöhnen, ohne beide fundamental zu verändern. Doch muß diese Absicht bei der gegenwärtigen Struktur beider Größen wohl für undurchführbar gehalten werden. – Der Kreis der „Blätter für religiösen Sozialismus“ ist konfessionell in keiner Weise festgelegt; dennoch ist der protestantische Geist stark genug in ihm, um der Frage nach dem Verhältnis der göttlichen Jenseitigkeit zur sozialistischen Verwirklichung ein entscheidendes Gewicht zu geben. Ob die Lösung dieser Frage so ausfallen wird, daß sie eine innerprotestantische Bedeutung erlangt, kann nicht vorausgesagt werden. Jedenfalls zeigt sich in all diesen Bewegungen die Schwierigkeit, die für den Protestantismus besteht, dem Geist der bürgerlichen Gesellschaft konkret entgegenzutreten.

Noch deutlicher wird das auf calvinistischem Boden. Was im Luthertum zunächst der Staat war – gegenwärtig die deutschnationale Partei zu werden scheint –, das ist im calvinistischen Protestantismus von früh an die Gesellschaft. Der Calvinismus hat sich fast überall im Kampf mit den fürstlichen Gewalten durchgesetzt. Vielfach waren es Flüchtlingsgemeinden, die ihn vertraten. Ein Ersatz der Hierarchie durch den Staat kam hier nirgends in Frage. So mußten die Gemeinden aus sich heraus ihre Verfassung schaffen und tragen. Freiwilligkeit und demokratischer Aufbau nähern diese Art des Protestantismus dem Sektentypus an und ermöglichen eine Verschmelzung beider. Der Individualismus der bürgerlichen Gesellschaft, die Aushöhlung des Staates, die tragende Bedeutung des Einzelnen sind hier vorbereitet. Der „Einzelne“ ist ursprünglich und der Idee nach der religiös-lebendige Einzelne, allmählich wird es immer mehr der dem Gesellschaftsideal entsprechende Einzelne. Der Geist der Gemeinde wird durchsetzt vom Geist der bürgerlichen Gesellschaft. Andrerseits erhält der Geist der bürgerlichen Gesellschaft dauernden Zustrom vom Geist der calvinistischen Gemeinde. Und dieses ist seine Kraft. Dieses hindert ihn, den naturalistischen Dämonien in offener Brutalität zu verfallen. Dieses erweckt in weitesten Kreisen der Kirchen den Glauben, daß die bürgerliche Humanität die Verwirklichung der christlichen Idee ist. Es entsteht eine Humanisierung des Christentums, die freilich immer zugleich eine Christianisierung der Humanität ist. Es ist klar, daß auf diesem Boden eine

Gegenbewegung gegen den Geist der bürgerlichen Gesellschaft fast unmöglich ist. Trotz der unerhörten Steigerung des kapitalistischen Systems in der anglo-amerikanischen Welt hat sich das Gesicht des Kapitalismus und seine Dämonie noch nicht dem Bewußtsein enthüllt. Selbst der Sozialismus dieser Länder ist mehr ein Wirtschaftskampf der Arbeiterklasse um stärkere Teilnahme an den Vorteilen des Systems als eine Bekämpfung des Systems. Und die älteren Bewegungen des Religiösen Sozialismus beruhen auf dem calvinistischen Gemeindeprinzip und der Forderung, einen hohen Bruchteil des Erworbenen im Dienst der Gemeinde und der Armen zu verwenden. Auch hier findet sich nirgends eine grundsätzliche Opposition gegen das System. Von einem Bewußtsein der Krisis der Zeit und der bürgerlichen Gesellschaft ist demgemäß nichts zu merken. Ein aktiver, ungeheuer wirkungsmächtiger Optimismus setzt instinktiv das Gottesreich mit der durchhumanisierten, pazifistischen, christlich erfaßten bürgerlichen Menschheit gleich. – Das bedeutet nun nicht etwa, daß die Probleme, die auf europäischem Boden aufgebrochen sind, für Amerika keine Rolle spielen können. Sie liegen in der Sache und müssen über kurz oder lang ihre Schärfe zeigen. Jedenfalls ist für den Augenblick die innige Verbindung von calvinistischem Protestantismus und bürgerlicher Gesellschaft eine weltgeschichtliche Tatsache, deren Bedeutung für die religiöse Lage der Gegenwart gar nicht überschätzt werden kann.

In den einzelnen Sozialproblemen nehmen beide Richtungen des Protestantismus eine äußerst konservative, religiös-gesetzliche Haltung ein. Das Geschlechterverhältnis steht unter der unbedingten Forderung der monogamischen Exklusivität. Das gilt noch mehr für die calvinistische als für die lutherische Form des Protestantismus. Aber auch diese verschließt sich fast durchweg vor den Problemen, die hier liegen. Die Kirchen sehen nicht, daß sie durch diese Scheu einerseits die Lüge der bürgerlichen Konvention unterstützen, andererseits aus der großen, europäischen Diskussion über das Geschlechterproblem ausgeschaltet sind. Zu ihrer Aufgabe, eine ins Jenseitige weisende und doch nicht gesetzlich konventionelle Lösung zu geben, kommen sie infolgedessen nicht. Auch hier zeigt sich die Schwierigkeit ihrer Lage, in die sie durch Zerstörung des sakramentalen Charakters der Ehe einerseits, der grundsätzlichen Ehelosigkeit andererseits geraten waren. Sie haben keinen Ansatzpunkt, von dem aus sie ihrer Verschmelzung mit der bürgerlichen Konvention entgegentreten könnten. – Daß die Jugendbewegung innerhalb der protestantischen Kirchen am wenigsten Boden finden konnte, ist schon gesagt. Ihr Gegensatz zu dem Geist der bürgerlichen Gesellschaft muß sie bei den tiefen Wurzeln, die dieser Geist im Protestantismus – wie auch im Judentum – hat, in Gegensatz zur eigentlichen protestantischen Haltung bringen. – Die Erziehung endlich kann bei dem Fehlen eines bestimmten Kulturideals im Protestantismus nur in einen Zwiespalt zwischen religiösem Glauben und humanistischem Ideal auslaufen, bei dem schließlich der religiöse Glaube beiseite gedrängt wird. Die Zustände in unserem gesamten höheren Bildungswesen sprechen eine beredte Sprache. Die religiös-zerstörerische Wirkung, die der Religionsunterricht in Verbindung mit den übrigen Unterrichtsgegenständen ausübt, ist bekannt. Sie ist eine der wichtigsten Ursachen für die Abwendung des größten Teils der Bildungswelt vom protestantischen Kirchentum. – Die Wurzel all dieser Probleme der protestantischen Sphäre liegt in der Schwierigkeit des protestantischen Ethos überhaupt. Die Zerstörung des katholischen Heiligkeitsideals, die jede religiöse Realisierung in Frage stellende Jenseitigkeit Gottes hinterläßt im Diesseitigen einen leeren Raum, in den das humanistische Ideal einrückt, dessen Pathos der Gehorsam gegen das Gesetz, dessen Wirklichkeit die bürgerliche Konvention ist. Es ist kaum an irgendeiner Stelle von den protestantischen Kirchen ein ernsthafter Versuch gemacht worden, über diese Notlage hinauszukommen. Im Gegenteil, die extrem protestantische Theologie ist geneigt, die Ethik überhaupt aus dem theologischen System zu verbannen; nur die religiös-sozialistischen und religiös-nationalistischen Bestrebungen suchen hier neue Wege. Zum Teil im Anschluß an die Theologie des deutschen Idealismus und der Romantik und unter Rückgriff auf Kulturtheologen, wie Schleiermacher und Richard Rothe. Ob diese Versuche in den protestantischen Kirchen selbst Erfolg haben werden, ist fragwürdig, und die Gefahr der Verbürgerlichung auch im Falle eines gewissen Erfolges sehr groß. Denn das Problem wurzelt in der tiefsten Schicht der protestantischen Haltung überhaupt.

In der theoretischen Sphäre gibt es nicht einmal einen ernsthaften Versuch, zu einem protestantischen Kulturideal zu gelangen. Der Kunst gegenüber enthält man sich jeder direkten und indirekten Beeinflussung, ohne zu fühlen, daß von ihr fortwährend Ströme ausgehen, die der protestantischen Auffassung von der Jenseitigkeit Gottes und der entheiligten Natur widersprechen und den Geist vom bürgerlichen Protestantismus abdrängen. Überhaupt kein Verhältnis ist zur bildenden Kunst vorhanden. Ein glatter, idealisierter Realismus im Geist der bürgerlichen Konvention herrscht fast durchweg. Die neuen vom Expressionismus geschaffenen oder entdeckten Formen begegnen heftigstem Widerstand gerade von kirchlicher Seite. Günstiger ist die Lage in der Literatur, obgleich auch hier die wirklich Großen vom kirchlichen Protestantismus noch kaum erkannt sind. Am günstigsten liegen die Dinge in der Musik, wo die alte protestantische Tradition nicht ganz abgebrochen ist und Bach sowie der protestantische Choral die Überlegenheit des altprotestantischen, heroischen Geistes über die bürgerliche Gesellschaft offenbaren.

In der Wissenschaft ist der mühselige und erfolglose Kampf der kirchlichen Verteidigung (Apologetik) dadurch zum Abschluß gekommen, daß man die Gebiete des Glaubens und Wissens radikal getrennt und der autonomen Wissenschaft das Feld restlos überlassen hat. Man statuierte einen heidnischen Kopf neben einem christlichen Herzen und beruhigte sich dabei. Diese Lösung hat den großen Wert, daß sie allen Versuchen ein Ende machte, von der Endlichkeit und ihren Formen aus einen Beweis für das Ewige zu führen. Sie machte es unmöglich, daß man die Lücken des naturwissenschaftlichen Erkennens benützte, um Gott als Lückenbüßer des wissenschaftlichen Weltbildes zu fordern. Sie setzte die Erkenntnis durch, daß das Ewige sich in einer tieferen Schicht zeigt als in der des rationalen Denkens. Andererseits wurde dadurch, daß man diese Schicht als Gefühl beschrieb und in kein Verhältnis zum wissenschaftlichen Weltbild zu bringen vermochte, die gesamte Sphäre der Wahrheit von der Religion abgelöst und sich selbst und ihrer endlichen Verwirklichung überlassen. Und die Religion wurde als eine Sache subjektiver Stimmung behandelt, die keinen weltumfassenden und weltgestaltenden Anspruch erheben darf. Damit war in der Religion das typisch impressionistische, bürgerliche Verhalten eingedrungen: auf der einen Seite rationale Wissenschaft, ein System in sich ruhender Formen, auf der anderen Seite subjektives Gefühl, das nicht die Kraft hat, die Endlichkeit zu durchbrechen. – Gegen diese Verendlichung wehrte sich immer sehr nachdrücklich die Orthodoxie. Sie lehrte Durchbrechungen des endlichen Formensystems: Wunder, Inspirationen, Schöpfung, Anfang und Ende. Aber sie nahm diese Begriffe nicht als religiöse, sondern selbst als wissenschaftlich-theoretische, womit sie dann freilich das System der endlichen Formen nicht nur durchbrach, sondern zerbrach. Der Erfolg war, daß sie in eine leere Opposition geriet und allmählich auf die Bahn jener ständig zurückweichenden, eine Position nach der anderen aufgebenden Apologetik gedrängt wurde, von der wir ausgegangen waren. Als die Orthodoxie die religiösen Begriffe theoretisch-wissenschaftlich faßte, hatte sie soviel bürgerlichen Geist in sich aufgenommen, daß sie ihm erliegen mußte.

Die Wendung in dieser Beziehung hängt mit dem Eindringen mystisch-intuitiver Elemente in die protestantische Theologie zusammen. Das Werk von Rudolf Otto über „Religiöse und naturalistische

Weltanschauung" war ein Versuch, über die Not der Lage hinauszuführen, die Selbständigkeit der religiösen Begriffe zu erfassen und die Apologetik von einer untragbaren Last zu befreien. Es muß begrüßt werden, daß sich seitdem auch innerhalb der Kirche, namentlich gegenüber der Naturwissenschaft, die Dinge weitgehend geklärt haben. Schwierigkeiten macht noch die Geschichte. Auch in ihr gibt es für die religiöse Betrachtung etwas Überzeitliches, das nicht in die Geschichte aufgelöst, aber auch nicht als eine besondere Geschichte neben sie gestellt werden darf. An diesem Problem entstanden die gleichen Gegensätze wie am Naturproblem. Auf der einen Seite die orthodox-rationalisierte Theorie, daß neben der profanen Geschichte eine heilige Geschichte wunderbarer Art einhergeht – ein Gedanke, der die Einheit des geschichtlichen Erkennens zerbricht. Auf der anderen Seite die liberal-rationalistische Theorie, daß die heilige Geschichte nichts ist als ein Stück allgemeiner Geschichte – ein Gedanke, der die in sich ruhende Endlichkeit des Geschichtlichen gänzlich unangetastet und unerschüttert läßt. Das Ringen um eine neue Metaphysik der Geschichte hat etwas über diese Alternative hinausgeführt.

So ist die Theologie bestrebt, von sich aus ein angemessenes Verhältnis zu der wissenschaftlichen Sphäre zu gewinnen und aufzugreifen, was ihr von seiten der Wissenschaft entgegenkommt. Diese Entwicklung ist in den Anfängen. Zum Ziel kann sie nur gelangen, wenn in der religiös-theologischen Sphäre im engsten Sinne die Dinge genügend ausgereift sind.

2. *Das religiöse Leben des Protestantismus.* Das religiöse Leben des Protestantismus zeigt von früh an zwei Richtungen, die kirchlich-dogmatische und die pietistische. Beide Richtungen sind in der Haltung Luthers begründet und haben sich bis auf den heutigen Tag im Protestantismus ausgewirkt. Im ausgehenden 17. Jahrhundert standen sie sich als Orthodoxie und Pietismus schroff gegenüber, im 18. Jahrhundert kam der Rationalismus als drittes Element hinzu. Gegenwärtig ist es so, daß die eigentliche protestantische Frömmigkeit von allen drei Formen bestimmt wird. Wir haben die kirchlich-positive Richtung, die als stark erweichte Orthodoxie bezeichnet werden muß, ihr gegenüber die kirchlich-liberale Richtung, die als gemäßigte Aufklärung zu bezeichnen wäre, und die gemeinschaftlich-pietistische Richtung, die zu beiden in Spannung steht, aber auch zu beiden ein eigentümlich positives Verhältnis hat. Dem Geist der bürgerlichen Gesellschaft nahe, ja, fast völlig von ihm aufgesogen, ist die liberale Richtung. Sie versucht, die Religion in das System der endlichen Formen als ihren Abschluß oder ihre Einheit einzuordnen. Sie stellt sich dar als Kulturprotestantismus, der zwar

viel von Moral, aber wenig von der Erschütterung der Kultur durch das Ewige weiß. Er hat für das religiöse Leben verhältnismäßig geringe Bedeutung. Seine Predigt wird nicht begehrt, da sie nichts enthält, was über die in sich ruhende Endlichkeit hinausführt. Die autonome Kultur braucht die religiöse Umbenennung nicht, die ihr der liberale Protestantismus zuteil werden läßt. Sie duldet ihn, verteidigt ihn auch, hat aber im Grunde keine Achtung vor ihm, weil er nicht die Kraft hat, ihr entgegenzutreten. Die Größe des liberalen Protestantismus liegt auf wissenschaftlichem Gebiet, in der Theologie, soweit diese Religionswissenschaft sein muß. Schon in der eigentlichen systematischen Theologie zeigen sich freilich die gleichen Grenzen wie in der praktisch-religiösen Haltung. Der Geist der in sich ruhenden Endlichkeit wird weder theoretisch noch praktisch entscheidend durchbrochen.

Demgegenüber hat die positive Richtung einen mächtigen Vorsprung. Sie hat die alte, vorbürgerliche religiöse Tradition, sie hat das scharfe Nein zu Kultur und Diesseitigkeit; sie ist jederzeit bereit, auf allen Gebieten die Einheit des autonomen Geistes zerbrechen zu lassen. Darum ist ihre Wirkung immer noch sehr groß, ihre Predigt wird noch gehört. Sie beherrscht die Kirche fast völlig. Dabei ist sie nicht starr, sondern elastisch, namentlich in der Aufnahme der modernen Wissenschaft. Ja, man kann sagen, daß in der gesamten religionswissenschaftlichen Arbeit, auch wo sie sich auf Bibel und Kirche bezieht, der Gegensatz gegen die liberale Theologie sich weitgehend verwischt hat. Und doch hat auch die positive Richtung nicht die Kraft gezeigt, den bürgerlichen Geist zu überwinden. Teils hat sie ihn mit Mitteln abgelehnt, die genau so unreligiös und rational waren wie das Abgelehnte, teils hat sie sich auf Vermittlungen eingelassen, die ihr selbst die tiefste Kraft nahmen, ohne doch den berechtigten Ansprüchen der autonomen Wissenschaft zu genügen. In dieser Halbheit ist sie schwächer als die liberale Richtung. Ihre Kraft aber ist, daß sie der Predigt die Möglichkeit gibt, unmittelbar aus dem vorbürgerlichen, prophetischen und priesterlichen Geist der Religion zu schöpfen.

Ohne die Halbheit der Orthodoxie wirkt sich die pietistische Frömmigkeit in Praxis und Theorie aus. Sie ist der Versuch lebendiger, nicht bloß kirchlich-dogmatischer Verwirklichung des Protestantismus. Es verbinden sie manche Linien mit der katholischen Jesusmystik, die sie freilich stark personalistisch und ethisch umgebogen hat. Sie ist ein ständiger religiöser Kraftquell für den Protestantismus. Je und je sind von ihr Gegenbewegungen gegen den Geist der bürgerlichen Gesellschaft ausgegangen. Die Durchbrechung aller Diesseitigkeit und kulturellen Gebundenheit einerseits, der starke Gemeinschaftscharakter andererseits stehen in heftigem Gegensatz zur bürgerlichen Diesseitigkeit und zum geistigen Individualismus. Dazu kommt, daß der Pietismus die religiöse Tradition der Vergangenheit nach ihrer praktisch-religiösen Seite noch in viel stärkerem Maße als die Orthodoxie bewahrt hat. Und doch zeigt sich auch an ihm die Gesamtlage der Zeit. Zunächst ist ja für den Pietismus, wie für den Protestantismus überhaupt, der persönliche Charakter der Frömmigkeit entscheidend. Darin ist der Individualismus der bürgerlichen Gesellschaft vorgebildet. Ferner fehlt dem Pietismus – auch darin in Gleichheit mit dem übrigen Protestantismus – eine dauerhafte priesterliche Verwirklichung. So war es wesensmäßig begründet, daß der alte Pietismus der Aufklärung weithin den Weg bahnte während der Pietismus der Gegenwart jedenfalls nicht die Kraft zur Überwindung des Geistes der bürgerlichen Gesellschaft in sich trägt. Dagegen ist er ihm in mancher Beziehung entgegengekommen. Einerseits hat er von der Orthodoxie die unfruchtbare, dogmatische Starrheit übernommen, die die Orthodoxie selbst erweicht hat, so daß hier geradezu ein Frontwechsel eingetreten ist; andererseits hat er in der letzten Zeit eine sehr merkwürdige und schwer erklärliche, weil für ihn wesenswidrige Schwenkung ins nationalistische Lager hinüber gemacht. Damit verbindet sich eine starke kirchenpolitische Tätigkeit im Sinn einer extrem-positiven Richtung. Diese Vorgänge, in denen sich zugleich Verengung und Verweltlichung bemerkbar machen, zeigen deutlich, eine wie ungeheure Macht der Geist der Gegenwart auch auf die ihm am schärfsten gegenüberstehenden Bewegungen ausübt.

Damit sind die drei Hauptrichtungen der Frömmigkeit in der protestantischen Kirche gekennzeichnet. Keine von ihnen führt über die Lage der Zeit hinaus. Zwischen Protest und Kompromiß mit dem Geist der bürgerlichen Gesellschaft schwanken sie hin und her. Andere Bewegungen aber haben das Stadium theologischer Besinnung noch nicht überschritten. Bewegungen der Frömmigkeit von Bedeutung, die weiter führen, gibt es zur Zeit in der protestantischen Kirche nicht. Auch der Religiöse Sozialismus, sei es der Neuwerkkreis, sei es der Berliner Kreis, sei es der kirchenpolitische Bund Religiöser Sozialisten kann diesen Anspruch nicht erheben. Was an bedeutungsvollen Bewegungen innerhalb des Protestantismus vorhanden ist, das liegt – für ihn charakteristisch – in der theologischen Sphäre.

Mit diesem Urteil ist zwei Vorgängen, die viel beachtet werden, die entscheidende Wichtigkeit abgesprochen: einmal der Zunahme des kirchlichen Einflusses, dann der hochkirchlichen Bewegung. Daß auch der evangelischen Kirche die allgemeine Hinwendung zur Religion zugute kommt, ist nicht verwunderlich. Aber es kommen für das Wachstum des kirchlichen Einflusses noch andere Faktoren hinzu. Die Verbindung der Kirche mit der konservativ-nationalen Geisteshaltung hat ihr Ansehen in allen Kreisen dieser Richtung außerordentlich gestärkt. Doch muß nachdrücklich gefragt werden, ob dieser kirchenpolitische Gewinn nicht mit einem großen religiösen Verlust erkauft ist. Ein weiterer Grund zur Stärkung des kirchlichen Einflusses bis in die Arbeiterschaft hinein ist der Kampf um die konfessionelle Schule geworden. Von zahlreichen, auch sozialistischen Eltern, insonderheit Müttern, wird die Gehaltsleere einer unreligiösen, weltanschauungslosen Erziehung instinktiv empfunden. Da nun der Sozialismus den bürgerlich-konsequenten, sozialistisch-fragwürdigen Standpunkt der weltlichen Schule vertritt, so trägt er indirekt zur Stärkung der evangelischen Elternbünde und damit der evangelischen Kirche überhaupt bei. Und doch kann dem gegenwärtigen kirchlichen Machtzuwachs keine wesentliche Bedeutung für die religiöse Lage zugestanden werden. Dazu liegen die Dinge zu sehr an der Oberfläche.

Tiefer geht die hochkirchliche Bewegung, d. h. der Versuch, von Kultus und Verfassung her den evangelischen Kirchen eine erhöhte psychologische Wirksamkeit zu verschaffen. Diese Bestrebungen gehen offenbar von der Frage der Realisierung des protestantischen Prinzips, also von dem protestantischen Grundproblem aus und sind darum durchaus beachtenswert. Naturgemäß führen sie in die Nähe katholischer Lebensformen, eine Tatsache, die sich den allgemeinen katholisierenden Neigungen einordnet, in der Bewegung selbst aber schon zur Spaltung geführt hat. Zur grundsätzlichen Beurteilung ist zu sagen: Hierarchie und Kultus der katholischen Kirche beruhen auf dem katholischen Sakrament und seiner unerschütterlichen Objektivität. Gerade dieses aber ist vom Protestantismus zerstört worden. Jeder Versuch neuer katholisierender Verwirklichung von Priestertum oder Kultus muß entweder das protestantische Prinzip antasten oder eine pädagogische Halbheit bleiben. Der Protestantismus ruht auf der Predigt, der Verkündigung des jenseitigen, aller menschlichen Verwirklichung überlegenen Gottes. Er hat kein von der prophetischen Botschaft abgelöstes Sakrament und darum kein Priestertum und keinen echten Kultus. – Und doch setzt auch die Predigt, wenn sie etwas anderes ist als begnadete Prophetie, eine priesterliche und kultische Haltung voraus. Sie ist ihrem Wesen nach die Verneinung von Priestertum und Kultus und wird doch zugleich ein neues Fundament für beide. So zeigt sich auch an dieser Stelle das protestantische Grundproblem, das jedenfalls nicht durch hochkirchliche Bestrebungen gelöst werden kann. Darum kann auch dieser Bewegung keine entscheidende Bedeutung für die religiöse

Lage der Gegenwart zugesprochen werden. Sie wirkt sich denn auch äußerlich und innerlich in sehr bescheidenen Grenzen aus.

In der protestantischen Theologie zeigt sich, wie schon angedeutet, klarer als in den bisher genannten Dingen die Abwendung vom Geist der bürgerlichen Gesellschaft und das Suchen nach einer neuen Erfüllung der christlichen Idee. Die theologische Lage war und ist in gewisser Beziehung noch immer bestimmt durch die liberale Theologie. Ihren glänzenden Leistungen auf historischem Gebiet hat die positive Theologie nichts auch nur entfernt Gleichwertiges entgegenzustellen. Durch die Zerstörung der historischen Scheinfundamente des orthodoxen Systems, vor allem durch die Evangelienforschung und das religionsgeschichtliche Verständnis des Urchristentums wurde auch in der Dogmatik die Lage der positiven Theologie immer schwieriger. Ihre Kraft war ihr Gehalt, ihre Schwäche die wissenschaftliche Form. So verlor sie ständig an Boden und konnte auch in der geistvollen Form der modernpositiven Theologie nichts Wesentliches zurückgewinnen.

Der bedeutungsvolle Umschwung kam von anderer Seite. Zunächst vollzog er sich in der liberalen Theologie selbst. Die historische Konsequenz trieb zu einer umfassenden, eindringlichen Betrachtung der gesamten Religionsgeschichte. Die Religionspsychologie und unbefangene Wertung der metapsychischen Erscheinungen leisteten wichtige Hilfe. Dabei eröffnete sich die Welt des Religiösen in ihrer ganzen Originalität und Universalität. Die rationalistische und moralistische Auffassung der Religion durch die liberale Theologie brach zusammen. Der formdurchbrechende, ekstatische Charakter des Religiösen nach seiner göttlichen und nach seiner dämonischen Seite wurde erkannt. Eine Phänomenologie der Religion in feinster Ausführung gab auf diesen Grundlagen Rudolf Otto in seinem Buch über „Das Heilige". Von hier aus ließen sich Verbindungslinien zur idealistischen und romantischen Theologie ziehen. Es erfolgte ein allseitiger Durchbruch durch den Kantianismus in der Theologie. Das Ewige wurde erfaßt als der Sinngrund und Abgrund des Wirklichen und erst in zweiter Linie als Sinnforderung und Gesetz. Man konnte wieder von einer göttlichen Grundoffenbarung reden, die eine Schicht tiefer liegt als jede geformte Offenbarung. – Damit ist die liberal-orthodoxe Alternative überwunden. Die religiösen Begriffe und Lebensformen sind weder in liberaler Weise in das System der endlichen Formen aufzulösen, noch sind sie in orthodoxer Weise als Zerstörung dieses Systems aufzufassen. Sie sind Begriffe des Durchbruchs durch die Form, aber nicht Begriffe des Zerbrechens der Form. Nicht bürgerliche Autonomie, aber auch nicht kirchliche Heteronomie – beides gehört zusammen –, sondern Theonomie, freie Hinwendung der zeitlichen Formen zum Ewigen ist das Ziel. Eine systematische Durchführung dieser Gedanken gibt es noch nicht. Sie würde zu einer durchgängigen Umgestaltung der Tradition und ihrer liberalen Auflösungsformen führen, hätte aber Schritt für Schritt nach beiden Seiten hin zu kämpfen. Aber sie würde auch dazu helfen können, daß die religiösen Symbole wieder die Ausdruckskraft gewinnen, um derentwillen eine ganze Zeit ihren ewigen Sinn in ihnen finden kann.

Neben dieser Richtung, die unter starkem Einfluß der mystischen Gesamtbewegung unserer Zeit steht, geht eine andere einher, die eine bewußte und nachdrückliche Rückwendung zu Luther vollzieht. Karl Holls Lutherbuch ist der stärkste Ausdruck dieser Theologie. Ihre Wirkung, namentlich auf die theologische Jugend, ist recht erheblich. Man spricht hier geradezu von einer Lutherrenaissance. Auch in dieser Bewegung steckt der Wille, über den orthodox-liberalen Gegensatz hinauszukommen und die Quellen der prophetischen Religion freizulegen. Und auch hier gibt es Verbindungslinien zu Idealismus und Romantik. Doch kann dieser Richtung für die Gesamtbewegung unserer Zeit keine entscheidende Bedeutung zugestanden werden, da sie das klare Nein zum Geist der bürgerlichen Gesellschaft nicht kennt und infolgedessen in ihren praktischen Auswirkungen, zum Teil auch in ihren grundsätzlichen Äußerungen geradezu als eine Stärkung jenes Geistes erscheint. Eine Lutherrenaissance auf dem Boden der religiösen Lage der Gegenwart ist, aufs Ganze gesehen, eine Unmöglichkeit.

Das gilt auch für die dritte, aus dem Religiösen Sozialismus hervorgegangene, überaus kraftvolle theologische Richtung, die man als dialektische, jetzt auch als neureformatorische Theologie bezeichnet. Ihr wesentlichstes Dokument ist Karl Barths Kommentar zum Römerbrief, ein Buch von wahrhaft prophetischer Kraft und Eindringlichkeit. Sie läßt von der unbedingten Jenseitigkeit Gottes her das Gericht ergehen über jeden Versuch der Kultur und der Religion, vor Gott etwas zu sein. Für sie ist das Verhältnis der Welt zu Gott allein dieses, daß die Welt unter dem göttlichen Nein steht, in der Krisis, in der Erschütterung der Zeit durch die Ewigkeit. Von hier aus ergibt sich eine scharfe Ablehnung von Mystik und Romantik, von Idealismus und religiösem Kulturideal. Man will die Kultur ihre eigenen, autonomen Wege gehen lassen, sie aber dann als Ganzes unter das Gericht stellen. Das System der endlichen Formen soll bleiben, wie es ist, dann aber als Ganzes durchbrochen werden. Es kann kein Zweifel sein, daß diese Theologie von höchster Wichtigkeit für die religiöse Lage der Gegenwart ist. Aber auch das ist deutlich: Sie kann geradezu in eine Stärkung des Geistes der bürgerlichen Gesellschaft und ihres orthodoxen Korrelates umschlagen, sobald die prophetische Erschütterung – wie es nicht anders sein kann – nachgelassen hat, und nun die in sich ruhende Endlichkeit unangegriffen und unverändert dasteht. – Der Weg zu einer wirklichen Überwindung der gegenwärtigen Lage in der Theologie ist eine Vereinigung des priesterlichen Geistes der ersten der genannten Richtungen mit dem prophetischen Geist der dritten, eine Vereinigung, die wir auch hier wieder als gläubigen Realismus bezeichnen können. – Jedenfalls herrscht in der protestantischen Theologie unserer Zeit ein reiches und starkes Leben, in dem sich überall der Wille zur Durchbrechung des unfruchtbar gewordenen Gegensatzes innerhalb der bürgerlichen Geisteslage zeigt. Und wenn irgendwo auf protestantischem Boden, so ist gerade in der Theologie die entscheidende Wendung zu erwarten.

Damit sind wir am Ende unserer Betrachtungen. Sie haben uns auf allen Gebieten von der Naturwissenschaft bis zum Kultus und Dogma die Abwendung vom Geist der in sich ruhenden Endlichkeit, vom Geist der bürgerlichen Gesellschaft gezeigt. Sie haben aber zugleich die Schwierigkeiten, Irrwege und Rückschläge dieses Weges aufgewiesen und einen gläubigen Realismus als die unserer gegenwärtigen Lage angemessene Haltung genannt. Eins ist aber bei all diesen Betrachtungen zu bedenken: sie sind sinnvoll nur für den, der irgendwie selbst in dieser Bewegung steht, und für ihn sind sie nicht nur sinnvoll, sondern auch verantwortlich. Es ist ihm nicht erlaubt, sich außerhalb zu stellen und unbeteiligt zu beobachten, sondern es ist von ihm gefordert, in unbedingter, handelnder Verantwortung über die religiöse Lage der Gegenwart zu denken und zu reden.

DIE GEISTIGE WELT IM JAHRE 1926

Niemand wird behaupten, daß die Kalendergrenze, die ein Jahr von dem anderen trennt, für den Geist eine Grenze ist – auch nicht die Jahrhundertgrenze. Und doch benennen wir geistige Epochen nach Jahrhunderten und geben damit der quantitativen Zahlenreihe einen qualitativen Charakter. So mag es auch nicht ganz ungerechtfertigt sein, wenn wir uns im Jahre 1926 daran erinnern, daß mit diesem Jahre das zweite Viertel des 20. Jahrhunderts begonnen hat, daß also ein Vierteljahrhundert abgeschlossen hinter uns liegt. Wohl selten trägt eine Zeit so unverkennbar den Stempel der Übergangszeit wie diese verflossenen 25 Jahre, ganz gleich, ob der Übergang langsam und halb im Verborgenen sich vollzog oder ob er durch die großen geschichtlichen Katastrophen beschleunigt und offenkundig gemacht wurde. – Das Jahr 1926 hat nun vielleicht darin seinen besonderen Charakter, daß der Geist in ihm auf mancherlei Gebieten und in mancherlei Art eine Atempause macht, nicht eine Pause seiner produktiven Arbeit – die gibt es nicht –, aber eine Pause in der Ruhelosigkeit des Übergehens, des Weiterdrängens, des Sich-Weiter-Entfernens von seinem Ausgangspunkt, den Spannungen der Jahrhundertwende. Der „gläubige Realismus", von dem wir in dem einleitenden Aufsatz des Kairos-Buches als Kennzeichnung unserer Lage gesprochen haben, enthält doch dieses, daß er an die Stelle der horizontalen, vorwärtstreibenden Linie die vertikale nach oben und nach unten weisende, in die Ewigkeit und in die Dingtiefe führende Linie setzt. Das subjektive, aller Dynamik, allem Übergang innewohnende Element klingt ab zugunsten einer Sachhingabe, deren erste Vorbedingungen Entäußerung der Subjektivität, Wille zur Anschauung der Dinge sind. Man hat auch von „neuer Sachlichkeit" gesprochen, um diese Haltung zu benennen. Aber von Sachlichkeit im älteren Sinne, im herrschaftlich-empirischen Sinne des 19. Jahrhunderts ist in unserer Sachlichkeit nichts enthalten. Darum ist es vielleicht besser, diesen Ausdruck zu vermeiden. Denn das Wichtige an der neuen Haltung ist, daß sie nicht empirisch und nicht herrschaftlich, sondern gläubig und hingebend sein will. – Damit ist das Thema angeschlagen, das die folgenden Ausführungen in etwas variieren sollen.

Es ist seit Marx nicht mehr angängig, von der geistigen Lage zu reden, ohne die gesellschaftliche zu erwähnen. Der Zusammenhang beider ist viel zu eng, ganz gleich, unter welchen Kategorien er gedacht wird. Wenn wir auf den allgemeinen politischen Rahmen sehen, so läßt sich in Kürze etwa folgendes sagen: Fast in allen Völkern, die unserer geistigen Welt angehören, zeigt sich die Tendenz auf äußere politische Beruhigung. Auch wo die Geste anders ist, ist die Sache die gleiche, wenigstens bei der vorläufig bestimmenden Schicht der Völker. Daneben finden sich freilich Kräfte, die in allen Völkern in entgegengesetzter Richtung arbeiten und jene Beruhigung – deren fragwürdiges Symbol Locarno ist – nur als Atempause erscheinen lassen. Die Furcht vor dem Erfolg dieser politisch beunruhigenden Kräfte und die Furcht vor der unvermeidlichen Selbstzerstörung Europas in einem neuen Kriege führt nun ihrerseits zu radikalen, die Einheit Europas fordernden Bewegungen. Vorläufige Beruhigung, starke Kräfte der Beunruhigung und relativ schwache Gegenwirkungen, das charakterisiert die äußere politische Lage. Ihr entspricht die Innenpolitik: das durch Krieg und Revolution stark gestörte demokratische Gleichgewicht hat sich trotz Zusammenbruchs der demokratischen Parteien infolge sachlicher Notwendigkeiten immer wieder hergestellt. Selbst die antidemokratischen Extreme, der Bolschewismus und Faschismus, können sich dem nicht ganz entziehen und erst recht nicht die allenthalben auftauchenden Diktaturen zweiten Ranges. Nirgends hat sich ein neues gestaltendes Prinzip des staatlichen Aufbaus durchgesetzt. Der Glaube an die Demokratie in jeder Form ist erschüttert. Aber ihr reales Schwergewicht ist nur wenig vermindert, auch nicht durch die Rhetorik des italienischen Faschismus. Vorläufige Ernüchterung bei den meisten Völkern, politische Arbeit im Sinne eines Ausgleichs der Kräfte, heftiger, aber nur an wenigen Stellen erfolgreicher Kampf für eine Umgruppierung auf Grund antidemokratischer Prinzipien, Unproduktivität dieser utopischen oder romantischen Tendenzen: das ist die innerpolitische Lage. Die ökonomische Situation ist bestimmt durch die große Stabilisierungskrise aller Volkswirtschaften. Die von ihr ausgehende schwere Beunruhigung hat die Tendenz, zu einer Ruhe zu führen, wie sie der Dynamik und dem Expansionswillen der kapitalistischen Wirtschaft im Grunde widerspricht, die aber infolge der konstanten Weltabsatzkrise nicht zu vermeiden ist und sehr wichtige Folgen für die gesellschaftliche Lage haben wird. Demgemäß haben die revolutionären Bewegungen der ökonomisch unterdrückten Klassen sehr an Stoßkraft nachgelassen, obgleich die Not der Krisis sie am meisten trifft. Instinktiv wird eben empfunden, daß es sich um eine Umwälzung handelt, bei der beide Klassen in verborgener, durch die Sache erzwungener Schicksalsgemeinschaft stehen. Der Ruf nach „Rationalisierung“ der Wirtschaft übertönt im Augenblick den Ruf nach „Sozialisierung“. Auch das ist eine Atempause, aber sie ist für unsere Lage charakteristisch und kann sich auf längere Dauer erstrecken. – Die gesellschaftliche Schichtung zeigt deutlich die Überlegenheit des bürgerlichen Typus, der auf der einen Seite die feudalen Restbestände immer mehr in sich aufnimmt, auf der anderen Seite zum Ideal der proletarischen Schichten geworden ist – so sehr, daß man die kleinbürgerliche Befriedung geradezu als notwendigen Durchgang für die sozialistische Bewegung bezeichnen konnte. Zugleich zeigt sich trotz aller Opposition immer wieder, daß die Hauptländer des bürgerlichen Geistes, England und Amerika, durch ihre finanzielle Übermacht bestimmenden Einfluß auf die Gesamtlage ausüben und damit entscheidende Träger der bürgerlich-kapitalistischen Beruhigung werden.

Die gleichen Beruhigungstendenzen, die das gesellschaftlich-politische Leben charakterisieren, finden sich auch in der geistigen Welt des Jahres 1926, obwohl hier die beunruhigenden Kräfte stärker sind. Für den Geist, der seine Ziele in weite Fernen steckt, ist jede Gegenwart mit ihrem Schwergewicht zu vorläufig, als daß er in ihr ruhen könnte. Die Beunruhigung ist dem Geist wesentlich. Darum liegt eine innere Notwendigkeit vor, wenn z. B. die sozialen Zielsetzungen ein Element der Utopie in sich tragen, das ihnen die revolutionierende und umgestaltende Kraft gibt, ganz gleich, ob die Utopie in der Zukunft gesehen oder der Vergangenheit entnommen wird. Wird die Utopie freilich mehr als ein Element, wird sie zu dem bestimmenden Prinzip, so folgt ihr notwendig die Enttäuschung und mit der Enttäuschung der Kompromiß, soweit sich nicht fanatische Reaktionen in der gleichen oder entgegengesetzten Richtung einstellen. An Stelle der Utopie tritt die Beruhigung des Fortschritts auf der einen, der unfruchtbare Radikalismus auf der anderen Seite. Es kann kein Zweifel sein, daß die sozialethische Arbeit zur Zeit am Werk ist, die Utopie zu ersetzen durch näher liegende, aber erreichbare Zielsetzungen. Es wird deutlich, daß Revolution nicht notwendig ein äußerer politischer Vorgang zu sein braucht, daß vielmehr der äußere Vorgang nur sinnvoll ist als Manifestation innerer geistiger und wirtschaftlicher Umwälzungen. Natürlich bringt das die Gefahr mit sich, daß die Spannungen dadurch verlorengehen, die das Leben des Geistes sind, und es ist verständlich, daß so geistvolle Vorstöße revolutionären Schwunges wie die neue dialektische Marx-Deutung eine große Wirkung haben. Der Wille, die Spannung in der letzten Tiefe fühlbar zu machen und dadurch ebenso die Utopie wie den beruhigten Fortschritt zu überwinden, treibt den Religiösen Sozialismus, dessen Stimme um so mehr verstanden wird, je mehr die Enttäuschung an der Utopie zu falscher resignierter Beruhigung verleitet. – Auch die romantisch-reaktionären Utopien scheinen sich der allgemeinen Entwicklung nicht entziehen zu können und nähern sich in der konkreten Arbeit oft ihren Gegenpolen, wie umgekehrt: auch dieses ein Element der Beruhigung, das freilich noch weit davon entfernt ist, die politische Agitation richtunggebend zu beeinflussen.

In der Sozialpädagogik wirken sich die Rückschläge aus, die die Volksbildungsarbeit erlitten hat – erleiden mußte, und sie haben an manchen Stellen zu einer wahren Grabesruhe geführt. Aber in Wahrheit handelt es sich auch hier um ein Atemholen. Der Bildungskapitalismus bestimmter Klassen wird von keiner ernsthaften Seite mehr verteidigt. Die Möglichkeit, über die gegenwärtige Zerspaltung hinaus zu einem gemeinsamen Besitz formender Symbole zu kommen, ist das Problem, an dem gearbeitet wird und dessen ungeheure Wucht oft genug niederdrükkend wirkt. Auch in der eigentlichen Schulfrage liegen die Dinge nicht anders. Zahlreiche revolutionäre Forderungen der entschiedenen Schulreformer und anderer sind weithin verwirklicht und selbstverständlich geworden. Nur die grundlegende Frage nach dem letzten Gehalt, den die neue Pädagogik vermitteln soll, wirkt in ihrer gegenwärtigen Unbeantwortbarkeit lähmend auf alle Bestrebungen der Schulreform.

Es ist die gleiche Frage nach dem letzten Gehalt, durch die die Jugendbewegung schließlich in ihre immer noch dauernde Krisis gestürzt ist. Zwangsläufig nimmt sie daher immer mehr Formen an, die mit ihrem ursprünglichen revolutionären Pathos nichts mehr zu tun haben, dafür aber der allzu frühen religiösen, politischen, sozialen Beruhigung dienen. Jedenfalls kann in der geistigen Welt des Jahres 1926 ein eigener Erdteil „Geist der Jugend“ kaum mehr beobachtet werden, wobei natürlich nicht die Rede ist von dem, was von Natur immer wieder die Jugend zur Jugend macht. Damit ist viel Romantik und Utopie, aber auch viel fruchtbare Spannung entschwunden. Die Jugend dieser Jahre ist härter, willentlicher, illusionsfreier, formaler; sie ist äußerlich stärker. Sie hat den „Kampf mit dem Vater“ hinter sich. Aber was wird auf diesem „komplexfreien“ Boden wachsen?

Diese Frage muß mit besonderem Nachdruck für das Gebiet der eigentlichen Ethik gestellt werden. Der Durchbruch durch die Bindungen der bürgerlichen Konvention, die völlig freie praktische und theoretische Durcharbeitung der ethischen Fragen hatte mehr zur Auflösung des Ethos als zu neuen Formen geführt. Wo sie versucht wurden, erwiesen sie sich größtenteils als unfähig zu tragen. Das gilt namentlich für das erotische Gebiet. So ist zu verstehen, daß auch hier Resignation an Stelle der Utopie trat und man sich an die alten Formen klammerte, nur um dem Chaos zu entgehen. Doch gibt es auch jetzt allenthalben Menschen, die an den Problemen des neuen Ethos in Stille und mühsamem Ringen arbeiten und oft durch scheinbar geringe Vorstöße in das neue Land mehr schaffen als durch große, zur Zeit doch unmögliche Programme. Auch hier handelt es sich um Atemholen, nicht um Resignation.

Kleine Vorstöße in das neue Land, auf das die letzten 25 Jahre mit wachsender Kraft hingewiesen haben: das ist auch die Losung in der Wissenschaft. Die großen methodischen Programme in Biologie und Psychologie, in Medizin und Soziologie liegen hinter uns. Die neue Schau geistiger Gestalten in der Geschichte ist schon fast zu einem Rezept geworden. Phänomenologie und Lebensphilosophie haben den formalen Kritizismus gänzlich aus dem Felde geschlagen. Die Metaphysik, namentlich die Metaphysik der Geschichte, ist aus ihrer langen Verbannung zurückgekehrt. Der deutsche Idealismus steht im Mittelpunkt des historischen Interesses. Der Umschwung gegen die Lage des ausgehenden 19. Jahrhunderts erscheint außerordentlich. Die Rede von der Krisis der Wissenschaft – wie den Kulturkrisen überhaupt – ist ein Gemeinplatz geworden. Es ist verständlich und ein Zeichen von Gesundheit des wissenschaftlichen Geistes, daß er sich, dieser ganzen wortreichen Programmatik müde und erschreckt über die Lokkerung der wissenschaftlichen Strenge, den konkreten Aufgaben mit vertiefter Energie zugewandt hat. Das bringt unvermeidlich Rückfälle in den alten Trott der isolierten, wirklichkeitsfremden Einzelarbeit, des Formalismus und der toten Gelehrtenhaftigkeit mit sich – bei all denen, die den inneren Sinn der ganzen Bewegung nicht miterlebt haben –, und derer sind immer noch viele in der offiziellen Wissenschaft. Aber die anderen, im geistigen Sinne Jüngeren, lassen in jeder Einzelarbeit die Wendung erkennen, die hinter ihnen liegt. Sie suchen in eindringlicher Sachlichkeit den Lebenssinn des Erkennens zu verwirklichen und die Lebenstiefe der Dinge zu erfassen. Das führt auf ungebahnte Wege, und es kann nicht anders sein, als daß nur Vorstöße auf allen Gebieten bisher zu sehen sind.

In der bildenden Kunst hat das Wort von der neuen Sachlichkeit durchgeschlagen. Mit Recht: denn die Abwendung von den ekstatisch-subjektiven Formen des Expressionismus ist das Merkmal der letzten Jahre. Aber was ist nun der Sinn dieser Sachlichkeit? Sie ist neu, also nicht Rückkehr zu dem alten Realismus, wie der Bürger meint, der jetzt wieder zu verstehen glaubt – und doch nicht versteht, weil er nicht die Hintergründe dieser „Sachlichkeit" kennt. Sie ist Entlastung von der Problematik des Subjektiv-Metaphysischen, aber sie ist nicht Verzicht auf das Metaphysische; sie ist Formsehnsucht bis hin zu klassizistischen Neigungen, aber sie ist nicht Formalismus. Sie ist Atemholen und bei den stärksten Kräften Einbohren ins Objektiv-Metaphysische. – In den übrigen Künsten liegen die Dinge nicht wesentlich anders. Aber ist es überhaupt noch angängig, von verschiedenen Künsten zu reden, ist es überhaupt angängig, die Provinzen der geistigen Welt zu unterscheiden, wie es etwa hier geschehen ist? Es gehört zu unserer Geisteslage, daß diese Frage nicht beantwortet werden kann. Zwar die romantischen Vorwegnahmen einer Einheitskultur sind zerbrochen. Man arbeitet in seinem „Handwerk", wie man aus Sachlichkeit gern sagt. Aber bei dieser Arbeit ergibt sich – je sachlicher sie ist, desto mehr –, daß die alten Kategorien nicht mehr stimmen. Daß die Provinzen Kunst, Wissenschaft, oder enger: Malerei, Plastik, Tanz, Musik, Naturwissenschaft, Geisteswissenschaft, Ethik, Pädagogik, Ökonomie gar keine sachlichen Kategorien sind, daß sie die Wirklichkeit vergewaltigen und vor der neuen Wirklichkeitsschau zerbrechen.

Das gilt nun insonderheit von der Religion. Es ist unerträglich, sie als ein Sondergebiet aufzufassen. Sie ist alles oder sie ist nicht. Daß sie alles ist – das war die vielfältige Einsicht und Sehnsucht der vergangenen Jahre der Wende. Aber wie sie alles sein kann, darauf gab es keine Antwort. Und als die Fehlantwort einer einfachen Weihung der Kultur oder bestimmter Gebilde und Richtungen in ihr gegeben wurde, da erhob sich der machtvolle Protest einer echt protestantischen, alle diesseitige Geistigkeit zerschmetternden Theologie, deren Stimme auch gegenwärtig noch die stärkste ist. Unter ihrem Hammer ist die religiöse, mystisch-ästhetische Romantik, sind Utopien und Sakramentserneuerungen zerbrochen. Es ist sehr still geworden von allem Positiven, was Mensch oder Kultur vorzuweisen hätten. Und wenn die offiziellen Kirchen diese Stille, die unserer Lage auch im Religiösen zukommt, nicht halten, wenn sie jenes Programm, daß die Religion alles ist, so deuten, daß sie, die bestimmte Kirche, einen Anspruch auf alles hat, so zeigen sie damit, wie wenig sie noch von dem Geist der Wende und zugleich von dem Gericht über diesen Geist erlebt haben. – Dennoch regen sich in dieser Stille, die uns vor dem Unbedingten geziemt, schöpferische Kräfte, die die neue Sprache für das ewige Wort suchen in Rede und Handlung. Sie sind verborgen, hier wie auf allen Gebieten, aber sie sind da. Sie *sind* die geistige Welt des Jahres 1926, gerade weil sie nicht erkennbar sind. Denn das Jahr 1926, es ist im Geistigen ein Jahr der Beruhigung, der Müdigkeit, der Resignation und – des Atemholens, der verborgenen Schöpfung.

DAS CHRISTENTUM UND DIE MODERNE GESELLSCHAFT (1928)

Die erste Frage, die zu beantworten ist, wenn nach dem Verhältnis von Christentum und moderner Gesellschaft gefragt wird, lautet: Welches ist der Standort, von dem aus die Frage gestellt ist und von dem aus sie beantwortet werden soll? Diese Frage aber enthüllt sofort die ganze Schwierigkeit des Unternehmens. Wird nämlich gesagt: „Vom Standort des Christentums aus", so wird vorausgesetzt, daß man das Christentum zur Verfügung habe als einen Standort, den man jenseits der modernen Gesellschaft einnehmen könne, wenn man nur wolle. Und umgekehrt: Wenn man sagt: „Vom Standpunkt der modernen Gesellschaft aus", so setzt man voraus, daß dieser Standort neben dem Christentum zu finden sei, wenn man ihn nur suche. Aber beide Voraussetzungen sind falsch: Niemand hat das Christentum außerhalb der modernen Gesellschaft, in der er lebt, die ihn trägt und formt mit ihrer Sprache, ihren Einrichtungen, ihren Menschen. Und wenn er noch so leidenschaftlich versuchte, sich diesem seinem Mutterboden zu entziehen: es gelingt nicht, es gelingt in keinem Augenblick. Und wenn er sich ausschließlich auf die Bibel oder die alte Kirchenlehre gründen wollte, so würde doch unbewußt jedes Wort, das er liest, durch sein eigenes Verstehen und d. h. zuletzt durch Sprache und Leben der modernen Gesellschaft gefärbt sein. Niemand kann sich selbst entfliehen. Wir selbst: das ist zum größten Teil die moderne Gesellschaft, in der wir leben. Es gibt für uns also keinen Standort des Christentums abgesehen von der modernen Gesellschaft. Aber ebensowenig gibt es einen Standort der modernen Gesellschaft abgesehen vom Christentum. Niemand, der in der Moderne lebt, kann sich dem Christentum entziehen. In alle Einrichtungen und Sitten, in Sittlichkeit und Geistesleben der modernen Gesellschaft ist das Christentum eingegangen. Man kann profan sein, aber man kann nicht „Heide" sein. Denn „Heide" ist ein religiöser Begriff, und er bezeichnet diejenige religiöse Haltung, die vom Christentum zerbrochen ist, der das Christentum das gute Gewissen genommen, die es als dämonisch offenbart hat. Der Standort der modernen Gesellschaft ist kein Standort außerhalb des Christentums.

Wenn wir also von dem Verhältnis des Christentums zur modernen

Gesellschaft reden, so können wir es immer nur als solche tun, die in beiden stehen, deren Standort der Schnittpunkt beider ist. Wir selbst, die Fragenden und Antwortenden, sind Produkte des Zusammenwirkens beider, und niemandem ist es möglich, aus dieser Einheit die verschiedenen Elemente herauszudestillieren. Wir verstehen das Christentum als Glieder der modernen Gesellschaft, und wir verstehen die moderne Gesellschaft als vom Christentum geformt. Diese Sachlage bedeutet, daß wir mit der Frage nach dem Verhältnis von Christentum und Gesellschaft eine konkrete Frage stellen, die Frage nach unserer konkreten Existenz. Und sie bedeutet weiter, daß wir die Antwort nicht geben können von einem Standort außerhalb dieser unserer eigenen Existenz, außerhalb der Einheit von beiden. Jede Antwort, die hier gegeben werden kann, ist ein Ringen um unsere eigene Lage, ist ein Sprung aus unserer Gegenwart in unsere Zukunft und hat darum den Ernst des Wagnisses. Nicht als akademische Betrachtung, bei der wir aus dem Spiel blieben, sondern als Tat, in der es um uns selbst geht, hat die Frage nach dem Verhältnis des Christentums zur modernen Gesellschaft einen Sinn.

Die Antwort muß notwendig das geistesgeschichtliche Verhältnis beider Größen berücksichtigen. Sie ist damit eine Weiterführung und Begründung des eben in der Einleitung Gesagten. Der Hintergrund der modernen Gesellschaft in ihrer religiösen Substanz ist das Christentum – das Christentum überhaupt und das protestantische Christentum im besonderen. Hinter allem Denken und Leben der modernen Gesellschaft steht die jüdisch-christliche Überwindung des heidnisch-dämonischen Weltgefühls. Der Glaube an die Schöpfung enthält dieses, daß die Materie, auch die irdische, nicht gegengöttlich ist, daß sie als Setzung Gottes vollkommen ist in all ihren Stufen, daß es darum nicht nötig ist, sie zu fliehen, um zu Gott zu kommen. Ein volles Ja fällt von hier auf alle Schöpfung. Das Ja der Renaissance zur Erde, die Aufnahme der Erde in die Welt der Gestirne, die Behauptung, daß das Göttliche der Sternwelt nicht näher sei als der Erde, daß es überall ganz gegenwärtig sei – das ist in der Tiefe christlicher Schöpfungsglaube, das steht im Widerspruch zu dem Lebensgefühl der gesamten Antike, theoretisch und praktisch. Und der christliche Monotheismus enthält dieses, daß die Welt nicht von verschiedenen göttlichen Gewalten regiert wird und damit im tiefsten Grunde zerspalten, dämonisch ist, sondern daß sie einen einheitlichen Sinn, einen einheitlichen Ursprung und ein einheitliches Ziel hat: das Göttliche ist geistig-sittliche Einheit, und die Welt ist zum Ort ihrer Herrschaft bestimmt. Der Glaube der Renaissance an die Erde als Ort sinnvoller Gestaltung, die Verheißung eines Reiches der Gerechtigkeit und Menschlichkeit, wie sie durch die Utopien jener Zeit klingt, ist nicht antik, sondern christlich. Und wenn es auch so schien, als wären die alten Götter wiedergekommen, nicht sie selbst kamen wieder, sondern ihre Kraft wurde aufgenommen in den einen, aller dämonischen Zerspaltenheit enthobenen sittlichen Gott. Götter sterben nicht, aber Götter kehren auch nicht wieder. Sie wandeln sich und gehen ein in den wahren Gott. Nicht die Götter der Antike beherrschen die Renaissance und die moderne Gesellschaft, sondern der eine Gott, von dem das Christentum zeugt.

Zu diesem ferneren, oft zu wenig beachteten Hintergrund der modernen Gesellschaft kommt der nähere, viel behandelte protestantische. Erst durch ihn ist die moderne Gesellschaft überhaupt möglich. Dem Protestantismus verdankt sie den Persönlichkeitsgedanken und die Heiligung des täglichen Lebens. Die Religion der Sakramente und der Hierarchie zerbrach vor dem Ansturm des persönlichen, mit Gott ringenden Gewissens, dem niemand und nichts, auch keine heilige Wirklichkeit, keine „Gestalt der Gnade" die Verantwortung abnehmen kann. Und alle heiligen Bezirke, alles sakramentale und asketische Werk wird wertlos vor dem täglich geübten Gehorsam. Beides ist übergegangen in die moderne Gesellschaft, und zwar in mannigfachen Formen.

Das Persönlichkeitsideal kann mehr als subjektive Frömmigkeit aufgefaßt werden – so im Pietismus und Methodismus – oder mehr als Unterwerfung des Sünders unter Gericht und Gnade – so in der Orthodoxie. Und die Heiligung des Alltäglichen kann mehr eine Heiligung des Bestehenden sein – so auf lutherischem Boden – und mehr eine Heiligung des umgestaltenden Werkes – so auf reformiertem Boden. Immer aber ist es typisch protestantischer Geist, der sich darin auswirkt. Und die moderne Gesellschaft trägt ihn in der einen oder in der anderen Form in sich, ob sie es weiß oder nicht.

Dann freilich: dieses alles ist Hintergrund. Der Vordergrund aber sieht anders aus. Dieses alles ist die Substanz der modernen Gesellschaft, von der sie bis heute lebt, aber die Form ist es längst nicht mehr. Denn es kommt ein neues Moment hinzu: die Profanisierung, die Entheiligung, die Verdiesseitigung des religiösen Erbgutes. Die moderne Gesellschaft ist profan. Ihr Pathos geht auf das Diesseits um des Diesseits willen. Sie ist – wie ich es früher in der „Religiösen Lage der Gegenwart" ausgedrückt habe – „in sich ruhende Endlichkeit". Die religiöse Persönlichkeit beider Formen ist übergegangen in profane Persönlichkeitstypen, humanistische oder romantische; und die Heiligung des täglichen Lebens ist übergegangen in Alltäglichkeit. Das Ja zur Schöpfung, zur Erde ist übergegangen in Weltlichkeit und der Wille zur religiösen Weltgestaltung in autonome Politik, Wirtschaft und Technik. Für jedes dieser Dinge lassen sich noch die protestantisch-christlichen Hintergründe aufweisen; aber jedes hat sich zugleich losgerissen von seinem Hintergrund. Die moderne Gesellschaft ist die autonome und profane Entwicklungsstufe der christlich-protestantischen Gesellschaft. Darin liegt Einheit und Gegensatz beschlossen. Darin ist zugleich die völlige Unsicherheit begründet, in der beide zueinander stehen: ein Hin- und Herschwanken zwischen Ja und Nein, zwischen Identifikation und Widerspruch.

Das Christentum kann nicht umhin, in der modernen Gesellschaft sich selbst wiederzuerkennen, zugleich aber in ihr den Ort aller Widersprüche gegen sich zu sehen. Und die moderne Gesellschaft bleibt trotz allen Protestes gegen Bedrohungen ihrer Autonomie durch die Kirchen in pietätvoller Anerkennung der christlichen Substanz als der eigenen. Aus dieser Sachlage ergeben sich die mannigfaltigen Verschlingungen beider Größen, das ganze reiche Wechselspiel, das zu durchschauen nur von hier aus möglich ist. Während die alte Kirche eine heidnische Gesellschaft in religiösen und profanisierten Formen sich gegenüber hatte, während die mittelalterliche Kirche eine substantiell heidnische, kulturell christliche Gesellschaft neben sich hatte, steht die moderne Kirche mit einer substantiell christlichen, kulturell profanen Gesellschaft in Einheit und Spannung zugleich.[1] Das hat nun ein Doppeltes zur Folge gehabt: einmal das Aufgehen der Kirchen in den Schöpfungen der profanisierten, modernen Gesellschaft, auf der anderen Seite einen ohnmächtigen Protest gegen die moderne Gesellschaft vom Standort älterer geistiger und gesellschaftlicher Formen aus.

Das historische Schicksal der verschiedenen Ausprägungen des Protestantismus hat zu sehr verschiedenen Lösungen auf dieser allgemeinen Grundlage geführt. Auf lutherischem Boden stand im Vordergrund das Verhältnis zum *geistigen* Leben der modernen Gesellschaft, auf calvinistischem Boden das Verhältnis zum *sozialen* Leben. In der lutherisch bestimmten Kultur fielen die Entscheidungen auf philosophischem und literarischem Gebiet, in der calvinistisch bestimmten Kultur auf politischem und sozialem Gebiet. Aber natürlich ist dieser Gegensatz nicht ausschließlich. Daß im Luthertum die geistige Innerlichkeit in den Vordergrund gedrängt wurde, hing zusammen mit der Struktur der Gesellschaft in den lutherischen Landeskirchen. Daß im Calvinismus die wirtschaftlich-soziale Gestaltung entscheidend wurde, ist mitbegründet in der grundsätzlichen Lösung der geistigen Probleme.

---

[1] Vgl. Eugen Rosenstock und Josef Wittig: Das Alter der Kirche. Berlin 1927.

Die Lösung der Erkenntnisfragen ist auf dem Boden der englisch-amerikanischen Kultur grundsätzlich konservativ. Die autonome Wissenschaft und Philosophie stehen daneben. Ein Bedürfnis nach Ausgleich fehlt im großen und ganzen. Gott wird an die Grenzen des philosophischen Systems verbannt ohne Einfluß auf das Ganze. Die Ethik wird auf das Prinzip der Nützlichkeit gegründet, lebt aber inhaltlich von Resten des christlichen Ethos, für deren profane Umdeutung der Begriff des Altruismus typisch ist. Um so energischer wird die Umgestaltung der Gesellschaft in Angriff genommen. Die englische Revolution schafft im Namen des Christentums und als Verwirklichung der Gottesherrschaft die bürgerliche Gesellschaft. Alle dämonisch rauschhaften Elemente der Feudalzeit in Religion und Lebensgestaltung werden unterdrückt. Die Bibel wird zum Gesetzbuch der Völker. Auch das Königtum muß sich ihm unterwerfen. Die im Prädestinationsglauben ruhende heroische Persönlichkeit unterwirft sich die Welt, selbst unterworfen dem Gehorsam des göttlichen Gesetzes. Aber Heroismus ist keine Dauerhaltung; sie ist die Möglichkeit einer gesellschaftlichen Schicht in einem historischen Augenblick. Dann geht sie über in Sitte und Gesetz. So entstand die Lebensform der bürgerlichen Gesellschaft. Die religiöse Gestaltung wandelte sich in wirtschaftlich-technische Weltbeherrschung, in Humanität und profane Persönlichkeitsformung. Der religiöse Hintergrund blieb erhalten. Er darf bis heute nicht angetastet werden. Dafür sorgt die Unerschüttertheit in der geistigen und in der Erkenntnissphäre. Aber man gleitet unmerklich ins Profane, das unausgesprochen um so selbstverständlicher sich durchsetzt. Und mit der Profanisierung kommt die christliche Gestaltung in die Hände der tragenden Mächte der bürgerlichen Gesellschaft, der wirtschaftlichen und der politischen. Einordnung in die Lebensformen des wirtschaftlich herrschenden Bürgertums und Unterordnung unter die politische Einheit des herrschenden angelsächsisch-bürgerlichen Reiches wird gleichgesetzt mit Einordnung in die Theokratie; und auch das mit um so größerer Wirksamkeit, als es unbewußt geschieht. Damit aber ist ein Standpunkt möglicher Opposition des Christentums gegen die bürgerliche Gesellschaft verschwunden. Christentum und moderne Gesellschaft sind zur Identität gebracht.

Während also auf dem Erkenntnisgebiet der westliche Protestantismus die autonome Kultur unangetastet neben sich läßt, aber auch seine eigene dogmatische Grundlage unangetastet bewahrt, schafft er im sozialen Gebiet die bürgerliche Gesellschaft, mit der er sich identifiziert. In beiden Haltungen aber ist eine kritische Opposition gegen die moderne Gesellschaft unmöglich geworden.

Auf dem Boden der lutherisch gestimmten Kirchen ist die gesamte geistige Formung unmittelbar durch das Christentum mitbestimmt. In der deutschen Klassik und Romantik geht es letztlich immer um den Gottesgedanken. Das Ringen um eine „theonome" Kultur geht durch die gesamte deutsche Philosophie. Und umgekehrt dringen aus Philosophie und Literatur ständig umgestaltende Kräfte in die Theologie und wandeln alle Symbole der religiösen Erkenntnis. Hier ist die Kampf- und Ausgleichsphäre zwischen Christentum und moderner Gesellschaft. Dabei schien es eine Zeitlang, als ginge das Christentum ein in die so geschaffenen Formen, als käme es zur Identifizierung mit dem Geist des deutschen Idealismus. Aber diese Gefahr wurde grundsätzlich überwunden durch die Katastrophe des Idealismus im neunzehnten Jahrhundert. Dann erhob sich die entgegengesetzte Gefahr: die Trennung von Religion und Erkenntnis nach Art des westlichen Protestantismus. Seit der Jahrhundertwende ist auch diese Gefahr überwunden. Und wir stehen mitten in einem höchst lebendigen und beiderseitig fruchtbaren Miteinander und Gegeneinander von christlichem und autonomem Geistesleben. Das heimliche Ziel ist dabei auf allen Seiten »Theonomie«, d.h. christliche Erfülltheit der autonomen Formen.

Ganz anders in der sozialen und politischen Sphäre: Hier war nicht wie im Westen die aktive revolutionäre Gesellschaft Trägerin der protestantischen Gestaltung, sondern das Landesfürstentum. Durch die Lehre vom Landesfürsten als oberstem Bischof wurde diese seine Stellung religiös geweiht. Durch Luthers Lehre von der göttlichen Einsetzung auch der widerchristlichen Obrigkeit wurde jede mögliche Gestaltung im Gegensatz zum Staat verboten. Die protestantischen Kirchen wurden zum Ressort der Staatsverwaltung. Die bürgerliche Revolution des neunzehnten Jahrhunderts hatte keine religiöse Bedeutsamkeit mehr; sie wurde von den Kirchen verneint. Der proletarischen Bewegung gegenüber wurde der Versuch gemacht, sie ins Patriarchalisch-Landesfürstliche umzubiegen und sie gleichzeitig für Christentum und Monarchie zu gewinnen. Als das mißlang, wurde sie ebenso scharf und noch schärfer bekämpft als die bürgerliche Revolution, mit deren Auswirkungen man sich inzwischen einigermaßen abgefunden hatte. Immerhin war diese Abfindung keine vollständige. Ein stiller Protest gegen die moderne bürgerliche Gesellschaft blieb immer erhalten. Er ging aus von der kleinbürgerlich-feudalen Struktur der lutherischen Landeskirchen, von der Verbindung des Christentums mit der vorbürgerlichen Gesellschaftsordnung. Als er mit dem Zerbrechen der Monarchie und des Landesfürstentums sich nicht mehr staatlich sichern konnte, verband er sich nach der Revolution mit denjenigen Parteien, in denen die altkonservativen Elemente am deutlichsten bewahrt waren. So entstand die innige, wenn auch offiziell geleugnete Verbindung zwischen lutherischer Kirche und deutschnationaler Partei. Aber der Protest, der von hier gegen die moderne Gesellschaft ergeht, ist ohnmächtig, weil er im Namen einer grundsätzlich überwundenen Gesellschaftsstruktur ergeht. Er kommt nicht aus dem Zentrum des gegenwärtigen sozialen Geschehens. Und infolge der innigen politischen Verbundenheit der konservativen Kreise mit dem wirtschaftlich herrschenden Bürgertum wirkt sich der antibürgerliche Protest ausschließlich als Kampf gegen die sozialistische Bewegung aus. Es ist fast unmöglich, daß ein Proletarier das antibürgerlich-christliche Element sieht, das im Konservatismus, namentlich jüngerer Geistiger, enthalten ist; zu offenkundig ist der entschlossene politische Gegensatz, in den sich die konservativen Parteien gegen ihn stellen. So ist die Wirkung des Christentums auf die politisch-soziale Gestaltung überaus gering. Nur in den Grenzgebieten der bürgerlichen Gesellschaft, im Bauerntum, im mittleren Beamten- und Kleinbürgertum, machen sich Wirkungen geltend, die aber über wiegend konservierender Art sind und darum völlig unschöpferisch bleiben. Diese Tatsachen sind nun ihrerseits nicht ohne Wichtigkeit für die geistige Sphäre. Die Gefahr wird immer größer, daß weite Kreise der evangelischen Kirche einer Ideologie verfallen, die mit der realen Struktur der Gesellschaft nichts mehr zu tun hat. Geistiges Leben, mag es noch so lebendig sein, ist zur Fruchtlosigkeit und Entleerung verurteilt, wenn es nicht aus der wirklichen gesellschaftlichen Lage und den Aufgaben, die sie stellt, neue Antriebe erhält. Es ist der überaus schwierige Versuch des Religiösen Sozialismus, gleichzeitig im Geistigen und Sozialen zu einer Gestaltung der kommenden Gesellschaft zu führen, in der das autonome Leben der Gesellschaft erfüllt ist mit sinngebenden Kräften des Christentums. Ob dieser Versuch Erfolg haben wird, ist bei der Versteifung der Gegensätze und bei dem Wirklichkeitsgewicht der kapitalistisch-bürgerlichen Wirtschaftsordnung höchst fraglich. Unternommen muß er dennoch werden. Er ist – soweit ich sehe – die einzige Bewegung, die das Problem „Christentum und moderne Gesellschaft“ da angreift, wo es angegriffen werden muß: an dem Punkt der schärfsten gesellschaftlichen Spannung, in dem Gegensatz von Bürgertum und Proletariat.

Aber freilich, auch der Religiöse Sozialismus, und wenn er viel mächtiger und wirksamer wäre, als er es tatsächlich ist, kann das nicht *machen*, was Voraussetzung eines wirklich lebendigen Verhältnisses von Christentum und moderner Gesellschaft ist: die anschauliche Gegenwart christlichen „Seins", die Gestalt der Gnade.[1] Das ist es, was der Katholizismus vor den protestantischen Kirchen voraushat, daß in ihm eine solche, wenn auch dämonisierte Gestalt der Gnade da ist und sichtbar wirkt. Daher ist sein Verhältnis zur modernen Gesellschaft so viel leichter zu bestimmen. Aber es ist auch weniger tief und weniger fruchtbar. Denn der Katholizismus repräsentiert eine Gestalt der Gnade, die durch den Protestantismus mit nicht zurücknehmbarer historischer Macht in die Vergangenheit gedrängt ist. Von ihm aus ist das Gegenwartsproblem nicht zu lösen. Aber der Blick von ihm auf den Protestantismus zeigt eins: wo eine anschaubare Gestalt der Gnade fehlt, fällt das religiöse Leben den staatlichen und gesellschaftlichen Mächten anheim; es kann der Profanisierung nicht entgehen. Es schwankt zwischen unschöpferischem Protest und naiver Gleichsetzung. Nur wo und nur insoweit eine Gestalt der Gnade anschaubar in der Wirklichkeit steht, nicht erstarrt und nicht herrschaftlich wie im Katholizismus, sondern hinweisend auf das Jenseits der Gesellschaft und zugleich teilnehmend am Ringen der autonomen Kultur, nur da gibt es eine Lösung des Problems „Christentum und moderne Gesellschaft".

Uns ist es also nicht gegeben, eine allgemeine Lösung zu sagen, sondern wir haben die Aufgabe, an jedem einzelnen Punkt um eine neue Gestalt der Gnade zu ringen, die mitten in der modernen Gesellschaft als ihr Gericht, ihr Sinn und der Hinweis auf ihre Erfüllung steht. Je tiefer wir in unserem geschichtlichen Augenblick, je tiefer wir in den Spannungen des Christentums und der modernen Gesellschaft stehen, desto eher wird sich durch uns das vollziehen, was von unserem Wollen unabhängig ist: das Werden einer „Gestalt der Gnade", in der Christentum und kommende Gesellschaft ein neues Verhältnis eingegangen sind.

---

[1] Über diesen Begriff vgl. Ges. Werke, Bd. 7: Der Protestantismus als kritisches und gestaltendes Prinzip.

DIE GEISTESLAGE DER GEGENWART
RÜCKBLICK UND AUSBLICK
(1930)

Zehn Jahre trennen uns von den Tagen, in denen Krieg und Revolution alle Seiten des Lebens erschütterten und umwälzten. Ein Jahrzehnt ist kurz für die geschichtliche Betrachtung, die den Dingen fern steht, es ist lang für den, der in den Dingen gestanden hat und selbst durch sie verwandelt ist. Für ihn ist die Rückschau auf ein Jahrzehnt ein Blick auf weite Strecken mit verwirrender Fülle des Geschauten, mit Höhen und Tiefen und öden Gegenden, mit Stücken, die noch in der Sonnenhelle der Erinnerung liegen, und anderen, die schon ins Dunkel des Vergessens getaucht sind. Für ihn kann es zum Bedürfnis werden, eine Deutung zu suchen für den Weg, den er gegangen ist, für den Ort, auf dem er steht, für den kommenden Weg, der vor ihm liegt. Wir alle, denke ich, sind in dieser Lage, die wir das letzte Jahrzehnt bewußt durchlebt haben, die wir mitgewirkt haben im Kleinen oder Großen an den Wandlungen, die es gebracht hat, die wir selbst andere geworden sind mit ihm.

Darum wollen wir einen Augenblick haltmachen und fragen, wo wir stehen, wo unser Weg herkommt und wo er vielleicht hinführt. Durch Rückblick und Ausblick wollen wir unsere eigenste Lage zu begreifen suchen, unsere Gegenwart, den Sinn dieses Augenblickes. Denn nur der versteht Gegenwart, der sieht, aus welcher Vergangenheit sie kommt, und der zugleich ringt um eine neue Zukunft. Gegenwart verstehen heißt beides: Vergangenes erinnern und Zukünftiges erstreben. Denn Gegenwart ist nichts als der Übergang von einem zum anderen, ein Übergang, der nirgends geschieht als in unserem Tun.

Aber wir wollen ja nicht von der Gegenwart überhaupt reden, sondern von der Geisteslage der Gegenwart. Das ist eine Einschränkung, eine Einschränkung, die notwendig ist, um überhaupt etwas sagen zu können; und doch eine Einschränkung, die nicht ganz durchführbar ist. Denn die Geisteslage hat gleichsam einen Boden, auf dem sie sich erhebt und mit dem sie sich verändert: die Gesellschaftslage; und sie hat gleichsam einen Blutstrom, der sie ernährt, ihr Wärme und Kraft gibt: die religiöse Lage. Auf beide, die Gesellschaftslage und die religiöse

Lage, werden wir darum auch blicken müssen, nicht um sie ausführlich zu beschreiben, sondern um von ihr aus die Geisteslage zu verstehen. Denn ein Geist, der nicht auf dem Boden einer Gesellschaft erwachsen ist, schwebt in der Luft, ist abgezogener, nicht lebendiger Geist. Und ein Geist, der nicht das Blut einer, wenn auch noch so verborgenen religiösen Leidenschaft in sich trägt, ist dürr und unfruchtbar. Zum Geist gehört Boden, in dem er wurzelt, und Blut, das ihn durchströmt; sonst taugt er nicht und stirbt ab.

Eine Zeitperiode verstehen heißt, ihren Rhythmus verstehen, und auch die kurze Periode der letzten zehn Jahre hat schon ihren Rhythmus. Der Einschnitt liegt in der Mitte. In den ersten fünf Jahren die mächtigen Wellen der weltgeschichtlichen Ereignisse, die am Anfang des Jahrzehnts stehen, Kriegsausgang und Revolution, in den zweiten fünf Jahren Beruhigung, Verfestigung, Rückwendung in allen Gebieten. Natürlich liegt dieser Einschnitt nicht grob an der Oberfläche, aber dem Auge, das tiefer blickt, ist er deutlich erkennbar. Er schafft gleichsam die Kurve des vergangenen Jahrzehnts, von dem aus wir es verstehen können und selbst einordnen in eine größere Kurve, in einen weitere Zeiträume umspannenden Rhythmus.

Die Erschütterung aller Lebens- und Geistesgebiete durch Krieg und Revolution ist vielleicht nur für den ganz erfaßbar, der das Jahrzehnt vor Kriegsbeginn bewußt mitgelebt hat und doch noch jung genug war, um einer Wandlung von Grund auf offen zu sein. Die Jüngeren wissen nicht mehr, wie das geistige Haus eingerichtet war, das man vor dem Krieg bewohnte und das nun zusammengestürzt ist. Die Älteren aber wollen von dem neuen Haus, das freilich nur eine Hütte oder ein Notbau ist, nichts wissen. Sie sehnen sich zurück nach dem alten und meinen wohl auch, es stünde noch. Aber es steht nicht mehr, es ist ein Trümmerhaufen. Und das um so sicherer, als sein Verfall schon vor dem Kriege eingesetzt hatte und schon manches Fundament unsicher geworden war, als das Erdbeben der großen Weltereignisse den ganzen Bau umwarf.

Das Haus des Geistes in der Vorkriegszeit war ein imposanter Bau gewesen. Früh schon waren seine Fundamente gelegt. In jener Zeit, die wir als Renaissance bezeichnen, als Wiedergeburt des klassischen Altertums, und die doch mehr war als das. Im Kampf mit den überkommenen Mächten der kirchlichen Religion rang jene Zeit um das Ideal des Menschen, um einen christlichen Humanismus, der gegen alle religiösen Vergewaltigungen und Verzerrungen des Wesens Mensch leidenschaftlichen Protest erhob; der gegen das mittelalterliche Ideal des Übernatürlichen und der Begnadung das neue Ideal des Natürlichen, der freien menschlichen Formung stellte. Auf diesem Fundament baute die Aufklärung des achtzehnten Jahrhunderts weiter, und nach mancherlei Krisen und Rückschlägen vollendete die bürgerliche Gesellschaft des neunzehnten Jahrhunderts den Bau.

Der Glaube an das Wesen des Menschen, der Humanismus, d. h. die Lehre von der Kraft des rein Menschlichen, blieb das Fundament. Die Welt des Übernatürlichen, dessen, was jenseits des Menschlichen liegt, um die anderthalb Jahrtausende gerungen hatten, sank dahin, wurde an die Grenze der Erkenntnis und des Lebens verbannt oder völlig beseitigt. Der Geist stellte sich auf sich selbst.

Im Namen von Natur und Vernunft schüttelte er alle Bindungen ab, die dem Übernatürlichen und Übervernünftigen entstammen. Die Wirtschaft ließ man frei laufen; man meinte, daß ihre natürlichen Gesetze das größte Glück und die größte Harmonie schaffen würden. Die Wissenschaft ging ihren Gang nach immer klarer erfaßten Methoden. Keine Autorität hemmte sie; gewaltig waren ihre Erfolge und zeugungskräftig das nie ruhende Experiment der Technik, das ihre Ergebnisse täglich und stündlich bestätigte. Wirtschaft, Wissenschaft, Technik: aber die Wirtschaft war die stärkste und zwang die beiden anderen in ihren Dienst. – Auch in der Gestaltung des staatlichen und gesellschaftlichen Lebens sollte allein gelten, was natürlich und vernünftig war. Keine noch so heilige Autorität und Überlieferung blieb inkraft gegenüber dem, was allen Menschen gleich ist, der Besitz der Vernunft. Auf die allgemeine Vernunft und Menschenwürde baute sich das Haus des gesellschaftlichen und sozialen Lebens auf. Als erstes Erfordernis der Menschenwürde aber wurde die wirtschaftliche Freiheit erkämpft; und sobald sie erkämpft war, wuchs die Wirtschaft über alle Erwartungen und Maße und wurde zu dem übermenschlichen Gebilde des weltumspannenden kapitalistischen Systems. Und wie Wissenschaft und Technik unterwarf sie sich Staat und Recht. Ja, bis hinein in das Innerste des persönlichen Lebens drang ihre umgestaltende Energie. Menschliches Wesen, möglichst reich, möglichst harmonisch, möglichst tief zu formen, war das Ziel der humanistischen Erziehung, die geschlossene Persönlichkeit das Ideal der humanistischen Sittlichkeit. Das Wesen Mensch möglichst rein herauszustellen, frei von allen religiösen oder sozialen Unterdrückungen und Verzerrungen, erfüllt vom Geiste reiner Menschlichkeit, war die Aufgabe der Erziehung des Einzelnen und des Volkes. Naturgemäß war dieses Ziel nicht sofort zu erreichen, und so sah man es in der Zukunft, in der nahen oder fernen oder unendlich weiten, und glaubte an eine Entwicklung der Menschheit, in der das Wesen Mensch fortschreitend vollkommener verwirklicht wird. Fortschrittsglaube,

Hoffnung auf eine allmähliche Erziehung des Menschengeschlechts, langsame, aber im ganzen geradlinige Entwicklung nach oben, das waren die Glaubensgrundlagen jener Geisteslage. Man merkte kaum, daß auch Bildungs- und Persönlichkeitsideal allmählich der Wirtschaft dienstbar wurden: die geschlossene Persönlichkeit verwandelte sich in die wirtschaftlich brauchbare, ganz gleich, ob in führender oder abhängiger Stellung, die humanistische Bildung verwandelte sich in wirtschaftlich nützliches geistiges Kapital. Und der Fortschritt in der Erfüllung des Wesens Mensch wurde immer mehr zu einem Fortschritt in der Erfüllung des Ideals einer vollkommenen Wirtschaft.

Das ist der Rohbau des geistigen Hauses, das das neunzehnte Jahrhundert vollendet hatte. Haus der Humanität, des Wesens Mensch, sollte es werden, Haus der Wirtschaft und Sitz ihrer unumschränkten Gewalt wurde es mehr und mehr. Im Inneren des Hauses freilich sah es noch etwas anders aus. Man suchte den Rohbau nach Möglichkeit zu verhüllen, und dazu benutzte man die geistigen Schöpfungen der Vergangenheit. Die Geschichtsforschung machte alles zugänglich, was in der Vergangenheit einmal tiefster Ausdruck des Lebens gewesen war. Das raubte man nun der Vergangenheit und brachte es als bunten Tand in das nüchterne Haus der Wirtschaft, um die eigene Kahlheit und geistige Unfruchtbarkeit zu bedecken. Es war im ganzen Geistesleben wie in der Baukunst: Man nahm die Fassaden von gotischen Domen, von Renaissancepalästen, von Barockschlössern und klebte sie an die ihrem Wesen nach kahlen Wände der Mietskasernen. Genauso war es auf allen übrigen Gebieten des Geisteslebens. Die nackte, in ihrer Wut imponierende Größe eines bloß wirtschaftlichen Daseins wurde verhüllt und verkleinert durch gestohlene Fetzen aus dem Geistesleben aller Zeiten und Völker. – So sieht das geistige Haus im Inneren aus, in dem das neunzehnte Jahrhundert wohnte.

Und nun geriet dieses Haus ins Wanken. Zwei gewaltige Angriffe waren schon im neunzehnten Jahrhundert selbst erfolgt. Der eine unter dem Namen von Marx, der andere unter dem Namen von Nietzsche. Der eine rüttelte an den gesellschaftlichen Fundamenten, er zeigte, daß das Ideal der freien Menschlichkeit für Millionen untermenschliches, leibliches und seelisches Zerstampftwerden zur Folge gehabt hat. Und der andere rüttelte an den seelischen Fundamenten, er zeigte, daß das Ideal der Vernunft dem Menschen seine schöpferische Kraft, seine Leidenschaft, sein Übermenschliches raubt und einen entleerten, glatt gewalzten Durchschnitt erzeugt. Seit jenen Angriffen hat das geistige Haus des neunzehnten Jahrhunderts einen unheilbaren Riß. Und es kamen neue Angriffe seit der Jahrhundertwende. Die Jugend, d. h.

eine ganze Generation, empörte sich. Der Ausdruck ihrer Empörung war die Jugendbewegung. Man entfloh aus dem Hause der Älteren, man wanderte und suchte ein neues. Und es erhob sich die Kunst, allen voran die Malerei, und schleuderte seelische Lavamassen heraus, die von der Wirtschafts- und Wissenschaftstyrannei zusammengepreßt waren und sich nun unter Zerbrechen aller natürlichen Formen ihren Weg bahnten. Expressionismus, Ausdruckskunst nannte man diese Bewegung, weil sie sich nicht um die äußere Wirklichkeit der Dinge kümmerte, sondern um ihre innere, schöpferische und zerstörerische Tiefe. Und es erhob sich die Wissenschaft aus ihrer Dienstbarkeit in Technik und Wirtschaft. Sie wollte wieder heran an die lebendigen Gestalten der Dinge. Sie wollte nicht nur die Dinge in ihre Elemente zerlegen, sie wollte auch die lebendige Einheit der Dinge anschauen. Gestaltschau und nicht Zertrümmerung des Lebendigen wurde der Kampfruf der neuen Wissenschaft, der weithin hörbar war. Er wirkte sich aus in verschiedenen philosophischen Richtungen, durch die seit der Jahrhundertwende das Bild von Wissenschaft und Philosophie entscheidend verändert wurde. – Es erhob sich das religiöse Bewußtsein, das auf dem Boden des humanistischen Geistes fast verdrängt war und öffnete den Blick in die Tiefen der Dinge, vor allem in die Tiefen der Seele. Kirchliche und außerkirchliche Frömmigkeit beteiligten sich an dieser Bewegung und fast noch mehr die außerkirchliche als die kirchliche. Sie wurden darin mächtig unterstützt von einer Arbeit, die als Tiefenforschung der Seele den unbewußten Schichten unseres Wesens nachspürt. Hier brachen ganz neue Wirklichkeiten auf. Die Gebundenheit alles Menschlichen durch untermenschliche Triebkräfte wurde sichtbar. Die Getragenheit alles Menschlichen durch etwas, was jenseits der menschlichen Freiheit und des menschlichen Wesens liegt, wurde zur Forderung und Sehnsucht. Neue religiöse Möglichkeiten taten sich auf, andere als die der großen Kirchen, aber mit ihnen in gemeinsamem Gegensatz gegen das Weltbild des neunzehnten Jahrhunderts, insbesondere gegen seine letzte materialistische Periode. Durch sie war die ganze Welt in eine große Maschine verwandelt worden. Sinnlos, aber zugleich der eisernen Notwendigkeit der Naturgesetze folgend, wirbeln Atome und Atomzusammenballungen durch den Raum. Auch der Mensch ist nichts als eine solche Zusammenballung, die sinnlos entsteht und sinnlos vergeht. Diesen grotesken Tagtraum des Maschinenzeitalters nannte man wissenschaftliches Weltbild und glaubte an ihn als eine erwiesene Wahrheit. Mit der Jahrhundertwende begann das Erwachen. Die Frage nach dem Sinn des Seins wurde lebendig. Und diese Frage wurde immer dringender. Sie wurde zur religiösen Frage unserer Zeit. Sie wurde mit leidenschaftlicher Inbrunst gegen das System geschleudert, durch das die Wirtschaft das Leben regierte und sinnlos machte. Denn leben, um zu wirtschaften, und wirtschaften, um zu leben – was ist der Sinn dieses Kreislaufes? Er ist sinnlos und treibt zur Verzweiflung. Und diese Verzweiflung grollte dumpf in den Massen, die nicht einmal die Möglichkeit hatten, sie zu betäuben durch wachsende Befriedigung immer wachsender Bedürfnisse oder durch Flucht in geistige Güter der Vergangenheit.

So erhoben sich von allen Seiten die Angriffe gegen das Haus des Geistes, das ein Haus des Menschentums werden sollte und das ein Haus der Unterjochung des Menschen unter die Wirtschaft geworden war. Und doch, so zahlreich und leidenschaftlich die Angriffe waren, sie erreichten nicht ihr Ziel. Trotz aller Risse stürzte das Haus nicht um. Wohl gestaltete es sich um, wohl nahm es Bausteine des Geistes von seinen Gegnern. Wohl warf es veralteten Hausrat heraus, wohl fing es an, verlogene Fassaden abzuschlagen. Aber seine Fundamente blieben unerschüttert und seine Grundmauern wankten nicht. All jene Protestbewegungen wurden verwandelt in Bewegungen auf dem Boden des Menschlichen, auf dem Boden von Natur und Vernunft, auf dem Boden der Wirtschaft als oberster Macht. – Und wie konnte es anders sein? Lebte doch die ganze abendländische Welt, lebten doch die Vertreter aller Richtungen und Bewegungen allein durch die Wirtschaft. Wäre doch mit ihrem Zusammenbruch eine Katastrophe über Europa gekommen von unausdenkbarer Fruchtbarkeit! Vor dieser Katastrophe schreckten alle Angriffe auf das Haus des neunzehnten Jahrhunderts zurück. Der Gedanke an diese Möglichkeit schwächte ihren Ansturm, machte sie ängstlich, vorsichtig, bewirkte, daß sie sich benutzen ließen als Material zum Ausbau des Hauses, gegen das sie angestürmt waren.

Und dann ist der Augenblick gekommen, wo die Katastrophe doch hereinbrach aus Tiefen, die vielleicht niemand ganz durchschauen kann. Denn auch die Völker, auch die Menschheit haben ihre unbewußten Tiefenschichten, ihren unbewußten Todeswillen, und aus ihnen brach hervor ein Schicksal, das den Ernst des Todes in sich trug. Ein halbes Jahrzehnt stand das Todesschicksal über einer ganzen Generation und schmolz ihre Seelen um und riß ihren Geist los von dem Geist der Älteren und warf sie ins Nichts und ließ sie neu hervorgehen aus dem Nichts. Wer dieses erfahren hat, für den ist der Bau des neunzehnten Jahrhunderts zusammengebrochen, unwiederbringlich, für ihn gibt es nur Wandel und Neubau. Und damit stehen wir in der inneren Stimmung der ersten fünf Jahre des vergangenen Jahrzehnts. Das alte Haus war in Trümmer gegangen. Alle jene Angriffe, die vorher so leicht aufgefangen wurden, sie bekamen jetzt den Ernst des Todesschicksals.

Sie schreckten vor keinem Abgrund mehr zurück, weil sie selbst im Abgrund gestanden hatten. Es handelt sich jetzt nicht mehr um einen Umbau des alten Hauses, sondern um Abbrechen und Neubauen. Es handelt sich nicht mehr um Kulturwandel, sondern um Kulturuntergang. Es handelt sich nicht mehr um Menschenwesen, sondern um Bedrohung des Menschenwesens durch untermenschlich dämonische und um Rettung des Menschenwesens durch übermenschlich göttliche Kräfte. Worte wie Zeitenwende, Zeitenfülle, Krisis, Untergang beherrschten jene Jahre. Und es waren nicht nur Worte; es war Ernst, oft genug – auf russischem Boden millionenfach – blutiger Ernst.

Die Gesellschaftslage wurde revolutionär umgestaltet. Das herrschende Bürgertum wurde in die Verteidigung gedrängt, entweder durch proletarisch-sozialistische oder mittelständisch-faschistische Bewegungen. Die Jugend ging in das eine oder andere Lager. Die romantische Periode der Jugendbewegung war vorüber, die aktiv-politische begann. Der Gegner aber war derselbe geblieben, ganz gleich, ob man ihn von der entschlossenen Rechten oder von der entschlossenen Linken her bekämpfte: die bürgerliche Gesellschaft und ihr geistiges Haus.

Und entschlossen wie im sozialen Leben wurde der Abbruch und Neubau auf allen Gebieten des Geistes versucht. Was sich vor dem Krieg vorbereitet hatte, was während des Krieges unterbewußt weiterwirkte, das bricht jetzt offen heraus, schneller gereift, als jemand erwartet hätte. Der Todesweg des Krieges hatte es zur Entfaltung gebracht. – Die Kunst, die im Expressionismus die kommenden Ereignisse vorausgeschaut hatte, trat heraus aus der Stille der Salons. Sie griff ein in den Kampf, selbst aufs leidenschaftlichste umkämpft. Vor jedem expressionistischen Bild standen streitende Gruppen, die einen erklärend, die anderen spottend, die dritten still um Verständnis ringend. Und neue Richtungen setzten sich durch. Eine neue Schau der Wirklichkeit von ihren Abgründen her, grauenvoll, abstoßend, brutal und voll Haß gegen die bürgerliche Gesellschaft. Auch das Theater, auch die Musik wurden erobert. In Gedicht und Novelle ergoß sich das neue Erleben mit seiner wilden Ungeformtheit, seinem Haß und seiner leidenschaftlichen Sehnsucht. Die Wissenschaft geriet in eine schwere Krise. Die junge Generation wandte sich entschlossen von ihr ab. Sie hatte enttäuscht. Statt Wahrheit, lebendige, lebensspendende Wahrheit zu bringen, wie man von ihr erwartet hatte, brachte sie unendliches Wissen, das niemand übersehen, niemand beherrschen kann. Der Wirklichkeit gegenüber versagte sie. Ihre Vertreter zogen sich grollend vor dem Weltgeschehen zurück oder griffen ungeschickt ein als Hüter des Humanismus, an den sie glaubten. Sie sahen nicht, daß er längst ein Vorwand für die Gewalt der Wirtschaft geworden war. Zugleich war die Krisis bis ins Innerste der Wissenschaft selbst gedrungen. Der Glaube an die unbedingte Gültigkeit der Naturgesetze war im Allerheiligsten dieses Glaubens, in der mathematischen Physik, selbst gebrochen. Ihre größten Vertreter erklärten, daß es höchstens Regeln, aber keine notwendigen Gesetze in der Bewegung der Atome und ihrer Teile geben könne. Biologie und Medizin mußten erkennen, daß das Leben sich hier nie erklären, nie zerlegen und wieder zusammensetzen läßt, daß man vom Ganzen ausgehen müsse und nicht von den Stücken, auch beim Heilen. Damit aber waren die Fundamente der älteren Heilkunde aufs schwerste bedroht.

Auch der alt-darwinistische Entwicklungsgedanke erwies sich immer mehr als unhaltbar. In den letzten Jahren hat er geradezu eine Umkehr erfahren: Die Tiere erscheinen nicht als Vorstufen, sondern eher als Abfall- und Erstarrungsprodukte des Menschen. Damit erhielt aber auch der Fortschrittsglaube in allen anderen Gebieten einen schweren Stoß. Dieses Grunddogma des neunzehnten Jahrhunderts sank hin.

Auch die Geschichtswissenschaft geriet in eine schwere Krisis. Gibt es überhaupt geschichtliche Erkenntnis? Ist nicht jedes Bild, das wir uns von der Vergangenheit machen, von einer Person oder einer Periode, wie ein Mythos, ein Mischgebilde aus Erkenntnis und Fantasie? Man stellte diese Frage und bejahte sie, man schrieb Geschichte als Mythos. Aber was hatte das noch mit Wissenschaft zu tun? – Und weiter fragte man nach Sinn und Zusammenhang der Geschichte und erkannte, daß beides nicht zu erkennen ist. Es gibt keine einheitliche Geschichte der Menschheit, es gibt keinen feststellbaren Sinn der Geschichte. Sicherlich ist Geschichte nicht eine Erziehung, ein Fortschritt, eine Vervollkommnung der Menschheit. Hat es nicht viel Vollkommeneres vor uns gegeben? Muß nicht Geschichte gefaßt werden als Ort sinnloser gewaltiger Kräfte, wie Werden und Vergehen, die aus untermenschlichen Tiefen stammen, die übermenschliche Höhe erreichen und sich nicht kümmern um das Wesen Mensch und seine Vervollkommnung? – Ja, man fragte vielerorts: Ist das Wesen Mensch überhaupt das Höchste? Ist es nicht verdorben dadurch, daß es den Geist hat? Ist nicht der Geist der Sündenfall der Natur, die Stelle, wo sie ihre Instinkte, ihre Unschuld verliert? Ist nicht der Geist das, was wieder untergehen muß, damit das Leben erhalten bleibe?

Und wie der Geist, so wurde die Persönlichkeit Gegenstand von Zweifel und Angriff: Gibt es überhaupt eine geschlossene Persönlichkeit? Ist nicht jede Persönlichkeit der Widerstreit vieler Kräfte, bewußter und unbewußter, für die sie offen ist nach allen Seiten? Und ist nicht andererseits Persönlichkeit eingebettet in Gemeinschaften, in Ahnen und Geschlechterreihen, in Familie und Volk? Ist der Wille zur geschlossenen Persönlichkeit nicht das Unheil unserer Zeit? Bedeutet es nicht Absperrung gegen die schöpferischen Kräfte in unserer Seele, bedeutet es nicht Absonderung von den tragenden Kräften der Gemeinschaft? Muß nicht die Persönlichkeit daran verdorren und zerbrechen? Und ist nicht das ungeheure Überhandnehmen geistiger Erkrankung in unserer Zeit die Gegenwirkung gegen das Streben nach der geschlossenen Persönlichkeit?

So brechen hier überall Abgründe auf, die im Humanismus des 19. Jahrhunderts mühsam verdeckt waren. Und von der Religion selbst, die sich sonst so eng mit der bürgerlichen Gesellschaft verbunden hatte, daß der Angriff auf sie immer zugleich ein Angriff auf die Kirchen wurde, von der Religion, ja, mitten aus den Kirchen selbst, wurden Worte des Gerichtes hörbar, die sich, zum Teil mit prophetischer Kraft, in gleicher Weise gegen die Kultur wie gegen die Kirchen richteten. Zu dem Protest aus der Kultur selbst gesellte sich der Protest aus dem Jenseits der Kultur, jener echt protestantische prophetische Protest, der auf die Fundamente selbst geht und das Menschliche als Menschliches, auch wenn es in Form der Kirche selbst auftritt, trifft und erschlägt. Vor der neuen Verkündigung des untermenschlich Dämonischen und des übermenschlich Göttlichen ist der Glaube an das menschliche Wesen und seine Kraft, auf sich selbst zu stehen, ist das System des Humanismus dahingesunken.

Das war die Geisteslage in den fünf Jahren nach der Revolution, voll Leidenschaft und Kraft, voll Verzweiflung und Todesbewußtsein, voll Gerichtsstimmung und Sehnsucht. Wir spüren sie noch im Blut, aber wir wissen auch, daß etwas anders geworden ist seitdem. Eine merkwürdige Überraschung erlebten alle, die in jenen Jahren mitabgebrochen und neugebaut hatten: Das, was sie neu schufen, glich bei genauer Betrachtung oft sehr dem, was sie zerstört hatten. Die Macht des Alten erwies sich stärker, als die fünf Jahre der Krise es hatten ahnen lassen. Überall trat der Rückschlag ein.

Zunächst im Gesellschaftlichen. Die Versuche eines Neubaus der Gesellschaft stießen auf die unerschütterlichen Gesetze des bestehenden wirtschaftlichen Systems. Selbst auf russischem Boden geschah das; selbst hier mußten Zugeständnisse an die Freiheit der Wirtschaft, an den bürgerlichen Geist und seine Formen gemacht werden. Und noch viel mehr in Mitteleuropa, das so eingewoben ist in den Teppich der Weltwirtschaft, daß es nicht aus ihm gelöst werden kann, ohne zu zerfallen. Alle Annäherungen an den Westen, dessen bürgerliche Gesellschaft noch in fast ungebrochener Kraft steht, alle Bestrebungen, deren Sinnbild und Schlagwort der Geist von Locarno geworden ist, bedeuten Rückwendungen zum 19. Jahrhundert, auch zum Geist des 19. Jahrhunderts. Sie bedeuten Wiedereinsetzung der Wirtschaft in die oberste Gewalt, sie bedeuten Versuche, die Welt wieder vom Menschen her zu gestalten und ihr dazu den Frieden zu geben. Sie bedeuten Ringen um einen Weltwirtschaftsfrieden als Grundlage eines ungestörten und ungehemmten Wirtschaftsregiments. Jede Hinwendung zum Westen aber bedeutet Abwendung vom Osten, denn zwischen Westen und Osten ist der Geist der Menschheit gespalten. Im Osten von Rußland bis Indien und China ein Geist, der niemals sich ganz gelöst hat von den Bindungen des Übermenschlichen und der niemals das Bewußtsein ganz verloren hat um die untermenschlich-dämonischen Mächte, ein Geist, über den das humanistische Ideal nie Herr geworden ist. Und im Westen eine Menschheit, die auch da, wo sie noch lebendig religiös ist, wie weithin in England und Amerika, dennoch das Religiöse, das Übermenschliche eingeschmolzen hat in das Menschliche, so daß eine Unterscheidung kaum mehr möglich ist. Das aber bedeutet in Wahrheit einen Sieg des Menschlichen, des humanistischen Ideals der bürgerlichen Gesellschaft und des 19. Jahrhunderts. Mit diesem religiös getragenen Humanismus dringt der Westen missionierend auf den Osten ein. Wieder ist es seine ungeheure wirtschaftliche Überlegenheit, die ihm die Macht dazu gibt. Alle Werke der Humanität, die Befreiung von der dumpfen Naturgebundenheit, von Dämonenglaube und Angst bringt der Westen dem Osten und fordert dafür die Seele des Ostens. Er will auch den Osten einbeziehen in das System der weltumspannenden Technik und Wirtschaft. Aber der Osten wehrt sich. China, Indien, Rußland ringen um die Rettung ihrer Seele, ihres Lebensgefühls, ihres innersten Seins. Sie wollen sich nicht einspannen lassen in die Weltregierung des Kapitals. Und doch können sie nur schwer widerstehen, auch dann nicht, wenn sie wie Rußland politisch unabhängig bleiben. Denn der Westen hat etwas zu geben: die Herrschaft über die Natur und die Befreiung von uralten sozialen Knechtungen. Kampf gegen den Hunger mit Hilfe der Technik und Kampf gegen die Despotie mit Hilfe der demokratischen Idee, diese Gaben nimmt der Osten gern, nimmt ein Volk des Ostens nach dem anderen. Die Frage aber ist die, ob es nicht mit ihnen den Geist nehmen wird, aus dem sie geboren sind, und seine Seele verkaufen. Das ist die Frage, das ist das Ringen, das unserer geistigen Lage die Weltweite, die Bedeutsamkeit gibt. Denn wir, Mitteleuropa, stehen zwischen Westen und Osten. Wir sehnen uns nach dem Osten und sind dem Westen verfallen. Unsere Seele hat Kräfte, die dem Osten zugewandt sind, die ihn begierig aufnehmen, wo wir ihn finden, bei Dostojewski, im russischen Kultus, in der indischen Mystik, in der chinesischen Kunst, bei Buddha und Lao-tse. Und es gehörte zum Kampf gegen den Geist des 19. Jahrhunderts, daß dieses alles unter uns wirksam wurde. Aber unsere Wirtschaft ist gebunden an den Westen, an das System der Weltwirtschaft und seine Mittelpunkte in London und New York. Und es war der Triumph des Geistes des 19. Jahrhunderts, daß wir in den letzten fünf Jahren zurück mußten zum Westen. Wir konnten nicht anders, wollten wir nicht unsere Wirtschaft und damit unsere Existenz preisgeben. Die Entscheidung war nicht frei. Sie war zwangsläufig. Aber unsere Seele war nicht und ist nicht in dieser Entscheidung.

Die äußere Entscheidung bedeutete zugleich die innere. Das Bürgertum, in den ersten fünf Jahren in die Verteidigung gedrängt, gewann Schritt für Schritt an Boden. Die Beteiligung des Proletariats an der politischen Herrschaft änderte daran nichts. Denn die wirkliche Macht liegt in der Wirtschaft und ihren Gesetzen, gegen die auch kein Politiker auf die Dauer ankämpfen kann. Und darum, obgleich die bürgerliche Gesellschaft in ihrer politischen Vertretung schwach war – ihr Geist errang Sieg auf Sieg. Er drang ein in die konservativen Gruppen und stellte sie in ihren Dienst. Er drang ein in das Proletariat und nahm ihm die Stoßkraft, die allein aus einer Abwendung von den Fundamenten des humanistisch-bürgerlichen Systems kommen kann. Aber diese Abwendung erfolgte nicht. Das Haus des 19. Jahrhunderts, nur weiträumiger, nur für alle offen, nur wohnlicher für jeden, wurde das heimliche Wunschbild zahlreicher Proletarier und mehr noch fast ihrer Führer. – Aber die Seele des Proletariats ist nicht in dieser Wendung. Sie ist ihr abgezwungen, sie ist fast unvermeidlich unter der Herrschaft der Wirtschaft, aber sie ist nicht frei, nicht innerlich bejaht.

Und die Jugend wird ergriffen von dem Geist, gegen den sie zwei Jahrzehnte gekämpft hat. Sie geht ein in die Wirtschaft und muß sich beugen vor ihren Notwendigkeiten. Sie geht ein in die politischen Parteien und verfällt der Wirtschaftsherrschaft, der diese verfallen sind. Und doch gilt auch hier: Sie geht ein, aber ihre Seele bleibt draußen. Die Seele der Jugend wird nicht gefangen, sie beugt sich nicht. Sie empört sich als Geist des Kommenden in den Parteien gegen die Parteien, in der Wirtschaft gegen die Wirtschaft.

Und in der Kunst hört auf der expressionistische Rausch der Kriegs- und Nachkriegszeit. Der Vulkan ist zur Ruhe gekommen. Die Formen der Dinge gewinnen wieder ihr Recht. Man spricht von neuer Sachlichkeit, und es scheint fast, als ob die bürgerliche Sachlichkeit des 19. Jahrhunderts wieder zur Herrschaft gekommen ist. Die Salons stellen Impressionisten aus, und vor ihnen findet man keine kämpfenden Gruppen mehr, sondern nur kultiviertes, kunstgenießendes Bürgertum. Die Dichtung ringt um einen neuen, gepflegten Stil, die Musik sucht Klassik auf dem revolutionär aufgewühlten Boden, die Revue wird wieder vom Theater verdrängt, nachdem sie eine kurze Zeit der revolutionären Auflösung starken Ausdruck gegeben hat. Das Theater bringt neben Versuchen zu neuer Klassik die Spannung und den berechnenden Mechanismus des Kriminalromans. Darin ist unsere Seele, aber sie hat sich darin versteckt, und nur dann und wann kommt sie deutlich zum Vorschein, dann nämlich, wenn in die neue Gepflegtheit, in die klassischen Sehnsüchte, in die mechanischen Reizvermittlungen ein greller Mißton uns aufhorchen läßt, wenn wir plötzlich merken, daß die Träger dieser neuen Beruhigung noch Vulkan genug in sich haben, sie lassen ihn nur nicht herausbrechen, sondern lassen ihn durchscheinen in Spott und Satire oft von dämonischer Kraft. Sie beugen sich der Beruhigung aller Lebensgebiete, auch ihre Seele kann nicht immer gespannt sein. Aber zuweilen erhebt sich ihre Seele in unheimlichem, wetterleuchtendem Humor über ihre eigene Beruhigung. Sie bleiben wie drohend am Horizont, wie ein Zeichen, das der Geist der Gegenwart trotz aller äußeren Unterwerfung durch den Geist der Vergangenheit nicht gebrochen ist.

Und nicht nur negative Zeichen liegen vor, auch positive. Was in der Kunst als neue Sachlichkeit den reinen Ausdruckswillen der ersten Jahre abgelöst hat, das ist in Wahrheit nicht Rückkehr zur bürgerlich-wirtschaftlichen Sachlichkeit. Es ist etwas Neues darin. Es sind tiefe Schichten der Dinge, die erfaßt werden, weil es tiefe Schichten der Seele sind, die aufgewühlt waren. Die letzten fünf Jahre, die zweifellos ein Rückschlag waren gegen den revolutionären Sturm und Drang, sie haben uns doch noch etwas anderes gebracht als Rückschlag. Sie sind nicht nur Sieg des humanistisch-bürgerlichen Geistes. Das zerbrochene Haus des 19. Jahrhunderts ist nicht wieder aufgebaut worden. – In der Stille aber ist der Versuch gemacht worden und wird gemacht und muß fortan gemacht werden, ein neues Fundament zu legen. Fundamente können nicht gelegt werden, solange die Erde noch bebt. Darum dürfen wir es den letzten fünf Jahren danken, daß sie uns Ruhe gegeben haben, mit dem Legen der Fundamente zu beginnen. So mächtig auch die Wirtschaft, so mächtig auch der von ihr gestützte bürgerlich-humanistische Geist in allen Lagern und allen Formen des Geisteslebens ist, seiner Macht wird widersprochen. Und nicht mehr nur mit Rausch und revolutionärem Schwung, sondern in ruhiger, nüchterner Sachlichkeit. Mit dem rauschhaften Ansturm konnte das Regiment der Wirtschaft noch einmal fertig werden, vor der nüchternen Sachhingabe muß es zurückweichen, Schritt für Schritt.

Und wie die verlogenen Fassaden unserer Mietskasernen ein Bild waren des geistigen Hauses des 19. Jahrhunderts, so ist die neue Baukunst mit ihrem leidenschaftlichen Ringen um Sachlichkeit und Ehrlichkeit ein Bild dessen, was unserer Gegenwart aufgegeben ist. Etwas anderes können wir nicht. Es ist uns nicht gegeben, ein neues Haus des Geistes aus dem Nichts entstehen zu lassen. Es ist uns auch nicht gestattet, um nun doch ein Dach über dem Kopf zu haben, das zerbrochene Haus des bürgerlichen Jahrhunderts, das Haus des Humanismus, schnell wieder aufzurichten. Das alte ist uns verwehrt; das Tiefste unserer Seele läßt uns nicht dorthin zurück. Und das neue ist nicht da. Und so stehen wir in einer Zeit, die zwischen den Zeiten liegt, wie wir räumlich in einem Lande leben, das zwischen den Ländern liegt, zwischen Osten und Westen. Zwischen den Zeiten und zwischen den Räumen stehen wir, hin und her gerissen, in schwerstem Kampf. Neue Beunruhigungen zeigen sich nach den fünf Jahren der Ruhe. Aber sie dürfen uns nicht ablenken von der Aufgabe, die uns gestellt ist: nüchtern zu bleiben im Geist, in die Tiefe der Sache zu dringen, keiner Verführung zu vorzeitiger Lösung nachzugeben, einen Stein des neuen Fundaments neben den anderen zu legen, in der Gewißheit, daß kommende Geschlechter auf diesen Fundamenten einen mächtigeren Bau aufführen werden als den der bürgerlichen Gesellschaft. Dazu aber gehört, daß wir die Fundamente tiefer legen als jene, tiefer als der Humanismus, tiefer als im Wesen des Menschen. Daß wir darum sachlicher in die Sache eindringen als das anscheinend so sachliche Zeitalter der Wirtschaft und Technik. Die Sachlichkeit unseres Geschlechtes, des Geschlechtes des Zusammenbruchs, muß durchstoßen bis zur letzten Schicht der Sache, sie zu ergreifen und von ihr ergriffen zu werden. Die letzte Schicht jeder Sache aber ist die, wo sie hinausweist über sich selbst, wo sie hinweist auf die Frage nach dem Sinn, nicht nach irgendeinem Sinn, sondern dem Sinn des Seins überhaupt. Um die Antwort auf diese Frage, die das Zeitalter der Wirtschaft schuldig blieb und schuldig bleiben muß, zu ringen, in jeder Sache und mit tiefster gläubiger Sachhingabe, ist die Aufgabe, die uns durch den Rückblick auf das vergangene Jahrzehnt gestellt ist. Diese Aufgabe ist für uns, ist für jeden von uns die Geisteslage der Gegenwart.

DER TOTALE STAAT UND DER ANSPRUCH DER KIRCHEN (1934)

I. Die Idee des totalen Staates

1.

In jedem geschichtlichen Ereignis setzen sich Strukturnotwendigkeiten durch, die zu einer bestimmten Gesellschaftslage gehören, und in jedem geschichtlichen Ereignis wirken zugleich Zufälle, Ereignisse in der Natur, das Eingreifen besonderer Persönlichkeiten, die Einwirkung fremder Geschichtsverläufe. Soweit ein Ereignis durch Strukturnotwendigkeiten bestimmt ist, kann es abgeleitet und gedeutet werden, sofern es von Zufälligkeiten abhängig ist, kann es nur festgestellt und beschrieben werden. Wenn in den folgenden Ausführungen der Versuch gemacht wird, die Idee des totalen Staates und ihre weitgehende Verwirklichung vor allem in Deutschland aus Strukturnotwendigkeiten der heutigen Gesellschaftslage abzuleiten und in einem umfassenden geschichtlichen Zusammenhang zu deuten, so ist nicht damit gemeint, daß ohne eine Reihe zum Teil überragender Zufälle geschehen wäre, was geschehen ist oder wie es geschehen ist. Wohl aber wird behauptet und, wie ich meine, bewiesen, daß bestimmte Strukturnotwendigkeiten sich in der Idee des totalen Staates theoretischen Ausdruck und in dem Versuch seiner Durchsetzung praktische Erfüllung geschaffen haben. Strukturgesetze und daraus folgende geschichtliche Notwendigkeiten sind um so allgemeiner und unbestimmter, je weiter der Rahmen ist, in dem sie auftreten, und um so größer ist der Spielraum, den sie der konkreten Verwirklichung lassen. Sie sind um so individueller und bestimmter, je enger der Rahmen ist, für den sie gelten, und um so geringer ist der Spielraum, den sie lassen. Für die geschichtliche Erkenntnis, vor allem für die Erkenntnis einer Gegenwartsidee, die mit universalem Anspruch auftritt, ist die weitere wie die engere Betrachtung gleich notwendig. Der weitere Rahmen, in den eine solche Idee gestellt wird, gibt ihr ein grundsätzliches Gewicht, einen Charakter von Notwendigkeit und weltgeschichtlicher Bedeutung. Der enge Rahmen, in dem sie zunächst zu beobachten ist, verringert ihr grundsätzliches Gewicht und gibt ihr den Charakter von Einmaligkeit und Zufälligkeit.

Dem Zeitgenossen ist sichere Erkenntnis darüber verwehrt, welche Rahmengebung, welche Gewichtsverteilung, welche Ineinanderschau von Notwendigkeiten und Zufälligkeit zutreffend ist. Er ist darum verpflichtet, es mit dem weitesten wie mit dem engsten Rahmen, mit dem größten wie mit dem kleinsten Gewicht zu versuchen; und er ist verpflichtet, so viel von der Farbe „Notwendigkeit", wie er irgend zur Verfügung hat, in sein geschichtliches Bild hinein zu malen. Des Zufälligen bleibt noch genug. Dieses Vorgehen ist nicht nur gefordert durch die Art, in der die Idee des totalen Staates sich erhoben hat, sondern auch durch den Konflikt, in den sie mit den Kirchen und ihrem Anspruch geraten ist. Der Konflikt ist so grundsätzlich und rührt so alte fundamentale Probleme der christlichen Existenz auf, daß schon von da aus der weiteste Rahmen geboten ist. Die Kirche steht wieder Tendenzen gegenüber, wie sie seit ihrem Kampf mit dem römischen Staat nicht mehr aufgetreten sind. Und selbst, wenn der Konflikt allein auf deutschem Boden ausgekämpft würde, wäre er von so allgemeiner und grundsätzlicher Bedeutung für die Selbstbesinnung des Christentums, daß er nur von einer Gesamtdeutung unserer Gesellschaftslage aus beantwortet werden könnte.

Ist es somit möglich, den Rahmen sachlich zu beschränken, so macht doch die Form eines Artikels die Einschränkung auf Andeutungen in vielen Fällen unvermeidlich. Manches von dem, was hier nur kurz berührt werden konnte, ist an anderen Stellen ausführlich dargelegt. Ich verweise auf mein Buch „Die religiöse Lage der Gegenwart" und auf meinen Artikel „*The Religious Situation in Germany To-day*".[1]

Es sind drei Kreise von Tendenzen, aus denen die Entstehung der Idee des totalen Staates und der Versuch seiner Verwirklichung abzuleiten ist. Der erste und umfassendste Kreis ist die spätkapitalistische Weltsituation. Der zweite und mittlere Kreis ist die ost- und mitteleuropäische Nachkriegssituation. Der dritte und engste Kreis ist die deutsche Situation.

2.

Die Weltsituation des Spätkapitalismus zeigt folgendes Gesicht: Die Verflechtung, in die alle Teile der Erde durch die kapitalistische Expansion gebracht sind, wirkt sich in einer allgemeinen gegenseitigen Abhängigkeit aus, sowohl wirtschaftlich wie politisch; und politisch, weil wirtschaftlich. Es ist das Zeitalter der Weltkriege und der Welt-

---

[1] Die religiöse Lage der Gegenwart. S. S. 9 und *The Religious Situation in Germany To-day*. In: Religion in Life. Jg. 3, Nr. 2, 1934.

krisen. Das politische und wirtschaftliche System der Erde ist so geschlossen, daß die Verletzung *eines* Gliedes das Ganze in Mitleidenschaft zieht. Darum ist die Bemühung um Frieden und Wirtschaftssicherungen ein gemeinsames Anliegen aller Völker, die in der Verflechtung stehen. Zugleich aber, in eigentümlichem und durchsichtigem Widerspruch dazu, sind alle Versuche einer solchen Sicherung auf spätkapitalistischer Basis zum Scheitern verurteilt. Denn das ist ein zweiter Zug, den das Gesicht der Welt zeigt: Der immer eingeschränktere Spielraum für die Entfaltung der kapitalistischen Dynamik zwingt jede einzelne nationale Gruppe zur Intensivierung ihres politischen und wirtschaftlichen Strebens und damit zur Verschärfung der politischen Konflikte und der wirtschaftlichen Krisen. Das gegenwärtige Weltsystem ist grundsätzlich labil und kann auf dem Boden seiner besonderen Struktur nicht zur Stabilität gelangen. Die Bedrohtheit der geschichtlichen Existenz im spätkapitalistischen Zeitalter hat ein ungeheures Ausmaß erreicht.

Dieser Bedrohtheit zu begegnen, gibt es zwei Wege: radikale Zusammenfassung oder radikales Auseinanderfallen der verflochtenen Teile. Der erste Versuch, der ein halbes Menschenalter lang vergeblich versucht wurde und auch jetzt noch nicht unbedingt aufgegeben ist, war auf politische und wirtschaftliche Zusammenfassung gerichtet. Er ist vorläufig als gescheitert zu betrachten. Hand in Hand mit seinem Scheitern ging die entgegengesetzte Tendenz, die zu einer wachsenden ökonomischen Absperrung und politischen Gegenschaltung bestimmter Machtgruppen gegen andere und in gewissem Sinne aller gegen alle geführt hat. Durch diese Entwicklung hat die Wertung der Nation als geschlossener, ökonomisch möglichst unabhängiger politischer Machtgruppe außerordentliche Fortschritte gemacht. Die gewappnete, schlagkräftige Nation als letzte Sicherung geschichtlicher Existenz scheint das Ergebnis des Scheiterns der zusammenfassenden Kräfte zu sein.

In die gleiche Richtung weisen die Folgen der Weltsituation für die einzelnen gesellschaftlichen Gruppen. Die allgemeine Unsicherheit der proletarischen Existenz verschärft sich durch lang andauernde Arbeitslosigkeit, durch die Entstehung einer neuen sozialen Gruppe, in der die Negativitäten des proletarischen Schicksals vermehrt werden, und durch das Arbeitsverbot und die damit verbundene Beraubung des letzten Restes von Sinn, den selbst die Arbeit im Dienste des Profits geben kann. Noch wichtiger ist die Bedrohung des gewerblichen Mittelstandes der Angestellten und der Bauern mit sozialer Deklassierung und ökonomischer Proletarisierung durch Überproduktion und Krise. Endlich zeigt auch die kapitalistische Herrschaftsschicht eine innere Unsicherheit, die sich in ihrem schlechten Gewissen zeigt, in der Tendenz, den Konkurrenzkampf zu unterdrücken und staatliche Hilfe in Anspruch zu nehmen. Als die proletarischen Bewegungen erstmalig die Bedrohung ihrer Existenz erlebten, versuchten sie, ihr durch Ausschaltung der Klassenherrschaft und durch übernationale Organisationen der politischen und ökonomischen Gruppen zu begegnen. Die neu bedrohten Schichten gehen den umgekehrten Weg. Sie suchen Sicherung ihrer politischen Existenz im nationalen Staat, Sicherung ihrer ökonomischen Existenz durch Maßnahmen des nationalen Staates, Sicherung ihrer sozialen Vorrechte oder ihrer Klassenherrschaft durch Eroberung der Machtmittel des Nationalstaates. Übernationale politische und ökonomische Zusammenfassungen, wie sie das Proletariat anstrebte und auch das liberale Bürgertum versucht hatte, werden abgelehnt. Daß die Reste feudaler Schichten – Adel, Hierarchie, Militär, höhere Bürokratie – sich dieser Bewegung zur Verfügung stellen, ist verständlich. Daß auch die neue Schicht der dauernd Arbeitslosen zu großen Teilen gewonnen werden konnte, ist teils aus ihrem Gegensatz gegen die relativ gesicherten Arbeiterschichten, teils aus ihrer Notlage zu verstehen, die sie jedem in die Arme trieb, der unmittelbare Rettung versprach. Und das gilt schließlich auch für die ihrer Zukunft beraubte Jugend der bedrohten Gruppen. Ein starker, nach außen unabhängiger, nach innen unbedingt handlungsfähiger Nationalstaat erschien ihnen allen als einzige Sicherung gegen ihre gesellschaftliche Bedrohtheit, gegen die Folgen der Weltsituation.

Der ökonomischen und politischen Bedrohtheit entspricht eine geistige und seelische Desintegration der Massen, wie sie nur selten in der Geschichte zu beobachten ist. Die auflösende Kraft der bürgerlichen Gesellschaft gegenüber allen inneren Sicherungen des Einzel- und Gemeinschaftslebens, gegenüber Sitte und Moral, gegenüber Tradition und Autorität, gegenüber Glaube und Kirche ist oft genug beschrieben worden. Sie hat zunächst zur Massendesintegration im Proletariat geführt; sie hat dann die tragenden Kräfte der bürgerlichen Gesellschaft selbst aufgelöst und hat jetzt weitgehend die Randgebiete des bürgerlichen Kapitalismus ergriffen: die stehengebliebenen Schichten innerhalb der kapitalistischen Völker und die vorkapitalistischen Völker im ganzen. Aus der Desintegration, die mit der Existenz des Proletariats gegeben war, hat sich eine immer weitere Desintegration aller Schichten sowie aller in das kapitalistische System verflochtenen Völker ergeben. Daraus folgt: Das Problem der Reintegration ist das Zentralproblem des Spätkapitalismus. Es schließt sowohl die politische und ökonomische wie die geistige und gesellschaftliche Sicherung ein. Und es betrifft die gesamte irgendwie in das spätkapitalistische Geschehen verflochtene Welt.

Die Bedrohtheit der geschichtlichen Existenz, die wachsende Desintegration und die Sehnsucht nach Sicherung, nach neuer Integration, macht sich überall geltend. Bald ist es mehr der Weltkrieg, bald mehr die Weltkrise, deren Folgen das Gefühl latenter Ungesichertheit und die Frage nach möglicher Sicherung schaffen; bald ist es mehr religiöser Säkularismus als Folge der in die Massen getragenen Aufklärung, bald mehr Auflösung der Lebensformen durch soziale Umschichtungen, was die Desintegration vorwärtstreibt. Oft ist es alles zusammen. In allen Fällen aber bietet sich als Lösung der nationale Staat an. Zwar liegen seine Wurzeln in der antifeudalen, bürgerlichen Aufklärung; aber er hat im Zusammenhang mit der spätkapitalistischen Gesamtentwicklung einen fundamentalen Funktionswechsel durchgemacht. Er dient jetzt vielmehr allen denjenigen Tendenzen, die sich gegen die bürgerliche Demokratie erhoben haben. Auch wo eine kommunistische Weltorganisation von Wirtschaft und Politik gefordert wird, ist die erste und vorläufig einzige Verwirklichungsform der nationale Staat, wie das russische Beispiel zeigt; und auch, wo eine liberale Weltorganisation angestrebt war, wie zuletzt von den Trägern der Völkerbundsidee, zieht man sich mehr und mehr auf die Konzentration der nationalen politischen und ökonomischen Kräfte zurück. Diese Konzentration aber bedeutet, daß der nationale Staat sich nach außen hin möglichst unabhängig machen und innerlich so handlungsbereit halten muß, daß das Programm der Sicherung und Reintegration nicht durch desintegrierende Kräfte gestört werden kann. Als solche desintegrierenden Kräfte, die die staatliche Handlungsfreiheit hemmen, müssen vor allem die liberalen Grundrechte und Verfassungsprinzipien erscheinen. Die Trennung von Legislative, Exekutive und richterlicher Gewalt, der Schutz der privaten Rechte, sei es vor dem Gesetz, sei es im wirtschaftlichen und gesellschaftlichen Leben, die Freiheit der öffentlichen Kritik, der politische Kampf der Parteien, der ökonomische Kampf der Klassen, der Spielraum für mehrere miteinander ringende Ideologien usw. Die Einschränkung dieser Rechte und Freiheiten kann um der Sicherung und Reintegration des Ganzen willen als unvermeidlich erscheinen. Das schließt zwar noch keineswegs die Idee des totalen Staates ein, aber es ist die erste allgemeine und entscheidende Voraussetzung für ihre Entstehung. Wir nennen es im folgenden die „nationalstaatliche Konzentration“.

3.

Ohne die engeren antidemokratischen Tendenzen der ost- und mitteleuropäischen Situation wäre es nicht zur totalitären Staatsidee gekommen. Die besondere Lage dieser Völker nach dem Kriege bringt ein neues Element in die Auffassung des Staates hinein, die Auffassung nämlich, daß die nationalstaatliche Konzentration nur möglich ist in antidemokratisch-autoritären Formen. Auch auf alt-demokratischem Boden ist die Autorität des Staates im Zusammenhang mit der nationalen Konzentration versperrt worden. Es werden besondere Vollmachten für die Regierung gegeben, nationaler Burgfriede schränkt den innerpolitischen Kampf ein, die Verfassung wird der gegenwärtigen Notlage angepaßt usw. Aber grundsätzlich ist die demokratische Basis in diesen Ländern bisher nur von kleineren, relativ einflußlosen Gruppen in Frage gestellt worden. Anders in Ost- und Mitteleuropa: Hier ist die antidemokratische Haltung zum Prinzip erhoben worden. Gleichzeitig hat hier die Idee der nationalen Konzentration eine Wendung erhalten, durch die sie einen militanten Charakter bekommen hat. Zweifellos ist dadurch die innere Konzentration, zugleich aber in der oben angedeuteten Dialektik die Ungesichertheit der Weltsituation erhöht und der nationale Sicherungs- und Reintegrationswille in einen inneren Widerspruch getrieben worden.

Der ost- und mitteleuropäische militante Nationalismus hat drei Gründe: Der erste ist die Gründung neuer nationaler Staaten zwischen baltischem und adriatischem Meer, deren erste geschichtliche Aufgabe naturgemäß ihre nationale Konsolidierung und Sicherung ist. Der zweite ist der Wille der im Kriege unterlegenen Staaten, ihre politische Machtstellung wiederzugewinnen, ganz gleich, ob diese Macht kriegerisch eingesetzt werden soll oder nicht. Die dritte Ursache ist die Unzufriedenheit gewisser Siegerstaaten mit ihren Erfolgen, die in starkem Mißverhältnis zu den im Kriege aufgestachelten nationalen Aspirationen steht. Die Wirkung dieses nach Art eines Wechselstromes sich ständig verstärkenden militanten Nationalismus auf die Staatsauffassung ist deutlich: nur die autoritative Zusammenfassung aller Kräfte und die Ausschaltung widerstrebender Tendenzen sichert die Schlagkraft eines militanten Nationalismus. Nur sie kann die potentiell militärische Durchorganisation eines ganzen Volkes gewährleisten.

Dem kommt nun entgegen die antidemokratische Substanz der ost- und mitteleuropäischen Kultur. Zum Teil haben diese Völker wie Rußland und die russischen Randstaaten niemals eine Demokratie erlebt, sondern entweder die feudal-absolutistische Tradition aufrechterhalten oder sie unmittelbar in bolschewistische Herrschaftsformen umgewendet. Und in Mitteleuropa war das Bürgertum von vornherein in politisch-militärischer Abhängigkeit von den feudalen Schichten geblieben und war zur Abwehr der sozialistischen Drohung schnell bereit, die Demokratie preiszugeben und sich einer neuen, rein autoritativen Staatsform zu unterwerfen. Eine Einigung mit den herrschaftsgewohnten feudalen Rechtsgruppen sowie mit dem gehorsamgewohnten Mittelstand war schnell erreicht, als die Drohung einer proletarischen Diktatur nach russischem Muster näherzurücken schien. Eine Kampfgruppe aus Arbeitslosen und Jugendlichen war bald geschaffen. So wurde aus der nationalstaatlichen Konzentration der militante nationalistische Autoritätsstaat. Daß auf diesem Boden die liberalen Grundrechte und Verfassungsprinzipien, vor allem das Recht der öffentlichen Kritik nicht nur vorübergehend eingeschränkt, sondern ganz oder teilweise aufgehoben wurden, ist unmittelbar einsichtig. Natürlich gilt das alles mehr im Sinne von maßgebenden Tendenzen als restloser Verwirklichung; es gibt Ausnahmen, wie die Tschechoslowakei, und es gibt schwächere Gegentendenzen gegen das autoritative Prinzip, wie der Aufbau der kommunistischen Partei in Rußland, oder bürgerliche und bäuerliche Einschränkungen der autokratischen Tendenzen, wie in den Rand- und Nachfolgestaaten. Und vor allem, es fehlt das dritte Element: die Totalität des Staates entweder in der Theorie oder in der Praxis oder in beidem. Theorie und Praxis des totalen Staates finden sich erst im engsten Kreise unserer Betrachtung, auf deutschem Boden.

4.

Aus der Unsicherheit und Desintegration der Weltsituation im Zeitalter des Spätkapitalismus ist überall die Tendenz zur nationalstaatlichen Konzentration hervorgegangen. Auf dem Boden Ost- und Mitteleuropas hat sie den Charakter eines militanten nationalistischen Autoritätsstaates angenommen, in Deutschland hat sie sich unter Beibehaltung der bisher aufgewiesenen Elemente in der theoretischen und praktischen Durchführung der Idee des totalen Staates vollendet. Staatliche Eingriffe, namentlich in die Wirtschaft und in die soziale Sphäre, finden wir auch auf alt-demokratischem Boden im Zusammenhang mit der nationalstaatlichen Konzentration. Aber sie sind weder grundsätzlich noch total gemeint. Sehr viel stärker ist die totale Tendenz im militanten nationalistischen Autoritätsstaat. Der Faschismus hat nicht nur diejenigen Gebiete für den Staat in Anspruch genommen, die er für die Sicherung seiner Autorität für notwendig hielt, wie Presse, Radio, Film, sondern er hat auch die Wissenschaften in gewissen Gebieten unter Zensur gestellt, er hat die Erziehung in bestimmten Grenzen übernommen, er hat die Wirtschaft, wenn auch mehr ideologisch als praktisch, seiner Autorität unterworfen. Er hat sogar die

Freizeit bis zu einem gewissen Grade mit Beschlag belegt. Aber er hat weder in Italien noch in Österreich für sich als Staat Totalität beansprucht. Stärker noch, ja stärker als selbst in Deutschland, ist die Totalität in Rußland durchgeführt. Wirtschaft, Kultur und Erziehung sind in gleicher Weise dem staatlichen Zentralismus unterworfen. Aber der Sinn dieser Unterwerfung ist nicht der Staat, sondern der Einzelne und seine Erfüllung im gesellschaftlichen Zusammenwirken. Das ist in der besonderen russischen Situation begründet: Rußland hat sich die Aufgabe gestellt, unter Vermeidung des abendländischen Kapitalismus die technisch-rationale Kultur der letzten europäischen Jahrhunderte in sich aufzunehmen und zur Grundlage von Wirtschaft, Erziehung und Kultur zu machen. Der totalitäre Charakter des Sowjet-Staates ist darum einerseits zu verstehen als Abwehr gegen das Eindringen bürgerlich-kapitalistischer Elemente, andrerseits als Erziehung eines ganzen Weltteils im Sinne der kommunistisch interpretierten Aufklärung. Jeder Schritt vorwärts in dieser Erziehungsarbeit bedeutet wesensmäßig eine Verstärkung der kritischen antiautoritativen und antitotalitären Kräfte im Ganzen des Volkes. Der totalitäre Staat gräbt sich um so mehr sein Grab, je erfolgreicher er sein Ziel durchführt. Das entspricht genau dem Marx-Leninschen Dogma vom Staat, dem Gedanken nämlich, daß der Staat als Herrschaftsform sich aufzulösen habe in die freie, sich selbst verwaltende Gesellschaft.

Im vollen Gegensatz dazu steht das Dogma vom totalen Staat auf deutschem Boden. Obgleich praktisch nicht so radikal durchgeführt wie in Rußland, hat es eine viel tiefere, grundsätzliche Bedeutung. Darum ist es allein auf deutschem Boden theoretisch gefaßt und begründet worden. Es ist zu verstehen aus einem Doppelten: einmal aus der Tatsache, daß die spätkapitalistische Desintegration auf deutschem Boden am weitesten fortgeschritten war und demgemäß der Reintegrationswille die größte Leidenschaft gewinnen mußte, zweitens aus dem traditionellen preußisch-deutschen Staatsdenken, das in den Formulierungen der organologischen Schule, der alten und der neuen, seinen stärksten Ausdruck gefunden hat, aber auch bei Hegel anklingt. Das Ineinandergreifen beider Momente hat das Dogma vom totalitären Staat geschaffen.

Die Behauptung, daß die Desintegration in Deutschland am meisten fortgeschritten war, bezieht sich nicht auf die zum Teil heroischen Versuche von Männern und Parteien der deutschen Republik, unter persönlicher und politischer Selbstaufopferung Sicherung und Reintegration zu erkämpfen. Sie bezieht sich vielmehr auf die Tatsache, daß sämtliche Momente der geschichtlichen Bedrohtheit im spätkapitalistischen Weltsystem im allgemeinen und in Mitteleuropa im besonderen sich in Deutschland in äußerster Verschärfung ausgewirkt haben. Die Gründe dafür liegen auf der Hand. Einer der wichtigsten dafür, namentlich in psychologischer Hinsicht, ist der Friedensschluß von Versailles. Hinzu kommen die innenpolitischen, wirtschaftlichen, sozialen und kulturellen Gründe, die in der besonderen Struktur Deutschlands wurzeln. Sie sind verstärkt worden durch das besondere Schicksal des deutschen Volkes, das seine Größe und seine Tragik ausmacht, von altersher die Gegensätze der abendländischen Geschichte in grundsätzlicher Zuspitzung und um den Preis eigener Einheit in sich tragen zu müssen. Von hier aus ist die preußische Staatsmystik zu verstehen. Seit Reformation und Bauernkrieg, vor allem aber seit dem Ende des Dreißigjährigen Krieges fehlte in Deutschland die einheitliche religiöse, gesellschaftliche und kulturelle Grundlage, die in anderen Völkern eine weitgehende Beschränkung des Staatseinflusses gefahrenlos ermöglichte. In Deutschland schien allein der Staat Sicherung und Integration aller lebendigen Kräfte des Volkes übernehmen zu können. So machte ihn die organologische Schule zu einer selbständigen Wirklichkeit über jedem Einzelnen, und Hegel faßte das gesamte gesellschaftliche und sittliche Leben in ihm zusammen. In Hegels eigenem System war die Macht des Staates durch starke korrektive Kräfte reguliert, die von seinem Freiheitsbegriff herrührten. Nach Beseitigung dieser Korrektive und dem vollständigen Sieg der organologischen Auffassung war der Weg für die totale Staatsidee frei. Hundert Jahre nach Hegels Tod konnte sie sich unter den neuen politischen und sozialen Umständen durchsetzen.

In Anbetracht der Tatsache, daß die Weltkrise in erster Linie als Folge der weltwirtschaftlichen Situation des Spätkapitalismus zu verstehen ist, hätte der totale Staat sich vor allem der wirtschaftlichen Sphäre bemächtigen müssen, wie er es in Rußland ohne eine totalitäre Theorie getan hat. Aber obgleich ideologisch die Unterordnung der Wirtschaft unter den Staat deutlich verkündigt wurde, scheiterte die Verwirklichung an dem Widerstand der kapitalistischen Wirtschaftsführung und an der Tendenz der Gesamtentwicklung für Entstehung einer halb feudalen monopolkapitalistischen Herrschaftsschicht. So blieb hier eine deutliche Lücke des totalitären Systems, die freilich in der letzten Zeit durch die wirtschaftlichen Notmaßnahmen des Staates einigermaßen verhüllt wurde. Welche Folgen diese Lücke auf die Dauer für das totalitäre System hat, ob sie sich erweitern und das System sprengen oder verkleinern und das System stärken wird, ist zur Zeit nicht zu übersehen. Um so durchgreifender war der Anspruch des totalen

Staates auf die kulturelle Sphäre: auf Erziehung, Wissenschaft und Kunst, auf das gesellschaftliche Leben, auf die Lebensform aller Gruppen und Gemeinschaften, auf das persönliche Leben, das leibliche wie das seelische. Voraussetzung dafür war einerseits die restlose Aufhebung der Grundrechte des Einzelnen und die Konzentration aller Gewalten in einer niemand verantwortlichen Persönlichkeit, deren Wille auch für das Recht zum obersten Gesetz erhoben ist, sowie die Ausschaltung jedes verfassungsmäßigen Korrektivs, also die höchste überhaupt nur denkbare Verstärkung des autoritativen Moments. Auch die Führeridee in ihrem ursprünglichen Sinn wurde dieser Tendenz untergeordnet. Im charismatischen Führertum liegt etwas Einmaliges, Nicht-Institutionelles, liegt Abhängigkeit von der freien inneren und äußeren Anerkennung der Geführten. Sobald der Führer die persönliche Autorität auf die Autorität eines Amtes überträgt, geht das Wechselverhältnis zwischen Führer und Geführten verloren, auch wenn die Absicht besteht, es aufrechtzuerhalten. Die ursprüngliche, aber begrenzte Macht der persönlichen Autorität verwandelt sich in eine abgeleitete, nunmehr unbegrenzte Macht der amtlichen Autorität.

5.

Die theoretisch geforderte, praktisch weithin durchgeführte Konzentration aller Lebensgebiete in der uneingeschränkten Autorität des nationalen Staates kann nur gelingen auf dem Boden einer Weltanschauung, die die Kraft hat, den ganzen Menschen zu erfassen und zu unbedingter Hingabe zu treiben. Eine solche Weltanschauung aber hat religiösen Charakter, ihr Ausdruck ist ein Mythos. Je unbedingter und totaler der Staat den Menschen beansprucht, desto tiefer und machtvoller muß der Mythos sein, der diesen Anspruch rechtfertigt. Für die nationale Konzentration auf alt-demokratischem Boden bedarf es nur geringer mythischer Elemente, um sich durchzusetzen. Die Bedrohung der geschichtlichen Existenz genügt, wie vor allem das amerikanische Beispiel zeigt, um auf rationalem Wege Maßnahmen zur Sicherung und Reintegration zu erwirken. Ob sie freilich auf die Dauer ausreichen, ist eine Frage an die Zukunft, von deren durchaus ungewisser Antwort das Schicksal dieser Völker abhängt. Der autoritative Staat bedarf eines stärkeren Fundaments, namentlich wenn er den Einzelnen seiner Grundrechte beraubt. In vielen Fällen wie in Österreich und anderen Nachfolge- und Randstaaten genügte die Entstehung eines militanten Nationalismus, um die Autorität der alten weltlichen und kirchlichen Hierarchien ohne neuen Mythos wieder erstarken zu lassen. Wo die

Tendenz zur Totalität stärker ist, sind neue Mythen notwendig, um dem Kampf den Schwung und dem Aufbau das Fundament zu geben. So wirkt in Italien der Mythos des römischen Imperiums in totalitärer Richtung; aber doch – wie es dem rein politischen Charakter dieses Mythos entspricht – so, daß das religiöse Leben ganz, das geistige und gesellschaftliche Leben mit gewissen Einschränkungen frei bleibt und über die Erziehung ein Einvernehmen mit der Kirche möglich ist. – In Rußland ist die stärkere Tendenz zur Totalität mit dem Wirken tieferer mythischer Kräfte verbunden. Das marxistische Dogma gilt zwar als Wissenschaft; da es aber dogmatische Geltung besitzt und nicht in Frage gestellt werden darf, da es andererseits den eschatologischen Enthusiasmus, die Hoffnung auf ein Reich der Gerechtigkeit, geschaffen hat, der Revolution, Verteidigung und Aufbau des Sowjetstaates ihre gewaltigen Energien verdanken, so kann ihm mythische Qualität nicht abgesprochen werden. Der totale, wenn auch nicht grundsätzlich gemeinte Anspruch des russischen Staates ruht auf dem Mythos der sozialen Gerechtigkeit, der in der Form einer rationalen Lehre das gesamte russische Leben trägt.

Mit der grundsätzlichen Fassung des Totalitätsgedankens, wie sie auf deutschem Boden vorliegt, ist die stärkste und bewußteste Ausprägung des Mythos verbunden. Es sind eine Reihe eng verknüpfter mythischer Ideen, die sich hier Geltung verschafft haben: eine nationale Mythologie, deren Kern der Mythos des Blutes, des Bodens, der Rasse, des Staates, des Führertums usw. ist. Mythos und Mythologie bedeuten hier wie in den anderen Fällen nicht willkürliche Erdichtung, sondern Erhebung realer, aber bedingter Mächte zum Range der Unbedingtheit und Heiligkeit. Es ist im Mythos also Realität, aber es ist in ihm auch Übersteigen der Realität, Enthusiasmus und Mystik.

Der mystische Charakter des Mythos vom Volk ist gut zu ersehen aus einer Darstellung des führenden Theologen der deutsch-christlichen Bewegung[1]. Er spricht von dem wesenhaften Volkstum als dem „verborgenen Souverän", dessen Verwirklichung alles staatliche Handeln zu dienen hat. Das wirkliche Volk soll gegründet werden auf das „Geheimnis des Blutbundes" und die staatliche Autorität auf die Blutsverbundenheit von Führern und Geführten. Das einzelne Glied des Volkes ist nicht außerhalb dieses Blutbundes. Seine geschichtliche Existenz beruht ganz auf seiner Zugehörigkeit zum Volkstum. Seine Haltung muß Gehorsam gegen den im Führer verkörperten Willen des

1 Emanuel Hirsch: Die gegenwärtige geistige Lage. In: Theol. Blätter, Jg. 13, Nr. 11. 1934.

verborgenen Souveräns sein. Sein Ziel muß Verwirklichung dessen sein, was als schöpferische und begrenzte Kraft im Wesen des Volkstums gelegen ist. Der Sieg dieses Mythos und der Wirklichkeit, aus der er hervorgeht, über alle entgegenstehenden Mächte ist die „heilige Stunde" des Volkes, die mit Enthusiasmus und unbedingter Hingabe ergriffen werden muß, ist Fülle der Zeit im religiösen Sinne des Wortes. „Auch der härteste Zugriff des Staates", auch die totale Auflösung des gesamten Lebens in ihm ist gefordert und geheiligt, wenn sie im Dienste des Volkstums als des verborgenen Souveräns steht.

Das ist der totale Staat, geboren aus der Unsicherheit der geschichtlichen Existenz im Zeitalter des Spätkapitalismus, dazu bestimmt, durch nationale Konzentration Sicherheit und Reintegration zu schaffen. Er erhebt sich auf dem Boden Mitteleuropas, wo ein militanter Nationalismus und alt-feudales Autoritätsgefühl liberale Rechte und demokratische Neigungen beseitigt haben. Er ist zur Theorie gemacht, mit mythischen Kräften durchblutet und erwärmt, mit Leidenschaft und rücksichtsloser Konsequenz verwirklicht, da, wo die Desintegration und Unsicherheit am fühlbarsten geworden sind – auf deutschem Boden. Er hat die mystische Weihe empfangen und steht nun da, nicht nur als irdischer Repräsentant Gottes, wie ihn Hegel sah, sondern als wirklicher Gott auf Erden: ein Gott oder ein Dämon! Ob ein Gott oder ein Dämon, das entscheidet sich in seinem Verhältnis zur christlichen Kirche. Macht der Totalitätsanspruch vor der Kirche halt, kann er vor ihr halt machen? Muß er nicht zusammenstoßen mit dem Anspruch der Kirche und sich mit ihr in einen Kampf auf Leben und Tod verwickeln, ganz gleich, ob seine Führer es wollen oder nicht?

II. Der Anspruch der Kirche und ihr Konflikt mit dem totalen Staat

1.

Der Anspruch der Kirche beruht auf dem unbedingten Anspruch ihrer Verkündigung. Ihre Verkündigung ist Verkündigung Gottes im Sinne des ersten Gebotes: „Ich bin der Herr, Dein Gott. Du sollst keine anderen Götter neben mir haben." Jedes Wort des Alten und Neuen Testamentes ist eine Entfaltung dieses Wortes. Um die Gottheit Gottes gegenüber jedem menschlichen Anspruch geht es in der ganzen Bibel; so auch in dem Wort an Abraham: „Gehe aus Deinem Vaterlande und von Deiner Freundschaft und aus Deines Vaters Hause in ein Land, das ich Dir zeigen will"; in den prophetischen Drohreden gegen die heidnischen Nationalgötter und zugleich gegen den religiösen Nationalismus der falschen Propheten in Juda; in der Verkündigung des Reiches Gottes, das alle Völker einschließt und die nationalen Weltreiche zerschlägt; in dem Kreuz des Christus und seiner Deutung durch den Apostel Paulus als Gericht über jede menschliche Schöpferkraft und Größe, über jede Nation und Religion, die Gottes Recht für sich in Anspruch nimmt; in dem Wort: „Du sollst den Herrn, Deinen Gott, liebhaben von ganzem Herzen, von ganzer Seele, von allem Vermögen" und von da aus: „Du sollst Deinen Nächsten lieben wie Dich selbst." Es gibt keinen Unterschied zwischen Altem und Neuem Testament in dieser Beziehung. In der alttestamentlichen Geschichte kämpft der göttliche Anspruch um ein Volk und mit einem Volk, bis zum Zerbrechen dieses Volkes. Darum ist das Alte Testament so wenig ein national-jüdisches Buch, daß es vielmehr das Buch vom Kampfe Gottes gegen den nationalen Anspruch des Judentums genannt werden muß, ein Kampf, der nicht um eines anderen nationalen Anspruchs willen, sondern für die Durchsetzung des Anspruches Gottes gegen jeden nationalen Anspruch geführt wird. Im Neuen Testament ist die Erfahrung der ganzen jüdischen Geschichte vorausgesetzt, daß ein Volk als Volk Gott nicht angehören kann. Darum betrachtet das Neue Testament die Gemeinde Christi, herausgerufen aus allen Nationen und Religionen, als das wahre Israel und nicht als Sammlung ausgezeichneter Menschen oder einer edleren Rasse, sondern als Berufung durch göttlichen Willen „allein durch Gnade", und darum niemals in der Sicherheit, als sichtbare Kirche nicht ebenso verworfen werden zu können wie das „auserwählte Volk". Und dieses Prinzip setzt sich machtvoll in allen Perioden der Kirchengeschichte durch: bei den älteren Kirchenvätern, die den ersten schweren Kampf für das Alte Testament siegreich durchfechten und damit die Auflösung des Christentums in eine heidnische, gnostische Bewegung nach Art der heutigen Deutsch-Kirche verhindern; bei Athanasius in dem Kampf gegen einen heroischen Halbgott Jesus, wie Arius ihn verkündete und wie er heute vielfach unter den deutschen Christen propagiert wird; bei Augustin in seinem Kampf gegen den Glauben, daß menschliches Wesen im tiefsten unverletzt sei (wie es im Sinne der gegenwärtigen Rassen- und Blutmythologie liegt), und in seiner gewaltigen Konzeption von dem weltgeschichtlichen Kampf des Gottesreiches gegen die dämonischen Reiche der Erde; bei Luther in der Wahrung des Majestätsrechts Gottes, zu begnadigen, unabhängig von jeder religiösen, geistigen oder vitalen Größe; bei Calvin in der

Leidenschaft für Gottes Ehre, vor der jede menschliche Ehre nichtig ist, und für die Unterwerfung aller Völker unter die Einheit des Reiches Gottes, das auch auf Erden kommen soll. – Es gibt keinen ernsthaften Dissensus über diesen Punkt auf christlichem Boden; und darum fühlten die christlichen Kirchen in dem Augenblick ihre Einheit, als der Zentralpunkt ihrer aller Verkündigung, die Gottheit Gottes, durch andere Götter neben ihm in Frage gestellt wurde.

2.

Der Anspruch der Kirche ist begründet in dem Anspruch Gottes, den die Kirche verkündet. Aber er ist nicht mit ihm eins. Denn Reich Gottes und Kirche sind nicht eins. In der Kirche ist das Reich Gottes im Kommen, aber es kommt nicht nur in der Kirche. Die Kirche ist Hinweis auf das Reich Gottes, aber sie kann auch seine Verhüllung sein. Aus diesem dialektischen Verhältnis beider ergeben sich verschiedene Möglichkeiten, die Nähe oder Ferne beider voneinander zu betonen. Die Identität von Reich Gottes und Kirche kommt am stärksten zu dogmatischer Geltung im römischen Katholizismus, die Trennung beider am stärksten im genuinen Luthertum. Dazwischen gibt es manche Abstufungen, unter denen die griechische Orthodoxie und der Calvinismus erwähnt werden sollen. Entscheidend für das Verhältnis zum Staat ist, wieweit eine Kirche nicht nur die Innerlichkeit, sondern auch das geistige und gesellschaftliche Leben des Menschen für sich in Anspruch nimmt und wie weit sie darum selbst einen staatsähnlichen Charakter erhält.

Der römische Katholizismus als politische Organisation mit hierarchischem Aufbau greift am weitesten über das unmittelbare religiöse Leben hinaus. Auf dem Boden der thomistischen Sozialethik und mit Hilfe der politischen Macht seiner Anhänger in den verschiedenen Staaten versucht er eine geistige Führung aller religiös-relevanten Seiten des Lebens zu erreichen, also des geistigen, sozialen und gesellschaftlichen Lebens und seiner rechtlich-politischen Formung. Er kann dem Staat zwar die unmittelbare Machtausübung zum Zweck der Ordnung des Lebens überlassen, aber er kann nicht zugestehen, daß die staatliche Macht über den Lebensinhalt entscheidet. Denn der Lebensinhalt steht unter dem unbedingten Anspruch Gottes, für dessen Durchsetzung sich die Kirche verantwortlich weiß. Daher vor allem der unbedingte Erziehungsanspruch der Kirche, der für sie eine Existenzfrage ist und um dessentwillen sie die Erziehungshoheit des Staates trotz formeller Anerkennung innerlich aushöhlen muß.

Für den griechischen Katholizismus, also in erster Linie für die russische Kirche, liegen die Dinge insofern anders, als hier keine politisch-aktive Hierarchie entstanden ist. Und da im Unterschied zum Protestantismus auch die aktive Gemeinde fehlte, so konnte ein religiös-politischer Anspruch auf Führung oder direkte Beeinflussung der religiös-relevanten Lebensgebiete gar nicht auftreten. Die russische Kirche war in der Person des Zaren mit dem Staat geeint und brach nach Wegfall dieses Einheitspunktes als Organismus zusammen. Was sie aber beansprucht und mit Märtyrerwillen verteidigt, ist die heilige kultische Tradition: ihre Geltung, ihre Ausübung und Auslegung. Hier kann sie sich der wissenschaftlich durchgeformten Dogmatik des Bolschewismus nicht beugen.

Der Calvinismus beansprucht keine Absolutheit für die Kirche als solche, wohl aber für den von ihr verkündeten, in der Bibel niedergelegten Willen Gottes, der sich nicht nur auf das innere Leben des Einzelnen, sondern auch auf das Leben der Gesellschaft bezieht und der in der Kirche selbst nicht nur Normen für die Lehre, sondern auch für die Verfassung der Kirche gesetzt hat. Daher der Kampf um die gottgeordnete Kirchenverfassung und um den öffentlichen Einfluß der Kirche. Daher das Gefühl, daß in der fortschreitenden Christianisierung der Gesellschaft durch Verkündigung und Unterricht der Kirche das Reich Gottes fortschreitend verwirklicht ist.

Für das ursprüngliche Luthertum gibt es weder eine bestimmte von Gott verordnete Verfassung noch eine von Gott gewollte Gesellschaftsordnung. Daher kann es jede Verfassung tragen, die die ungehinderte Verkündigung der reinen Lehre durch Wort und Sakrament zuläßt; und es kann sich jeder Gesellschaftsordnung und jedem Machtaufbau unterwerfen, ohne eine direkte kritische Einflußnahme zu versuchen. Lediglich indirekt über die Christlichkeit der Macht- und Amtsträger versucht das Luthertum, die religiös-relevanten weltlichen Lebensformen mit christlichem Geist zu durchdringen (vgl. die Bismarcksche Sozialgesetzgebung). Aus dieser historisch verständlichen, in ihren Auswirkungen aber schließlich verhängnisvollen Scheidung von politischem und privatem Ethos im Luthertum ist der für den angelsächsischen Calvinismus unbegreifliche Verzicht auf öffentliche Kritik an staatlichen Maßnahmen zu erklären. Aus ihr ist z. B. zu erklären das Stillschweigen der Kirche zum Judenboykott, aber auch der leidenschaftliche Kampf gegen die Anwendung des Arierparagraphen in der Kirche. Auch die Tatsache, daß die revolutionäre Arbeiterbewegung in Deutschland so scharfe antikirchliche und antireligiöse Züge annahm, ist in dem Verzicht des Luthertums auf öffentliche politische Kritik begründet.

Und daß der Religiöse Sozialismus, der den Versuch machte, unter Rückgriff auf altchristliche, namentlich augustinische Traditionen das Luthertum über sich hinauszuführen, erfolglos blieb, ist wieder weitgehend auf die lutherische Scheidung von persönlichem und politischem Ethos zurückzuführen. Es ist nicht ganz ungerecht, wenn von gegnerischer Seite dem ursprünglichen Luthertum der Vorwurf einer machiavellistischen Sozialethik gemacht worden ist.

Daraus ergibt sich in kurzer Formulierung: *Alle Kirchen müssen den Anspruch erheben, ungehindert die Gottheit Gottes, den unbedingten Anspruch Gottes auf die Welt verkünden und in sich selbst hinweisend verwirklichen zu können.* Der Katholizismus leitet daraus die Forderung ab, daß die hierarchisch verfaßte Kirche das gesamte religiös relevante Leben der Völker leitet, eine Forderung, deren letzte Konsequenz die mittelalterliche, niemals aufgegebene Forderung ist, daß jede politische Hierarchie sich der geistlich-priesterlichen zu unterwerfen hat. Die griechische Kirche fordert Freiheit für Wahrung, Ausübung und Auslegung des überlieferten Kultus bei völliger Zurückhaltung von den politischen und sozialen Problemen. Der Calvinismus fordert das Recht auf eine frei gewählte Kirchenverfassung und die Möglichkeit freier Einwirkung der Kirche auf das öffentliche Leben und die politischen Entscheidungen, durch die es geformt wird. Das Luthertum beansprucht ungehinderte Verkündigung der reinen Lehre und ist geneigt, Verfassungs- und Verwaltungsfragen dem Staat zu überlassen.

Eins also beanspruchen alle Kirchen: den Menschen, den sie vor Gott stellen wollen, sei es durch priesterliche Vermittlung, sei es durch Kultus und Sakrament, sei es durch Verkündigung des göttlichen Willens über die Welt, sei es durch Predigt der reinen Lehre. Für dieses Ziel beanspruchen sie den Menschen in der tiefsten Schicht und zu allen Zeiten seiner Existenz. Von diesem Anspruch können sie nicht lassen, solange sie sind, was sie sind: Kirche.

3.

Die christlichen Kirchen haben keinen Anlaß, der nationalstaatlichen Konzentration an und für sich Widerstand zu leisten. Obwohl sie vom Standpunkt der Reichgottes-Erwartung alle Tendenzen auf Zusammenfassung der Menschheitskräfte begrüßen müssen, können sie die Tatsache höchster geschichtlicher Bedrohtheit der Völker und des Scheiterns der zusammenfassenden Kräfte nicht übersehen. Darum müssen sie jeden Versuch zu geschichtlicher Sicherung und Reintegration bejahen und unterstützen, also auch die nationalstaatliche Konzentration, sofern sie diesem Ziel dienen kann. Freilich bleibt es ihre Aufgabe, das Gefühl einer zugleich ursprünglichen und zukünftigen Einheit der Menschheit dabei lebendig zu erhalten.

Auch ein Widerstand gegen die antidemokratische und antiliberale Haltung des militant nationalistischen Autoritätsstaates ist von den Kirchen nicht zu erwarten. Die kirchlichen Hierarchien sind jederzeit bereit, ihren alten Bund mit den staatlichen Hierarchien zu erneuern, wenn dabei eine Stärkung der Autorität beider und eine Erweiterung des kirchlichen Einflusses erreicht wird. Der Bund der geistigen und weltlichen Reaktion in Österreich zeigt das deutlich. Daß die Kirchen dabei manches, oft sehr Entscheidendes, von dem Anspruch aufgeben, den zu erheben sie verpflichtet wären, vor allem im Sinne der sozialen Gerechtigkeit und menschlichen Einheit, das gehört zu ihren ständigen Schuldverhaftungen, um derentwillen sie immer wieder leidenschaftlichen Widerspruch auf Grund ihrer eigenen Prinzipien hervorrufen. Dieser sich immer wiederholende Vorgang zeigt, wie geneigt die Kirchen an sich sind, sich weiter in Kompromisse mit den herrschenden staatlichen Mächten einzulassen, als es ihrem Auftrag entspricht.

Um so ernster sind die Vorgänge, in denen sie Kompromisse ablehnen. Das geschieht, wenn der Staat in die Kirche selbst oder in solche Gebiete eingreift, von denen die Kirche meint, daß sie ihr unterworfen bleiben müssen. Wann das freilich geschieht und wann die Kirche meint, daß es geschieht, hängt von der gesamten geschichtlichen Konstellation ab. In Italien ist es dem Staat gelungen, trotz starker totalitärer Tendenzen zu einer Einigung mit der Kirche dadurch zu kommen, daß er keinen Anspruch auf letzte persönliche und geschichtliche Sinngebung erhob.

Dagegen ist es in Rußland zu schweren Konflikten gekommen. Das marxistische Dogma, die unantastbare Basis der gegenwärtigen russischen Existenz, enthält zwei Elemente. Einmal das, was wir den Mythos der sozialen Gerechtigkeit genannt haben. In einen Konflikt mit der Substanz dieses Mythos kann die Kirche von ihrer Verkündigung aus nicht kommen. Im Gegenteil, sie wäre verpflichtet, diese nach Abstreifung ihrer mythisch-utopischen Elemente mit ihrer eigenen Substanz zu verschmelzen. Sie könnte und müßte ihn von der Reichgottes-Erwartung aus umformen. In dieser Beziehung ist ein Konflikt nur möglich, wenn die Kirche sich im Widerspruch zu ihrem Auftrag mit bestimmten sozialen Gruppen so eng verbunden hat, daß sie deren Kampf gegen die Gerechtigkeitsforderung unterstützt. Oder wenn sie gegen dämonische Methoden des revolutionären Kampfes Einspruch erheben muß. Aber weder das eine noch das andere führte zu dem gegenwärtigen Konflikt, sondern das zweite Element des marxistischen Dogmas, die rationalistisch-antireligiöse Form, in der es infolge eines geschichtlichen Verhängnisses in Deutschland gestaltet und von Rußland aufgenommen war. Der Anspruch des Staates auf Formung des ganzen Menschen aus diesem Geiste mußte auf die mystisch-kultische Tradition der russisch-orthodoxen Kirche stoßen und trotz der völligen politischen Passivität der Kirche zu dem Versuch führen, ihren Einfluß zu beseitigen. Zwar ist es mehr die relativ unabhängige Gottlosenbewegung, die den Kampf führt, als der Staat selbst. Aber auch die staatlichen Maßnahmen haben zu einer so weitgehenden Entmächtigung der Kirche geführt, daß sie schon vielfach für tot erklärt worden ist. Sie ist es aber nicht. Wohl ist sie in ihrer Existenz aufs schwerste bedroht; weniger durch Gewaltmaßnahmen, als durch Erziehung der gesamten Jugend in den atheistischen Formen der abendländischen Aufklärung. Ist doch der Kampf gegen die russische Kirche zu einem Teil Kampf gegen das russische Mittelalter; daher die Schwäche der russischen Kirche, die sie mit der Schwäche des römischen Katholizismus in der französischen Revolution gemein hat. Wie aber die römische Kirche schließlich ihren wesentlichen Anspruch gegenüber dem bürgerlichen Atheismus durchgesetzt hat, so ist das gleiche von der russischen Kirche gegenüber dem proletarischen Atheismus zu erwarten. Der Anspruch des totalen Staates auf diejenigen Schichten der Menschenseele, die über das Technisch-Politische hinausgehen, wird hier wie dort aufgegeben werden müssen, wie andererseits die Kirchen mittelalterliche Ansprüche preisgeben müssen. Um dieses im Westen erledigte Problem geht es vor allem im Kampf zwischen Staat und Kirche in Rußland.

4.

Ganz anders in Deutschland: Hier ist kein Mittelalter zu überwinden, sondern eher – wie man es oft hört – ein neues Mittelalter im Aufgang. Probleme erheben sich, die seit dem Beginn des christlichen Mittelalters nicht mehr aufgetreten sind. Denn seit der Überwindung des antiken Heidentums und seit der Christianisierung der germanischen Stämme hat es keinen selbständigen nichtchristlichen Mythos mehr gegeben, den ein Staat mit unbedingter Geltung versah und zur Grundlage der Totalität seines Lebens machte. Das aber ist auf deutschem Boden geschehen. Und sofort erhob sich eine Fülle von Problemen; der totale Anspruch des Staates auf den Menschen stößt zusammen mit dem unbedingten Anspruch, den Gott auf ihn erhebt: der Mythos vom Volk und Reich der Deutschen mit der Verkündigung vom Volk Gottes und Reich Gottes; der Mythos vom Blut mit der sakramentalen Gemeinschaft, die

die Blutsgemeinschaft transzendiert; die unbedingte Bindung des Einzelnen an das Volkstum mit der Forderung, Vaterland und Vaterhaus verlassen zu können um Gottes willen; die Entwertung des Einzelnen mit der Lehre vom unbedingten Wert der Menschenseele; das volksstaatliche Führertum mit dem Herrschaftsanspruch des Christus; die Gleichschaltung des Geistes mit dem richtenden Urteil des Heiligen Geistes; die Weihe des Gegenwärtigen mit der Hoffnung des Zukünftigen. Im Ringen um diese Gegensätze, ihre mögliche Vereinigung oder ihre wesenhafte Unvereinbarkeit, geht es ebensosehr um das Schicksal des totalen Staates wie um das Schicksal der deutschen Kirchen.

Jede geschaffene Wirklichkeit ist als geschaffene gut, aber ihre Gutheit stammt nicht aus ihr, sondern aus dem schöpferischen Grunde, dem sie entsprungen ist; sie ist endlich und vergänglich, und es ist ihr Frevel, wenn sie sein will wie Gott, unendlich, unbedingt. Dieses Frevels aber macht sich alles Endliche schuldig. Es steht in gemeinsamer, unentrinnbarer Schuldverhaftung. Es sucht sich dem Anspruch Gottes auf Anerkennung seiner Unbedingtheit zu entziehen, und darum steht es nicht nur in der Vergänglichkeit, sondern auch im Gericht und bedarf der Errettung. Das gilt nicht nur für den einzelnen Menschen, sondern auch für alle Mächte und Schöpfungen der Natur und Geschichte; es gilt auch für die Rassen, Völker, Staaten, für Führer und Geführte. Sie können nur im Widerspruch zu ihrer Endlichkeit und Schuldverhaftung, nur durch einen Frevel zu unbedingtem Wert erhoben werden. Sie werden es aber, sobald sie Gegenstand des Mythos (im ursprünglichen Sinn des Wortes Mythos) geworden sind, d. h. sobald man von ihnen spricht, sie erlebt, für sie handelt, als seien sie Götter. Die Art, wie der Mythos vom Volk verkündet wird und wie im Sinne dieses Mythos gehandelt wird, zeigt solche Tendenzen, einem Bedingten Unbedingtheit zu verleihen. Wenn das Wort vom „Mythos des zwanzigsten Jahrhunderts" so ernst genommen wird, wie es genommen werden will, so erhebt es seinen Gegenstand, das Volk, zu göttlicher Würde; und die Gläubigen dieses Mythos können nicht umhin, die praktischen Konsequenzen daraus zu ziehen. Die gleichzeitige Anerkennung des Christentums kann da nur bedeuten, daß die christliche Überlieferung als ganze zu tief mit dem Volkstum verbunden ist, als daß sie ausgeschieden werden könnte, daß sie aber der Kritik des neuen Mythos unterworfen, d. h. entweder beiseite geschoben oder umgedeutet oder verändert werden muß.

Das wird auf verschiedenen Wegen versucht: so, wenn die Erziehung innerhalb der staatstragenden Organisationen ausdrücklich dem maßgebenden Verkünder des neuen Mythos unterstellt wird; so, wenn eine ausdrücklich heidnisch-religiöse Bewegung entsteht, die als selbständige

Kirche anerkannt werden will; so vor allem, wenn die neuen mythischen Tendenzen in den alten kirchlichen Organisationen Eingang zu finden suchen. In solchem Geschehen zeigt sich der Ernst und die Leidenschaft, mit der das neue mythische Bewußtsein das Denken und Handeln seiner Anhänger bestimmt. Die einzelnen Punkte, in denen der Gegensatz des neuen Mythos zum Christentum ausgekämpft wird, sind der mythischen Gesamthaltung gegenüber unwichtig. Doch sind sie als Symptome von höchstem Interesse. Zu nennen ist hier vor allem der Angriff auf die jüdisch-prophetische Frömmigkeit und auf das Alte Testament als religiöses Erziehungsbuch des deutschen Volkes; ferner die Überordnung der Blutseinheit über die sakramentale Einheit in der Volkskirche; oder der Versuch, die höchsten heidnisch-vitalen Werte den höchsten christlichen – den Mut der Demut, die Macht der Liebe, den Enthusiasmus der Hoffnung – überzuordnen, und dementsprechend die Verwandlung des neutestamentlichen Christusbildes in das Bild eines Heros; weiter die Zerspaltung von Wahrheit und Gerechtigkeit in so viele Wahrheiten und Gerechtigkeiten wie es Volksgeister und ihnen entsprechend nationalstaatliche Machtgruppen gibt; demgemäß die Ablehnung prophetisch-transzendenter Kritik an den staatlichen Maßnahmen, sofern sie der Verwirklichung des eigenen Volkstums dienen – denn das Volkstum ist verborgener Souverän, ist letzte Norm. Es kann kein Zweifel sein, daß dieser Gedanke in schärfstem Gegensatz zu dem neutestamentlichen Gedanken steht, daß alle „verborgenen Souveräne" – Engel und Mächte, wie das Neue Testament sie nennt – im Kreuze Christi zugleich überwunden und zusammengefaßt sind. Der neue Mythos widerspricht der Unbedingtheit des Unbedingten und damit der Botschaft der Kirche und dem Anspruch, von dem sie nicht lassen kann. Dieser Mythos aber ist die Grundlage für den Totalitätsanspruch des Staates.

5.

Der Begriff der Totalität, der nicht dadurch aufgehoben werden kann, daß man das Wort aus taktischen Gründen zurücknimmt, hat in sich selbst ein mythisches Moment: totalen Anspruch kann nur erheben, was unbedingt ist. Wäre es nicht unbedingt, hätte es etwas anderes neben sich, durch das es bedingt wäre, so müßte es ihm eine Sphäre einräumen neben der eigenen Sphäre; es müßte seinen totalen Anspruch einschränken. Da aber ein bloßes Nebeneinander von Sphären die Einheit von Mensch und Welt zerreißen würde, so müßte ein drittes Höheres gesucht werden, dem beide Sphären unterworfen werden: ein in Wahrheit Unbedingtes, demgegenüber der Staat und was er außer sich ließe, bedingt wäre. Von dieser letzten Dialektik von bedingt und unbedingt aus muß der Konflikt zwischen totalem Staat und Kirche verstanden werden.

Der Staat versucht den Konflikt auf doppeltem Wege zu beseitigen: erstens direkt durch Trennung der Sphären; zweitens indirekt durch innere Aneignung der kirchlichen Sphäre. Der erste Weg ist der staatsoffizielle, der zweite Weg ist der kirchenpolitische. Der erste Weg wird formell allen Kirchen gegenüber angewandt, der zweite nur den evangelischen Landeskirchen gegenüber. Von staatlicher Seite wird immer wieder erklärt, daß die Kirchen, d. h. Dogma und Kultus, frei bleiben sollen von staatlichen Eingriffen, daß die öffentliche Erziehung auf dem Boden des positiven Christentums stehen und jede atheistische Propaganda verboten sein soll. Die Konzessionen des Konkordats mit Rom gehen an manchen Punkten (z. B. in der Erziehung der Priester) weiter, als irgendeine Regierung bisher gegangen ist. Die Größe der Wiedereintritts-Bewegung in die Kirchen scheint zu beweisen, daß ein starker, wenn auch inoffizieller, politischer Druck dahintersteht. Die kirchlichen Organisationen, soweit sie kultischen Zwecken dienen, werden nicht unterdrückt. Und für spezifisch katholische Schulen und Krankenhäuser ist der Arierparagraph nicht in Kraft gesetzt worden. So scheint ein weites Gebiet selbständigen Handelns gefunden worden zu sein, das der Staat den Kirchen, in erster Linie der katholischen, überlassen hat. Er scheint seinen Totalitätsanspruch wirksam beschränkt, d. h. rein logisch gesehen, aufgegeben zu haben. Es kann auch nicht bezweifelt werden, daß die Kirchen gern bereit wären, die Stärkung ihres Einflusses auf das Volk, die Beseitigung der antikirchlichen Propaganda, die antiliberale Autoritätshaltung für sich auszuwerten, wenn nicht in der Tiefe der Gegensatz zu dem neuen Mythos alles Gemeinsame entwerten würde.

Es ist unmöglich, die dogmatisch-kultische Sphäre zu isolieren und in das Jenseits des wirklichen Lebens zu stellen. Es gibt Schichten des Lebens, die dem religiösen Anspruch ferner stehen als andere. Die technische Seite des menschlichen Handelns auf allen Gebieten, auch im Politischen, hat keinen direkten Bezug auf das Religiöse. Sie ist allein den Gesetzen der Zweckmäßigkeit unterworfen. Aber jeder Zweck weist auf einen letzten Zweck, auf ein unbedingt sinngebendes Prinzip. Von da aus gesehen wirkt der transzendente Anspruch – religiös gesprochen, die Forderung Gottes – bis in die scheinbar weltlichsten Gebiete. Darum nützt der Kirche alles Entgegenkommen des Staates nichts, wenn er diese Gebiete, die fernsten wie die nächsten, einem anderen sinngebenden Prinzip unterwirft, wenn er mit der Methode der Sphärentrennung die Kirche und ihren Anspruch vom wirklichen Leben fern hält. Das zentrale Gebiet, in dem gewissermaßen alle anderen zusammenfließen, ist die Jugenderziehung inner- und außerhalb der Schule. Es bedeutet wenig für die Kirche, daß ihr ein weitgehender Einfluß auf die Erziehung zugestanden wird, wenn auf der anderen Seite die staatliche Erziehung, und d. h. die Erziehung auf dem Boden des neuen Mythos, nicht nur für die gesamte Jugend durchgesetzt, sondern auch ihr uneingeschränktes Wirksamwerden zur Voraussetzung alles Erfolges im staatlichen Leben gemacht wird. Diejenigen, die im Geiste der kirchlichen Erziehung geformt sind, geraten dadurch in das Odium der Zweitrangigkeit, gemessen an dem neuen Idealbild des deutschen Menschen. Es ist verständlich, daß dadurch alle übrigen Zugeständnisse an die Kirche illusorisch wurden und daß hier ein Kampf entbrennen mußte, in dem es für die Kirche einen wirklichen Kompromiß nicht geben kann.

Aber auch noch von einer anderen Seite her gibt es unentrinnbare Konfliktstoffe. Beide Systeme, das staatlich-totale wie das katholische, sind Systeme unbedingter Autorität. Man kann aber nicht zwischen zwei unbedingten Autoritäten stehen, ohne daß beide bedingt werden. Darum muß jede der beiden versuchen, die andere auszuhöhlen. Daß das grundlegende Buch des neuen Mythos auf den kirchlichen Index gesetzt und der Verkauf der bischöflichen Verteidigungsschrift für das Alte Testament staatlich unterdrückt wurde, war ein Symbol für die Lage. Es zeigte, daß auch im geistigen Leben eine Sphärentrennung undurchführbar ist, sobald die Schicht des Weltanschaulichen erreicht ist. Ein weiteres Symptom ist die Tatsache, daß die Besetzung aller weltanschaulich wichtigen Lehrstühle nicht nur von den wissenschaftlichen Instanzen abhängig gemacht ist, sondern auch von einer parteiamtlichen Weltanschauungskommission, die unter Einfluß des Verkünders des neuen Mythos steht. Auch damit ist die Unmöglichkeit der Sphärentrennung öffentlich zugestanden. Denn da man den Kirchen eine eigene Weltanschauung nicht verwehren kann und da kein Mensch zwei Weltanschauungen auf einmal anhängen kann, wenn es wirklich Weltanschauungen sind, d. h. wenn sie das Ganze von Welt und Leben von einem sinngebenden Prinzip aus deuten, so ist damit jeder Einzelne in die Entscheidung gestellt.

6.

Wesentlich anders liegen die Dinge im Protestantismus. Hier war außer dem Weg der Sphärentrennung der Weg indirekter Unterwerfung der Kirche möglich. Das Laienprinzip des Protestantismus, der demokratische Aufbau seiner Verfassung, die grundsätzliche Gleichgültigkeit des Luthertums gegen kirchliche Verfassungsfragen, verbunden mit einer tiefgreifenden berechtigten Unzufriedenheit über die Erstarrung und Gegenwartsferne des offiziellen Kirchentums ermöglichte es, einen Versuch innerer Gleichschaltung der Kirche im ersten Ansturm erfolgreich durchzuführen. Aber der zu schnelle Sieg war auf die Dauer verhängnisvoll. Nachdem an vielen Stellen innerhalb der Kirche der neue Mythos offen zum Maßstab der kirchlichen Verkündigung gemacht, nachdem der Versuch unternommen war, das Rassendogma und das autoritative Führerprinzip auf die Kirche zu übertragen, erhob sich ein Widerstand, der sich immer mehr konsolidierte und schon jetzt die Form einer vom Weltprotestantismus unterstützten Kirche in der Kirche angenommen hat.

Dabei muß immer wieder betont werden: Es handelt sich nicht um einen politischen Widerstand gegen den Staat. Nicht nur die wiederholten Loyalitätsbezeugungen der opponierenden Führer bezeugen das, es ist auch aus dem Wesen des Luthertums ohne weiteres ableitbar. Die lutherische Kirche, die den Charakter des protestantischen Deutschland bestimmt, hat die außerreligiöse Lebensform in einem Maße dem Staat überlassen, daß sie in der wachsenden Gefahr stand, als Kirche aus dem öffentlichen Bewußtsein zu verschwinden. Jeder Schein einer Einmischung in politische Dinge wird von protestantischer Seite vermieden, sofern es sich eben um politische Dinge handelt. Die Grenze verläuft dabei sehr weit auf eigenem kirchlichem Gebiet. Die äußere Verfassung, die ganze Rechts- und Verwaltungsseite des kirchlichen Lebens ist vom Luthertum seit der Reformation dem Staat überlassen worden. So wäre auch jetzt eine Einigung über die Umbildung der Verfassung und den Zusammenschluß der deutschen Landeskirchen ohne Schwierigkeiten möglich gewesen, wenn nicht der neue Mythos den Bruch erzwungen hätte. Je sichtbarer dieser Hintergrund der kirchenpolitischen Aktion der reichsbischöflichen Gruppe wurde, desto tiefer wurde die Kluft.

Sie erscheint unüberbrückbar, nachdem der Opposition ein Eid abverlangt worden ist, in dem erstens die Unterwerfung unter das reichsbischöfliche Kirchenregiment enthalten ist, in dem zweitens diese Unterwerfung mit dem staatlichen Loyalitätseid in eine solche Verbindung gebracht ist, daß die Ablehnung der kirchenpolitischen Unterwerfung als Illoyalität erscheinen müßte, in dem drittens der kirchliche Eid von dem staatlichen getragen wird. Dieses Vorgehen der reichsbischöflichen Synode hat unter vielen Geistlichen der Opposition Entschlossenheit zum Widerstand bis zum Märtyrertum geschaffen. Im

Lichte der Kirchengeschichte ist das unmittelbar einsichtig. Denn jene Eidesforderung ist nicht unähnlich der Forderung des Kaiseropfers von den Christen der alten Kirche: Sie enthält die Anerkennung des Staates und seines Mythos und der von ihm unterstützten priesterlichen Autorität als ein Unbedingtes. Es war ein tragischer Kampf, der damals gekämpft wurde: tragisch, weil die Existenz des die Völker organisierenden, eine Welt sichernden und integrierenden Römischen Reiches an der Anerkennung seiner Heiligkeit zu hängen schien. Die fast grenzenlose Toleranz des römischen Staates, der von totalitären Neigungen weit entfernt war, hatte eine Grenze in dem Augenblick, wo er selbst und der ihn tragende Kaisermythos in Frage stand. Die fast grenzenlose Loyalität der frühen Christen gegenüber dem römischen Staat hatte ihre Grenzen, als der Verkündigung des einen Gottes und seiner Offenbarung im Kreuze ein anderer Mythos entgegentrat, der Unterwerfung verlangte. Zweifellos hat die gegenwärtige Lage nicht die volle Schärfe der altkirchlichen erreicht. Die Brechung des heidnischen Mythos durch die Jahrhunderte des Märtyrertums der christlichen Kirche ist eine Tatsache, die nicht zurückgenommen werden kann und die auch den heidnischen Tendenzen der Gegenwart etwas Gebrochenes gibt. Aber die Ansätze sind da, die zu einer analogen Situation führen können. Der Gegensatz der Prinzipien ist da, und er muß sich auswirken, auch wenn ihre Träger den Kampf vermeiden wollen. Er ist unvermeidlich, solange der Staat auf Grund des ihn tragenden Anspruchs mit unbedingtem und totalem Anspruch auftritt. Wo um das Unbedingte und Totale gekämpft wird, ist Trennung der Sphären eine Illusion – und gerade das beweist der Kirchenstreit.

Vom Standpunkt der Kirchen und ihres Anspruchs kann der Konflikt nur gelöst werden, wenn der neue Mythos fällt und mit ihm die Idee der Totalität. Volkstum und Staat, Autorität und Führertum können nur in den Grenzen bejaht werden, die durch die Unbedingtheit des Unbedingten, religiös gesprochen, durch die Gottheit Gottes, der keine Götter neben sich duldet, gezogen sind. In diesen Grenzen kann, soll und will die Kirche sie bejahen. Was über diese Grenze hinausgeht, muß die Kirche ablehnen. Sie kann sich nicht selbst, etwa mit ihrer Verkündigung, dem totalen Staat als tragender Mythos zur Verfügung stellen. Eine Identität von staatlichem und kirchlichem Handeln, durch die der Staat die Unbedingtheit der kirchlichen Verkündigung für sich in Anspruch nehmen und mit seinen Mitteln, also mit Zwang, Organisation und Technik durchsetzen könnte, gibt es auf christlichem Boden nicht. Der Gegensatz von göttlicher und menschlicher Wirklichkeit muß sich immer ausdrücken in der Unterscheidung einer Kirche (die zwar nicht selbst absolut ist, aber vom Absoluten zeugt) von einem Staat, der die endliche gesellschaftliche Sphäre zu ordnen den Auftrag hat und dem darum weder ein unbedingter noch ein totaler Anspruch zusteht.

7.

Über den Ausgang des Kampfes ist schwer etwas zu sagen. Vielleicht wird im Zusammenhang mit der oben angedeuteten Stärkung der feudal-kapitalistischen Tendenzen das totalitäre System von innen her aufgelöst und damit auch den Kirchen der erforderliche Spielraum gegeben. Vielleicht wird eine reichsbischöfliche Kirche entstehen, die dem neuen Mythos weiten Raum in sich gibt und sich mehr nach katholischem als nach protestantischem Muster Autorität aufbaut, während die protestantische Opposition sich in einer Freikirche organisieren wird. Die Gefahr einer solchen Freikirche wird darin bestehen – und besteht bereits –, daß sie sich zu ihrer erfolgreichen Verteidigung mit dem Panzer des orthodoxen Dogmatismus umgeben muß. Selbst in dieser Verengung wird der orthodoxe Protestantismus ebenso wie der Katholizismus, der in anderer Weise eingeengt ist, das totalitäre System niederringen. Die Idee des totalen Staates wird an der Kirche und am Evangelium scheitern; der neue Mythos wird durch sie zerstört werden.

Diese Umstände sind von fundamentaler Bedeutung, weil die Ereignisse in Deutschland nur durch die sich über die ganze Welt spannende Situation des Spätkapitalismus zu begreifen sind. Der im Inneren straff organisierte und autoritär regierte Nationalstaat, der sich beständig neue Lebensbereiche zu unterwerfen sucht, ist dennoch in die gesamte Weltsituation einbezogen. Die Entwicklung ist nur in Deutschland am weitesten fortgeschritten, hier, wo der totale Staat gedanklich entwickelt und in hohem Maße verwirklicht wurde. Aber er hat auch in Deutschland seine Grenzen erfahren. Sicherung und Reintegration, die durch einen Mythos erkauft sind, der die Kraft des Evangeliums zerstört, bewirken keine Reintegration, sondern tiefste Desintegration – im Individuum, in der eigenen Nation und in den Nationen untereinander. Ein solcher Mythos ersetzt den Gott, der allein Gott ist, durch viele unter sich streitende Götter. Er zerstört das Bewußtsein des Individuums und zerreißt Nation und Menschheit. Das zwanzigste Jahrhundert wird seine eigene Zerstörung erfahren, wenn der Mythos des zwanzigsten Jahrhunderts den Sieg davon trägt. Der Kampf der Kirchen für ihre eigene Behauptung ist zugleich ein Kampf für ein echtes Fundament wahrer geschichtlicher Reintegration.

DIE KIRCHE UND DER KOMMUNISMUS (1937)

Die folgenden Vorschläge und Analysen beruhen auf der Überzeugung, daß das Vorgehen der christlichen Kirchen gegenüber dem Kommunismus überwiegend falsch und verhängnisvoll war. Die Tiefe der Kluft zwischen den Kirchen und der Masse derjenigen, die einen neuen Lebenssinn in ihrem kommunistischen und marxistischen Glauben gefunden haben, ist hauptsächlich durch die Haltung der Kirchen verursacht worden. Vorgänge wie der heutige Kreuzzug des Katholizismus gegen den Kommunismus müssen die Kluft noch vertiefen und in den Massen der „Enterbten" ein unüberwindliches Ressentiment gegen Religion und Kirche hervorrufen. Die protestantischen Kirchen sind hier in einer besseren Lage, da sie die Kirche Christi nicht mit der sichtbaren Kirche gleichsetzen. Infolgedessen ist für sie ein Angriff gegen die protestantische Kirche nicht notwendig ein Angriff gegen die Kirche Christi oder das Reich Gottes. Die protestantischen Kirchen können die denkbar radikalste Kritik gegen sich hinnehmen und nicht nur das: von ihrem letzten geistigen Fundament her sind sie in der Lage, diese Kritik sogar zu verschärfen. Dieser große Vorteil wird jedoch dadurch aufgehoben, daß der Protestantismus wegen seiner fehlenden Hierarchie zu einem gefährlichen Grade sozialen Kräften ausgeliefert ist, die ihn als ein Mittel der Festigung und Erhaltung ihrer politischen Macht mißbrauchen. Vielleicht besteht die schwerste Probe für den Protestantismus in der gegenwärtigen Lage darin, ob er gegenüber dem Kommunismus eine neue und bessere Haltung einnehmen wird, als sie der Katholizismus und der Protestantismus bisher gewöhnlich gezeigt haben.

In diesem Zusammenhang soll unter Kommunismus nicht nur eine politische Partei oder die Parteien, die sich kommunistisch nennen, verstanden werden, sondern auch solche sozialistischen Bewegungen, die im Grunde in einer marxistischen Deutung der Geschichte und des gesellschaftlichen Lebens wurzeln.

I. Das theoretische Vorgehen

1. Kenntnis und Deutung

Die Kirchen sollten sich eine umfassende Kenntnis des Kommunismus verschaffen. Diese Forderung erscheint selbstverständlich, ist es aber keineswegs, denn das politische Vorgehen der Kirchen gegenüber dem Kommunismus besteht zum großen Teil darin, das Kennenlernen zu verhindern und durch diffamierende Schlagworte zu ersetzen. Infolge dieser Haltung setzen sich die christlichen Kirchen schon bei dem bloßen Versuch, sich genaue Kenntnisse über den Kommunismus zu verschaffen, dem Verdacht politischer Sympathie mit ihm aus. Dennoch müssen sie es tun. Das ist ein Gebot der Wahrhaftigkeit und der Klugheit.

Die geforderte Kenntnis des Kommunismus besteht in erster Linie darin, die theoretischen Grundlagen des Kommunismus wirklich zu begreifen. Aus vielerlei Gründen sind die theoretischen Grundlagen des Marxismus und folglich des Kommunismus schwer zu verstehen. Der erste Grund dafür ist, daß Marx selbst eine Denkmethode anwendet, die der üblichen Art zu denken widerspricht, nämlich die sogenannte dialektische Methode. Dialektisches Denken scheint widersprüchliche Behauptungen zu vereinen und logische Folgerichtigkeit durch paradoxe Willkür zu ersetzen. Obwohl das nicht der Fall ist – die dialektische Methode versucht exakter, als es der nicht-dialektischen Methode möglich ist, widersprüchliche Tendenzen in der Struktur des Lebens zu entdecken und zu beschreiben –, ist es doch nicht leicht, in die Schicht der Wirklichkeit vorzudringen, für die die dialektische Methode angemessen ist. Trotzdem sollte die christliche Theologie davor nicht zurückschrecken, denn die Theologie selbst war von Anfang an dialektisch, und sie ist es noch in all ihren grundlegenden Lehrmeinungen. Dialektisches Denken sollte das Christentum und den Marxismus eher einen als trennen.

Der zweite Grund für die Schwierigkeit, Marx zu verstehen, liegt in der Entwicklung Marxens und der des Marxismus. In seiner Frühperiode schuf Marx die philosophischen, ethischen und anthropologischen Voraussetzungen für seine spätere Periode, in der die ökonomischen und politischen Probleme so stark vorherrschten, daß sie für die Vorstellungen der meisten Menschen die Errungenschaften der Frühperiode verdecken. Diese Tatsache wurde durch die Hinwendung des ausgehenden neunzehnten Jahrhunderts zum metaphysischen Materialismus verstärkt. Obwohl Marx ganz entschieden Feuerbachs Materialismus zurückgewiesen hatte, wurde er durch viele seiner Nachfolger im

Sinne des metaphysischen Materialismus interpretiert. Das ist jedoch eine Fehlinterpretation, und die lebendige Kraft des Marxismus kann ohne Kenntnis von Marxens Frühperiode nicht verstanden werden.

Die dritte und größte Schwierigkeit für das Verständnis von Marxismus und Kommunismus ist die Tatsache, daß die politische Propaganda für und gegen den Kommunismus alle wesentlichen Kategorien Marxschen Denkens popularisiert und entstellt hat. Begriffe wie Materialismus, Ideologie, historische Dialektik, Proletariat, Klassenkampf, klassenlose Gesellschaft sind Schlagworte geworden, die beide Seiten in ihrem Kampf verwendet haben. Es ist nicht ganz einfach für die christliche Theologie, die eigentliche Bedeutung und Wahrheit dieser Begriffe wiederzuentdecken, aber das ist notwendig.

Die Kenntnis des Kommunismus, die wir uns aneignen müssen, besteht zweitens darin, zu einem gerechten Bild seiner historischen Wirklichkeit zu gelangen. Zwei Tatsachen sollten sehr genau und unparteiisch von den christlichen Kirchen in Betracht gezogen werden: erstens die aggressive Haltung des Kommunismus gegenüber Christentum und Religion, die aus der historischen und soziologischen Situation des aufkommenden Sozialismus begreiflich ist: die Massen der Landarbeiter mit geringen religiösen Bindungen, die in die Industriestädte strömen und unter ihren neuen Lebensbedingungen die Reste ihres religiösen oder kulturellen Erbes preisgeben, der theoretische und praktische Materialismus der herrschenden Bourgeoisie, die Unterstützung, die die erstarrten Kirchen in allen Ländern den herrschenden Klassen des Adels und des Bügertums gewährten, der völlige Verzicht auf politische und soziale Kritik an den Regierungen, wie er für das deutsche Luthertum und die russische Orthodoxie kennzeichnend war. Die zweite wichtige Tatsache, die von den Kirchen genauestens erkannt werden muß, ist die kommunistische Revolution und der kommunistische Aufbau in Rußland. Dabei ist es notwendig, zwischen den echt russischen und den echt kommunistischen Elementen im Bolschewismus zu unterscheiden; ferner zu unterscheiden zwischen dem Eintritt Rußlands in das Zeitalter der Technik und dem Versuch des russischen Kommunismus, die kapitalistischen Formen der Industrialisierung zu vermeiden; zwischen der Periode der Revolution und des Bürgerkrieges mit seiner unmenschlichen Grausamkeit und der Periode des Aufbaus unter der Diktatur. Diese Unterscheidungen sollen nicht die gerechtfertigte Kritik des Kommunismus abschwächen, sondern die Grundlage für eine gerechte Kritik schaffen.

Eine genaue Kenntnis des Kommunismus würde die christlichen Kirchen zu einer neuen und selbständigen Kritik des Kommunismus be-

fähigen. Gerade die christlichen Kirchen sind dazu imstande, denn sie können den Kommunismus von ihrem letzten Fundament, nämlich aus dem Sinn der menschlichen Existenz, deuten. Das Christentum muß alle Bewegungen unserer Zeit in dieser Weise deuten, da sie alle auf der Grundlage der christlichen Kultur und Bildung entstanden sind. Daraus folgt, daß das Christentum für sie verantwortlich ist, selbst wenn sie die Kirche und den Glauben angreifen. Wenn heute überhaupt irgendeine Form der Apologetik möglich ist, so kann sie nur in folgender Weise durchgeführt werden: nicht durch Verteidigung des Christentums und Widerlegung seiner Angreifer, sondern durch das Bemühen, die Angreifer von der christlichen Position her zu verstehen. Dazu ist der Protestantismus besonders in der Lage, da er nicht in der Art der katholischen Kirche in einem Absolutismus befangen ist; und der Protestantismus ist besonders dazu verpflichtet, weil ihm eine letzte Unterscheidung zwischen heiligen und profanen Sphären verwehrt ist. Im Protestantismus ist das Reich Gottes weder mit der christlichen Kirche noch mit einer sakralen Sphäre identisch. Gott kann im heiligen und im profanen Bereich wirken, und er tut es auch. So kann es also vorkommen, daß Gottes prophetisches Wort zu einer bestimmten Situation in einer weltlichen Bewegung stärker zum Ausdruck kommt als in den christlichen Kirchen, selbst wenn diese Bewegung sich antireligiös und antichristlich gibt. Gottes Handeln ist nicht auf die sakrale Sphäre beschränkt.

Die Botschaft des Kommunismus muß als eine säkularisierte und ins Politische übersetzte Form christlicher Prophetie verstanden werden. Obwohl diese Deutung von allen Arten des Religiösen Sozialismus seit mehr als einem halben Jahrhundert gefordert wird, ist sie immer noch nicht tief genug in das allgemeine christliche Bewußtsein eingedrungen. Aber es ist dem Christentum nicht möglich, gegenüber dem Kommunismus in gerechter Weise vorzugehen, ohne die weitgehenden Analogien zwischen Prophetismus und Kommunismus anzuerkennen. Nur einige Beispiele zum Beweis dieser Behauptung (die großen Unterschiede werden später angeführt): Die Prophetie wie auch der Marxismus bieten eine Deutung der menschlichen Existenz, die der nicht-geschichtlichen Deutung der Welt in der griechischen Religion und Philosophie, in der nicht-christlichen und christlichen Mystik und in den mechanistischen und vitalistischen Philosophien widerspricht. Ja noch mehr: Sowohl das Christentum als auch der Marxismus lehnen eine Auffassung der Geschichte ab, die sich ausschließlich auf die Vergangenheit richtet, wie das kirchliche und konservative Denkweise tun, und sind in erster Linie der Zukunft zugewandt. Damit verbindet sich die Tatsache, daß sowohl Christentum als auch Marxismus das gegenwärtige Zeitalter als etwas bezeichnen, das durch eine Katastrophe enden wird, weil die dämonischen Kräfte zu stark geworden sind. Beiden ist das grundlegende eschatologische Gefühl mit seinem revolutionären Impuls gemeinsam. Die negative Kritik der Gegenwart entspringt naturgemäß der positiven Erwartung einer Zukunft, die die dämonischen Kräfte und Ziele überwindet und aller Ungerechtigkeit, Lüge, dem Klassenkampf, sozialen und naturbedingten Mißständen ein Ende setzt. Der Mangel an sozialer Gerechtigkeit ist der Hauptpunkt sowohl der prophetischen Kritik als auch der marxistischen Analyse der Klassengesellschaft. Beide verwerfen daher einen Nationalismus, der dazu dient, soziale Ungerechtigkeit zu verschleiern. Die nationalistischen Propheten werden sowohl von der Prophetie als auch vom Marxismus als „falsche Propheten" charakterisiert. Damit kommen wir zu einem letzten Punkt: Prophetie wie Marxismus kennen und enthüllen die Methode, mit der der menschliche Wille zur Macht religiöse oder philosophische Ideen mißbraucht, um sich selbst zu rechtfertigen. Der „selbstgemachte" Gott, von dem die Propheten sprechen, und die „Ideologie", von der der Marxismus spricht, beruhen auf der gleichen Deutung der menschlichen Natur. Diese Analogie könnte noch in vielen anderen Richtungen durchgeführt werden. Die erwähnten Beispiele scheinen die wichtigsten zu sein.

Die Haltung der überzeugten Kommunisten muß gedeutet werden als eine Mischung von religiösem Glauben und Heroismus, von politischer und sozialer Leidenschaft und als eine Massenbewegung in einer Zeit der Massenzersetzung. Die inneren Spannungen in der kommunistischen Haltung können nur verstanden werden aus einer Deutung, die den letzten Sinn des Lebens im Auge hat. Wenn die Kirchen den Kommunismus rein politisch deuteten, würden sie seine religiöse und psychologische Kraft übersehen. Wenn sie ihn nur psychologisch verstünden, würden sie seine politische Macht übersehen. In beiden Fällen würden die Kirchen in ihrem Vorgehen scheitern. Es gibt viele Punkte, in denen der latent-religiöse Charakter der kommunistischen Bewegung sichtbar wird: die begeisterte Hingabe seiner Anhänger – jahrzehntelang – bis zum Tode, der Ersatz jedes anderen Glaubens durch den kommunistischen, der totale Anspruch auf die Gestaltung aller Bereiche der menschlichen Existenz, der dogmatische Charakter, der den marxistischen Glaubenssätzen beigelegt wird, die „Anbetung" einiger kommunistischer Führer als Künder und Heilbringer. Die Tatsache, daß all dieses verwoben ist mit massenpsychologischen Tendenzen und politischen Leidenschaften und daß es in einer ganz weltlichen Sprache zum

Ausdruck gebracht wird, ändert nichts an seiner grundlegenden Bedeutung.

2. *Positive und negative Kritik*

Die positive Kritik des Kommunismus durch die Kirchen muß der negativen vorausgehen und muß eine scharfe Selbstkritik der Kirchen enthalten. Da die Kirchen danach trachten, im Namen Gottes zu sprechen, müssen sie zuerst alle Kritik gegen sich selbst richten. Sie geben dadurch zu, daß sie unter demselben Urteil stehen wie diejenigen, die sie kritisieren. Der Kommunismus sollte für die Kirchen ein Symbol für ihren Mangel an prophetischem Geist sein. Sie sollten sich im Kommunismus selbst wiedererkennen, insoweit sie gegen soziale Dämonien, Ausbeutung und Ungerechtigkeit kämpfen. Sie müssen erkennen, daß das göttliche Gericht über die Welt, das stets zugleich ein allgemeines und ein besonderes Gericht ist, von ihnen nicht laut genug verkündet und deshalb in die Hände einer weltlichen Bewegung, die den Kirchen feindlich gegenübersteht, gegeben wurde. Sie haben das als ein göttliches Gericht über sich selbst anzuerkennen.

Die Kirchen müssen die kommunistische Herausforderung von Kapitalismus und Nationalismus anerkennen, so gewiß sie sich gegen die dämonischen Elemente in beiden richtet. Die gegenwärtige soziale, politische und geistige Lage ist durch den Spätkapitalismus und durch die faschistische Form seiner Selbstverteidigung charakterisiert. Das Ergebnis dieser Lage ist einerseits eine ungeheure Zersetzung der Massengesellschaft und andrerseits ein intensives Bemühen um die Herstellung einer inneren Einheit auf der Grundlage eines totalitären Nationalismus. Die Zersetzung ist eine Folge der Industrialisierung, der Klassengegensätze und der Säkularisierung während der bürgerlichen Ära. Sie hat selbst die Kirchen erfaßt, und sie hat ihren Widerstand gegenüber drohendem Zerfall und Bedeutungslosigkeit geschwächt. Soweit der Kommunismus in dieser Lage eine Herausforderung bedeutet, muß das Christentum ihm zustimmen. Der Versuch einer umfassenden Reintegration auf einer nationalen Grundlage könnte vom Christentum unterstützt werden, solange dabei Nationalismus und Totalitarismus vermieden werden. Da dies jedoch im Faschismus und in allen ihm verwandten Bewegungen nicht der Fall ist, muß das Christentum im Kampf gegen den Faschismus (eine Form des Götzendienstes und der Tyrannei) sich mit dem Kommunismus verbinden.

Die Kirchen müssen die kommunistische Hoffnung auf eine neue Zukunft bejahen und sie als den säkularisierten Ausdruck der christlichen Hoffnung auf die Verwirklichung des Reiches Gottes in der

Geschichte verstehen. Die christlichen Kirchen haben sich ganz allgemein für die offizielle kirchliche Deutung der Geschichte gegen die Auffassung der Sekten entschieden; d. h. sie haben die augustinische Idee aufgenommen, daß das Endstadium der Geschichte, das tausendjährige Reich, in der Kirche verwirklicht ist. Für Augustin ist die Herrrschaft Christi identisch mit der Verwaltung der Sakramente. Auch Luther nahm diese konservative Haltung ein, die mit seinem Pessimismus hinsichtlich der Welt im allgemeinen im Einklang stand, obwohl er den hierarchischen Anspruch des Katholizismus zurückwies. Im Calvinismus kam eine mehr revolutionäre Haltung zum Ausdruck auf Grund seiner theoretischen Grundlagen und auf Grund der politischen Situation, in der sich seine Gemeinden befanden. Er konnte sich auf diese Weise mit den antihierarchischen, sektiererischen Tendenzen, die immer in der Kirchengeschichte lebendig waren, verbinden. Seit Joachim von Floris und den radikalen Franziskanern ist die augustinische Deutung der Geschichte angegriffen worden: die Geschichte hat sich noch nicht erfüllt, sondern die Erfüllung muß in einem dritten Stadium der Gleichheit und Gerechtigkeit erwartet werden. Die Wiedertäufer und andere protestantische Sekten, vor allem in den angelsächsischen Ländern, führten diese Richtung weiter. Der Kommunismus muß als eine säkularisierte Form dieser Haltung der Sekten angesehen werden, und er muß insoweit anerkannt werden, als er den Teil der christlichen Hoffnung vertritt, der nicht auf den Einzelnen und die Transzendenz, sondern auf die Gemeinschaft und die Geschichte gerichtet ist.

Die Kirchen müssen die Entstellung des prophetischen Geistes, wie sie in der Säkularisation des prophetischen Geistes durch den Kommunismus zum Ausdruck kommt, zurückweisen. Die Tatsache, daß der Kommunismus eine rationale und politische Bewegung ist, kann nicht kritisiert werden; selbst sein Angriff auf die christlichen Kirchen, insofern diese politisch und geistig den Kapitalismus und Nationalismus unterstützen, kann nicht als Ausgangspunkt für die religiöse Bekämpfung des Kommunismus dienen. Die christliche Kritik am Kommunismus ist durch die Säkularisation gerechtfertigt, in der der Kommunismus die Deutung der menschlichen Existenz vornimmt, wodurch der transzendente Sinn der Existenz geleugnet und der menschliche Geist innerhalb der Grenzen einer reinen Immanenz gefangengehalten wird. Soweit der kommunistische Atheismus diese Auffassung vertritt, muß die Kirche ihr prophetisches Wort dagegenstellen, ebenso wie gegen seine moralischen und psychologischen Folgerungen.

Die Kirchen müssen die utopische Verkehrung der christlichen Hoffnung, wie sie in der kommunistischen Interpretation der menschlichen

Existenz zum Ausdruck kommt, zurückweisen. Utopismus ist die Auffassung, daß die Erfüllung der Geschichte in der Geschichte selbst möglich ist. Der Utopismus kann nicht durch die Behauptung entkräftet werden, daß die Erfüllung der Geschichte einzig und allein jenseits der Geschichte liegt, sondern nur durch die prophetische Botschaft, daß das Reich Gottes sich zugleich in der Geschichte und jenseits der Geschichte verwirklicht. Das ist besonders wichtig für die Bewertung der individuellen Existenz jenseits der Geschichte, die vom Kommunismus in hohem Maße vernachlässigt wird. Die Lehre vom Menschen ist der am meisten vernachlässigte Teil der marxistischen und kommunistischen Theorie. Die Theorie hat niemals den liberalen Optimismus hinsichtlich der Natur des Menschen revidiert, obwohl sie eine äußerst pessimistische Ansicht von der gegenwärtigen Entfremdung dieser Natur vertritt. Da sie diese Entfremdung nicht anthropologisch, sondern soziologisch erklärt, wird der Übergang aus der natürlichen Vollkommenheit in die existentielle Entfremdung und von dieser zur existentiellen Erfüllung in sehr utopischer Weise beschrieben. An dieser Stelle muß die Kritik des Christentums, die mit denselben Problemen befaßt ist, einsetzen und versuchen, das kommunistische Denken zu verwandeln.

Die Kirchen müssen das Vorgehen des Kommunismus, das auf Lügen und Tyrannei beruht, bekämpfen, und das gilt auch für alle anderen politischen Bewegungen. Die Kirchen wären schlecht beraten, wenn sie die Macht als solche oder die Gewalt als Mittel, die Macht zu stützen, angriffen. Der prophetische Kampf der Kirchen muß sich gegen den Mißbrauch der Gewalt, z. B. durch ein System von Lügen und Tyrannei, richten. Soweit das der Fall ist, müssen die Kirchen nicht nur den Faschismus, sondern auch den Kommunismus verdammen. Das ist die einzig zulässige Deutung der Forderung, daß die Kirchen die „Menschenrechte“ zu verteidigen haben. Das bedeutet keineswegs Hilfestellung für eine besondere Verfassung, z. B. die Demokratie, oder die Ablehnung undemokratischer Formen des politischen Lebens. Das religiöse Problem der Demokratie ist nicht in erster Linie ein Problem ihrer Verfassung, sondern ein Problem der ethischen Grundsätze und des menschlichen Verhaltens. Da die Wertung jedes Menschen als Ebenbild Gottes ein allgemeines christliches Prinzip ist, muß jede Regierungsform abgelehnt werden, die bereits durch ihre Struktur diese christliche Wertung des Menschen mißachtet und ihn als Mittel für solche Zwecke benutzt, die letzten Endes dem unterpersönlichen Bereich zugehören. Das gilt z. B. für die Macht, den Wohlstand, die Organisation usw. Wenn solch ein Prinzip in einer Verfassung implizit enthalten ist, muß die Verfassung als solche angegriffen werden, und zwar nicht, um der Sache der parlamentarischen Demokratie zu dienen, sondern um dieses antichristliche Prinzip auszuschalten. Vielleicht noch wichtiger ist das christliche Bemühen, eine demokratische Haltung des Wohlwollens, der Fairness und des sich gegenseitigen Geltenlassens zu fördern, die die Tyrannei in einer Nation unmöglich macht. Nur unter diesen Einschränkungen sollten die christlichen Kirchen den Kommunismus wegen seines diktatorischen Charakters kritisieren.

II. Das praktische Vorgehen

1. Das Vorgehen der offiziellen Kirche

Eine angemessene Taktik der Kirchen gegenüber dem Kommunismus in praktischer Hinsicht ist nur auf dem Fundament einer richtigen und voll ausgebauten Theorie möglich. Damit ist die Forderung erhoben, daß nicht nur den Theologen, sondern auch Kirchenleitungen, Pfarrern und Laien, die im Namen der Kirche handeln, dazu verholfen werden muß, sich eine angemessene Kenntnis des Kommunismus zu verschaffen, eine Kenntnis, die sie zur Deutung und Kritik der kommunistischen Phänomene befähigt. Als Konsequenz dieser Forderung müßte sowohl der Kommunismus wie die gesamte geschichtliche Situation, in der er entstanden war, Gegenstand kirchlicher Unterweisung werden. Daß dies unterlassen wurde, führte in den europäischen Ländern zur Entfremdung zwischen der offiziellen Kirche und den Massen.

Die kirchlichen Autoritäten – Synoden, Bischöfe, Presbyterien usw. – müssen selbst den Anschein vermeiden, als unterstützten sie eine politische Bewegung, gleich ob kommunistisch oder antikommunistisch. Es leuchtet ein, daß sich die Genannten niemals einer politischen Partei als solcher anschließen dürfen. Gesetzt, sie täten es, würden sie das Reich Gottes, auf das die Kirche hinweist, einer endlichen und stets entstellten Wirklichkeit gleichsetzen. Die katholische Kirche hat eine solche Haltung zur Voraussetzung, indem sie die Kirche als Institution mit dem Reich Gottes – insofern es auf Erden Gestalt gewinnt – identifiziert. Da der Protestantismus diese Lehre abgelehnt hat, ist es keiner protestantischen Kirche erlaubt, politische Bewegungen – selbst ihr günstig gesinnte – zu unterstützen oder ihr feindlich gesinnte anzugreifen. Denn die organisierte Kirche stützen oder angreifen ist nicht identisch mit Bejahung oder Ablehnung des christlichen Glaubens. Das Gegenteil kann der Fall sein. Die Kirche hat es mit geistigen Prinzipien zu tun – mögen es auch geistige Prinzipien politischer Bewegungen sein –, aber niemals mit diesen Bewegungen selbst.

Obwohl der Kirche die Ordnung des gesellschaftlichen Lebens nicht gleichgültig sein kann, darf sie niemals ein bestehendes politisches System begünstigen, denn es könnte sein, daß es zwar für Ordnung sorgt, aber das Recht zerstört. Eine solche Auffassung wendet sich gegen diejenigen, die Recht mit Ordnung verwechseln und immer auf der Seite des bestehenden politischen Systems stehen. Auf diese Weise lehnen sie vom christlichen Standpunkt jede revolutionäre Bewegung ab, den Kommunismus eingeschlossen. Nach ihrer Ansicht sind göttliche, klerikale und politische Hierarchien miteinander verknüpft und bilden zusammen ein Autoritäts-System, dessen Verteidigung mit der Verteidigung des Christentums in eins gesetzt wird. Dieses bewußte (oder in manchen Fällen mehr unbewußte) Bündnis zwischen den genannten Autoritäten macht ein richtiges Verhalten der Kirchen gegenüber dem Kommunismus praktisch unmöglich.

Die Kirche sollte in ihren offiziellen Äußerungen die kommunistische Kritik der heutigen gesellschaftlichen Dämonien und der mit ihnen verbundenen Häresien aufnehmen und weiterführen. Die wichtigste Äußerung kirchlicher Autorität besteht in der Verwerfung einer Häresie und der gegen sie gerichteten dogmatischen Entscheidung. Auf diese Weise schafft sie ein neues konstitutives Element der christlichen Lehre. Häresien sind Lehren, die innerhalb der Kirche entstehen und *die* wahre Interpretation des Christentums zu sein beanspruchen. Die Lehren der politischen Bewegungen können nur dann zu Häresien werden, wenn sie einen solchen Anspruch erheben, wie das bei den totalitären, nationalistischen Systemen der Fall ist. Die Kirche kann sich hier der kommunistischen Kritik anschließen, indem sie sich öffentlich und feierlich gegen diese Häresien ausspricht, wenn auch auf einer anderen und höheren Ebene. Und mehr: neben der Zurückweisung der Häresien ist die offizielle Kirche verpflichtet, die Dämonien in ihrem geistigen, sozialen und politischen Leben anzugreifen, und zwar vom Gesichtspunkt des kommenden Reiches Gottes. Der antidämonische Kampf der Kirche sollte als die Fortführung des Sieges des Christus über die dämonischen Mächte verstanden werden. Die Kirchen sollten die Tatsache nicht verheimlichen, daß sie in dieser Hinsicht mit der kommunistischen Kritik übereinstimmen, obwohl ihre eigene Kritik andere Wurzeln hat und andere Konsequenzen daraus gezogen werden müssen.

Die offizielle Kirche muß auch den Kommunismus wegen seiner dämonischen und häretischen Elemente angreifen. Diese Forderung ist nur die Folgerung aus den vorangegangenen Erörterungen. In bezug auf seine häretischen Elemente – den Diesseitsglauben und den Utopismus – muß die Kirche den bürgerlichen Charakter dieser Haltung herausstellen. Aber sie sollte die idealistische und religiöse Verhüllung des Diesseitsglaubens im Bürgertum dem offen zutage liegenden Diesseitsglauben des Kommunismus nicht vorziehen. Die kommunistische Häresie ist älter als der Kommunismus. In bezug auf das dämonische Element im Kommunismus – die Tyrannei – muß die offizielle Kirche zugeben, daß für den Kommunismus Tyrannei nur ein Übergangsstadium ist, während sie für die totalitären nationalistischen Systeme ein endgültiges Stadium bedeutet.

2. *Das Vorgehen der Pfarrer*

Insofern die Pfarrer die Kirche auf der Kanzel und bei vielen anderen Gelegenheiten repräsentieren, gelten alle Forderungen, die wir gegenüber der offiziellen Kirche erhoben haben, auch für sie, jedoch in konkreter Weise. Es liegt auf der Hand, daß sich der Pfarrer, z. B. in seiner Predigt, nicht mit einer politischen Partei identifizieren darf. Diejenigen seiner Hörer, die politisch nicht mit ihm übereinstimmen, könnten sonst niemals anerkennen, daß er im Namen Gottes zur Gemeinde oder im Namen der Gemeinde zu Gott spricht. Die christliche Botschaft enthält weder wissenschaftliche noch technische Vorschläge, wie das Leben geistig, sozial oder politisch vollkommener gestaltet werden kann. Daher darf der Pfarrer als ein Vertreter der Kirche keine Vorschläge machen, weder im Sinne des Kommunismus noch in irgendeinem anderen Sinne. Andrerseits darf er die christlichen Forderungen nicht im rein Abstrakten stecken lassen und sie damit unwirksam machen. Aber wenn er selbst die praktischsten und konkretesten Anliegen aufgreift, hat er sie positiv und negativ auf das letzte im Christentum gegebene Kriterium zu beziehen, aber er hat keine technischen Vorschläge zu machen.

Insofern die Pfarrer in ihrem Privatleben die Kirche nur indirekt repräsentieren, gelten für sie die gleichen Forderungen wie für die christlichen Laien, allerdings in strengerem Maße. In der protestantischen Auffassung ist der Pfarrer kein Priester, sondern ein Laie mit besonderen Funktionen. Als Laie kann er eine eigene philosophische oder politische Meinung und Überzeugung haben; als christlicher Laie sollte er sie mit den christlichen Grundsätzen in Einklang bringen, als Philosoph z. B. kann das ihn zum christlichen Pragmatismus, als Staatsbürger zum Religiösen Sozialismus führen. Das Problem hierbei ist, wieweit er einen Unterschied machen kann zwischen seiner Person als einem christlichen Laien und seiner Person als Pfarrer. Das wiederum hängt ab von der Situation in seiner Gemeinde, bzw. seiner speziellen Kirche. Je mehr die Politik für die Totalität seiner Existenz entscheidend ist, desto weniger ist er in der Lage, die Unterscheidung aufrechtzuerhalten. Schließlich kann es dazu kommen, daß er sein Privatleben als Philosoph oder Staatsbürger um seiner Berufung als Pfarrer willen aufgeben muß.

3. Das Vorgehen der christlichen Laien

Der christliche Laie kann durchaus Kommunist sein und als Kommunist den Versuch machen, die christlichen Prinzipien mit den Prinzipien des Kommunismus zu verbinden. Die religiös-sozialistischen Bewegungen waren Versuche in dieser Richtung. Sie sollten fortgesetzt werden, selbst wenn sie vom Kommunismus abgelehnt werden und heute politisch wenig aussichtsreich sind. In dieser Hinsicht kann es in der Zukunft große Veränderungen geben; aber selbst wenn das nicht der Fall sein sollte, ist der Religiöse Sozialismus gerechtfertigt: einmal durch den Einfluß, den er auf das Christentum – theoretisch und praktisch – ausgeübt hat, zum anderen durch seine apologetische Wirkung auf die entfremdeten Massen. Auf Einzelheiten kann hier nicht näher eingegangen werden.

Obwohl christlicher Sozialismus äußerst wichtig für die christlichen Kirchen ist, darf er nicht eine Sache der Kirche werden. Schon die bloße Existenz von christlichen Sozialisten entkräftet die Behauptung, daß die Kluft zwischen beiden nicht überbrückt werden könne. Daher sollten die Kirchen die christlichen Sozialisten indirekt unterstützen, indem sie ihnen die Gliedschaft in der Kirche zubilligen, ihnen Wohlwollen erweisen und sich der Selbstkritik unterziehen. Auf der anderen Seite jedoch kann die Kirche nicht das Risiko auf sich nehmen, einen christlichen Sozialismus zu praktizieren; sie muß das Risiko denen überlassen, die ein solches Wagnis eingehen wollen und bereit sind, sich dem Urteil der Geschichte zu unterwerfen.

4. Das Vorgehen der Kirche als ganzer

Das allgemeine Verhalten der Kirche als ganzer ist als der ständige Versuch zu verstehen, das Reich Gottes und seine Gerechtigkeit zu repräsentieren und zu antizipieren. Die Kirche an sich kann die sozialen Probleme, mit denen es der Kommunismus zu tun hat, nicht lösen. Selbst wenn eine große Zahl von Kapitalisten und Arbeitern wirklich

Christen würden, würde der ständige Klassenkampf zwischen ihnen nicht aufhören, weil er keine Sache freier Entscheidung, sondern ein natürliches Gesetz der kapitalistischen Wirtschaft ist. Daraus folgt, daß die Kirche das soziale Problem nur in ihren eigenen Grenzen lösen kann, insofern sie nämlich die Gemeinschaft des Glaubens und der Liebe darstellt. Als Repräsentant dieser Gemeinschaft entfaltet sie größte Wirkung: sie bewahrt und schärft das Gewissen, das sich für bessere soziale Existenzformen verantwortlich weiß, und sie ist der stille Kritiker der gegenwärtigen geschichtlichen Situation und ihrer spezifischen Formen der Ungerechtigkeit.

Das richtige Vorgehen der christlichen Kirchen gegenüber dem Kommunismus wie gegenüber allen geistigen, sozialen und politischen Bewegungen wäre der goldene Mittelweg zwischen dem „reservatum religiosum" und dem *„obligatum religiosum"* [1] *hinsichtlich der Geschichte.* Die Verpflichtung der christlichen Kirchen, sich von der Geschichte zu distanzieren, wurzelt darin, daß sie einen anderen Lebenssinn repräsentieren als den, den das geschichtliche Leben ausdrückt. Aber da sie diesen Sinn mitten in der Geschichte und für die Geschichte repräsentieren, haben sie ihren letzten Vorbehalt mit dem Bewußtsein akuter Verpflichtung vor der Geschichte zu verbinden. Das Gleichgewicht dieser beiden wesenhaften Elemente des Handelns der christlichen Kirche muß in jeder Periode der Kirchengeschichte, in jeder Konfession und Denomination wieder und wieder erstrebt werden.

---

[1] Die zugrundeliegenden Begriffe des englischen Textes: *religious reservation* und *religious obligation* sind die Übersetzung der vom Autor in früheren Schriften gebrauchten Termini: *reservatum religiosum* und *obligatum religiosum.* Es war daher berechtigt, sie hier einzuführen. Vgl. Ges. Werke. Bd. 2, S. 96. (D. Hrsg.)

GESCHICHTE ALS *DAS* PROBLEM UNSERER ZEIT (1939)

Jede Periode der Geschichte hat ihr besonderes Problem. Die einzelnen Geschichtsperioden zeichnen sich sehr viel deutlicher durch ihre Fragen als durch ihre Antworten aus. Die Antworten können einander widersprechen, aber die Tatsache, daß es Antworten auf ein und dieselbe Frage sind, verbindet sie miteinander. Diese Einheitlichkeit der Fragestellung, die einer Geschichtsperiode ihren Charakter verleiht, wurzelt in der Einheitlichkeit der Bedürfnisse, der Forderungen, der Schwierigkeiten und der Hoffnungen einer Zeit. Um den Grundcharakter einer geschichtlichen Situation zu erkennen, müssen wir ihr Grundanliegen kennen; und um dieses zu erkennen, müssen wir ihre Grundfrage kennen. Deshalb müssen wir, wenn wir unsere eigene Zeit verstehen wollen, fragen: Was ist unser letztes Anliegen, was ist *das* Problem unserer Zeit? – Natürlich gibt es in jeder Zeit viele Fragen, aber über diese alle hinausgehend und sie alle umfassend gibt es *eine* Frage, vor der alle anderen Fragen verblassen. Diese Grundfrage wird häufig nicht mit Bewußtsein gestellt, sondern nur indirekt, als Teil anderer Fragen, in denen sie mitenthalten ist; und sie ist nicht nur in den Ideen, sondern auch in den tatkräftigen Anstrengungen einer Epoche ausgedrückt. Sie gibt einer Kultur Eigenart und Farbe, sie bestimmt bewußt oder unbewußt deren Ziele und Schöpfungen, und schließlich verursacht sie deren Selbstzerstörung. In ihr kommt die größte Not und die höchste Vollendung einer Zeit zum Ausdruck. Deshalb fragen wir: Was ist das letzte Anliegen, und das heißt die alles umfassende Frage – was ist *das* Problem unserer Zeit?

I.

Meine Antwort auf diese Frage ist: die Geschichte oder, genauer, unsere geschichtliche Existenz. Um diese Behauptung zu verstehen, wollen wir unsere Zeit mit der vorhergehenden vergleichen, die durch unsere Zeit verwandelt und vollendet wird. Ich will diese Zeit die Neuzeit nennen, die um die Mitte des 15. Jahrhunderts mit der Renaissance begann und mit den ersten Jahrzehnten unseres Jahrhunderts zu Ende ging. Das Problem und das letzte Anliegen dieser fünf Jahrhunderte war die Beherrschung der Natur und der Gesellschaft durch die menschliche Vernunft. Das Problem der fünf Jahrhunderte, die vor dieser Zeit lagen, des sogenannten Mittelalters, war das Problem einer theonomen, von einer kirchlichen Hierarchie gestützten Kultur. Nach den theoretischen und praktischen Leistungen eines halben Jahrtausends hatte dieses Problem seine Macht verloren. Der Mensch hatte sich von der transzendenten Bindung befreit und betrachtete sich selbst als das Zentrum aller natürlichen Mächte. Der Philosoph der Renaissance setzte die Verehrung des Menschen und seiner Größe an die Stelle der Verehrung Gottes und seiner Größe. Mit Hilfe der Naturwissenschaften und der Technik unterwarf sich der Mensch die Naturkräfte. Astrologie und Magie wurden durch mathematische Berechnungen ihrer Wirkungskraft beraubt. Analyse und Konstruktion waren die Mittel, mit denen der Mensch Natur und Gesellschaft beherrschte. Göttliche Einmischung in die menschliche Tätigkeit innerhalb der Grenzen dieser Welt wurde nicht mehr anerkannt. Aus dem positiven Begriff von Gott wurde ein Grenzbegriff. Die Religion galt nicht mehr als Zweck in sich selbst, sondern wurde ein Mittel zur Erhaltung der persönlichen und der gesellschaftlichen Moral. Sie wurde an rationalen, humanistischen Kriterien gemessen, anstatt selbst das Kriterium für alles andere abzugeben.

Der aufgeklärte Absolutismus, zu dessen Macht das Luthertum und der Katholizismus der Gegenreformation beigetragen hatten, einerseits, und die pädagogische Demokratie, die ihre Wurzel im Calvinismus und in den sektiererischen Bewegungen hatte, andrerseits, versuchten, die menschliche Gesellschaft der Herrschaft der menschlichen Vernunft zu unterwerfen. Die religiöse Toleranz lieferte die Religion, ohne sich dessen bewußt zu sein, an den Staat aus; der Staat wurde in zunehmendem Maße zum Werkzeug der Nation und die Nation zum Werkzeug des Wirtschaftsimperialismus der bürgerlichen Gesellschaft, die versuchte, alles – Natur und Menschheit – der Herrschaft der Vernunft zu unterwerfen. Alle Antworten, die die moderne Philosophie oder Theologie geben, haben ihre Wurzel in diesem Problem. Die Naturalisten unter ihnen sprechen von dem Bestreben des Menschen, sich den Gesetzen der Natur und der Gesellschaft anzupassen; die Idealisten sprechen von seinem Bestreben, Natur und Gesellschaft in Einklang mit dieser Anpassung zu gestalten. Gleich, ob die Antworten in pantheistischer oder in theistischer Form gegeben werden, sie sprechen immer von einem Gott, der eine vernünftige Entwicklung der Welt garantiert, die berechnet werden kann und in der keine ernsthaften Störungen zu erwarten sind. Gleich, ob ein irrationaler Vitalismus oder ein rationaler Moralismus zu Wort kommt, immer ist das Ziel das gleiche. Ersterer betont die Macht, die erforderlich ist, um die Herrschaft über Natur und Gesellschaft zu gewinnen; letzterer betont die Vernunft, die nötig ist, um diese Herrschaft auszuüben. Noch in den subtilsten Problemen der Erkenntnistheorie und der Psychologie, der Soziologie und der Geschichtsschreibung ist dieses fundamentale Problem enthalten. Die wissenschaftlichen Methoden der Mathematik setzen es ebenso voraus wie die Fragen der modernen Theologie. Es ist *das* Problem der Neuzeit.

Auch in dieser Periode wie schon im Mittelalter macht sich das Problem der Geschichte geltend, denn in der christlichen Ära kann Geschichte als Problem niemals völlig abwesend sein. Aber weder im Mittelalter noch in der Neuzeit war es das ausschlaggebende Problem. Es konnte in keiner der beiden Perioden vorherrschend werden, weil nach dem mittelalterlichen Denken die letzte Periode der Geschichte bereits mit der Gründung der kirchlichen Hierarchie, die die Herrschaft des Christus repräsentiert, begonnen hatte. Und für die Neuzeit hatte das Schema einer progressiven Rationalisierung der menschlichen Existenz eine einfache und machtvolle, wenn auch naturalistische Lösung des Problems der Geschichte gegeben. Trotz aller zufälligen Rückschritte und Verzerrungen galt der Fortschritt in Technik und Bildung als das Gesetz und der eigentliche Weg der Geschichte. Schließlich, so glaubte man, werde die göttliche Vorsehung oder die „List der Vernunft" oder eine Art prästabilierter Harmonie zu der Herrschaft der menschlichen Vernunft über die Welt des Menschen führen.

II.

Der Zusammenbruch dieses Glaubens leitet eine neue Periode des menschlichen Selbstverständnisses wie des Zieles ein, das sich der Mensch setzt. Das Problem unserer geschichtlichen Existenz als *das* Problem unserer Zeit wird geboren. Bevor der Mensch zu der Erkenntnis kommen konnte, daß sein entscheidendes Schicksal das geschichtliche sei, mußten zwei Fundamente seines bisherigen Glaubens erschüttert sein: einmal das transzendente Fundament, das die geschichtliche Existenz des Menschen verhältnismäßig unwichtig neben seiner ewigen Bestimmung erscheinen ließ, und zum andern das immanente Fundament, das die geschichtliche Existenz des Menschen als ein bloß vorläufiges Stadium in seinem ständigen Fortschritt zur Vervollkommnung erscheinen ließ. Beide Überzeugungen sind verschwunden, zumindest als Überzeugungen, wenn nicht sogar als Wahrscheinlichkeiten. Der Mensch ist jetzt in die Dunkelheit verstoßen und Konflikten ausgesetzt, denn er ist ein geschichtliches Wesen, ohne Zuflucht zu einem Transzendenten oder Zukünftigen.

Der Übergang zu dieser neuen Periode, die mit den letzten Jahrzehnten begann, hat sich nicht plötzlich vollzogen. Sie war seit langem vorbereitet und angekündigt (denn geschichtliche Perioden überschneiden sich immer bis zu einem gewissen Grade). Zwei Männer am Ende der Neuzeit müssen als Propheten des Neuen und als Repräsentanten des Übergangs verstanden werden, da sie mehr als irgendwelche anderen die Ideologie unserer Gegenwart beeinflußt haben: Marx und Nietzsche. Beide waren überzeugt, daß das transzendente Fundament der menschlichen Existenz total zusammengebrochen sei, und beide führten einen Angriff auf das immanente Fundament, den Harmoniegedanken und den Fortschrittsglauben. Damit stießen sie unmittelbar auf die Frage unserer geschichtlichen Existenz. Die soziale Unausgeglichenheit der bürgerlichen Gesellschaft gab Marx den Anstoß zu einer äußerst gründlichen Analyse seiner Zeit und zu einem universalen Verständnis der menschlichen Geschichte als dem eigentlichen Ort des menschlichen Schicksals. Es ist hier nicht der Ort, über die Wahrheit seiner politischen und wirtschaftlichen Schlußfolgerungen zu urteilen; niemand kann jedoch leugnen, daß seine Ideen und ihre politischen Folgen ein Geschichtsbewußtsein erzeugt haben, das vor ihm nur bei den jüdischen Propheten zu finden war. Geschichtsbewußtsein darf nicht mit historischem Wissen verwechselt werden. Im bürgerlichen Historismus gab es ein äußerst großes und im proletarischen Utopismus ein kaum nennenswertes historisches Wissen. Aber die ganze Kraft des Geschichtsbewußtseins lag bei dem letzteren, bei dem ersteren war nichts davon vorhanden. Geschichtsbewußtsein ist das Bewußtsein davon, daß die Geschichte unser letztgültiges Schicksal ist. Historisches Wissen dagegen kann dazu dienen, sich von der geschichtlichen Wirklichkeit zu lösen. Geschichtsbewußtsein zwingt uns zum geschichtlichen Handeln; historisches Wissen kann den Trieb zum Handeln schwächen und zerstören. Deshalb dürfen wir sagen, daß das Problem der Geschichte auf dem Boden der Neuzeit gewachsen ist, insofern sich in dieser Zeit ein Bewußtsein und ein Verständnis jener geschichtlichen Spannungen entwickelt hat, die sich noch heute in katastrophalen Zusammenstößen entladen.

In Nietzsches Angriff auf das Christentum und die humanitären Ideologien kommt ein ganz anders geartetes Geschichtsbewußtsein zum Ausdruck. Er erwartet eine neue Zeit des schöpferischen Lebens. Die Selbstzerstörung der Vitalität in der christlichen Ära soll durch eine neue Aristokratie mit einem neuen Wertsystem überwunden werden, das weder christlich noch humanitär, sondern heidnisch und vitalistisch ist. Nietzsches Nachfolger legten die Betonung auf das tragische Element in seinem Denken und sprachen von der unausweichlichen Selbstzerstörung der Vernunft und der abendländischen Kultur. In den letzten zwei Jahrzehnten sind diese Ideen von der nationalistischen und faschistischen Ideologie aufgenommen und politisch entstellt worden, insbesondere von dem deutschen Nationalsozialismus. Auch hier müssen wir uns eines politischen oder moralischen Urteils enthalten und lediglich feststellen, daß diese Bewegungen und die Ideologien, in denen sie Ausdruck fanden, ein neues Geschichtsbewußtsein erzeugt haben. Ja, noch mehr, wir stellen fest, daß der gewaltige Konflikt zwischen den beiden Ideologien und Bewegungen, der die ganze Welt beherrscht, unsere Zeit zu der Frage nach der geschichtlichen Existenz zwingt, selbst in Ländern, die bis jetzt von der Katastrophe verschont geblieben sind. Zumindest werden sie gezwungen, über die Geschichte und die Menschheit nachzudenken. Wenn ich diese beiden Ideologien besonders hervorhebe, weil sie ein Geschichtsbewußtsein erzeugt haben, so will ich damit nicht leugnen, daß sie ihre geschichtliche Macht nur dadurch erreichen konnten, daß sie auf der einen Seite die proletarische Massenbewegung und auf der anderen Seite den Widerstand gegen diese durch den nationalsozialistischen Mittelstand und das Kleinbürgertum repräsentierten.

Diese beiden großen ideellen und praktischen Bewegungen sind in erster Linie für die Situation der abendländischen Welt kennzeichnend. Daneben muß ein drittes Ereignis genannt werden, das für die Entwicklung des Geschichtsbewußtseins zunehmend an Bedeutung gewinnt: es ist die Tatsache, daß zum erstenmal in der Geschichte die „Welt" ein konkreter Begriff geworden ist. Durch die technische und wirtschaftliche Expansion des Bürgertums ist die Weltgeschichte mit dem Weltkrieg eine Realität geworden. Ein System wechselseitiger Abhängigkeit aller Nationen hat sich entwickelt, und damit hat der ideelle Begriff der „Welt" und der „Menschheit" konkreten Inhalt erhalten. Das schließt auch die nicht-westlichen Länder ein, die in der Neuzeit als bloße Objekte der Kolonisierung und der Missionierung und nicht als unabhängige historische Einheiten betrachtet wurden. Dies hat die Situation völlig verändert. Weltgeschichte bedeutet heute nicht mehr die Ausbreitung der europäischen Vernunftherrschaft über die gesamte Welt. Vielmehr ist sie eine lebendige wechselseitige Beziehung zwischen allen Teilen der Welt, die trotz aller Tendenzen zur Isolierung ein weltgeschichtliches Bewußtsein und eine weltgeschichtliche Realität geschaffen hat.

III.

Wir stehen heute am Beginn einer Periode, in der das Problem der Geschichte zum entscheidenden Problem geworden ist. Deshalb wissen wir noch nicht viel darüber. Wir wissen nicht einmal, ob das Problem der Geschichte sich letzten Endes als Teil eines größeren Problems erweisen wird, das wir in unserer gegenwärtigen Lage noch nicht erkennen können. Trotzdem müssen wir uns mit dem Problem unserer Zeit auseinandersetzen, soweit wir es verstehen. Vom theologischen Standpunkt können vier Hauptfragen gestellt und erörtert werden: (a) die Voraussetzungen einer geschichtlichen Interpretation der Existenz; (b) Individualität und Institution; (c) Kirchengeschichte und Weltgeschichte; (d) Geschichte und Reich Gottes.

(a) Es ist keineswegs einleuchtend, daß menschliche Existenz und Existenz im allgemeinen in geschichtlichen Begriffen verstanden werden sollen. Mit gewissen Einschränkungen können wir sagen, daß dies nur auf dem Boden des Christentums geschehen und nur hier möglich ist. Es ist dem menschlichen Verstand viel natürlicher, Existenz von der Natur her zu verstehen. Die Natur, die allerhaltende und schöpferische Wirklichkeit, ihre ewigen Gesetze von Geburt, Wachstum, Verfall und Tod, ihre überreichen Gaben und ihre blinde Zerstörung scheinen das universale Modell für Sein und Existenz abzugeben. Demgemäß wäre Geschichte der Prozeß, durch den menschliche Gruppen, Stämme, Nationen, Reiche, Kulturen geboren werden und wachsen, verfallen und untergehen. Die Wichtigkeit einer geschichtlichen Gruppe wäre an ihrer Macht, zu wachsen und sich zu erhalten, zu messen. Der Sinn der Geschichte wäre die Entwicklung aller menschlichen Möglichkeiten, die mit der menschlichen Natur als einem Teil der Natur im allgemeinen gegeben sind. Der hervorstechendste Ausdruck dieser Haltung ist der Glaube, daß selbst die Götter dem Geschick von Geburt und Tod unterworfen sind, d. h. dem tragischen Kreislauf der Natur. Die Götter, die Verkörperung der höchsten Werte einer geschichtlichen Gruppe, dem Naturgesetz unterworfen – das ist Heidentum; das ist eine ungeschichtliche Auffassung von der Geschichte. Aber immer noch ist dies der Glaube der mächtigsten und erfolgreichsten politischen Gruppen der Gegenwart. Natur und Geschichte, Raum und Zeit liegen wieder miteinander im Kampf wie in den ersten Jahrhunderten des Christentums.

Aber ein Unterschied besteht. In der frühchristlichen Zeit gab es noch eine andere Antwort auf die Frage nach dem Sinn der Existenz: Er wird weder in der Geschichte noch in der Natur, sondern in dem Übernatürlichen, dem Zeitlosen, dem Ewigen gesehen. Diese Antwort überwindet den tragischen Kreislauf von Natur und Geschichte. Im Hinblick auf die Geschichte ist es gleichgültig, ob das Ewige als ein Bereich von Ideen oder Werten jenseits von Natur und Geschichte betrachtet wird wie im Platonismus und im westlichen Idealismus oder als das Abgründige, das Atman-Brahman, wie im Neuplatonismus und in der östlichen Mystik. Der tragische Kreislauf der Natur ist in die Ekstase oder das Nirwana aufgelöst, denn Natur und Geschichte sind aufgelöst. In der frühchristlichen Zeit wurde diese Haltung mit dem Christentum vereint; deshalb konnte sich das geschichtliche Element im Christentum nicht entwickeln. Heute dagegen können wir uns der geschichtlichen Existenz nicht entziehen, obwohl es viele von unseren Zeitgenossen versuchen, die von der Geschichte enttäuscht und von den Katastrophen der Gegenwart erschüttert sind. Wir können uns der Geschichte nicht entziehen, weil wir erkannt haben, daß der Sinn unserer Existenz nicht von dem Sinn der Geschichte zu trennen ist und daß das Christentum auf ihre Einheit gegründet ist.

Denn das Christentum ist die geschichtliche Religion *kat' exochen*, und es ist die wahre Religion, weil es die geschichtliche Religion ist. Der Christus ist ein geschichtliches Ereignis; Gott hat sich in der Zeit als die Mitte der Zeit manifestiert und hat durch sein Erscheinen der Zeit ihren Sinn gegeben; er hat die natürliche Zeit der endlosen Wiederkehr ebenso überwunden wie die zeitlose Ewigkeit der Übernatur. Der prophetische Geist, der die Gestalt Abrahams geschaffen hat, hat das seinem Wesen nach geschichtliche Volk geschaffen, in dem die Nationalgötter im Prinzip negiert sind; die Zeit hat den Raum besiegt; Gerechtigkeit ist an Stelle von Macht getreten; die Zukunft ist mächtiger als die Gegenwart, die Hoffnung hat den tragischen Heroismus überwunden. Das Fortleben dieses auserwählten und verworfenen Volkes innerhalb der christlichen Kirche ist die endgültige Rechtfertigung unserer geschichtlichen Existenz. Die Kirche bewahrt trotz ihrer Spaltung in verschiedene Zweige die Einheit der Menschheit, nicht als ideelle Forderung oder als humanistischen Glauben, der unter dem ungeheuren Druck von nationalistischen Interessen und Rassengefühlen zusammenbricht, sondern als Wirklichkeit, die unabhängig von menschlicher Entstellung ist. In der Kirche, die in der Gemeinschaft von Sünde und Erlösung wurzelt, ist der Universalismus konkrete Wirklichkeit geworden – und nur in der Kraft des geschichtlichen Universalismus der Kirche kann die Menschheit dem Ansturm eines ungeschichtlichen Nationalismus und Heidentums widerstehen.

(b) In den ersten christlichen Jahrhunderten bestand innerhalb und außerhalb der Kirche stets die Frage, wie der Einzelne aus einer Welt erlöst werden könne, die von dämonischen Mächten beherrscht ist. Als Gegenstand der Erlösung wurden weder die geschichtlichen Gruppen noch die geschichtlichen Institutionen betrachtet, sondern nur das Individuum. Die einzige bestehende geschichtliche Institution war das Römische Reich, das je nachdem als die hauptsächliche dämonische Macht betrachtet wurde (wie in der „Offenbarung") oder als das Werkzeug, das das vollkommene Verfallen ins Chaos verhindert (wie bei Paulus und im Luthertum), aber niemals als Gegenstand der Rechtfertigung und der Heiligung. Unsere Zeit hat die Wichtigkeit geschichtlicher Institutionen und gesellschaftlicher Strukturen erkannt. Wir wissen, daß das Individuum nicht von der geschichtlichen Situation, in der es steht, getrennt werden kann. Seine Ideen sind von der gesellschaftlichen und geschichtlichen Situation, in der es lebt, abhängig, wie der historische Materialismus weitgehend erwiesen hat. Die Persönlichkeit ist, wie die Psychoanalyse gezeigt hat, in großem Maße von den Erfahrungen der frühen Kindheit abhängig, und diese Erfahrungen sind ihrerseits durch die gesellschaftliche Situation bedingt. Weder die Mystik noch die kirchliche Morallehre haben diese Situation verstanden. Beide hatten einen abstrakten Begriff von der Freiheit des Individuums und faßten die Erlösung als individuelle Erlösung auf. Unser Geschichtsbewußtsein verbietet uns einen derartigen Individualismus, und es verbietet uns die Vorstellung von einer doppelten Prädestination. Es verknüpft unsere ewige Bestimmung mit unserem geschichtlichen Schicksal, und es macht unsere geschichtliche Bestimmung und darum auch unser ewiges Schicksal zum gemeinsamen Schicksal der Menschheit. Darüber hinaus gibt es der alten Idee von der Heiligkeit der Institutionen einen neuen Sinn.

(c) Damit kommen wir zu dem dritten Fragenkomplex, der mit dem Problem unserer geschichtlichen Existenz gegeben ist: es ist das Problem von Kirchengeschichte und Weltgeschichte. Wenn ich behaupte, daß die Kirche die geschichtliche Gemeinschaft ist, die der Weltgeschichte Sinn und Richtung gibt, so meine ich damit weder die europäischen Staatskirchen und die amerikanischen kirchlichen Denominationen noch irgendeine der großen christlichen Konfessionen, sondern ich meine *die* Kirche als solche, die das Ziel all dieser kirchlichen Gruppen ist und bis zu einem gewissen Grade auch von ihnen verwirklicht wird. Diese Kirche, die die spirituale Qualität in all diesen Kirchen ist, ist Träger des geschichtlichen Bewußtseins und der geschichtlichen Existenz überall und zu allen Zeiten. Die Nationen leben entweder in ihrer Erwartung und der Vorbereitung auf sie, oder sie empfangen von ihr das Geschichtsbewußtsein, das der Geschichte ihren Sinn gibt, selbst noch angesichts ihrer Bruchstückhaftigkeit und ihrer Selbstzerstörung.

Der Begriff „Weltgeschichte" ist in sich selbst ein äußerst schwieriger Begriff. Wir haben heute zwar eine Welt, die zu einem solchen Grad vereinigt ist, daß sie einen Weltkrieg möglich macht. Aber wir hatten bis dahin keine solche Welt, und wir können sie in Zukunft wieder verlieren, wenn das Gleichnis vom Turmbau zu Babel wieder anwendbar wird. Aber wir haben die Kirche, die Gemeinschaft derer, die das Neue Sein in dem Christus erwarten oder empfangen. Es wird immer Weltgeschichte geben, denn es wird immer eine latente Kirchengeschichte geben, solange das göttliche Wort, der *logos*, der in dem Christus manifestiert ist, die Welt auf seine Ankunft vorbereitet und diejenigen, die ihn erwarten, sein Erscheinen antizipieren läßt. Es ist die Aufgabe der Missionen, die latente Kirchengeschichte in eine manifeste Kirchengeschichte zu verwandeln, indem sie Vorbereitung und Antizipation in Aufnahme und Verwirklichung verwandeln. Deshalb enthalten die Missionen mehr als irgendwelche politischen oder technischen Mächte, die für die Welteinheit wirken, den Schlüssel zum weltgeschichtlichen Bewußtsein. Sie sind der ständige Prüfstein des Christus als Mitte der Geschichte.

(d) Die endgültige Antwort auf die Frage, die mit der Geschichte gegeben ist, ist jedoch nicht die Kirche, sondern das Reich Gottes, dessen geschichtlicher Repräsentant die Kirche ist. Das Reich Gottes ist mehr als die Kirche und mehr als die Geschichte; es ist der transzendente Sinn aller Existenz, die Natur eingeschlossen. Aber es hat eine besondere Beziehung zur Geschichte. Reich ist ein geschichtliches Symbol, womit darauf hingewiesen ist, daß der transzendente Sinn der Existenz eine besondere Beziehung zu unserer geschichtlichen Existenz hat. Das Reich Gottes kann als die transzendente Einheit und Erfüllung des Sinns unserer Existenz beschrieben werden – unserer Existenz, die in Zeit und Raum fragmentarisch, gespalten und zweideutig bleibt.

Dies ermöglicht eine Antwort auf einige der Hauptprobleme unserer geschichtlichen Existenz, von denen ich eines kurz erwähnen will. Ich meine das Problem, das im Utopismus enthalten und das eine der wichtigsten Streitfragen zwischen dem Christentum und den revolutionären und fortschrittsgläubigen Bewegungen ist. Gibt es in der Geschichte Fortschritt, werden in ihr Werte kumulativ verwirklicht? Gibt es in Zeit und Raum einen Zustand der Erfüllung? Kann die menschliche

Natur innerhalb der Geschichte eine radikale Verwandlung erfahren – gleich, ob sie sich durch einen langsamen Prozeß oder durch eine dramatische Katastrophe vollzieht? Oder ist umgekehrt die Geschichte letzten Endes ohne Sinn, ein grausames Spiel, das der Mensch mit sich selbst spielt, wie die Barthianer behaupten, während der Sinn der Existenz seine Erfüllung in Ewigkeit jenseits der Geschichte und des menschlichen Handelns findet? Ist geschichtliches Handeln letztgültig von Wichtigkeit, gibt es irgendeine Verwirklichung des Reiches Gottes innerhalb der Geschichte, oder besteht sie nur jenseits der Geschichte? Diese Fragen enthalten geschichtliche Probleme und haben politische Entscheidungen von äußerster Wichtigkeit zur Folge. Wenn wir das Reich Gottes als transzendente Einheit des fragmentarischen Sinns der Geschichte beschreiben, betonen wir damit seinen dynamischen Charakter, der weder in dem Begriff zeitloser Ewigkeit noch dem der Endlosigkeit ausgedrückt ist. Gleichzeitig betonen wir seinen dialektischen Charakter, der dem geschichtlichen Handeln absolute Wichtigkeit zuschreibt, ohne den Anspruch irgendeiner partikularen geschichtlichen Wirklichkeit, Macht, Größe oder Vollkommenheit auf Absolutheit gelten zu lassen.

Hiermit will ich schließen. Es war weniger meine Aufgabe, eine religiöse Deutung der Geschichte zu geben als zu zeigen, daß das Problem der Geschichte zum Hauptproblem unserer Zeit geworden ist. Es mag sein, daß uns die Lehre vom Menschen vor ein ebenso wichtiges Problem stellt. Systematisch betrachtet, ist sie offensichtlich fundamentaler und universeller als das Problem der Geschichte. Aber letzteres und nicht ersteres ist das Problem unserer Zeit; in ihm liegen unsere Hauptschwierigkeiten und unser Hauptanliegen, wie uns jeder Tag seit dem Beginn des Weltkriegs zeigt. Die Theologie kann dieses Problem aufnehmen, denn ihr Fundament ist ein geschichtliches, und der prophetische Geist drängt ihr eine geschichtliche Deutung der menschlichen Existenz auf. Eine Theologie, die die Frage der geschichtlichen Existenz zum leitenden Prinzip macht, kann zweifellos die statischen und individualistischen Begriffe der theologischen Tradition langsam verändern. Diese Veränderung kann bis zum Zentrum der Religion vordringen, dem Glauben an Gott. Das mag die Befürchtung aufkommen lassen, daß Werte und Wahrheiten untergehen, deren Verlust das Ende des Christentums bedeuten würde. Aber Veränderung ist nicht Zerstörung, und der prophetische Geist ist nicht der einzige Geist des Christentums. Wie im Problem des Mittelalters das Problem des Frühchristentums weiterlebte und in der Neuzeit das Problem des Mittelalters fortwirkte, so bleiben in unserer Zeit und im 20. Jahrhundert die älteren Probleme erhalten. In der Frage unserer geschichtlichen Existenz sind die Fragen der individuellen Erlösung und der theonomen Kultur, die Frage, welchen Platz der Mensch in der Natur einnimmt, und die Frage nach dem unveränderlichen Sein jenseits der Geschichte wirksam und mächtig. Aber das besondere Problem, das uns auferlegt ist, unserem gesamten Leben, unserer Seele und unserem Geist, ist das Problem unserer geschichtlichen Existenz.

DIE EUROPÄISCHE LAGE: RELIGION UND CHRISTENTUM (1939)

Die religiöse Lage Europas ist zur Zeit identisch mit der religiösen Lage Deutschlands. In Deutschland sind die Probleme, die im Hintergrund des religiösen Lebens aller christlich-abendländischen Völker liegen, zuerst in den Vordergrund getreten. Hier wird, wie in einem Laboratorium, durchexperimentiert, was für alle Bedeutung hat. Hier sind Kämpfe im Gange, Entscheidungen gefallen, Entwicklungen im Werden, die für die religiöse Lage Europas und der westlichen Christenheit repräsentativ und maßgebend zugleich sind. Eine Analyse der deutschen religiösen Lage, ihrer Voraussetzungen, ihrer gegenwärtigen und ihrer Zukunftsmöglichkeiten ist darum zugleich eine Antwort auf die Frage nach der religiösen Lage Europas.

Die russische Lage hat nicht im entferntesten die gleiche Bedeutung für das religiöse Problem der Gegenwart wie die deutsche. In Rußland ist das Christentum teils ausgerottet, teils in äußerst begrenztem Maße geduldet. Es ist aber keine Macht mehr, die selbständig und öffentlich Widerstand zu leisten imstande wäre. In Deutschland ist das trotz aller Einschränkungen und Unterdrückungen noch möglich, vor allem in der katholischen Kirche, deren Zentrum außerhalb Deutschlands liegt.

Aber auch die westlichen Demokratien und die übrigen europäischen Länder sind weniger repräsentativ für die Lage als Deutschland. Der religiöse Nationalismus, der in Deutschland manifest geworden ist und in Lehre und Leben der national-sozialistischen Partei dogmatische und kultische Gestalt gewonnen hat, ist in den übrigen Ländern noch im Latenzzustand geblieben, bereit freilich, auszubrechen, sobald die seelischen und gesellschaftlichen Bedingungen erfüllt sind.

I.

In Deutschland waren die Bedingungen erfüllt, die das Hervorbrechen eines religiösen Nationalismus ermöglichten. Von diesen Bedingungen muß zuerst und in europäischem Maßstabe gesprochen werden.

Denn es handelt sich in Deutschland nicht um einen Kampf des Staates gegen die Kirche. Der Staat will die Kirche nicht vernichten, sondern gleichschalten. Nicht die Staatsbürokratie führt den Kampf – sie wirkt eher mäßigend –, sondern die Partei, insbesondere die radikalen Gruppen und Intellektuellen in ihr. Das Ziel ist nicht eine auf sich gestellte Freikirche, sondern eine durch Kompromisse und antichristliche Jugenderziehung entmächtigte synkretistische Staatskirche.

Ebensowenig handelt es sich in den deutschen Vorgängen um die Wiederbelebung alt-germanischen Heidentums oder spät-mittelalterlicher deutscher Mystik, wie einige intellektuelle Romantiker meinten, um sehr bald durch die Gleichgültigkeit der Massen und die offene oder geheime Ablehnung der eigentlichen Nationalsozialisten eines Besseren belehrt zu werden.

Nicht dieses, sondern Nationalismus mit religiösem Anspruch ist der Inhalt der antichristlichen Bewegung in Deutschland. Der Staat ist eine Waffe in diesem Kampfe, aber er ist nicht selbst das Ziel. Das Ziel ist die totale Konzentration des nationalen Lebens auf die nationale Idee im Dienste des nationalen Machtwillens. Dies aber ist nicht nur ein deutsches, es ist ein universal abendländisches oder genauer ein universal spätkapitalistisches Problem. Die Meinung, daß die nationale Idee für die Nationalsozialisten ein bloßes Propagandamittel war, ist oberflächlich. Denn eine Propaganda, die keiner ursprünglichen Tendenz in den Objekten der Propaganda entgegenkommt, bleibt ohne Erfolg. Die Propaganda kann Instinkte wecken, Tendenzen bewußt machen, Neigungen verstärken; aber sie kann nichts schlechthin Neues schaffen oder durchsetzen. Ohne die nationale Idee in der bürgerlichen Form des neunzehnten Jahrhunderts hätte man sie überhaupt nicht verwenden können; in früheren Jahrhunderten wäre sie unverständlich oder lächerlich gewesen. Die Wirksamkeit der nationalistischen Parole des Nationalsozialismus ist bedingt durch die vorhergehende Entwicklung der nationalen Idee und durch den halbsakralen Charakter, den diese Idee im Bürgertum – auch der westlichen Demokratien – schon vorher erhalten hatte.

Voraussetzung jedes Verständnisses der Lage von Religion und Christentum in Europa und Amerika – und weit darüber hinaus – ist darum die Einsicht in die Entwicklung der nationalen Idee in der bürgerlichen Gesellschaft.

II.

Die Entwicklung verläuft in drei Stufen: In der spätmittelalterlichen Stufe erhebt sich die nationale Idee aus dem Zusammenbruch der übernatürlichen und übernationalen Einheit des hohen Mittelalters. Gegen den Anspruch der päpstlichen Universalmonarchie, alles religiöse, kulturelle und politische Leben in sich zu vereinigen, wenden sich die einzelnen Nationen und übernehmen Stück für Stück die Führung nicht nur im säkularen, sondern auch im kirchlichen Leben. Die Reformation bringt diese Tendenz zum Abschluß, und die Gegenreformation unter spanischer Führung konnte eine christliche Universalmonarchie nur noch als spanisch, also national begründet, denken. Aber selbst in dieser Form brach die Idee zusammen: an ihre Stelle trat Luthers deutsches Landesfürstentum, Cromwells christlich-englischer Imperialismus, der gallikanisch-katholische Kulturimperialismus in Frankreich, später die slawophile christlich-nationale Idee in Rußland. Träger dieser Idee ist die frühkapitalistisch-absolutistische Gesellschaft. Es ist die Entwicklungsstufe der nationalen Idee, die man bezeichnen kann als *Nation innerhalb der Grenzen des Christlichen.*

Die nächste Stufe ist in der Säkularisierung des Nationalstaates begründet. Der religiöse Inhalt geht verloren, zum Teil unter dem Druck der konfessionellen Kriege. An seine Stelle tritt das „System der Vernunft“, das vernünftige oder natürliche Recht, die vernünftige Wissenschaft und die universale natürliche Religion. Fürsten, Bürokratien und demokratische Kabinette gebrauchen das „natürliche System“, um jenseits der streitenden Konfessionen (und Stände) einen zentralistischen Nationalstaat zu schaffen. Die Toleranz wird durchgeführt und damit die Religion ins Private abgedrängt. Es ist die Periode des kämpfenden Bürgertums, deren Höhepunkt die französische Revolution ist. Es ist die Entwicklungsstufe der nationalen Idee, die man bezeichnen kann als *Nation innerhalb der Grenzen des Vernünftig-Natürlichen.*

Die dritte Periode beruht auf der Desintegration des nationalen Vernunft-Staates, in dem immer noch christliche Elemente, wenn auch in säkularisierter humanistischer Form, lebendig waren. Diese Desintegration setzte im neunzehnten Jahrhundert ein und gehört zur Periode des siegreichen Bürgertums. Der Weltkrieg und seine Folgen beschleunigten die Entwicklung, so daß bald nach dem Krieg die ersten Anzeichen einer radikalen Wendung sichtbar wurden und die Funktion der nationalen Idee völlig verschoben wurde. Die Auflösungserscheinungen, aus denen der neue Nationalismus hervorgegangen ist, sind auf allen Gebieten nachweisbar. Die Natien als solche, die durch den Sieg des Bürgertums zur Einheit gebracht zu sein schien, zerfiel in proletarisierte oder mit Proletarisierung bedrohte Massen auf der einen Seite, anonyme Herrschaftsgruppen ohne öffentliche Vertretung auf der anderen Seite. Weder eine religiös-nationale noch eine politisch-nationale Einheit war vorhanden, die diesen Widerspruch hätte überbrücken können; er führte zu den Revolutionen des zwanzigsten Jahrhunderts und zur Neugestaltung der nationalen Idee im Geiste des unteren Mittelstandes und im Sinne spätkapitalistisch-diktatorischer Herrschaftsformen.

Das Verhältnis der auf dem Weltmarkt konkurrierenden Nationen wurde durch die nationalistische Autarkie- und Kriegswirtschaftspolitik zerstört. Weder war es möglich, zu den liberalen Formen der Vorkriegszeit zurückzukehren, noch zu kollektiven Formen eines weltpolitischen Handels vorwärtszugehen. Und die auf sich selbst geworfene Nation, insbesondere in den „unbefriedigten" Völkern, entwickelte sich zum ausschließlichen Träger aller wirtschaftlichen und politischen Aktionen. Die Wirtschaft selbst war immer weniger imstande, ihre inneren Widersprüche durch gesteigerte Expansion zu überbrücken, wie es im neunzehnten Jahrhundert möglich war. Die Folge war strukturelle Arbeitslosigkeit als Lebensschicksal großer Massen, Übergang von den dynamischen zu mehr statischen Formen des Kapitalismus und schließlich Benutzung der nationalen Idee zur kollektivistisch-autoritären Organisation der Massen und Einschränkung der Aktionsfreiheit der kapitalistischen Führerschicht.

Es ist klar, daß unter diesen Umständen die liberal-demokratischen Lebensformen verschwinden mußten, teils wegen der exklusiveren Gegensätze der klassenmäßig bestimmten Gruppen der totalitären Partei, teils wegen der autoritären Ansprüche des nationalen Staates als Subjekt der Massenorganisation des totalitären Staates. Die Verbindung von demokratischer und nationaler Idee löste sich auf, zuerst in den diktatorischen Staaten, dann im Abwehrkampf gegen sie, auch in den demokratischen Staaten.

Die Kultur desintegrierte aus Mangel an verbindlichen und übergreifenden Gehalten. Verbindlich war schließlich nur noch die Kritik. Diese Leere wurde verhüllt durch die unendliche Unruhe der Mittel-Zweck-Beziehung im technischen Zeitalter, dem kein letzter Sinn Ruhe und Inhalt zu geben imstande war. Nur die nationale Idee schien beide Forderungen zu erfüllen, und sie wurde zum Fundament und Maßstab alles kulturellen Lebens erhoben.

Die Religion hatte nicht die Kraft, diesem Prozeß zu widerstehen. Sie verlor mehr und mehr ihre sinngebende Kraft, teils durch Anpassung an die Mittel-Zweck-Ideologie, teils durch Festhalten an veralteten, unverständlich gewordenen Formen. Auf beiden Wegen verlor sie die Möglichkeit, verpflichtende und allgemeine Inhalte zu geben. Der Prozeß der Desintegration ging über die kirchliche Religion hinweg, zog sie in sich hinein und ermöglichte es der nationalen Idee, sich an die Stelle der geschichtlichen Religionen zu setzen.

Damit sind wir in das dritte Stadium der Entwicklung der nationalen Idee eingetreten: *Nation, die Grenzen von Religion und Vernunft durchbrechend und sich an ihre Stelle setzend.*

III.

Damit ist der Funktionswechsel der nationalen Idee sowie ihr antichristlicher und antihumanistischer Charakter in der gegenwärtigen Periode verständlich gemacht: Die Nation ist das letzte Prinzip der neuen Gestaltung geworden, die nationale Idee gibt dem Leben Sinn und Wert; darum ist der nationale Anspruch uneingeschränkt, unendlich und total. Jeder andere Sinn und Wert, den das Leben haben könnte, ist ihm unterzuordnen. Die Nation ist heilig, sie allein ist unbedingt gut, wahr und gerecht, sie allein ist göttlich. Die alten religiösen Gefühle und Gebräuche mögen daneben bestehen, soweit sie nicht stören. Sie sind dazu bestimmt abzusterben, wie alles unwirklich wird, was keine Wirkung mehr hat; und Wirkung im täglichen Leben, im Denken, Handeln, Gestalten, ist ihnen versagt. An ihre Stelle ist die nationale Idee getreten, aus der sich neue Gefühle und Gebräuche, ein neues System des Denkens und Handelns ergeben, aus der Kräfte der Reintegration und des Neubaus quellen, die den alten religiösen und humanen Formen nicht mehr zu Gebote stehen. Religion ist, was den Sinn des Lebens letzthin bestimmt. Wo die nationale Idee diese Funktion erhält, ist der Nationalismus eine Religion geworden. Der Kampf dieser Religion gegen das Christentum ist der eigentliche Gehalt der religiösen Lage unserer Zeit.

Zweifellos gibt es große Unterschiede zwischen den verschiedenen Nationen, der Art und dem Grade nach, in denen sich dieser Konflikt darstellt. Es gibt Länder, die noch dem ersten Stadium der Entwicklung nahestehen und ihren Nationalismus altheidnisch (Japan) oder christlich (Spanien) zu unterbauen suchen, oder in denen der Nationalismus labile Kompromisse mit der stabilisierten Religion geschlossen hat (Italien, die Balkanländer und die russischen Randstaaten). Es gibt Länder, die sich noch ganz im zweiten Stadium der Entwicklung fühlen, weil die Desintegration nicht genügend fortgeschritten ist, um den Umformungsprozeß, in dem auch sie sich befinden, ganz fühlbar zu machen (die sogenannten westlichen Demokratien). In all diesen Fällen hat sich eine kompromißbereite Religion den nationalen Forderungen unterworfen, und diese Forderungen sind von relativ saturierten Staaten in erträglichen Grenzen gehalten worden. In Rußland sind zunächst die äußersten Konsequenzen im Sinne des nationalen Vernunftstaates gezogen worden. Dann aber hat sich gezeigt, daß auch hier die nationale Idee der neuen kommunistischen Vernunftreligion überlegen war. In Deutschland ist die Entwicklung zu einem Punkt gelangt, an dem die immanenten Tendenzen der gesamten gegenwärtigen Lage offenbar geworden sind: Nationalismus und Christentum sind in klaren, entschiedenen Gegensatz getreten. Ihre Unvereinbarkeit ist ans Licht gekommen. Ganz gleich, ob die übrigen Nationen folgen oder, erschreckt durch das deutsche Beispiel, weitere Kompromisse versuchen werden, schon die Notwendigkeit des Verteidigungskampfes gegen nationalistische Aggression wird nationalistische Kräfte mobil und damit das Problem akut machen. An der Frage Nationalismus oder Christentum kann in der gegenwärtigen Periode der menschlichen Entwicklung keine Nation vorbeigehen.

IV.

Der Geist des Angriffs, den der Nationalismus gegen das Christentum in Deutschland eindeutig und unverhüllt führt, in anderen Ländern verschämt und ideologisch verhüllt, zeigt folgende Elemente: Er ist erstens antiprophetisch, in alttestamentlichen Worten, er führt den Kampf des falschen gegen den wahren Propheten fort. Der falsche Prophet bindet den Gott an die Nation, ihr Glück und ihre Macht, ganz gleich, wie diese Macht zustandekommt. Der wahre Prophet bindet die Nation an einen Gott, der jenseits der Nation steht und Werte repräsentiert, die über die nationale Idee hinaus liegen: Gerechtigkeit, Wahrheit, Universalität. An der Erfüllung dieser Forderungen wird die Nation gemessen, nach ihr wird sie gerichtet und gerettet. Diese Haltung, die den natürlichen nationalen Machtwillen bricht, wird von den falschen Propheten als Landesverrat denunziert. Der wahre Prophet wird verfolgt und getötet. In diesem Geist des falschen Propheten kämpft der religiöse Nationalismus.

Daraus ist – wenigstens zum Teil – der Antisemitismus, die Abneigung gegen den Fremden und den Fremdrassigen zu erklären. In allen drei Fällen ist der prophetische Universalismus verleugnet, die Gerechtigkeit auf den Gleichartigen eingeschränkt und damit in ihrem Wesen zerbrochen, die Wahrheit verzerrt, um das notwendige Zerrbild des Andersartigen zu erreichen. Im Falle des Antisemitismus kommt hinzu, daß der prophetische Geist aus dem jüdischen Volke hervorgegangen ist und in den Lebensäußerungen dieses „Volkes der Geschichte" sich immer wieder Ausdruck verschafft. Der wachsende Antisemitismus, verbunden mit Abneigung gegen den „Fremden" in allen Ländern, ist nicht nur ein Zeichen für die wachsende Konkurrenz auf allen Märkten – das ist er auch –, sondern er ist vor allem ein Zeichen für das Wachsen des antiprophetischen religiösen Nationalismus der ganzen Welt.

Der Geist des religiösen Nationalismus ist zweitens antichristlich im engeren neutestamentlichen Sinne des Wortes „christlich", das im weiteren Sinne Prophetismus und Humanismus einschließt. Es sind insonderheit zwei Punkte, in denen dieser Gegensatz herauskommt: das Jenseitigkeits-Denken und die Wertordnung des christlich-neutestamentlichen Denkens. Wie ernst man auch im Christentum, insbesondere im sozial bestimmten Christentum – etwa dem Religiösen Sozialismus – die geschichtliche Gestaltung nimmt: Nie kann das Christentum die Erfüllung der Geschichte allein in der Geschichte suchen, am allerwenigsten in der nationalen Machtentfaltung. Das Jenseitigkeitselement der Reich-Gottes-Idee und die reine Diesseitigkeit der nationalistischen Idee stehen in scharfem Widerspruch zueinander. Wenn der Nationalsozialismus den Widerspruch dadurch aufzulösen versucht, daß er der Religion das Jenseits und sich selbst das Diesseits zuspricht, so ist das eher eine Verschärfung als eine Auflösung des Gegensatzes; denn das Christentum kämpft gerade für eine durch die Jenseitigkeits-Idee bestimmte Diesseitigkeit, nicht für eine Nebenordnung beider.

Das ist deutlich in dem zweiten Punkt, dem Gegensatz der Wertordnungen: Während das Christentum Demut vor Gott, Liebe zu den Menschen und Überwindung des selbstischen Willens zum Maßstab seines Ethos macht, verkündet der religiöse Nationalismus Überhebung, Feindschaft gegen den Stammesfremden und Wille zur Macht als höchsten Wert. Das Kreuz ist das Symbol, das ihm am verhaßtesten ist und dessen alles überragende Bedeutung für das Christentum er mit großer Instinktsicherheit erfaßt hat.

Es ist unvermeidlich, daß der Angriff auf Prophetismus und Christentum auch zu einem Angriff auf den Humanismus wird, nicht nur, weil der europäische Humanismus *christlicher* Humanismus war und noch ist, auch in seinen ästhetischen und materialisierten Extremen, z. B. im Kommunismus, sondern auch, weil Humanismus in sich selbst der nationalistischen Ideologie widerspricht. Nationalismus zur Religion erhoben, ist Barbarismus, d. h. Zerstörung der Normen humaner Existenz, der Wahrheitsnorm und der Gerechtigkeitsnorm und ihrer gemeinsamen Vorbedingung, der Freiheits-Idee. Daß eine Wahrheit, die nur die Wahrheit einer Gruppe ist, nicht Wahrheit, sondern Lüge ist, ist ebenso deutlich wie das andere, daß eine Gerechtigkeit, die nur dem

Träger einer Machtgruppe Gerechtigkeit gibt und alle andern ausschließt, Ungerechtigkeit ist. Und daß zur Durchführung dieser dämonisch-religiösen Lüge und Ungerechtigkeit die Freiheit zerstört und die Menschenwürde zertreten werden muß, ist offenbar. Es wird in manchen Kreisen, namentlich der neureformatorischen Orthodoxie, dem Humanismus die wesentliche Schuld an der Erhebung des religiösen Nationalismus gegeben. Das ist insofern richtig, als der säkularisierte, entleerte und desintegrierende Humanismus im Sinne der oben gegebenen Darstellung eine der negativen Voraussetzungen des religiösen Nationalismus war – aber eben der entleerte und säkularisierte Humanismus, nicht der Humanismus an sich. Christentum ohne Humanismus kann dem Fanatismus und der Barbarisierung so wenig entgehen wie der Nationalismus. Darum kann keine Lösung des religiösen Problems unserer Zeit gelingen, die zu vorhumanistischen Denk- und Lebensformen zurücklenken will. Die Überwindung des säkularisierten Humanismus darf nicht Beseitigung des Humanismus bedeuten. Die antihumanistische Tendenz in der Nachkriegstheologie war geradezu ein Wegbereiter der nationalistischen Barbarisierung.

V.

Wir müssen nun fragen: Welches sind die Abwehrkräfte gegen den Geist des religiösen Nationalismus, und wie können sie eingesetzt werden? Der deutsche Kirchenkampf hat beides, die Schwäche und die Stärke der christlichen Position, offenbart. Es ist klar geworden, daß das organisierte Christentum überraschend schwach ist in seiner Verteidigung gegen die aggressiven Mächte des spätkapitalistischen Kollektivismus. Obgleich die völlige Zerstörung der Kirche als öffentliche Macht, wie sie sich in Rußland ereignet hat, in Deutschland noch vermieden ist, gilt doch auch von Deutschland folgendes: Erstens ist es dem Nationalsozialismus gelungen, alle Aktivitäten der Kirchen bis auf das rein Kultische zu unterbinden, Publizität in jeder Form außer von der Kanzel aus unmöglich zu machen, die Erziehung der Jugend ganz in die Hand zu bekommen. Zweitens hat sich gezeigt, daß es den protestantischen Kirchen nur durch Kompromisse möglich ist, ihre Organisationen aufrechtzuerhalten, z. B. dadurch, daß sie sich der staatlichen Verwaltung weitgehend unterwerfen, daß sie in den Fragen der theologischen Vorbildung der Geistlichen an den Universitäten nachgeben, daß sie die Anwendung des Rassenprinzips auf die Kirchen zugestehen. Widerstrebende Organisationen, wie die des „Bruderrates der Bekennenden Kirche" werden zerbrochen. Drittens hat sich gezeigt, daß die entkirchlichten Massen dem Kirchenkampf gegenüber relativ indifferent bleiben, daß sie für ein starkes, kirchlich und bekenntnismäßig gebundenes Christentum nicht mehr zu gewinnen sind und im Kampf gegen den religiösen Nationalismus nicht mehr eingesetzt werden können. Das gilt insonderheit von der jüngeren Generation.

Neben diesen Erfahrungen der Schwäche des kirchlichen Christentums stehen Erfahrungen seiner Stärke. Die Kirchen waren die einzigen Gruppen, die imstande waren, geistigen Widerstand zu leisten, die zerstörende Dämonie des Nationalsozialismus zu enthüllen, die prophetischen und humanistischen Werte zu retten. Sie konnten und können es freilich nur in einer mehr und mehr verhüllten Form, entweder in „indirekter Rede" oder in der „Katakombe" unter Drohungen und Verfolgungen. Aber daß sie dazu imstande waren und daß sie sogar echtes Märtyrertum hervorbrachten und daß Menschen aller Kreise sich ihnen nach langer Entfremdung wieder zuwandten, war ein Zeichen ihrer inneren Kraft. Die Frage ist, welche Erfahrung maßgebender ist und nach welcher sich die Prognose richten muß: die Erfahrung der Schwäche oder die der Stärke des Christentums. Die Antwort ist kein Gegenstand der Analyse oder Berechnung, sondern eine Sache der letzten Entscheidung. Wer an einem säkularisierten Humanismus bürgerlich liberaler Färbung festhält, wird die großen Umwälzungen unserer Zeit als unglückliche politische Zufälle, den religiösen Nationalismus als einen vorübergehenden Irrglauben, den Widerstand der Kirchen als Aufflackern überwundener Denkformen und den Zusammenbruch des Humanismus als das Werk totalitärer Unterdrückung betrachten. Ein günstiger historischer Zufall, z. B. der Tod einiger Diktatoren, würde dem allem ein Ende machen und Freiheit, Fortschritt, Humanität wiederherstellen. Gegen diese Auffassung läßt sich schwer argumentieren, obgleich sie allem sichtbaren Geschehen widerspricht. Denn sie ist ein Glaube – und ein Glaube, der das Wahrheitsmoment in sich hat, daß das Humane letztlich das Überlegene ist, weil es dem Wesen menschlicher Existenz gemäß ist. Dennoch ist es eine begrenzte und in sich zerfallende Wahrheit, wenn sie nicht in der tieferen und umfassenderen Wahrheit des Christlich-Prophetischen begründet ist. Und von dieser Wahrheit aus sind die Ereignisse, die wir erleben und denen wir entgegengehen, ein historisches Schicksal, dessen Sinn die tragische Selbstzerstörung einer entleerten Humanität ist – im Politischen, im Gesellschaftlichen und im Geistigen. Wer diesen Glauben teilt, wird darüber hinaus in dem Untergang einer prachtvollen, nun aber vergangenen Geschichtsperiode nicht nur die Zerstörung, sondern auch die Elemente des Umbaus und hinter den dämonischen Masken der Träger dieser Zerstörung das umschaffende göttliche Werk sehen. Er wird nicht zurück, sondern vorwärts drängen. Er wird begreifen, daß sein Los wie das aller, die über das Gegenwärtige und Siegreiche hinausschaffen, die Verfolgung ist, nicht die zufällige Verfolgung, die ein Unglück ist, sondern die wesentliche – „um meinetwillen", wie Jesus sie nennt –, die eine Würde ist. Für die Kirche folgt daraus, daß sie ihren Widerspruch gegen den religiösen Nationalismus kompromißlos durchkämpfen muß, auch um den Preis, daß sie verfolgt, ihre Organisationen zerschlagen und sie selbst in die Katakombe gedrängt wird. Zugleich aber folgt für die Kirche die Aufgabe, an die Stelle des falschen Prinzips des religiösen Nationalismus ein positives Prinzip der Neugestaltung zu setzen, zu verkünden und selbst darzustellen. Dieses Prinzip muß die folgenden Elemente enthalten, die wesensmäßig zur christlichen Verkündigung gehören, immer gehört haben und unter den neuen Umständen neu erfaßt und verwirklicht werden müssen:

I. Das Christentum muß seinen Universalismus gegen den religiösen Nationalismus stellen, das National-Kirchliche, in das es seit dem Ende des Mittelalters abgedrängt ist, zugunsten weltkirchlicher Einheit überwinden. Die ökumenische Bewegung leistet hierin wertvolle Vorarbeit, der römische Katholizismus hat diese Einheit bewahrt und zieht seine Kraft aus ihr, dem religiösen Nationalismus zu begegnen.

II. Das Christentum muß das zeitüberlegene Moment seiner Botschaft neu ausdrücken und verkünden und den Ort zeigen, an dem Sinnerfüllung jenseits der Tragik des Zeitlich-Geschichtlichen möglich ist. Die neureformatorische Theologie, der das deutsche Christentum seine Rettung verdankt, hat trotz seiner späteren Verengung den Weg in dieser Richtung wiedergefunden.

III. Das Christentum muß den verlorenen prophetischen Geist neu in sich erwecken und in diesem Geist die Zeichen der Zeit deuten, die Dämonien der Zeit enthüllen, die Erwartungen eines Neuen stärken und formen, ohne Utopien Nahrung zu geben. Der Versuch, den Kampf für soziale Gerechtigkeit und Völkereinheit auf christliche Grundlage zu stellen, muß trotz aller Niederlagen fortgeführt werden.

IV. Das Christentum muß seine Symbolwelt den religiös entleerten Massen aller Schichten neu erschließen, als Antwort auf die Frage nach dem Lebenssinn verständlich machen, den protestantischen Intellektualismus des bloßen Predigens überwinden, ohne der Mechanisierung des katholischen Kultus zu verfallen. Zahlreiche liturgisch-sakramentale Bewegungen in den Kirchen haben diese Aufgabe begriffen, ohne deren Lösung es unmöglich ist, der Symbolkraft des religiösen Nationalismus zu widerstehen.

V. Das Christentum muß im Geist seiner großen apologetischen Tradition das moderne Weltbewußtsein, soweit es durch das Suchen nach Wahrheit bestimmt ist, aufnehmen und umformen. Das sogenannte „existentielle“ Denken, das nicht nur in Philosophie und Theologie, sondern auch in den übrigen Wissenschaften im Vordringen begriffen ist, bietet Möglichkeiten, die vom Christentum noch nicht verstanden oder gar ausgeschöpft sind.

Dieses sind die Forderungen, die aus der gegenwärtigen europäischen Lage für das Christentum folgen. Es mag sein, daß die wachsende Macht des religiösen Nationalismus das Christentum um dieser Forderungen willen unterdrücken und verfolgen wird, wie es schon an vielen Orten geschieht. Das aber – und nicht der Kompromiß – ist der Weg, auf dem das Neue geboren wird.

FREIHEIT IM ZEITALTER DES UMBRUCHS
(1940)

I.

Die Frage nach der Beschaffenheit der Freiheit in einer bestimmten geschichtlichen Periode ist nur dann sinnvoll, wenn wir annehmen, daß Freiheit einem geschichtlichen Wandel unterworfen ist; das ist aber nicht ohne weiteres möglich. Natürlich erzeugt jede geschichtliche Periode andere Formen, Institutionen und Ideen, in denen sich Freiheit verwirklicht. Diese Art der Veränderung ist so offenkundig, daß sie nicht erwähnt zu werden braucht. Es ist aber zu fragen, ob die geschichtliche Veränderung der Formen der Freiheit auch eine essentielle Veränderung des Wesens der Freiheit in sich schließt. Und weiter: wenn die Freiheit als ein wesentliches Merkmal des Menschen, vielleicht als das wesentlichste überhaupt angesehen wird, dann muß eine Veränderung in der Natur der Freiheit eine Veränderung in der Natur des Menschen bedeuten. Das hieße nicht nur, daß der Mensch Geschichte hat, sondern auch, daß die menschliche Natur als solche, der essentielle Charakter der *humanitas*,[1] der Geschichte und der geschichtlichen Veränderung unterworfen ist. Läßt sich diese Behauptung aufrechterhalten?

Um diese Frage beantworten zu können, müssen wir zunächst den einzigartigen Charakter der Freiheit verstehen. Der Natur der Freiheit ist eine Zweideutigkeit eigen, durch die sie sich von jeder anderen Wirklichkeit unterscheidet. Alles, was ist – außer der Freiheit –, ist durch die eigene Natur determiniert. Seine Verwirklichung folgt mit Notwendigkeit aus seiner Natur. Das Wesen der Freiheit aber ist es, sich selbst zu bestimmen. Freiheit ist die Möglichkeit, über das eigene Wesen hinauszugehen. Dieser äußerst dialektische Charakter des Wesens der Freiheit macht die Lehre von der Freiheit so faszinierend und zugleich so gefährlich. Eine Philosophie, die die grundsätzliche Zweideutigkeit im Wesen der Freiheit übersieht, ist ein philosophischer Angriff auf die Freiheit, und das bedeutet, auch auf die *humanitas*. Denn die Freiheit

---

[1] Das Wort *humanity* des englischen Textes wurde hier in Angleichung an die „Systematische Theologie", Bd. III, T. 4, mit *humanitas* übersetzt. (D. Hrsg.)

macht den Menschen zum Menschen. Auch wer sie leugnet, setzt sie voraus. Auch wer durch seinen Angriff auf die Freiheit die *humanitas* angreift, kann dies nur im Namen der *humanitas* und der Freiheit tun. Wer sich gegen die Freiheit entscheidet, ist in diesem Akt der Entscheidung ein Zeuge für die Freiheit, da diese Entscheidung für sich in Anspruch nimmt, wahr zu sein, und das heißt, nicht von der individuellen oder sozialen Natur des Einzelnen abhängig zu sein, sondern von objektiven Normen, die man anerkennen oder verwerfen kann. Diese Situation ist verdunkelt worden von dem traditionellen Problem der „Willensfreiheit", einem Problem, das unlösbar ist, weil bereits die Form der Frage irreführend ist. Der Mensch, und nicht ein Teil des Menschen, ist frei.

Daraus folgt, daß eine Definition der menschlichen Natur im üblichen Sinne einer Definition nicht gegeben werden kann. Denn der Mensch hat die Möglichkeit, diese Natur, die in einer solchen Definition definiert wird, zu verändern. Der Mensch ist fähig, die Grenzen einer jeden Definition des Menschen zu durchbrechen, außer jener, die besagt, daß der Mensch die Fähigkeit hat, seine Natur zu verändern. Eine Definition, die von einer menschlichen Natur und einer Freiheit außerhalb der Geschichte ausgeht, ist daher nicht möglich. Die geschichtliche Existenz des Menschen macht eine solche Definition unmöglich. Ungeschichtliche Definitionen der menschlichen Natur berauben den Menschen seiner Freiheit, das heißt: seiner Macht, sein Wesen in der Geschichte zu bestimmen und durch die Geschichte etwas Neues zu werden. Wenn wir eine Definition des Menschen geben wollen, müssen wir sagen: Der Mensch ist das Wesen, das in der Lage ist, sein Wesen in Freiheit durch Geschichte zu bestimmen. Und wenn wir eine Definition der Freiheit versuchen wollen, müssen wir sagen: Die Freiheit ist diejenige Eigenschaft des Menschen, die ihn befähigt, sein Wesen durch Geschichte zu bestimmen. Und wenn wir versuchen wollen, eine Definition der Geschichte zu geben, müssen wir sagen: Geschichte ist dasjenige Geschehen, durch das der Mensch sein eigenes Wesen samt seiner Freiheit bestimmt.

Freiheit ist die Bedingung der Geschichte, und Geschichte ist die Bedingung der Freiheit, beide sind wechselseitig voneinander abhängig. Es gibt keine Geschichte ohne Freiheit. Es gibt Naturprozesse, die mit Naturnotwendigkeit vor sich gehen. Wird die Freiheit der Geschichte geleugnet, dann wird die Geschichte zu einem Naturprozeß gemacht und wird ihrer Einzigartigkeit und ihres Sinnes beraubt. Umgekehrt gibt es keine Freiheit außerhalb der Geschichte. Freiheit, die aufgehört hat, Macht der Selbstbestimmung in der Geschichte zu sein, hat aufgehört, Freiheit zu sein, und Menschen, die diese Macht verloren haben,

haben ihre volle *humanitas* verloren. Sie sind entmenschlicht. Sie haben nichts als eine Ideologie, die das Fehlen wirklicher Freiheit im Interesse von Unterdrückern verdecken soll, wenn man die „Freiheit jenseits der Geschichte" preist. Freiheit muß *in* der Geschichte erscheinen, sie muß sich *in* der Geschichte verkörpern, oder sie ist nicht Freiheit.

II.

Wenn der Mensch dasjenige Wesen ist, das sein Wesen in Freiheit durch Geschichte bestimmt, können nur diejenigen „Menschen" genannt werden, die diese Freiheit besitzen und an der Selbstbestimmung des Menschen durch Geschichte partizipieren. Die politische Philosophie der Antike stimmt mit dieser Ansicht überein: Mensch ist, wer frei ist, und frei ist, wer an der Selbstbestimmung der geschichtlichen Gruppe, zu der er gehört, partizipiert. Bürgerrecht, Freiheit und *humanitas* sind identisch.

Der Sklave ist ein „menschliches Wesen", aber kein Mensch im vollen Sinne des Wortes, weil er nicht frei ist. Ob ein Wesen ein Gott, ein menschliches Wesen oder ein Tier ist, ist im voraus „festgelegt". Und ob ein menschliches Wesen ein *Mensch* im vollen Sinne des Wortes ist oder ausgeschlossen von der vollen *humanitas*, ist Sache des geschichtlichen Schicksals. Freiheit ist eine Eigenschaft der menschlichen Natur und zugleich eine Sache des Schicksals. Diese beiden Aspekte können einander widersprechen. Wer frei ist dem Wesen nach, kann Sklave werden durch Schicksal. Das war eine für die Praxis sehr wichtige philosophische Einsicht: das gesamte Gesellschaftssystem und die gesamte Außenpolitik des klassischen Griechenland stützten sich auf diesen Gedanken. Er rechtfertigte die Sklaverei, und er rechtfertigte die Verachtung der „Barbaren". Denn Mensch ist, wer frei ist; frei ist, wer Bürger ist; Bürger ist, wer Grieche ist; folglich ist nur der griechische Bürger Mensch im vollen Sinne des Wortes: außerhalb Griechenlands gibt es menschliche Wesen, aber nur die Griechen repräsentieren die *humanitas*. Diese Haltung stellt die eine große Lösung des Problems von „Freiheit und Geschichte" dar.

Die spätantike Entwicklung brachte in der Stoa und im Epikureismus eine andere Lösung. Das geschichtliche Element in dem Begriff der Freiheit wurde geschwächt, als Alexander und die Römer die politische Selbstbestimmung der Griechen vernichteten und viele griechische Bürger zu Sklaven machten. Man betrachtete nun die Freiheit als ein natürliches Merkmal des Menschen überhaupt, das nicht verloren werden kann durch Schicksal, auch dann nicht, wenn das Schicksal die Mehrheit der Menschen von der politischen Selbstbestimmung ausschließt. Die Epikureer meinten sogar, daß die Freiheit nur durch den Rückzug in ein völlig privates Leben bewahrt werden könne. Zur gleichen Zeit aber erweiterten die römischen Kaiser unter dem Einfluß der stoischen Philosophie die Freiheit wie das römische Bürgerrecht immer mehr, bis es so etwas wie ein universales Bürgerrecht wurde. Wer als menschliches Wesen für essentiell frei gehalten wurde, sollte als römischer Bürger die geschichtliche Freiheit erhalten. Die Stoa machte den Versuch, Freiheit durch Schicksal und Freiheit von Natur einander anzunähern. Aber das bedeutete natürlich für die überwältigende Mehrheit des Volkes noch nicht politische Selbstbestimmung: die Regierung lag in den Händen einiger weniger. Es entwickelte sich ein nicht-politisches Bürgerrecht, das die Gleichheit vor dem Gesetz sowie die Anerkenntnis einschloß, daß alle menschlichen Wesen ein natürliches Recht hätten, als Menschen im vollen Sinne des Wortes zu gelten.

Noch unpolitischer war die christliche Idee der Freiheit. Politische Freiheit wurde als unwesentlich angesehen für einen Menschen, der Christ ist, und das heißt, für den Menschen, der die „Freiheit der Kinder Gottes" hat. Diese Freiheit ist die einzig mögliche Erfüllung der natürlichen Freiheit des Menschen. Sie ist die Befreiung von der transzendenten Knechtschaft des Menschen, von der Knechtschaft unter Sünde, Schuld und dämonischen Mächten. Diese Befreiung kann weder von der politischen Freiheit herbeigeführt, noch von der politischen Versklavung verhindert werden. Sie ist das Werk Gottes und nur Gottes. Aber auch diese transzendente Freiheit hat geschichtliche Implikationen. Das Werk Gottes verwirklicht sich in der Geschichte, im Christus und in der Kirche, und das heißt – wie das ursprüngliche griechische Wort *ecclesia* erkennen läßt – in der „Gemeinde", nämlich der „Gemeinde Gottes", die an die Stelle der *polis* mit ihrer Bedeutung und Würde tritt. Daher sind Freiheit und tatsächliches „Bürgerrecht" in der Gemeinde Gottes ein und dasselbe. Der freie Bürger des griechischen Stadtstaates wird ersetzt durch das freie Glied der universalen Kirche. Und die Kirche ist nicht nur ein mystischer Leib, sie ist auch eine geschichtliche Gemeinde. Wer ihr als wahrer Christ angehört, hat nicht nur transzendente Freiheit, sondern auch geschichtliche Freiheit. Denn als Glied der Kirche partizipiert er an der Gestaltung der Geschichte, nicht unmittelbar, aber mittelbar durch die erneuernde Kraft der Christen in allen weltlichen Gemeinschaften. Als Glied der Kirche ist er jedem anderen Glied gleich, selbst wenn die hierarchische Ordnung ihn von führenden Stellen innerhalb der Kirche ausschließt.

Hierin trägt der Protestantismus die ursprünglichen christlichen Impulse weiter. Er setzt den Laien nicht nur vor Gott, sondern auch im praktischen Leben der Kirche auf die gleiche Stufe wie den Geistlichen oder genauer: er macht den Geistlichen zum Laien und den Laien zum Geistlichen und gibt jedem Glied die tatsächliche Freiheit, die Geschichte der Kirche zu bestimmen. Auf diese Weise überwindet der Protestantismus die hierarchischen Schranken der geschichtlichen Freiheit im Katholizismus. Die Freiheit vor Gott enthält die geschichtliche Freiheit, wenn auch innerhalb der Grenzen der Kirche.

In der weiteren Entwicklung wurde auch diese Einschränkung beseitigt. Die Freiheit vor Gott, die ursprünglich Freiheit von Schuld durch Erlösung war, wurde immer mehr mit der natürlichen Freiheit eines jeden menschlichen Wesens gleichgesetzt, d. h. mit der Freiheit der Selbstbestimmung in der Geschichte. Der „vernünftige" Mensch der Stoa und der „erlöste" Mensch des Christentums wurden miteinander verschmolzen. Es entstand die demokratische Lehre von der Freiheit. Die moderne Demokratie vereinigt das klassische Ideal der politischen Freiheit mit der stoischen Lehre von der Freiheit als natürlicher Eigenschaft des Menschen und mit dem religiösen Universalismus der christlichen Idee der Freiheit. Sie umfaßt Elemente aller dieser Lehren und schafft aus ihrer Verbindung etwas Neues. Das kommt sehr klar zum Ausdruck in einem Dokument wie der *„Bill of Rights"*. In den demokratischen Verfassungen decken sich die natürliche und die politische Freiheit anscheinend völlig. Die Freiheit des Menschen kann von seiner Freiheit zur politischen Selbstbestimmung seines geschichtlichen Schicksals nicht getrennt werden. Jedes menschliche Wesen, das heißt, jeder, der Vernunft besitzt, ist von Natur frei und folglich politisch frei. Er gehört zu denen, die dadurch, daß sie die menschliche Geschichte durch politisches Handeln bestimmen, die Natur des Menschen und die Natur der Freiheit bestimmen. Wer seiner demokratischen Rechte beraubt ist, ist der wesentlichen Eigenschaft des Menschen – seiner Freiheit – beraubt.

Von hier aus wird der Kampf um Leben und Tod für die „Menschenrechte" in vielen Ländern verständlich, z. B. der religiöse Enthusiasmus für die Demokratie in den Vereinigten Staaten von Amerika und die uneingeschränkte Bejahung der Demokratie seitens der Kirchen in einigen demokratischen Ländern. Dieser Kampf wird empfunden als ein Kampf für die essentielle *humanitas*, für die Bewahrung des Menschen als Menschen gegen die Verzerrungen der *humanitas* und der menschlichen Freiheit. Aus dieser Denkweise ging die Idee vom Weltkrieg als „Kreuzzug für die Demokratie" hervor;

sie war eine Folge der radikalen Gleichsetzung der natürlichen mit der politischen Freiheit und dieser beiden mit der Freiheit vor Gott.

Es ist fraglich, ob der gegenwärtige Krieg die gleiche Ideologie erzeugen wird. Die Kritik, die in der Zeit zwischen den beiden Kriegen an dieser Gleichsetzung geübt worden ist, macht deren Wiederaufleben unwahrscheinlich.

Dieser Überblick zeigt: Immer ist die gegenseitige Abhängigkeit von natürlicher und politischer Freiheit – mittelbar oder unmittelbar – anerkannt worden; immer gibt es in der Geschichte eine Tendenz, die Sphäre der politischen Freiheit auszudehnen bis zur vollen Gleichsetzung mit der natürlichen Freiheit oder bis zur universalen Demokratie. Weil der Mensch frei ist von Natur, ruht er nicht, bis er frei ist in der Geschichte.

Aber diese Tendenz wird von einer anderen durchkreuzt, die die aristokratischen und hierarchischen Systeme der Vergangenheit idealisiert und versucht, entschieden den Kreis derer zu beschränken, die frei sind, die Geschichte durch politisches Handeln zu bestimmen. Die politische Freiheit soll einer verhältnismäßig kleinen Zahl von Führern vorbehalten sein, der sogenannten Elite, den privilegierten Klassen, den gebildeten Schichten, den Grundbesitzern, den militärischen oder bürokratischen Mächten. In diesen Theorien, deren jüngste die Lehre von der Elite ist und deren wichtigste Anwendung alle Spielarten des Faschismus sind, wird etwas zur Bedingung für die politische Freiheit gemacht, was außerhalb der natürlichen Freiheit liegt. Politische Selbstbestimmung wird nur denjenigen zugestanden, die überlegen sind durch natürliche Fähigkeiten, Erbe, Tradition, Milieu, kurz, durch geschichtliches Schicksal. Um politische Wirklichkeit zu werden, braucht die Freiheit etwas, was außerhalb der Freiheit liegt. Die demokratische Gleichsetzung der natürlichen mit der politischen Freiheit wird abgelehnt. Wie in einigen religiösen Doktrinen die transzendente Prädestination die ewige Erfüllung oder die ewige Zerstörung des Menschen bestimmt, so entscheidet in diesen Lehren die geschichtliche Prädestination, ob ein menschliches Wesen vom Schicksal zum Menschen im vollen Sinne der *humanitas* ausersehen ist oder nicht. Diese Lehre hat zur Folge, daß für die meisten Menschen die natürliche Freiheit sich niemals als politische Freiheit verwirklicht. Und das hat in der Geschichte des Menschen stets zur Entmenschlichung der Massen geführt, zu einer Situation, in der die natürliche Freiheit des Menschen durch den Mangel an geschichtlicher Freiheit zerstört wird. Trotzdem ist diese Theorie immer wieder aufgetaucht. Sie ist nicht nur in der Vergangenheit mächtig gewesen, ehe die demokratische Entwicklung begann, sondern sie ist gerade in dem Augenblick wieder mächtig geworden, als auf der ganzen Welt die demokratische Idee der Freiheit zu siegen schien. Und es ist erschütternd zu sehen, wie diese Tendenz nicht nur von den herrschenden Gruppen oder der neuen „Elite" unterstützt worden ist, sondern wie die Massen selber zur Zerstörung ihrer eigenen politischen Freiheit beigetragen haben. Die demokratische Gleichsetzung der natürlichen mit der politischen Freiheit scheint der menschlichen Natur nicht zu entsprechen.

Diese Ansicht wurde häufig von der Religion und gleichermaßen vom Idealismus gestützt, indem diese scharf unterschieden zwischen äußerer und innerer Freiheit und allen religiösen und ethischen Nachdruck auf die innere Freiheit legten, die jedermann, selbst ein Sklave, für sich beanspruchen kann. Frei ist, wer als sittliche Persönlichkeit oder als erlöstes Kind Gottes handelt, selbst wenn er in Ketten ist. „Freiheit in Ketten" ist in jedem politischen System möglich – in der Demokratie ebenso wie in der Tyrannei. Nur die innere Freiheit ist letztlich wichtig. Ob man unter einer Verfassung oder in einem totalitären oder kollektivistischen System lebt, man kann in allen Systemen frei sein, man kann in Ketten frei sein und ohne Ketten frei sein. Es gibt keine geschichtlichen Verhältnisse, unter denen man seine natürliche Freiheit nicht zur vollen *humanitas* entwickeln könnte.

Diesen religiösen und ethischen Argumenten werden Argumente aus dem geschichtlichen und politischen Bereich an die Seite gestellt. Es wird betont – und kann nicht geleugnet werden –, daß die menschliche Geschichte viel gründlicher durch unpolitische Menschen als durch irgendwelche Politiker gestaltet wird. Dafür gibt es unzählige Beweise. Diese Beweise finden sich nicht nur unter denen, die man als die großen schöpferischen Menschen in der menschlichen Kultur ansieht, sondern unter allen Menschen, die an der Gestaltung der menschlichen Geschichte partizipieren. Politisches Schöpfertum ist eine besondere Gabe und nur in wenigen Menschen verkörpert, die unter günstigen Bedingungen Führer werden und auf ihre besondere Weise die Geschichte bestimmen. Die Forderung, daß sich jedermann schöpferisch an der Politik beteiligen soll, ist aber ebenso unsinnig wie die Forderung, daß jedermann schöpferisch an der Mathematik oder der Musik teilnehmen soll. Die politische Verantwortung sollte daher nur denen vorbehalten bleiben, die fähig sind, sie zu tragen. Und es bedeutet keineswegs einen Verlust der Freiheit und der vollkommenen *humanitas*, wenn die große Mehrheit der Menschen von der politischen Selbstbestimmung ausgeschlossen ist.

Diese Argumente sind sehr ernstzunehmen. Sie lassen eine einfache

Gleichsetzung der natürlichen mit der politischen Freiheit, wie sie die moderne Demokratie vorausgesetzt hat, nicht mehr zu. Die Freiheit der geschichtlichen Selbstbestimmung ist nicht identisch mit der Freiheit der politischen Selbstbestimmung. Beide stehen zwar in einer unmittelbaren Beziehung zueinander, sind aber nicht identisch. Die politische Selbstbestimmung ist ein besonderer und äußerst wichtiger Teil der geschichtlichen Selbstbestimmung, aber die geschichtliche Selbstbestimmung geht weit darüber hinaus. Geschichtliche Freiheit ist nicht gebunden an ein Wahlsystem, an die Majorität, an parlamentarische Vertretung. Sie ist nicht gebunden an demokratische Institutionen im technischen Sinne des Wortes. Aber sie ist gebunden an einen Bereich freier schöpferischer Tätigkeit, durch die Geschichte gestaltet und verändert wird. Nicht diejenigen sind von der vollen *humanitas* ausgeschlossen, die von der Teilnahme an unmittelbar politischer Tätigkeit ausgeschlossen sind, sondern nur diejenigen, die ausgeschlossen sind von jedem Bereich schöpferischer Freiheit und damit von der geschichtlichen Selbstbestimmung. Wenn das zugegeben wird, wenn die Unterscheidung von geschichtlicher und politischer Freiheit anerkannt wird, dann können die aristokratischen und idealistischen Argumente wie folgt beantwortet werden: Die natürliche Freiheit des Menschen, seine vollkommene *humanitas*, existiert nicht, abgesehen von den verschiedenen Formen geschichtlicher Freiheit. Jeder Versuch, den Religion und Idealismus unternehmen, die Freiheit auf die sogenannte „innere Freiheit" zu beschränken, muß verworfen werden. Innere Freiheit kann ohne geschichtliche Freiheit nicht einmal gedacht werden. Gewiß, der „freie Mensch in Ketten" mag vielleicht ein besserer Repräsentant der menschlichen Freiheit sein als eine Wählermasse. Um aber ein Repräsentant der Freiheit sein zu können, muß er Freiheit erfahren haben, muß er in einem politischen System gelebt haben, das Freiheit zum Gegenstand möglicher Erfahrung macht. Es gibt eine politische Unterdrückung, die Nationen und Generationen in einer Weise entmenschlicht, daß noch nicht einmal mehr der „freie Mensch in Ketten" gefunden werden kann. Die Freiheit in Ketten beruht auf der Erfahrung der Freiheit ohne Ketten. Sogar die „Freiheit der Kinder Gottes" ist eine sinnlose Phrase, wenn Freiheit niemals Gegenstand geschichtlicher Erfahrung gewesen ist. Da die religiöse und die idealistische Sprache abgeleitet sind von der konkreten Sprache des täglichen Lebens, die die realistische Basis für die höchsten und erhabensten Symbole liefert, muß die Erfahrung, die sich in diesen Symbolen ausdrückt, ihre Wurzeln in den konkreten Erfahrungen behalten, in denen diese Symbole zuerst erschienen sind. Innere Freiheit ohne geschichtliche Freiheit ist eine Abstraktion, und diese gibt, wenn sie als Realität betrachtet wird, die geschichtliche Freiheit preis und zerstört schließlich sich selbst.

III.

Geschichtliche Freiheit ist nicht politische Freiheit. Aber die Frage ist, ob geschichtliche Freiheit ohne politische Freiheit möglich ist, und falls nicht, welche Art politischer Freiheit die geschichtliche Freiheit garantieren kann. Um diese Fragen beantworten zu können, muß das Wesen der geschichtlichen Freiheit näher bestimmt werden. Freiheit kann nur bestehen, wenn es einen Bereich freier schöpferischer Tätigkeit gibt, einen Bereich, innerhalb dessen jedermann die Geschichte zu bestimmen und die menschliche Natur durch die Geschichte umzugestalten vermag.

Schöpferische Freiheit hat drei Richtungen: die Freiheit zu sinnerfüllender schöpferischer Tätigkeit, die Freiheit zu autonomer schöpferischer Tätigkeit, die Freiheit zu Selbst-erfüllender schöpferischer Tätigkeit.

Die erste Voraussetzung ist die Freiheit zu sinnerfüllender schöpferischer Tätigkeit, das heißt, die Freiheit der Entscheidung über Sinn und Zweck der eigenen schöpferischen Tätigkeit. Wer für einen Zweck arbeitet, dessen Sinn er verneint, hat keine geschichtliche Freiheit. Es ist nicht nötig, daß er diesen Zweck selber findet und setzt, aber es ist nötig, daß er ihn anerkennt. Wer für einen Zweck, den er nicht anerkennt, zur Erhaltung seiner körperlichen Existenz arbeitet, ist versklavt. Derart versklavt sind große Massen von Menschen. Sie sind nicht versklavt, weil sie für den Nutzen eines anderen arbeiten. Man kann für den Nutzen eines anderen arbeiten, ohne die eigene Freiheit zu verlieren, wenn man Sinn und Zweck anerkennt und die anderen Elemente der Freiheit nicht einbüßt. Und man kann für seinen eigenen Nutzen arbeiten und in jedem Augenblick die Sinnlosigkeit der eigenen Arbeit empfinden. Arbeit für sich selbst kann Sklaverei sein, falls sie für unbegrenzten Nutzen und unbegrenzte wirtschaftliche Macht geschieht, aber ohne einen sinnvollen Zweck, der darüber hinausführt. Es ist mehr als eine schöne Phrase, wenn die Sozialisten so nachdrücklich behaupten, daß die Erlösung vom Kapitalismus nicht allein die Erlösung der ausgebeuteten Massen bringe, sondern auch die Erlösung der ausbeutenden Kapitalisten, die von den tyrannischen Gesetzen der Konkurrenz der Freiheit zu sinnerfüllender schöpferischer Tätigkeit beraubt werden. Keine romantische Verklärung der Konkurrenzfreiheit darf verschleiern, was für entmenschlichende und versklavende Folgen diese mit sich bringen kann. Die wichtigste Frage ist nicht, ob der Mensch für sich selber arbeitet oder für einen anderen oder für die Gruppe, der er angehört. Das Problem ist vielmehr, ob seine Arbeit getragen wird von der Freiheit zu sinnerfüllender schöpferischer Tätigkeit – der ersten Voraussetzung für geschichtliche Freiheit.

Die zweite Richtung ist die Freiheit zu autonomer Tätigkeit („autonom" in der traditionellen und allein sinnvollen Bedeutung, nämlich den Gesetzen gemäß, die in den Dingen verkörpert sind, ohne Eingriff durch Autoritäten), und das ist die Freiheit, den objektiven Forderungen zu folgen, die in der Natur der eigenen Arbeit enthalten sind, unbehindert durch heteronome Forderungen von außen. Jede schöpferische Arbeit hat ihre Strukturnotwendigkeiten, die sich aus eben dieser besonderen Natur ergeben. Ein Künstler hat zum Beispiel nur dann die Freiheit zu autonomer schöpferischer Tätigkeit, wenn er frei ist, zuerst den Strukturforderungen seines Materials zu folgen, dann denen der Formen seiner Kunst und schließlich denen des besonderen Stils, den er vertritt. Genauso muß der Gelehrte den methodischen Forderungen seines Materials folgen können ohne irgendwelche Einschränkungen durch religiöse oder politische Mächte. Und der Techniker muß dem Prinzip der größten Wirkung bei kleinsten Mitteln folgen können und sollte nicht gezwungen sein, schöpferische Möglichkeiten unter dem Druck politischer Interessen zu unterdrücken oder zu beschränken. Wo immer man dem Menschen diese Freiheit verweigert, beraubt man ihn seiner Selbstbestimmung durch die Geschichte. Er wird versklavt und entmenschlicht. Ein Richter, der seinem Urteil über das Gesetz und den Einzelfall, den er richten soll, nicht folgen kann, hat keine Freiheit. Er wird zum entmenschlichten Werkzeug politischer Tyrannei. Er hat seine geschichtliche Freiheit verloren, indem er seine Freiheit zu autonomer schöpferischer Tätigkeit verloren hat.

Die dritte Richtung der geschichtlichen Freiheit ist die Freiheit zu Selbst-erfüllender schöpferischer Tätigkeit. Die Freiheit ist vernichtet, wenn die vitale Macht und Freude, die zum Schöpferischen gehören, verloren sind. Die Freiheit zur Selbstbestimmung der menschlichen Natur durch die Geschichte kann nicht getrennt werden von der Selbsterfüllung im Sinne des griechischen Wortes *eudaimonia. Eudaimonia* oder Glückseligkeit ist jener Zustand des Menschen, in dem die Möglichkeiten seiner Natur vollkommen verwirklicht sind. *Eudaimonia* ist Selbsterfüllung. Sie ist unterschieden, obzwar nicht völlig getrennt von *hedone,* Lust, die eine nachträgliche Folge, aber kein essentielles Element der Glückseligkeit ist. Sie ist zwar gewöhnlich mit Glückseligkeit verbunden, kann aber auch fehlen. Glückseligkeit ist möglich sogar in

Leid und Schmerzen. Lust allein kann niemals Glückseligkeit schaffen. Die Tatsache, daß im Laufe des abendländischen Denkens das griechische Prinzip der *eudaimonia* mit dem Prinzip der *hedone* verwechselt wurde, daß Glückseligkeit und Lust nicht scharf unterschieden wurden, daß die christliche Ethik nicht nur Lust, sondern auch Glückseligkeit im Sinne von *eudaimonia* ablehnte, hat die Individual- wie die Sozialethik in der antiken und der modernen Welt außerordentlich verwirrt. Als der Sozialismus Glück für alle forderte, griffen die Feinde des Sozialismus dies an als Aufrichtung des Lustprinzips und bedienten sich der religiösen und idealistischen Argumente gegen das Lustprinzip als Argumente gegen den Sozialismus. Und da schöpferische Selbsterfüllung zum Wesen der menschlichen Natur gehört, wurde durch diese Argumentation die Entmenschlichung der Massen gefördert. Die Freiheit zur Selbsterfüllung kann nicht gewahrt werden, wenn die Freude und der vitale Mut der schöpferischen Tätigkeit vernichtet sind. Es gibt keine geschichtliche Freiheit, wenn die vitale Bedingung des Schöpferischen untergraben ist durch Angst, Furcht und Unterdrückung der vitalen Impulse infolge fehlender Mittel zu ihrer Befriedigung. Es gibt keine geschichtliche Freiheit, wenn das Glück, das der schöpferischen Selbstbestimmung entspringt, zerstört wird durch eine soziale Struktur und durch technische Methoden, die den Menschen zum Teil einer Maschine oder zu einem Quantum Arbeitskraft machen, das als Ware gehandelt wird. Das bedeutet, daß Freiheit nicht allein von politischen Formen abhängig ist, sondern auch von der sozialen Struktur, in der die zur Selbsterfüllung führende schöpferische Tätigkeit oder das schöpferische Glück eines jeden garantiert wird, so daß die höchste Erfüllung des Menschen und der Gesellschaft erreicht werden kann.

Zusammenfassend können wir sagen: Die menschliche Natur fordert die Freiheit zu geschichtlicher Selbstbestimmung. Geschichtliche Selbstbestimmung fordert einen Bereich schöpferischer Freiheit. Schöpferische Freiheit hat zur Voraussetzung: die Freiheit zu sinnerfüllender schöpferischer Tätigkeit, die Freiheit zu autonomer schöpferischer Tätigkeit und die Freiheit zu Selbst-erfüllender schöpferischer Tätigkeit.

Politische Freiheit ist ein Zustand der menschlichen Gesellschaft, in dem politische Institutionen jedermann die geschichtliche Freiheit der menschlichen Selbstbestimmung garantieren. Die politische Freiheit ist der Hüter der geschichtlichen Freiheit. Ein politisches System ist in dem Maße frei, in dem es jedem die freie schöpferische Tätigkeit, durch die die menschliche Geschichte bestimmt wird, garantieren und fördern kann. Die Frage, ob in einem politischen System Freiheit verkörpert ist, läßt sich nicht mit dem Hinweis auf die Gesetzlichkeit seiner Verfassung und auf seine Gesetze beantworten. Gesetzliche und konstitutionelle Freiheit schließen die geschichtliche Freiheit nicht mit Notwendigkeit ein. Die Form der Freiheit schließt den Gehalt der Freiheit nicht mit Notwendigkeit ein. Die Demokratie ist dasjenige System, das vom legalen und konstitutionellen Standpunkt aus mehr Freiheit in sich verkörpert als irgendein anderes politisches System. Die Partizipation aller an der Regierung durch das Wahlrecht und das gleiche Recht aller vor dem Gesetz sind der stärkste Ausdruck des Willens zur Freiheit, den man sich in einer Welt vorzustellen vermag, in der Regierung und Gewalt unvermeidlich sind. Aber auch ein solches System kann zu einem Werkzeug für die Unterdrückung freier schöpferischer Tätigkeit werden. Die äußerst dialektische Geschichte des Liberalismus – des Systems, das den Namen der *libertas* trägt – zeigt deutlich, daß die konstitutionelle Form allein die geschichtliche Freiheit nicht garantieren kann. Vielleicht muß, damit die geschichtliche Freiheit gerettet wird, die gesetzliche Form der Freiheit dergestalt verändert werden, daß das Resultat wie eine Beschränkung der Freiheit aussieht. Dies ist die heutige Situation in allen Ländern, in denen der Liberalismus die Vorherrschaft erlangt hat: Wir stehen vor einem langen und katastrophenreichen Zeitalter des Umbruchs, in dem die konstitutionelle Freiheit möglicherweise untergehen wird und in dem die geschichtliche Freiheit, die freie schöpferische Tätigkeit und das Recht des Menschen auf Bestimmung seines Wesens durch die Geschichte äußerst gefährdet sein werden, wie sie es jetzt schon sind.

Angesichts dieser Situation müssen wir uns fragen, wie weit die geschichtliche Freiheit von konstitutionellen Freiheiten abhängig ist. Wäre sie völlig von ihnen abhängig, dann bliebe keine Hoffnung mehr auf Rettung der geschichtlichen Freiheit im Zeitalter des Umbruchs. Aber es gibt eine solche Hoffnung, weil die geschichtliche Freiheit nicht identisch ist mit einer besonderen Form der politischen Freiheit und folglich auch nicht mit einer besonderen Form von Verfassung und Recht. In der menschlichen Geschichte hat es Situationen gegeben, in denen die geschichtliche Freiheit verhältnismäßig gesichert war innerhalb autoritärer Systeme. Die Monarchie zum Beispiel ist manchmal besser imstande, die einander entgegengesetzten Klasseninteressen im Gleichgewicht zu halten, als hochentwickelte Formen des demokratischen Kapitalismus. Das ist eine Möglichkeit, aber keine Notwendigkeit. Aber die Monarchie hat immer den Nachteil, daß das Fehlen konstitutioneller Korrektiven zu willkürlichem Gebrauch der Macht führen kann, wodurch die Mehrheit des Volkes von dem Bereich der geschichtlichen Selbstbestimmung ausgeschlossen wird. In dieser Hinsicht bietet die Demokratie mehr Garantien gegen einen Mißbrauch der Regierungsgewalt. Andererseits ermöglicht sie aber eine Situation, in der private Gruppen ohne öffentliche Verantwortung durch ihre wirtschaftliche Macht die Massen derart beherrschen, daß die geschichtliche Freiheit unter dem Deckmantel der Demokratie bedroht ist. Deshalb kann weder ein autoritäres System als solches noch die Demokratie als solche eine Garantie für die geschichtliche Freiheit bieten. Kein System als solches kann das tun. Trotzdem ist ein „synthetisches" System, in dem eine starke, verbindende und bestimmende Regierungsgewalt von demokratischen Korrektiven kontrolliert wird, als die ideale Form der politischen Freiheit anzusehen.

Aber es ist recht unwahrscheinlich, daß sich ein solches System aus unserer heutigen Situation ergeben wird. Es scheint ein unentrinnbares Gesetz der menschlichen Geschichte zu sein, daß die ideale Form der politischen Freiheit nur durch einen glücklichen Zufall geschichtliche Wirklichkeit wird, eine Gelegenheit, die sich ab und zu bietet, aber stets nur von sehr kurzer Dauer ist. Geschichtliche Freiheit, die durch eine ideale Form der politischen Freiheit gesichert ist, ist ebenso selten wie alles Große in der menschlichen Geschichte. Deshalb ist es unsere heutige Aufgabe, einen Weg zu finden, der die geschichtliche Selbstbestimmung des Menschen im Zeitalter des Umbruchs rettet. Dieses Zeitalter – in ökonomischen Begriffen ein Zeitalter des Massenkollektivismus, in geistigen ein Zeitalter der Heteronomie, in politischen ein Zeitalter uneingeschränkter Autorität – bietet keine Möglichkeit für eine ideale Konstellation. In einem solchen Zeitalter kann die Freiheit nur den Charakter des „Trotzdem" haben, nämlich sinnerfüllende schöpferische Tätigkeit trotz auferlegter Zwecke, autonome schöpferische Tätigkeit trotz kollektivistischer Autorität, Selbst-erfüllende schöpferische Tätigkeit trotz destruktiver sozialer Verhältnisse. Wie ist das möglich, wenn es überhaupt möglich ist?

Es ist meine Aufgabe, die gegenwärtigen ökonomischen, sozialen und geistigen Bedingungen zu analysieren, die entweder zu einer neuen schöpferischen Periode der Geschichte oder zum Chaos und für große Teile der Menschheit zum Rückfall in die Barbarei führen müssen. Für diese Entwicklung gibt es drei voneinander unabhängige Gründe: erstens die selbstzerstörerischen Tendenzen in der Wirtschaftsstruktur des Spätkapitalismus, zweitens die entmenschlichende Wirkung eines alles beherrschenden Nationalismus, drittens die zersetzende Wirkung einer mechanisierten und säkularisierten technischen Zivilisation. Jede dieser Ursachen wäre allein stark genug, um eine fundamentale Veränderung der Struktur des menschlichen Lebens zu erzwingen – zusammen sind sie unbesiegbar. Man kann freilich sagen, daß jede Geschichtsperiode ein „Zeitalter des Umbruchs" ist. Das ist richtig, wenn Umbruch in oberflächlichem Sinne als bloßer Wechsel verstanden wird. Steht das Wort aber für eine fundamentale Auflösung der Struktur in allen Gebieten des menschlichen Lebens, dann ist es ausdrücklich auf unsere Zeit anwendbar. Es ist eine Veränderung durch Katastrophen und Revolutionen, aber diese Veränderung ist nicht nur Katastrophe und Revolution. Etwas wirklich Neues ist im Entstehen, etwas Neues, das äußerst schöpferisch sein, aber auch das Ende alles Schöpferischen in vielen Teilen der Welt bedeuten kann. Es ist nicht nötig, diese Interpretation der heutigen Situation ausführlicher darzustellen. Beweise, die für sie sprechen, sind jedem bekannt, sie sind heute billige Schlagworte, die täglich gebraucht und mißbraucht werden. Was noch vor Jahrzehnten oder gar nur Jahren als esoterische Weisheit, gewagte Prophezeiung und kühner Radikalismus betrachtet wurde, ist heute ein gängiger Artikel, der auf jedem Markt gehandelt wird. Kassandra-Worte, wie sie aus Spenglers Mund erklangen, sind heute Klischees für Leitartikel geworden. Dennoch ist, was als esoterische Weisheit Wahrheit war, immer noch wahr als exoterische Aussage. Ein Zeitalter des Umbruchs im radikalsten Sinne des Wortes hat begonnen, wir stehen mitten darin und fragen uns, ob es uns und den kommenden Generationen Schöpfung oder Chaos bringen wird.

Wo ist Platz für die Freiheit in diesem Stadium der Gesellschaft? Zunächst: Wo ist Platz für die Freiheit für sinnerfüllende schöpferische Tätigkeit trotz der Tatsache, daß einzelnen und Gruppen durch fremde Mächte oder durch die Tendenz der geschichtlichen Entwicklung Zwecke aufgezwungen werden? Ein Beispiel für das eine ist die Unterwerfung der industriellen Massen unter die willkürlichen Zwecke der wirtschaftlich Herrschenden, ein Beispiel für das andere die Zerstörung der Mittelklassen und ihre Proletarisierung. In beiden Fällen werden Menschen ihrer Freiheit zu sinnerfüllender schöpferischer Tätigkeit und zu geschichtlicher Selbstbestimmung beraubt und folglich ihrer vollen *humanitas*. Das Zeitalter des Umbruchs wird den Verlust an sinnvoller schöpferischer Tätigkeit noch vergrößern. Einige wenige Menschen – Führer der Wirtschaft oder Politik, Zivil- oder Militärdiktatoren, Zeitungs-, Rundfunk- oder Filmkönige, Kabinettsmitglieder in sogenannten Demokratien – werden für Millionen von Menschen die Zwecke setzen. Die Machtkonzentration, die auf der Massengesellschaft, deren technischen Mitteln und sozialen und nationalen Gegensätzen beruht, wird sinnerfüllende schöpferische Tätigkeit immer mehr erschweren und schließlich unmöglich machen. Sehr oft freilich ist diese Unterwerfung unter fremde Zwecke freiwillig und bedarf keines Zwanges. Sie kann ausdrücklich oder stillschweigend geschehen, sie kann sich in lärmendem Lobpreisen äußern oder in schweigender Anerkennung der Zwecke, die von der herrschenden Gruppe festgelegt werden. Solange dies geschieht, ist die Freiheit zu sinnerfüllender schöpferischer Tätigkeit noch nicht verloren. Aber in einem System, dem demokratische Ventile fehlen, wird zwangsläufig eine Situation entstehen, in der die Zwecke der herrschenden Gruppe denen der beherrschten Massen widersprechen. In einer solchen Situation gerät die sinnerfüllende schöpferische Tätigkeit in große Gefahr. Um sie zu erhalten, gibt es nur zwei Wege, den religiösen und den revolutionären, und beide Wege müssen zugleich beschritten werden. Der religiöse Weg kann das Bewußtsein von der essentiellen Freiheit des Menschen, seiner *humanitas* und seiner Würde retten, sogar in einem Zeitalter, in dem der Prozeß der Entmenschlichung sehr weit vorgeschritten und die geschichtliche Freiheit fast verschwunden ist. Die religiöse Frage ist die Frage nach dem letzten Sinn des Lebens, in religiösen oder philosophischen Begriffen ausgedrückt. Ob das Bewußtsein von der natürlichen Freiheit des Menschen in christlichen oder stoischen Begriffen gerettet wird, ob die „Freiheit der Kinder Gottes" oder die „Freiheit des Weisen" das Symbol ist, in dessen Namen die *humanitas* bewahrt wird, das hängt nicht vom religiösen Weg allein ab. Wenn die geschichtliche Freiheit völlig verschwindet, dann verschwindet die essentielle Freiheit des Menschen trotz Glauben und Heroismus. Aber es gibt einen Weg, auf dem die geschichtliche Freiheit sogar in einem Zeitalter ihrer Unterdrückung erhalten werden kann: den Weg des revolutionären Widerstandes. Er bedeutet nicht mit Notwendigkeit wirkliche Revolution. Generationen von Revolutionären mögen vergebens auf sie warten. Aber er bedeutet allerdings den Weg zur Revolution, er bedeutet latenten Widerstand, ehe „der Tag" gekommen ist, und manifesten Widerstand, wenn er gekommen ist. Im Zeitalter der Unterdrückung der geschichtlichen Freiheit ist die revolutionäre Haltung die Zuflucht für sinnerfüllende schöpferische Tätigkeit und für die *humanitas*.

Die zweite Frage lautet: Wo ist Platz für die Freiheit zu autonomer schöpferischer Tätigkeit trotz der kollektivistischen Autorität, die jedem Lebensbereich durch totalitären Anspruch aufgezwungen wird? Zweifellos muß ein Zeitalter des Umbruchs zumindest in seinem ersten Abschnitt zu kollektivistischen und autoritären Systemen mit mehr oder weniger totalitären Ansprüchen führen. Dem Beispiel, das die Faschisten und – auf Grund des entgegengesetzten Prinzips – die Sowjets gegeben haben, werden die Demokratien folgen (wenn auch mit wichtigen Änderungen). Die ungeheure Aufgabe einer fundamentalen Veränderung der Welt, politisch wie sozial, wird keinen anderen Weg zulassen. Das wird sehr schwerwiegende Folgen haben für die Freiheit zu geschichtlicher Selbstbestimmung, besonders für die Freiheit zu autonomer schöpferischer Tätigkeit. Ein Beispiel für das, was geschehen wird, ist die Unterdrückung der Freiheit an den Universitäten und vielen anderen wissenschaftlichen Instituten und Bildungsstätten in den totalitären Ländern. Die Menschen werden ihres Rechtes, und schließlich ihrer Fähigkeit, beraubt, die objektive Struktur der Wirklichkeit zu erforschen und im Einklang mit ihrem Wissen von den Dingen zu handeln. Auf allen Gebieten der kulturellen Tätigkeit setzt ein Verfallsprozeß ein, der schließlich die totalitären Systeme selber gefährdet.

Wie kann in einer solchen Situation die Freiheit zu autonomer schöpferischer Tätigkeit, die zweite Voraussetzung für die geschichtliche Freiheit, gerettet werden? Wieder müssen zwei Antworten gegeben werden, eine übergeschichtliche einerseits und eine geschichtliche andererseits. Sie sind für das Problem der Freiheit äußerst wichtig. Wenn wir mit der zweiten beginnen, so ist zu sagen: In einer totalitären Periode kann die Freiheit zu autonomer schöpferischer Tätigkeit nur in esoterischer Form existieren. Zur Erklärung dieses Satzes ist es nötig, die verschiedenen Typen der Esoterik zu erwähnen und zu fragen, was sie für die kulturelle schöpferische Tätigkeit im Zeitalter des Umbruchs bedeuten können. Es gibt eine natürliche Esoterik, die immer bestanden hat und bestehen wird, weil sie in der Verschiedenheit der menschlichen Fähigkeiten wurzelt. Diese natürliche Esoterik ist durchaus vereinbar mit der liberalsten Handhabung der geistigen Freiheit. Die Esoterik der höheren Mathematik oder der Kenntnis fremder Sprachen oder der Tätigkeit eines Arztes oder Industrieführers ist nicht grundsätzlich exklusiv, es ist eine natürliche, aber keine beabsichtigte Esoterik. Jeder, der fähig ist, den Stoff zu verstehen, ist ein mögliches Glied der esoterischen Gruppe, die keine Gruppe im soziologischen Sinne ist. Zum Schutz dieser Esoterik bedarf es keiner Sicherheitsmaßnahmen, denn sie ist durch ihre Eigenart geschützt.

Eine andere Art der Esoterik ist das genaue Gegenteil der ersten, sie ist völlig künstlich und ist nicht im Stoff selbst begründet. Man findet sie bei Gruppen, die sich mit einem Mysterium umgeben, um an Anziehungskraft zu gewinnen oder um ihre Exklusivität und ihr soziales Prestige zu bewahren. Die herrschenden Klassen schützen sich oft durch eine Esoterik dieser Art, um die beherrschten Klassen nicht aufkommen zu lassen. Religiöse und nichtreligiöse Sektierer benutzen diese Esoterik als Mittel, um ihr eigenes Selbstbewußtsein und die Achtung der von ihnen Ausgeschlossenen zu steigern. Priester, Gelehrte, Ärzte mißbrauchen zuweilen die natürliche Esoterik, die in der Schwierigkeit ihres Stoffes liegt, und steigern diese Schwierigkeit künstlich, um die Überlegenheit und Exklusivität ihres Berufes zu betonen.

Der dritte Typ ist die mystische Esoterik. Sie wurzelt in der Tatsache, daß gewisse religiöse und psychologische Erfahrungen nicht ohne strenge Vorbereitung erreichbar sind. Hierin ist die mystische Esoterik mit der natürlichen verwandt. Da aber die Einweihung in die Mysteriengruppe sehr oft von mehr oder weniger willkürlichen Regeln abhängt, ist die mystische Esoterik mit der künstlichen verwandt. Es ist oftmals schwer, die beiden voneinander abzugrenzen.

Der vierte Typ der Esoterik ist die erzieherische Esoterik. Sie wurzelt in dem Gedanken, daß nicht jegliches zu jedermann in jedem Augenblick gesagt werden kann, daß manches nur zur rechten Zeit und am rechten Ort gesagt werden kann, und daß manchen Menschen manches überhaupt nicht gesagt werden kann. Es gibt Wahrheiten, die aufhören, Wahrheiten zu sein, wenn sie Menschen mitgeteilt werden, die sie notwendigerweise mißverstehen und mißbrauchen. Dies ist der Grund, warum erzieherische Esoterik praktisch von allen Erziehern zu allen Zeiten gebraucht wird und niemals aufgegeben werden kann. Selbst eine völlig autonome Methode in der Erziehung muß sich dem jeweiligen Reifegrad dessen, der erzogen wird, anpassen. Die Tatsache, daß viele Erzieher die erzieherische Esoterik übertreiben, um ihre Autorität über ihre Schüler zu verstärken, widerlegt das Wesen der erzieherischen Esoterik nicht.

Sehr ähnlich der erzieherischen Esoterik und bis zu einem gewissen Grade mit ihr identisch ist der fünfte Typ, die politische Esoterik. Von diesem Begriff schließen wir alle Arten von revolutionären Bewegungen aus, die gezwungen sind, sich zu verbergen, um der Verfolgung durch die herrschenden Mächte zu entgehen. In solchen „Katakomben-Gruppen“ kann sich eine Esoterik der bereits erwähnten Typen entwickeln, aber die Tatsache einer Flucht vor Verfolgung ist als solche noch nicht Esoterik. Die politische Esoterik ist der Versuch, Wissen oder Ideen, die als gefährlich für ein politisches und soziales System angesehen werden, bis zu einem gewissen Grade geheimzuhalten. Vor jeder Regierung, auch der demokratischen, steht das Problem: Wieviel Wahrheit und wieviel Irrtum darf zum Gegenstand öffentlichen Wissens und öffentlicher Diskussion werden ohne gefährliche Folgen für die Gruppe? Wahrheit ist gefährlich für Menschen, die nicht die ganze Wahrheit verstehen können, nämlich die Gesamtheit aller Implikationen einer besonderen

Wahrheit. Deshalb kann die Veröffentlichung einer besonderen Wahrheit zu Handlungen führen, die der ganzen Wahrheit widersprechen und zerstörerische Folgen haben. Die Gefahr eines Irrtums ist offensichtlich. Aber das Problem ist, daß es keine Wahrheit ohne möglichen oder sogar unvermeidlichen Irrtum gibt. Die Wahrheit lebt im Prozeß der Wahrheitsfindung, und dieser Prozeß schließt Irrtum ein, sogar äußerst gefährlichen Irrtum. Wenn jedermann am Prozeß der Wahrheitsfindung teilnimmt, kann es geschehen, daß die Massen von einem Irrtum ergriffen werden, der stark genug ist, um eine ganze Lebensordnung zu zerstören.

In früheren Jahrhunderten hat die natürliche Esoterik die Teilnahme der ungebildeten Massen an politischen, sozialen und geistigen Entscheidungen verhindert. Das Problem der Esoterik bestand nur für kleine Gruppen. Und selbst innerhalb der dünnen Schicht der Gebildeten war es nur esoterischen Gruppen gestattet oder gestatteten es sich diese Gruppen selbst, die fundamentalen Probleme des religiösen und politischen Lebens zu erörtern. Eine öffentliche Diskussion dieser Probleme enthielt die Gefahr der Inquisition und der Verdammung durch Kirche und Staat. Im späten Mittelalter bildete die Lehre von der „doppelten Wahrheit" einen Versuch, die esoterischen Gruppen zu erweitern, ohne das Prinzip der Esoterik aufzugeben. Erst mit dem Aufkommen des Protestantismus und der Aufklärung brach die Esoterik als solche zusammen. Der Liberalismus, der von den neuen Medien der Massenerziehung – Tagespresse, populären Zeitschriften, Rundfunk, Kino usw. – unterstützt wurde, engte sogar das Gebiet der natürlichen Esoterik immer mehr ein. Heute scheint jede Form von Esoterik verschwunden zu sein. Tatsächlich ist sie noch vorhanden. Diejenigen, die die Erziehung der Massen und die Massenpropaganda in der Hand haben, sind geschützt durch einen neuen Typ der Esoterik – die Esoterik der politischen Macht ohne öffentliche Verantwortung. Es war für die totalitären Systeme ein Leichtes, diese Esoterik zu übernehmen und für die diktatorische Regierungsform zu benutzen.

Die diktatorische Esoterik wird bestimmt durch die politischen Interessen der herrschenden Gruppe. Sie kann und muß der autonomen schöpferischen Tätigkeit innerhalb dieser Interessen einige Freiheit einräumen. Aber sie kann niemals über diese Grenzen hinausgehen. Daher erzeugt die diktatorische Esoterik zwangsläufig die revolutionäre Esoterik. Diese ist nicht deshalb Esoterik, weil sie sich selbst verbergen muß, sondern weil nur kleine Gruppen am Schaffensprozeß teilnehmen können, wenn etwas geschaffen wird, was der Probe der Zukunft standhält Nur Menschen mit Mut und Geduld, Intuition und Rationalität zugleich können diese „Esoterik der politischen Avantgarde" bilden. Diese Gruppen scheinen im Zeitalter des Umbruchs die Hauptträger der Freiheit zu autonomer schöpferischer Tätigkeit zu sein. Es scheint, daß sie esoterisch bleiben müssen, selbst wenn sie nicht verfolgt werden, weil die schöpferische Kraft einer Wahrheit völlig zerstört wird, wenn diese Wahrheit in Schlagworten ausgegeben wird, solange sie noch im Werden ist. Zugleich ist es offensichtlich, daß die Esoterik dieser Gruppen kein Selbstzweck ist. Die revolutionäre Esoterik, die sich gegen heimliche oder offene Diktatoren richtet, hat die Tendenz, sich selbst überflüssig zu machen, indem sie eine fundamentale Konformität schafft, auf deren Grundlage freie Diskussion und die Freiheit schöpferischer Tätigkeit möglich werden. Das Ziel der revolutionären Esoterik ist demokratische Exoterik.

Die Menschen der politischen Avantgarde brauchen einen Glauben, der nicht zerstört werden kann – weder durch Gewalt von außen noch durch Skepsis von innen. Wer zu einer solchen Gruppe gehört, braucht etwas, was seine eigene Skepsis und seine eigene Schwäche transzendiert. Das muß nicht eine besondere religiöse Lehre oder ein besonderes philosophisches Prinzip sein. Es ist Glaube und Heroismus in bezug auf die Wahrheit, in welchen Formen auch immer die Wahrheit ihren Ausdruck finden mag. Zu gewissen Zeiten ist es kein Nachteil, daß nur Menschen, die gewillt sind, Opfer und Verfolgung auf sich zu nehmen, Wahrheit und autonome schöpferische Tätigkeit bewahren können. Der schöpferische Geist bedarf nach einer Periode praktisch unbegrenzter Freiheit vielleicht der Leiden unter Verfolgung und Unterdrückung, um ernster, tiefer und lebendiger zu werden, als er in der Periode des sicheren und ungehinderten Selbstausdruckes war. Trotzdem muß das Endziel revolutionärer Esoterik immer die Freiheit zu autonomer schöpferischer Tätigkeit und zu Selbstbestimmung sein.

Meine letzte Frage ist: Wo ist Platz für die Freiheit zu Selbst-erfüllender schöpferischer Tätigkeit trotz der zerstörerischen sozialen Bedingungen, die im Zeitalter des Umbruchs herrschen werden? Diese Bedingungen lassen sich nicht vermeiden wegen der schweren Verluste, die mit radikalen Änderungen verbunden sind, wegen der Katastrophen, die sich zwangsläufig aus diesen Veränderungen ergeben, und wegen des Druckes, der von allen Diktatoren – heimlichen wie offenen – auf alle Gruppen von Menschen ausgeübt wird. Es gibt – und wird geben – ein ungeheures Maß an Leiden und an Zerstörung vitaler Kräfte in den großen Massen. Die Selbst-erfüllende schöpferische Tätigkeit wird immer mehr zum Reservat einiger führender Gruppen werden, während alle anderen sich als Teile eines Mechanismus plagen müssen – unfähig, in ihrer Arbeit Glück zu finden, und ständig von Unsicherheit bedroht, weil sie ihre Arbeit verlieren können. Wie kann in einer solchen Lage die Selbst-erfüllende schöpferische Tätigkeit, wie kann Glückseligkeit gerettet werden? Wieder sind zwei Antworten zu geben: Es ist die Größe der Religion und der Grund ihrer Macht über den menschlichen Geist zu allen Zeiten der Geschichte, daß sie eine Glückseligkeit ganz anderer Art verschaffen kann, eine Glückseligkeit, die von der Religion selber „Seligkeit" genannt wird. Die Religion hat, ebenso wie ihre Angreifer, den Sinn der Seligkeit oft dadurch verzerrt, daß sie diese auffaßte als das Versprechen eines glücklichen Lebens nach dem Tode. Aber das ist nur ihr mythologischer Ausdruck. Ihr wahrer Sinn liegt darin, daß Seligkeit selbst dann gegenwärtig ist, wenn das tiefste Elend herrscht und das gewöhnliche Glück erlischt. Die religiöse Idee des „ewigen Lebens" weist auf eine Freiheit zu Selbst-erfüllender schöpferischer Tätigkeit, die abhängig ist von einer letzten Quelle des Glücks, das jenseits aller Gegensätze von gewöhnlichem Glück oder gewöhnlichem Unglück liegt. Religion und Philosophie können deshalb, so weit sie die Idee eines „ewigen Lebens" aufrechthalten, das in dem zeitlichen und vergänglichen Leben gegenwärtig ist, die erste Antwort auf die „Frage nach dem Glück" geben. Es ist eine Antwort, die in manchen Situationen des menschlichen Lebens und gewiß in vielen Situationen im Zeitalter des Umbruchs ein bloßes Paradox zu sein scheint. Sie ist ein Paradox, sie ist aber dennoch wahr und von Philosophen und Propheten bezeugt.

Die übergeschichtliche Antwort allein genügt jedoch nicht. Sie muß vervollständigt werden durch eine geschichtliche Antwort. Glück als Paradox allein ist unmöglich. Es muß auch verwirklicht werden. Wie ist das im Zeitalter des Umbruchs möglich? Es ist nur möglich, wenn der Umbruch im Sinne einer Revolution aufgefaßt wird. Das Glück, das nicht in der gegenwärtigen Wirklichkeit gefunden werden kann, muß und kann in der Vorwegnahme einer künftigen Wirklichkeit gefunden werden. Die Freiheit der schöpferischen Tätigkeit, in der sich der Mensch erfüllt, kann im Zeitalter des Umbruchs nur durch antizipierende schöpferische Tätigkeit gerettet werden. Es gibt ein Glück durch Antizipation, und ohne dieses Glück wäre das Leben der Massen völlig sinnlos und verzweifelt. Es ist vielleicht die größte Tat der sozialistischen Bewegungen im 19. und 20. Jahrhundert, daß sie denen das „Glück durch Antizipation" schenkten, die mit ihnen für eine neue Lebensordnung kämpften. Heute ist die aktive Kraft dieser Bewegungen fast gebrochen; aber daraus folgt nicht, daß der schöpferische Impuls gebrochen ist. Er kann in kleinen Gruppen wieder aufleben, die fähig sind, eine künftige Erfüllung zu antizipieren, für deren Verwirklichung zu kämpfen und ihr Glück in der Antizipation zu finden. Wenn im Zeitalter des Umbruchs die Waffe der Gruppen zwar nicht Angriff, sondern Widerstand ist, so bedeutet ihre Tätigkeit doch schöpferische Tätigkeit, in der sie durch Antizipation Erfüllung finden.

In meinem Beitrag habe ich viele Aspekte des Freiheitsproblems nicht einmal erwähnen können. Das Problem der nationalen Freiheit in einer Welt, die täglich enger wird und dringend einer übernationalen Einheit bedarf, ist überhaupt nicht erörtert worden und die Freiheit des wirtschaftlichen Liberalismus nur indirekt. Ihr Zusammenbruch in allen Ländern ist eine der drei wesentlichen Ursachen für dieses Zeitalter des Umbruchs. Auch habe ich nicht versucht, eine utopische Beschreibung der Freiheit nach diesem Zeitalter des Umbruchs zu geben. Die Möglichkeit, daß das, was „nachher" kommt, das „Chaos" ist, läßt einen solchen Versuch nicht zu.

Unsere Frage lautete: Wie kann die Freiheit in einem Zeitalter gerettet werden, in dem sie immer stärker in die Verteidigung und zum Rückzug gedrängt wird? Der tyrannische Kollektivismus leugnet die essentielle Freiheit des Menschen. Aber die Freiheit, die geschichtliche Freiheit, muß gerettet werden, wenn die *humanitas* gerettet werden soll. Knechtschaft ist Entmenschlichung. Wir haben den Weg zu zeigen versucht, auf dem die Freiheit im kommenden Zeitalter gerettet werden kann: er ist schmal, nicht großartig, aber gangbar.

DER ZERFALL UNSERER WELT
(1941)

Das Thema, zu dem ich mich äußern soll, enthält eine weitreichende Voraussetzung, nämlich, daß unsere Welt sich im Zustande des Zerfalls befindet. Diese Behauptung ist nicht selbstverständlich, obgleich sie wiederholt aufgestellt worden ist. Aber, obwohl häufig aufgestellt und sogar geglaubt, ist sie gewöhnlich nicht ernst genommen worden. Die Ereignisse der allerletzten Wochen [1] zeigen, was dieser Mangel an Ernst für die Politik der Staaten und Kirchen bedeutet. Unsere Haltung zu diesem Krieg und zu einem kommenden Frieden muß aber anders sein, wenn die Ursache für die gegenwärtige Zerstörung der Welt ein universaler Zerfall der Welt ist, als wenn sie ein schlimmer Zufall ist, nämlich die Machtergreifung gewisser Gewalthaber. Die Behauptung, daß dem Weltkrieg ein Zerfall der Welt vorausging, aus dem dieser erst erwachsen ist, macht eine einfache Schwarz-Weiß-Malerei im Hinblick auf die miteinander kämpfenden Völkergruppen unmöglich. Wenn die Angreifer-Gruppe aus einem allgemeinen Zerfall des sozialen und kulturellen Lebens der Menschheit hervorgegangen ist, dann stellt die Verteidiger-Gruppe nicht das Prinzip einer möglichen Wiederherstellung der Ordnung dar, da auch diese Gruppe denselben Kräften des Zerfalls unterworfen war und noch ist. Das ganze Problem wird in der Diskussion über die sogenannten Kriegsziele deutlich, einer Diskussion, die Bedeutung nur hat als Maßstab für die Tiefe oder die Oberflächlichkeit, in der der Krieg verstanden und geführt wird. Ist das Kriegsziel *restitutio ad integrum* oder *status quo* wie einige, die die Diskussion von Kriegszielen ablehnen, es anzustreben scheinen, dann wird geleugnet, daß die Voraussetzung des Krieges der Zerfall der Welt ist, und die „Theorie des Zufalls" wird bejaht, die die Zufälligkeit der totalitären Systeme behauptet. Ist das Kriegsziel die Neugestaltung unserer Welt durch neue Prinzipien, wie diejenigen sie anstreben, die die Aufstellung von Kriegszielen fordern, so wird ein Zerfall der Welt als Voraussetzung angenommen, und die Theorie des Zufalls wird abgelehnt.

---

[1] Der Aufsatz wurde im Frühjahr 1941 geschrieben.

Sie verdient es, abgelehnt zu werden, denn sie ist nicht imstande den Sieg der totalitären Systeme über den größeren Teil der Welt zu erklären. Dies kann nur die Theorie vom Zerfall, und nur sie kann die gegenwärtigen weltgeschichtlichen Ereignisse wirklich sinnvoll erklären.

I.

Integration ist der Akt, in dem gegensätzliche Prinzipien in einem höheren umfassenden Prinzip vereinigt werden. Desintegration, Zerfall, ist das Geschehen, in dem ein solches höheres umfassendes Prinzip seine einigende Kraft verliert und die gegensätzlichen Elemente, die in ihm vereinigt waren, auseinanderbrechen. Das integrierende Prinzip der Gesellschaft, das in unserer Epoche seine Kraft verloren hat, ist die Idee und die Realität der Harmonie – der Harmonie zwischen Natur und Vernunft in einer vom Menschen beherrschten Natur und einer von der Vernunft beherrschten Gesellschaft. Dieses Prinzip war die einigende und integrierende Kraft in der ganzen Periode des aufsteigenden Bürgertums; es war imstande, die wirtschaftlichen, politischen, geistigen und religiösen Gegensätze im bürgerlichen Leben und Denken zu überwinden. Doch es hat seine Kraft in dem Augenblick verloren, als der Aufstieg des bürgerlichen Lebens aufhörte und sein Niedergang begann. Zu diesem Zeitpunkt, der etwa mit der Zeit unmittelbar vor dem ersten Weltkrieg zusammenfällt, begann der Zerfall unserer Welt. Man muß freilich bedenken, daß dasselbe Ereignis, das den unausweichlichen Zerfall unserer Welt offenbar machte, uns gleichzeitig die Existenz „unserer Welt" als einer geschichtlichen Wirklichkeit zum Bewußtsein brachte. Bis dahin hatte es „Welt" in diesem Sinne nicht gegeben – nämlich als eine Einheit voneinander abhängiger politischer Gruppen, die das ganze Menschengeschlecht umfassen. Es gehört zur Ironie der Geschichte, daß „Welt" im konkreten Sinne in dem Augenblick geboren wurde, in dem ihr Zerfall begann, und mehr noch, daß die Gegensätze, die durch diesen Zerfall offenkundig wurden, die Einheit unserer Welt sichtbar machten. Der Weltkrieg ist die erste historische Verwirklichung von „Welt". Seit dieser Zeit zerfällt die „Welt" und muß die „Welt" wieder erbaut werden, nicht nur eine ihrer „dunklen" Seiten.

Der Zerfall unserer Welt zeigt sich an der Tatsache, daß der Sieg der aggressiven Kräfte nicht ein Sieg einer Klasse über eine andere war wie in früheren Revolutionen, oder der Sieg einer Nation über andere wie in früheren Kriegen, sondern daß es in jeder Klasse und in jeder

Nation Gruppen von Menschen gab, die auf seiten der neuen Kräfte standen. Eine ungeheure Spaltung hat die Widerstandskraft in denjenigen Klassen und Nationen gelähmt, die als Bollwerke der Verteidigung hätten angesehen werden können. Aber sie waren es nicht, und noch schlimmer, jedes Individuum war in der Tiefe seiner Seele, seines Denkens und Fühlens gespalten, da manches in ihm den neuen Ideen zustimmte und manches sie ablehnte und von ihnen abgestoßen wurde. Das Bild des Zerfalls unserer Welt ist das Bild dieser Spaltungen, die den Sieg der aggressiven Gruppen möglich gemacht haben und die einen endgültigen Sieg über sie so lange unmöglich machen, als die Spaltungen nicht in einer neuen sozialen und geistigen Integration überwunden werden.

Die sozialen und geistigen Spaltungen in der gegenwärtigen Welt sind begründet in den Gegensätzen, in die die Entwicklung der bürgerlichen Gesellschaft unser wirtschaftliches, politisches und geistiges Leben getrieben hat.

Die Analyse dieser Gegensätze, die zeigte, daß diese sich notwendigerweise aus der Struktur der modernen Welt ergeben, setzte in der Mitte des 19. Jahrhunderts mit erstaunlicher prophetischer Kraft ein. Durch die ständige Zunahme und Ausdehnung der liberal-demokratischen Ideale und Lebensformen während der letzten Jahrzehnte des 19. Jahrhunderts schien diese Prophetie widerlegt zu sein. Sie wurde mit apokalyptischer Kraft in dem Jahrzehnt vor dem ersten Weltkrieg wiederholt und schien zum zweiten Male durch die Nachkriegsjahre widerlegt zu sein. Sie ist jetzt unwiderleglich bestätigt durch die Katastrophe, in deren Mitte wir leben. Die Wirklichkeit dessen, was bloße Spekulation zu sein schien, ist selbst für das konservativste Denken sichtbar geworden. Niemand kann das Ende der wirtschaftlichen Expansion noch leugnen – unmittelbar in ganz Europa, mittelbar in der ganzen Welt. Der ständige Verlust von stehendem Kapital, die Vertiefung der wirtschaftlichen Krise, die wachsende Gefahr imperialistischer Zusammenstöße als Folge der Verengung des Weltmarktes, das ungeheure Tempo der technischen Entwicklung als eine der Hauptursachen der zur Struktur gehörenden Arbeitslosigkeit, die nur durch eine ganz oder halb diktatorische Kriegswirtschaft gemindert werden kann, die monopolistisch-bürokratische Tendenz zur Zentralisierung der wirtschaftlichen Macht und schließlich zum Staatskapitalismus, die psychologischen Wirkungen der wirtschaftlichen und sozialen Unsicherheit, die zum Ausdruck kommt in der Indifferenz gegen Freiheit und Demokratie, vor allem bei der jungen Generation, und in der Bereitschaft, jedem, der mehr Sicherheit verspricht, zu folgen, die geistige Leere, die entweder zum Zynismus oder zu einem tragischen Todeswillen als Lebenssinn führt – all das sind Realitäten, die niemand übersehen kann.

II.

Die grundlegenden Gegensätze führen zunächst zu einer Spaltung nicht zwischen den sozialen Klassen, sondern in ihnen selbst. An die Stelle der einfachen Spaltung der Klassen in Bürgertum und Proletariat, wie Marx sie sah, ist die innere Spaltung in allen Klassen getreten. Die herrschende Bourgeoisie ist groß geworden in der liberalen und demokratischen Tradition im Gegensatz zur feudalen Ordnung. Unter dem Druck der revoltierenden Massen, die aufgrund einer im Rückzug befindlichen Wirtschaft nicht zufriedenzustellen waren, drangen faschistische Tendenzen in das Großbürgertum ein. Es entstand eine Art von monopolistischem Feudalismus, der sich einer Privatbürokratie und einer Privatarmee bediente. Ohne diese zersetzende Spaltung in der wirtschaftlichen Führungsgruppe ist weder der Aufstieg des deutschen Nazismus noch der Zusammenbruch Frankreichs, weder die Niederlage der kleinen Demokratien noch die Schwäche Englands verständlich. Sie ist der Schlüssel zu der Frivolität, mit der das Schicksal der Liberalen und der Juden in den totalitären Ländern übersehen wurde; ein Land nach dem anderen wurde überrannt, am schlimmsten das demokratische Spanien. Als sich die antifaschistische Gruppe zuguterletzt doch entschloß, dem faschistischen Ansturm Widerstand zu leisten, war der Grund nicht, daß die Demokratie verteidigt werden sollte (obwohl man das zuweilen als Schlagwort verwendete), sondern daß der faschistische Imperialismus dem Imperialismus der Demokratien gefährlich wurde.

Nicht weniger wichtig für den Sieg der aggressiven Kräfte war die Spaltung im Proletariat in beschäftigte Arbeiter und dauernd Arbeitslose. Während die erste Gruppe durch Gewerkschaften und fortschrittsgläubige Reformer in die Gesellschaft integriert wurde, wurde die zweite Gruppe zu einer Masse von Verzweifelten, die, empfänglich für kommunistische oder faschistische Propaganda, von einer Partei zur anderen überwechselten und die „Sturmtrupps" aller totalitären Kräfte bildeten, das Produkt einer zerfallenden Welt, gegen den Zerfall kämpfend und zugleich für ihn wirkend.

Die Unterführer des Faschismus – vielleicht seine wichtigsten Träger – sind das Produkt des Zerfalls der unteren Mittelschichten. Diese Menschen waren in steigendem Maße vom Kapital des herrschenden

Großbürgertums abhängig geworden; infolgedessen waren sie streng anti-proletarisch. Aber als das Kapital die Kraft verlor, ihren Lebensstandard aufrechtzuerhalten, wandten sie sich ebenso gegen das Kapital wie gegen die Arbeiterschaft und unterstützten stärker als irgendeine andere Gruppe den Faschismus. Die antisemitischen und nationalistischen Elemente der nationalsozialistischen Ideologie sind weithin Ausdrucksformen des Kleinbürgertums, auch wenn sie auf diese Art nicht völlig erklärt werden können.

Einige der faschistischen und nationalsozialistischen Führer stammen aus der Gruppe, die man gewöhnlich als „Intelligenz“ bezeichnet. Im Denken der Intellektuellen gab es eine ungeheure Spaltung. Einerseits repräsentierten sie die rationale, humanistische und liberale Tradition der europäischen Geschichte. Andererseits waren sie zu einer Klasse von intellektuellen Proletariern geworden, überzählig wie die, die im Geschäftsleben keine Stellung finden konnten und, ohne Kraft und Hoffnung, eine leichte Beute totalitärer Propaganda wurden.

Die Spaltung, die diese Gruppen auflöst, fehlt auch in den Kirchen nicht. Im Katholizismus wurde die höhere Hierarchie durch ihr streng antikommunistisches Empfinden und die politische Situation in Spanien und Mexiko in die Arme des Faschismus getrieben, während das katholische Volk eine ausgesprochen antifaschistische Haltung einnahm. Diese Kluft innerhalb des Katholizismus ermöglichte es den Nationalsozialisten und Faschisten, mit der katholischen Kirche übereinzukommen, während die katholischen Massen und der niedere Klerus Märtyrer im Kampf gegen den neuen Totalitarismus wurden. Im Protestantismus bestand eine noch größere Kluft, nämlich zwischen der politischen Billigung des Nationalsozialismus und einer in sich zwiespältigen religiösen Mißbilligung des Nationalsozialismus. Infolgedessen konnten die Nationalsozialisten nicht nur eine neue Form von nationalistischem Protestantismus errichten, der nie sehr bedeutsam war, sondern auch die religiöse Opposition in einer Weise spalten, daß die radikale Gruppe bald isoliert war und die großen Kirchen einen Kompromiß mit dem Nationalsozialismus schlossen. Die Spaltung, die für die ganze Periode charakteristisch ist, blieb auch der Seele der Protestanten nicht erspart. Selbst im Judentum zeigte sich eine tragische Spaltung zwischen vielen großbürgerlichen Juden, die man mit Recht „verhinderte Nazis“ nannte (verhindert, weil sie Juden waren), und den Massen, die zum Nationalsozialismus in Opposition standen, schon ehe die Verfolgung begonnen hatte.

III.

Die Spaltung innerhalb der sozialen Gruppen und Klassen wurde begleitet von einer Spaltung der Ideologien, der theoretischen, ethischen und religiösen Prinzipien des Lebens und Denkens.

Die Kritik an der bürgerlichen Gesellschaft kam von zwei Seiten: einmal von denen, die sie von der Grundlage der bürgerlichen Entwicklung aus in einer sozialistischen Gesellschaft zu überwinden und zu vollenden suchten, zum anderen von denen, die die gemeinsame Grundlage des bürgerlichen Liberalismus und des demokratischen Sozialismus angriffen. In vielen grundlegenden Punkten stimmten beide Gruppen überein. Die theoretische Kritik der kapitalistischen Welt durch den Marxismus wurde von den konservativen und nazistischen Schriftstellern verwandt und fortgesetzt. Die antiliberale Einstellung der Arbeiterbewegung fand ihr stärkstes Echo in der nationalistischen Jugendbewegung. Die antibürgerlichen Kategorien des Religiösen Sozialismus wurden vom religiösen Nationalismus benutzt und mißbraucht. So verwendeten Nazismus und Faschismus, während sie vom führenden Bürgertum unterstützt wurden und gegen die Arbeiterbewegung einen Vernichtungskrieg führten, die Ideologie der Arbeiterbewegung gegen die Prinzipien und Werte des bürgerlichen Kapitalismus. Und deshalb ist es so schwierig, eine ideologische Basis für den gegenwärtigen Krieg zu finden (z. B. formuliert in den sogenannten Kriegszielen). Niemand kann von ganzem Herzen an eine Ideologie der Periode glauben, die zum Zerfall unserer heutigen Welt geführt hat. Wer aber durch Christentum und Humanismus beeinflußt ist, kann niemals die Ideologie der neuen totalitären Bewegungen annehmen. Die ideologische Spaltung ist nicht nur für die gegenwärtige Weltlage entscheidend, sie bestimmt auch weitgehend die Zukunft, nämlich durch die Weise, in der sie überwunden (oder nicht überwunden) wird.

Dieser grundlegende ideologische Zerfall wird an verschiedenen Punkten sichtbar. Im Laufe der modernen Geschichte, seit dem Ende der Religionskriege, hat sich ein universalistischer Zug entwickelt in Verbindung mit Welthandel, Weltverkehr und dem internationalen Charakter von Wissenschaft und Technik. Die nationalen und rassischen Grenzen wurden verhältnismäßig unwichtig, die Idee des Weltbürgertums gewann eine beachtliche Stärke, wenn auch in fortgesetztem Konflikt mit der nationalistischen Ideologie der französischen Revolution und den Reaktionen gegen sie. Sie gewann nach dem Weltkrieg neue Kraft und schuf die Idee einer übernationalen Einheit, wie sie der Völkerbund verkörpert. Doch das Prinzip, worauf der Völkerbund gegründet wurde, war gerade das Gegenteil von dem, was der Völkerbund bezweckte: er war gegründet auf das Prinzip der absoluten Souveränität des Nationalstaates, den er zu überwinden strebte. Infolgedessen wurde der Völkerbund entweder den Interessen der mächtigeren Nationen unter seinen Mitgliedern dienstbar gemacht, oder er wurde von denen verlassen, die ihn nicht in der gleichen Weise benutzen konnten. Es war eine tragische Spaltung, daß in eben demselben Augenblick, in dem das bürgerliche Prinzip der Welt-Einheit zu einer aktuellen geschichtlichen Möglichkeit und Notwendigkeit wurde, das entgegengesetzte bürgerliche Prinzip des Nationalismus und des nationalistischen Imperialismus das Prinzip der Einheit bedrohte. Die Ursache lag nicht an einem Fehler in der Struktur des Völkerbundes, den man beim nächsten Versuch hätte beseitigen können, sondern ihre Wurzeln lagen in der Tendenz des bürgerlichen Rationalismus selbst, rassische und nationale Gruppen von irrationalem Charakter zu gebrauchen, um emotionale Macht und politische Kraft für eine großkapitalistische Konkurrenz zu gewinnen. Der Tatbestand, daß dieselbe Bourgeoisie, die im Zeitalter ihres Aufstieges den Juden Emanzipation und den Fremden Freiheit gewährte, sich jetzt antisemitisch und fremdenfeindlich verhielt, zeigte die grundlegende Spaltung in der modernen Ideologie, die Spaltung in humanistischen Universalismus und antihumanistischen Nationalismus; der erstere herrschte im Zeitalter des angreifenden und aufsteigenden Kapitalismus vor, der letztere im Zeitalter des schwindenden und zur Selbstverteidigung gezwungenen Kapitalismus. Diese Situation und die damit zusammenhängende Spaltung der Nationen untereinander ist weithin verantwortlich für den Zerfall unserer Welt und den Aufstieg und die Macht des Nationalsozialismus.

Dies weist auf eine mehr abstrakte Spaltung in unserer allgemeinen Ideologie hin, nämlich die Spaltung in Rationalismus und Irrationalismus. Die bürgerliche Aufklärung war im Namen und durch die Macht der Vernunft siegreich gewesen, trotz vorübergehender Reaktionen romantischen und autoritären Charakters. Doch die Macht der Vernunft wurde zweifelhaft, als sich die Siege der modernen Gesellschaft in Niederlagen verwandelten, was seit dem Weltkrieg offenkundig geworden war. Man begann die Vernunft zu verachten, sie wurde sogar gehaßt, vor allem von den Intellektuellen, den eigentlichen Hütern der Rationalität. Sie brachten als erste ihren Enthusiasmus für das Irrationale zum Ausdruck, den Willen zur Macht, die Libido und den Willen zum Tode. Die unteren Mittelschichten, stets voller Mißtrauen gegen die Intelligenz, nahmen diese antirationale Stimmung freudig auf und verwandelten sie in brutale Vitalität und Barbarentum. Sogar die oberen Mittelschichten bekannten immer offener ihren Antiintellektualismus, denn sie vermuteten mit Recht, daß die Aufklärung in der Hand revolutionärer Massen zur Waffe werden kann. Folglich unterstützten alle diese Gruppen irgendeine anti-rationale Ideologie – entweder diejenige, die in der religiösen Tradition, wie sie Nietzsche darstellte, enthalten war, oder diejenige der Lebensphilosophie. Die kritische Vernunft war für die herrschenden Klassen gefährlich geworden und für die Intelligenz leer. Diese Leere unserer rationalisierten Zivilisation war gefährlicher und zersetzender als die bewußte Wendung vom Rationalen zum Irrationalen in den führenden Schichten. Sie schuf in den Trägern der Rationalität eine Art Selbstverachtung, einen Unglauben an die Macht des Geistes, eine selbstzerstörerische Feindschaft gegen das Denken und infolgedessen ein Gefühl der Sinnlosigkeit, der Nutzlosigkeit jeglichen Kampfes für Prinzipien und Unwilligkeit, für ein Ideal zu kämpfen und zu sterben.

All das erzeugte ein Vakuum, in das die irrationalen Kräfte von unten eindrangen, da die Kräfte von oben schon lange durch rationale Kritik zerstört waren. Der Ideologie des rationalen Zynismus folgte in der jüngeren Generation eine Ideologie des irrationalen Vitalismus in einer Generation, die nicht nur die ideologische Katastrophe erlebt hatte, sondern täglich von der wirtschaftlichen Katastrophe der Arbeitslosigkeit bedroht war – die radikale praktische Bestätigung der theoretischen Erfahrung äußerster Sinnlosigkeit. Man sollte diesen aktiven Irrationalismus nicht als „Nihilismus" bezeichnen. Er ist eine Flucht der jüngeren Generation aus dem zynischen und skeptischen Nihilismus des schwindenden Bürgertums in Europa in eine Art tragischen und verzweifelten Heroismus. In Amerika scheint eine skeptische Indifferenz gerade die jüngere Generation zu charakterisieren, sie bedroht weniger die Gegenwart als die unmittelbare Zukunft dieses Landes. Die europäische Jugend ergab sich einem heroischen Versuch, die Leere und Sinnlosigkeit, in die das sterbende bürgerliche Zeitalter versank, zu überwinden; die amerikanische Jugend hingegen ergab sich – nach der Desillusionierung der Kriegsbegeisterung und noch auf dem Boden eines durch Krise und Arbeitslosigkeit nur wenig erschütterten demokratisch-kapitalistischen Systems – einer halb zynischen Indifferenz. In beiden Fällen ist der Glaube an das System der Werte des 19. Jahrhunderts und die Achtung vor ihm erloschen.

Der ideologische Zerfall unserer Welt macht nicht halt vor der Religion. Im Gegenteil: das Fehlen religiöser Kraft und der Sieg eines leeren Säkularismus über die Weltreligionen sind ihrerseits die geistige Ursache des Zerfalls der Welt. Die bürgerliche Gesellschaft hielt in ihrem siegreichen Stadium die religiöse Tradition aufrecht, nachdem sie ihr die antibürgerliche und antihumanistische Schärfe genommen hatte. Es war nützlich, sie aufrechtzuerhalten, nicht wegen ihres Wahrheitsgehaltes, sondern wegen ihrer pragmatischen Wirkungen auf die Psychologie der Massen. Aber diese Berechnung war falsch; die Massen bemerkten den bloß ideologischen Charakter dieses Versuchs, „dem Volke die Religion zu erhalten". Sie wandten sich dagegen, indem sie die radikalen Konsequenzen aus dem bürgerlichen Rationalismus und Materialismus zogen. Sie wurden antireligiös und verwarfen die Religion als Verbündete der Reaktion, oder sie wurden indifferent und taten die Religion als Produkt des Aberglaubens vergangener Zeiten ab. Dieser *horror vacui*, die Furcht vor dieser Leere war es, die die Menschen zu den neuen Quasi-Religionen trieb, die zumindest von fanatischem Glauben und begeisterten Taten getragen wurden. Die Religion des bürgerlichen Zeitalters hat die Probe, die ihr durch die revolutionären Bewegungen unserer Zeit auferlegt wurde, nicht bestanden. Sie brach zusammen und war nur so weit fähig, Widerstand zu leisten, als ihre ursprüngliche Kraft noch in einigen Gruppen und Personen weiterlebte. Als die ökumenische Bewegung einsetzte, war es für eine Erneuerung durch die Religion viel zu spät. Unsere zerfallende Welt zieht die Religion und die Kirchen in ihren Zerfall hinein.

IV.

Für den Christen, den Laien wie den Theologen, ergeben sich aus dieser Weltsituation die nachstehenden Folgerungen:

1. Wir müssen die Wirklichkeit unserer zerfallenden Welt in ihrem vollen Gewicht ins Auge fassen – ihre erschreckenden Folgen und ihre bedrohliche Struktur. Wir müssen die Gründe für diesen Zerfall aufdecken, in allen Bereichen unserer Existenz, in unserem täglichen Tun und Denken, das uns höchst natürlich zu sein scheint, es aber nicht ist. Wir müssen die Einsichten der großen Kritiker unserer modernen Entwicklung in uns aufnehmen, auch wenn sie antichristlich sind. Die christlichen Kirchen sollten Schluß machen mit der bequemen Methode, mit der sie die großen revolutionären Denker und Propheten des 19. und 20. Jahrhunderts behandelt haben – der Methode, deren unreligiöse Haltung zu verdammen und auf diese Weise den Gehalt ihres kritischen Denkens zu entwerten. Der Umstand, daß die bedeutendsten Analytiker unserer zerfallenden Welt – Angreifer und Störer – außerhalb der christlichen Sphäre leben, erlaubt es den christlichen Kirchen,

ihren Gliedern und Führern nicht, die kritische Arbeit dieser Menschen zu übersehen und die christlichen Gemeinden von den realen Problemen unserer geschichtlichen Existenz abzuschließen. Der Atheismus von Marx ist kein Argument gegen seine Analyse der zerfallenden kapitalistischen Welt, und die antichristliche Tendenz von Nietzsche ist kein Argument gegen seine Prophezeiung vom nahenden europäischen Nihilismus.

2. Wir müssen unsere Einsicht in die „Zerfallsstruktur" unserer Welt zur Grundlage unserer Beurteilung der gegenwärtigen Situation machen. Wenn die antifaschistischen Gruppen nur das System verteidigen wollten, das im Stadium des Zerfalls ist, so verträten sie nicht die „gerechte Sache" in diesem Kriege. Es genügt nicht, über die allgemeine Schuld an der Weltkatastrophe zu sprechen, über die Notwendigkeit der Reue in allen Gruppen und über das Element des schlechten Gewissens in allem Handeln, es genügt nicht, so zu reden, wenn man dann handelt, als ob man niemals so geredet hätte, nämlich so zu handeln, als ob die Seite der Verteidiger, ungeachtet ihrer Mängel, den göttlichen Willen repräsentiere, als ob ihre Struktur erhalten bleiben müsse, obwohl gerade diese Struktur zu einer Struktur des Zerfalls geworden ist. Vom christlichen Standpunkt und demzufolge vom Gesichtspunkt einer letzten politischen Weisheit aus muß die Verteidigung von „Christentum, Humanismus und Demokratie" zugleich mit einem ständigen Angriff auf das heutige Christentum, den heutigen Humanismus und die heutige Demokratie geführt werden. Es ist uns nicht erlaubt, uns selbst als weiß hinzustellen, nur weil wir nicht umhin können, unseren Feind als schwarz hinzustellen. Wir müssen den Kampf gegen seine dämonische Macht der Lüge, Tyrannei und Vernichtung unterstützen; aber wir müssen es in dem Bewußtsein tun, daß ohne eine radikale Wandlung unserer eigenen Lebens- und Denkordnung, die den Aufstieg der dämonischen Mächte ermöglicht hat, unser Kampf letztlich keinen Sinn hat und unser schließlicher Sieg vergeblich sein wird wie der frühere Sieg, der sich in die katastrophalste Niederlage unserer gesamten Kultur verkehrt hat.

3. Wir müssen die volle Verantwortung für den Aufbau nach dem Krieg auf uns nehmen in der Hoffnung, daß ein solcher Aufbau möglich sein wird auf den Trümmern, die ein langer Krieg in allen europäischen Ländern hinterlassen wird. Wenn unsere Welt eine zerfallende Welt ist, dann ist es nicht erlaubt, den Zerfall zu verschlimmern, indem wir die Ruinen vermehren und uns dann in jene unverantwortliche Isolierung zurückziehen, die weithin für den gegenwärtigen Krieg verantwortlich ist. Stattdessen muß die Idee einer heilen Welt alle unsere

Entscheidungen während der Kriegszeit leiten, und sie muß uns nach dem Krieg zur Mithilfe bereit machen. Das gilt für die Probleme des inneren, des äußeren und des ideologischen Wiederaufbaues. Die Hauptursache für den Zerfall der Welt bildete der soziale Verfall im Spätkapitalismus. Der erste Schritt zum Wiederaufbau der Welt muß ein sozialer Aufbau sein, der über den Kapitalismus hinausführt. Im Hinblick auf das Problem des äußeren, d. h. internationalen, Zerfalls, besonders in Europa, muß das Prinzip, das den Zwiespalt zwischen den Nationen in erster Linie herbeigeführt hat, ohne Kompromisse und Einschränkungen geopfert werden, nämlich die absolute Souveränität. Das Ergebnis des Krieges muß ein europäischer Staatenbund sein und nicht die Wiederaufrichtung jenes Gleichgewichts der Mächte, in dem eine Schar souveräner Staaten nichts als Figuren im Schachspiel einiger weniger mächtiger Nationen war.

Im Hinblick auf das Problem des ideologischen Wiederaufbaus hat das Christentum eine unmittelbare und höchst wichtige Aufgabe. Alle Grundlagen unseres christlichen, humanistischen und demokratischen Denkens und Lebens müssen geprüft werden; wir dürfen nichts als gegeben hinnehmen und müssen bereit sein zu den radikalsten Änderungen. Wir müssen gegen skeptischen Zynismus und heroischen Dynamismus kämpfen, aber wir können es nicht tun im Namen der religiös-humanitären Tradition, die der Boden für den ideologischen Zerfall unserer Welt war. Wir können es nicht tun im Namen unserer liberalen und demokratischen Werte, die – so groß und ehrwürdig sie auch sind oder waren – nicht imstande waren, den Kräften der ideologischen Zersetzung Widerstand zu leisten, die in den leeren Raum eines säkularisierten Denkens eingedrungen sind. Die Situation ist nicht so einfach, wie uns die Kriegspopaganda glauben macht, daß nämlich die christlich-humanitäre, demokratische Welt in all ihrer Größe, Wahrheit und Gerechtigkeit sich gegen eine heidnisch-barbarisch-tyrannische Welt zur Wehr setzt. Das wäre nur richtig, wenn der Aufstieg der aggressiven Kräfte lediglich ein Zufall, ein Mißgeschick ohne jede Strukturnotwendigkeit wäre. Aber das ist nicht so; die „Zufallstheorie" ist flach und unrichtig. Alles, was auf der Grundlage dieser Theorie – die für ein Jahrzehnt die herrschende Theorie war – versucht wird, ist zum Scheitern verurteilt. Die aggressiven Kräfte sind auf dem gut vorbereiteten Boden einer zerfallenden Welt gediehen. Und die Kräfte der Verteidigung repräsentieren nicht nur das Beste in der abendländischen Tradition, sondern auch die Struktur des Zerfalls, zu der die abendländische Welt durch ihre eigene innere Tendenz getrieben wurde. Und das ist es, was der Ausdruck „der Zerfall unserer Welt" bedeutet.

DIE BOTSCHAFT DER RELIGION AN DEN HEUTIGEN MENSCHEN (1942)

I.

Wenn uns die Religion zu unserer gegenwärtigen Situation nichts zu sagen hätte, wäre sie überhaupt nicht mehr wert, gehört zu werden. Und wenn sie nur in der Weise zu uns spräche – wie jede Zeitung, jedes Radio, jeder Redner – wenn sie sich nur in den üblichen Gleisen der öffentlichen Meinung bewegte, würde es ebenfalls nicht verlohnen, ihr zuzuhören. Wenn die Religion nur eine Zutat zu allem wäre, schwärmerische Begeisterung, etwas größere Sicherheit oder würdevolle Verbrämung von etwas, was auch sonst, mit oder ohne Religion, getan wird, dann würde sie überhaupt keine Bedeutung mehr haben, weder für die Gegenwart noch für irgendeine Zeit. Wenn die Religion aufhörte, das geistige Schwert zu sein, das alle menschliche Begeisterung, Sicherheit und Würde durchschlägt und richtet, wandelt und über sie hinausgreift, dann würde sie durch die fortschreitende Zivilisation hinweggefegt werden und sollte sobald als möglich als ein nutzloser und schädlicher Ballast verschwinden.

Die Religion ist sehr oft weiter nichts gewesen als die überflüssige Heiligung irgendwelcher Situationen oder Handlungen, ohne daß diese damit dem Gericht unterworfen oder gewandelt wurden. Die Religion hat die Feudalordnung geweiht und sich selbst in sie einbezogen, ohne sie zu transzendieren. Die Religion hat den Nationalismus geheiligt, ohne ihn zu wandeln. Die Religion hat die Demokratie geheiligt, ohne sie unter das Gericht zu stellen. Die Religion hat den Krieg und die Waffen gesegnet, ohne ihre geistigen Waffen dagegenzustellen. Die Religion hat den Frieden und seine Sicherheit geheiligt, ohne diese Sicherheit durch ihren geistigen Anruf aufzurütteln. Die Religion hat das bürgerliche Ideal von Familie und Eigentum geheiligt, ohne es zu richten, und sie hat Systeme der Ausbeutung des Menschen durch Menschen gutgeheißen, ohne sie zu transzendieren; im Gegenteil, sie hat sie zu ihrem eigenen Vorteil ausgenutzt.

Das erste Wort also, das die Religion zu dem Menschen unserer Zeit zu sprechen hat, muß sie gegen sich selbst sprechen. Es ist das Wort der alten jüdischen Propheten gegen die Priester, Könige und falschen Propheten, die Hüter ihrer nationalen Religion, die verderbte Institutionen und Politik weihten, ohne sie unter das göttliche Gericht zu stellen. Dasselbe richtende Wort muß heute über unsere religiösen Institutionen und über unser politisches Handeln gesprochen werden. Wird die Religion in Amerika im gegenwärtigen Augenblick der Geschichte nur dem Lauf der Ereignisse folgen, dem Weg der öffentlichen Meinung, der Richtung, in die diejenigen treiben wollen, die die öffentliche Meinung machen? Wird die Religion dem Kriegsrausch heilige Weihe verleihen, nachdem sie vorher eine selbstgefällige und egoistische Friedensbegeisterung heiliggesprochen hatte? Wird die Religion in unserer Situation unsere Situation transzendieren oder nicht?

Die Religion kann die Menschen unserer Tage nur dann erreichen, wenn ihre Botschaft über die Gegenwart hinausgeht, sie unter ihr Gericht stellt und sie umwandelt. Sonst würde die Religion nur ein Mitläufer im schon Gültigen sein, sie würde nur der öffentlichen Meinung dienen, die in vielen Fällen einen ebensolchen Terror ausübt wie ein Tyrann. Wenn aber unsere Religion imstande ist, all dies zu transzendieren, in welchem Sinne müßte das geschehen?

Es gibt zwei Richtungen, in denen der Sinn der menschlichen Existenz bildlich dargestellt werden kann: die Vertikale und die Horizontale, wovon die erste auf den ewigen Sinn als solchen hinweist, während die zweite die zeitliche Verwirklichung des ewigen Sinnes meint. Jede Religion hat notwendigerweise beide Richtungen, wenn auch in den verschiedenen Religionen die eine oder die andere vorherrscht. Das mystische Element, das zu jeder Religion gehört, wird durch die vertikale Linie, das aktive Element, das ebenso zu jeder Religion gehört, durch die horizontale Linie versinnbildlicht. Wenn die Religion dem heutigen Menschen ein Wort sagen soll, das sein Dasein transzendiert, richtet und verwandelt, dann muß das in beiden Richtungen geschehen, sowohl in der Vertikalen als auch in der Horizontalen, und zwar in gegenseitiger Abhängigkeit.

Die erste Linie, die vertikale, symbolisiert die Haltung des „Trotzdem" und weist auf das hin, was man das *„religiosum reservatum"* [1] nennen könnte. Die zweite Linie, die horizontale, symbolisiert die Haltung des „Wofür" und weist auf das hin, was wir das *religiosum obligatum* nennen könnten. In beiden Richtungen hat uns die Religion entscheidende Dinge zu sagen im Hinblick auf unsere gegenwärtige Situation.

---

[1] Vgl. Fußnote auf S. 158.

II.

Die Geschichte ist die Sphäre, in der der Mensch sich selbst in Freiheit bestimmt. Und die Geschichte ist zugleich die Sphäre, in der der Mensch vom Schicksal entgegen seiner Freiheit bestimmt wird. Sehr oft sind die Schöpfungen menschlicher Freiheit zu Werkzeugen des Schicksals geworden, die es gegen den Menschen anwandte, so wie z. B. heute die vom Menschen geschaffene Macht der Technik sich mit unwiderstehlicher Gewalt gegen ihn wendet. Es gibt in der Geschichte Perioden, in denen das Element der Freiheit vorherrscht, es gibt aber auch Perioden, in denen Notwendigkeit und Schicksal überwiegen. Das letztere trifft für uns heute zu. In dem Augenblick, in dem mit der willfährigen Hilfe der herrschenden Klassen aller Länder Diktatoren fest zur Macht gelangt waren und der entscheidende Schritt in der verhängnisvollen Selbstzerstörung des liberalen Lebensprinzips getan war, begann eine Periode schicksalhafter Notwendigkeit.

In einer solchen Periode, in der weder der Einzelmensch noch sein Schicksal Gewicht haben und der Wert des menschlichen Lebens so wenig zählt wie vor 300 Jahren in den Religionskriegen mit ihrer Selbstzerstörung, in einer solchen Periode, in der die Unsicherheit in allen Ländern der Welt so überhandnahm, wie in den primitivsten Zeitaltern der menschlichen Entwicklung, und in der die Sinnlosigkeit von einer so großen Zahl von Menschen erlebt wird, daß sie imstande ist, soziale und individuelle geistige Erkrankungen in immer wachsendem Maße hervorzurufen, in einer solchen Periode, in der eine tragische Notwendigkeit die Versuche, das Gute zu stärken, in eine Stärkung des Bösen verkehrt (wie wir das in den angelsächsischen Ländern in ihrem Kampf gegen den Krieg erlebt haben, oder wie es in den autoritären Ländern mit dem Nationalismus geschah), in einer solchen Periode hat die Betonung der Horizontalen, die Betonung dessen, was wir tun könnten oder sollten, ihre Macht verloren, weil jeder fühlt, daß alles, was wir auch tun, wie gut es auch sein mag, direkt oder indirekt ein historisches Schicksal bekräftigt, das sich uns nur noch von seiner zerstörerischen Seite zeigt und seine schöpferische Macht vor uns verbirgt.

Aber auch, wenn in den heutigen Katastrophen die schöpferischen Möglichkeiten sichtbarer wären, als es der Fall ist, so würde das für die Opfer dieser Katastrophen in ihrer persönlichen Existenz keine Bedeutung haben und ihr Verlangen nach Glück und ihr Sehnen nach Sinn und Lebenserfüllung nicht berühren. Deshalb muß dem heutigen Menschen gezeigt werden, wie es ihm möglich ist, zu all diesem das „Trotzdem“ zu sagen und für sich einen religiösen Ort zu finden, der von der Tragik der Geschichte nicht überwunden werden kann. Es ist schwer, ihn zu finden, und doch muß er gefunden werden, wenn Zynismus und Verzweiflung nicht die Oberhand gewinnen sollen, wie sie es tatsächlich tun, und die Massen den Verführern in die Arme treiben, wobei die Starken unter ihnen zur Glorifizierung einer heroischen Selbstzerstörung gelangen und die Schwachen zum Verlust ihres Lebenssinnes und zum Selbstmord.

Die menschliche Seele kann ohne die „Vertikale" nicht auskommen, ohne das Wissen um einen letzten ewigen Sinn, wie immer er auch in mythologischen und theologischen Begriffen zum Ausdruck gebracht werden mag. Wenn der Mensch von heute nicht mehr fähig ist, das „Trotzdem" zu sprechen, wird er der furchtbaren Wucht der geschichtlichen Katastrophe nicht mehr Widerstand leisten können. Wenn wir die Worte des Psalmisten nicht mehr verstehen, daß Verlust von Leib und Leben und von Himmel und Erde den Menschen nicht vom letzten Sinn seines Lebens abschneiden können, wenn wir nicht mehr fühlen, was der Dichter meint, wenn er sagt: „Und alles Drängen, alles Ringen ist ewige Ruh' in Gott dem Herrn" – wenn uns dies alles sonderbar und unwahr vorkommt, dann haben wir die Kraft verloren, der Wirklichkeit ohne Zynismus und Verzweiflung zu begegnen.

Sind aber die Kirchen und Religionsgemeinschaften in der Lage, dem Menschen unserer Zeit die Botschaft von der Vertikalen, vom „trotzdem" und vom *religiosum reservatum* zu sagen? Oder haben sie die vertikale Linie vollständig vergessen? Sehen wir auf das religiöse Leben in Amerika, wie es sich uns in den meisten Fällen zeigt, so sind wir geneigt, anzunehmen, daß es so ist, daß das *religiosum reservatum* seine Bedeutung verloren hat, daß es nur noch moralische Forderungen, karitative Tätigkeit und politische Parteinahme gibt. Aber wie das auch sein mag – und sicherlich ist es nicht ganz so –, der religiöse Anruf an den Menschen lautet, daß er nicht nur in, sondern auch über der Geschichte stehen soll. Und insofern dieser Anruf gilt und als erstes dem heutigen Menschen verkündet werden muß, kann er unser gesamtes religiöses Leben in all seinen Äußerungen und Einrichtungen in radikaler Weise wandeln. Je eher das geschieht, um so besser. Amerika ist noch im Anfangsstadium der allgemeinen historischen Tragödie. Es hat noch Zeit. Die Horizontale besitzt noch viel Glanz und Anziehungskraft. Die Suche nach dem *religiosum reservatum* hat noch nicht genug Kraft, das religiöse Bewußtsein umzugestalten.

Aber die religiösen Führer sollten das Kommende schon voraussehen und sich darauf vorbereiten. Die gewöhnliche Frage: „Was sollen wir tun?" muß mit der ungewöhnlichen Frage: „Von wo empfangen wir etwas?" beantwortet werden. Die Menschen müssen wieder verstehen lernen, daß man nicht viel geben kann, wenn man nicht viel empfangen hat. Die Religion ist in erster Linie eine geöffnete Hand, eine Gabe entgegenzunehmen, und erst in zweiter Linie eine tätige Hand, Gaben auszuteilen. Nur wer von dem tiefsten Bezirk des Religiösen herkommt und etwas Ewiges in sich trägt, kann der religiösen Aufgabe dienen, das Zeitliche zu verwandeln.

III.

Wir sind aber nicht dazu berufen, das *religiosum reservatum* zu betreten, um ausschließlich in ihm zu bleiben. Die vertikale Linie muß dynamisch werden und sich in der horizontalen verwirklichen. Die Haltung des „Trotzdem" muß die treibende Kraft sein zu allem Handeln im „Wofür". Was hat uns heute die Religion in dieser Beziehung zu sagen? Muß sie dazu überhaupt etwas sagen? Oder ist die erschreckende Neigung zur Aktivität in der Haltung Amerikas heute eine genügende Garantie für die Erfüllung der religiösen Verantwortung? Nach allem, was ich gesagt habe, kann die Antwort nur ein klares Nein sein. Aktivismus an sich kann das tragische Gesetz der Geschichte nicht aufhalten und besonders dann nicht, wenn er den Charakter der Flucht hat, wenn er nämlich versucht, dem Erlebnis der Sinnlosigkeit zu entfliehen und das Erlebnis der Leere, das sich uns vom Ewigen her aufdrängt, von sich wegzuschieben. Kein strenger Beobachter amerikanischen Lebens, sei er religiös oder profan, kann dieses versteckte Element der Flucht vor sich selbst auf allen Gebieten humanitärer und politischer Aktivität übersehen.

Die Horizontale verfällt der Leere und Verkehrung, wenn sie nicht beständig mit der Vertikalen verbunden bleibt. Das zeigt sich in der Begegnung mit der religiösen Forderung gegenüber der Geschichte auf zweierlei Weise: erstens in einem kurzsichtigen Opportunismus und zweitens in einem selbsttrügerischen Utopismus. Gegen beide muß die religiöse Verkündigung ihren Protest erheben. Die gegenwärtige Situation bietet eine Fülle von Beispielen für beide Haltungen.

Wir wollen ein ganz zeitnahes Beispiel nehmen für das, was ich „Opportunismus" genannt habe. Ich meine den Opportunismus der herrschenden Klassen in den demokratischen Ländern, die den Aufstieg der Diktatoren ermöglichten, ihre Macht unterstützten, ihnen zuerst die demokratischen Minderheiten in ihren eigenen Ländern opferten und dann ein Land nach dem anderen einschließlich der kämpfenden Demokratie in Spanien. Jedermann weiß das heute, und es war äußerst beunruhigend, als der Engländer Norman Angell sagte, daß zur selben Stunde, in der er zu uns spräche, seine Landsleute die Leichen ihrer Kinder aus den Londoner Trümmern bargen, weil sie ein Jahr früher sich um die Leichen der in ihren Trümmern umgekommenen chinesischen Kinder nicht gekümmert hätten. Die religiöse Forderung schließt vor allem anderen die praktische Anerkennung der Einheit der Menschheit in sich, wie es in der orientalischen Weisheit durch den Satz ausgedrückt wird: „Der andere, das bist Du."

Aber der Gesichtspunkt, den ich für den allerwichtigsten halte und von dem ich glaube, daß ihn die Religion in Amerika heute in erster Linie zu dem ihren machen muß, ist der folgende: wenn Amerika die Verantwortung für die gegenwärtige Weltkatastrophe übernimmt, dann muß es sie vollständig übernehmen, mit dem vollen Bewußtsein dessen, was das bedeutet. Es bedeutet nicht, Amerika gegen die Diktatoren zu verteidigen, es bedeutet nicht, Hitler zu bekämpfen, es bedeutet nicht, ein zweites Mal Deutschland zu besiegen, sondern es bedeutet, sein Teil Verantwortung für den zukünftigen Aufbau Europas und damit für die ganze Welt zu übernehmen. Was sich auch in den letzten Kriegsjahren ereignen mag, jeder Sieg wird auf den realen und moralischen Trümmern Europas gewonnen werden. Es wäre zynischer Opportunismus, wenn Amerika die Trümmer zu vermehren hülfe, ohne bereit und fähig zu sein, etwas radikal Neues auf ihnen zu erbauen. Wenn Amerika nicht über den Tag des Sieges hinausschaut, wird dieser Tag der Beginn einer neuen Niederlage aller menschlichen Werte und großen Ziele sein.

Deshalb muß die Religion dem amerikanischen Volk und allen, die mit ihm kämpfen, die schwerwiegende Frage stellen: „Bist du willens und fähig, die volle Verantwortung der bevorstehenden Aufgabe auf dich zu nehmen? Wenn nicht, bleibe weg davon, lasse dich nicht von diesem leichtfertigen Opportunismus beeinflussen, der einem leichtfertigen Utopismus nahe verwandt ist." Man muß von beiden frei werden, ehe man handelt, sonst wird das Handeln Amerikas die Zerstörung Europas vergrößern und schließlich zur Selbstzerstörung führen. Die Religion kann den Opportunismus besiegen, weil sie imstande ist, den Utopismus zu überwinden.

Der Utopismus ist in Amerika, genau wie in den meisten anderen Ländern nach dem ersten Weltkrieg, noch stärker angewachsen als der Opportunismus. In der Kreuzzugsstimmung von 1917, in den „Fortschritts"-Ideen der zwanziger Jahre, im Humanismus und Pazifismus der letzten Jahrzehnte ist eine ungeheure Zahl von Illusionen gehegt und zerstört worden. Die Religion hätte diese Illusionen und Enttäuschungen über die menschliche Natur und den Ablauf der Geschichte vielleicht verhindern können, aber sie ist ja in diese Illusionen mit hineingeraten.

Die Religion hat die Vertikale nahezu vergessen und hat ihre Kraft der Horizontalen allein gewidmet. Sie hat den immer mehr anwachsenden Utopismus sanktioniert, statt ihn zu richten und zu transzendieren. Deshalb ist es nun so weit gekommen, daß die Menschen die Religion verachten werden, wenn sie ihnen nichts anderes zu verkünden hat als die Größe und Herrlichkeit des Menschen und seiner Geschichte. Man wird sie als Lüge oder Ideologie bezeichnen und sich dem Zynismus und der Verzweiflung zuwenden. Das gilt schon weitgehend von der jüngeren Generation, und das ist die größte Gefahr für die Religion wie für die Kultur.

Die Religion muß die Jugend etwas lehren, was sie sonst nirgends hören kann: sich hinzugeben mit letztem Ernst und vollkommener Aufopferung einem Ziel, das in sich selbst fragmentarisch und zweideutig ist. Alles, was wir in der Geschichte tun, hat diesen Charakter des Fragmentarischen und Zweideutigen. Alles ist dem Gesetz der geschichtlichen Tragik unterworfen. Aber, obwohl das die Religion weiß, zieht sie sich nicht von der Geschichte zurück; obwohl sie das tragische Schicksal aller menschlichen Wahrheit und alles Guten behauptet, arbeitet sie mit uneingeschränkter Hingabe für das Gute und Wahre. Eine solche Botschaft ist nicht leicht, aber sie ist auch keine Illusion. Sie sieht die Wirklichkeit, ohne darum pessimistisch zu sein, und sie weiß um die Dinge und verzweifelt doch nicht. Sie zerbricht den Utopismus, aber sie zerbricht nicht die Hoffnung. Hoffnung ist das Gegenteil von Utopismus. Der Utopismus wird notwendigerweise zerstört, die Hoffnung stirbt niemals, weil sie es wagt, das „trotzdem" auf die Tragik des geschichtlichen Handelns anzuwenden. Die Hoffnung vereinigt die vertikale und die horizontale Linie. Deshalb ist das letzte Wort, das die Religion dem heutigen Menschen zu sagen hat, ein Wort der Hoffnung.

Ich kann keine konkreten Angaben über das mögliche politische Handeln im Namen der Religion machen. Das ist unmöglich und sollte niemals versucht werden. Die Religion als solche kann nicht sagen, ob z. B. Amerika in den Krieg eintreten soll oder nicht, die Religion als solche kann keine Kriegsziele aufstellen oder soziale Reformen schaffen. Die Religion kann und muß die Basis für solche Entscheidungen abgeben, sie kann und muß die letzten Kriterien für diese Entscheidungen liefern. Die Botschaft der Religion für den Menschen der Gegenwart ist kein Ratschlag politischer oder ökonomischer Sachverständiger, sondern, wenn es eine wahrhaft religiöse Botschaft ist, wird sie von denjenigen verkündet, die etwas von dem Menschen und der Geschichte wissen, von der Tragik und von der Hoffnung des Zeitlichen, denn sie sind diejenigen, die etwas vom Ewigen wissen; sie kennen die Begrenztheit des verantwortlichen Handelns, denn sie begegnen ihr in der Kraft und Weisheit der Vertikalen.

STÜRME UNSERER ZEIT
(1943)

I.

Es ist meine erste Pflicht, Ihnen für die Ehre zu danken, daß ich auf diesem wichtigen Kongreß eine Ansprache halten kann, obgleich ich ein Fremder bin, sowohl für Ihre Kirche, zu deren Gliedern ich nicht zähle, als auch für Ihre Nation, der ich nur als ein Flüchtling von Übersee angehöre. Jedoch liegt ein Vorteil in dieser Situation. Die Grenze zwischen zwei Bereichen ist der günstigste Ort, beide verstehen zu können. Obwohl die Kraft und die Einheit des Lebens im Zentrum stärker sind, ist die Möglichkeit zum Beobachten und Kennenlernen an der Peripherie größer. Von der Grenze zwischen zwei Kirchen, zwei Nationen und zwei Kontinenten spreche ich heute zu Ihnen.

Ich stehe jedoch nicht nur zwischen den Räumen, sondern auch zwischen den Zeiten. Die Generation, zu der ich selber gehöre – wie auch viele von Ihnen –, ist eine Generation zwischen zwei Perioden der Geschichte. Das einzige, was wir für uns hoffen können, ist, eine Brücke zwischen den Zeiten zu sein. Keiner unserer Generation kann die Brücke vollständig überschreiten. Wer vierzehn Jahre im 19. Jahrhundert und achtundzwanzig Jahre in der ungebrochenen Welt des Individualismus und der Harmonie vor dem ersten Weltkrieg gelebt hat, ist nicht imstande, mit ganzem Herzen an der kommenden Periode Anteil zu nehmen. Er kann sie nur sehen, ihr unabwendbares Kommen verstehen und ihre Ursachen und ihre innere Gestalt erklären. Das ist das, was wir tun können und müssen. Es ist die Hilfe, die wir der jüngeren Generation geben können. Für diese Aufgabe müssen wir ein gut Teil wissenschaftlicher Objektivität, aber auch ebensoviel leidenschaftliche Anteilnahme an den lebendigen Strömungen unserer Periode aufbringen. Trotz alledem werden wir Brücken bleiben – und nur das. Wenn also die Beschreibung der „Stürme unserer Zeit" etwas stürmisch und revolutionär ausfallen sollte, ist dies nicht Ausdruck meiner eigenen stürmischen und revolutionären Gesinnung, sondern der revolutionären Natur des Prozesses selbst.

In diesen Worten liegt eine Voraussetzung, die Hauptvoraussetzung meiner Ansprache – nämlich, daß die Stürme unserer Zeit nicht ein übler Zufall sind, verursacht durch irgendwelche bösen Menschen, ohne deren Dazwischentreten alles wie vorher geblieben wäre. Böse Menschen können nicht Geschichte machen, es sei denn, der Boden ist in einem riesigen Ausmaß dafür vorbereitet. Statt einer oberflächlichen und zu bequemen Theorie des Zufalls werde ich Ihnen eine Theorie „struktureller Notwendigkeit" entwickeln. Strukturelle Notwendigkeit ist keine mechanische Notwendigkeit, sie darf weder naturalistisch noch deterministisch interpretiert werden. Die Geschichte hängt von menschlichen Handlungen und infolgedessen von menschlicher Freiheit und Entscheidung ab. Aber andererseits ist die Geschichte auch nicht eine Reihe von Zufällen, sie hat eine besondere Struktur in jeder ihrer Perioden, und sie hat vorherrschende Richtungen und natürliche Tendenzen, gegen die individuelles Handeln nichts ausrichten kann. Diese Eigenart der Geschichte ist die Voraussetzung für jedes historische Verständnis und für jedes sinnvolle geschichtliche Handeln. Ohne eine solche strukturelle Notwendigkeit könnte die Geschichte nicht gedeutet werden, und eine prophetische Botschaft wäre niemals möglich gewesen.

Ich setze also voraus, daß die gegenwärtigen Geschehnisse durch die Strukturen und Tendenzen der bürgerlichen Gesellschaft des 19. und des 20. Jahrhunderts hervorgebracht wurden, und ich möchte eine Analyse dieser Strukturen und Tendenzen und der durch sie geschaffenen Verwicklungen geben. Ich werde die Analyse bis zu dem Punkte führen, von dem aus die Möglichkeit eines Wiederaufbaues sichtbar werden kann. Eine Analyse scheint wissenschaftliche Zurückhaltung und die Haltung eines uninteressierten Zuschauers zu fordern, und zweifellos kann kein überzeugendes Bild der Situation gegeben werden ohne ein großes Ausmaß objektiver Kenntnis und subjektiver Zurückhaltung. Glücklicherweise gibt es eine sehr reichhaltige wissenschaftliche Literatur, die alle Punkte, mit denen wir es hier zu tun haben, analysiert hat. Unsere Aufgabe ist es nur, die entscheidenden Linien herauszuarbeiten und sie in einem wahren und sinnvollen Bild zu vereinen. Jedoch ist in solch einer Analyse, sei sie spezieller oder allgemeiner Art, noch ein anderes Element enthalten, ein Element persönlicher Beteiligung – trotz wissenschaftlicher Distanz –, ein Element der Wertung und Entscheidung, oder, wie man heute sagt, ein existentielles Element. Etwas, das unsere ganze Existenz, unsere wirtschaftliche und politische, kulturelle und religiöse Existenz angeht, kann nicht so erörtert werden, als ob wir unbeteiligte Zuschauer wären. Daher können die analytischen und die konstruktiven Seiten nicht voneinander getrennt werden. Diese Analyse wird zum Zwecke eines neuen Aufbaues gegeben, so wie das Bild des Aufbaues auf dem Hintergrund der Analyse gezeichnet wird.

II.

Die Hauptthese der folgenden Analyse ist die, daß der gegenwärtige Weltkrieg Teil einer Weltrevolution ist. Obwohl er als ein Krieg zwischen Nationen erscheint, ist er doch etwas anderes. Man kann ihn nur verstehen, wenn er als radikaler Wendepunkt zwischen zwei Geschichtsperioden aufgefaßt wird. Die Tatsache schon, daß Weltkriege möglich sind und daß sie sogar die einzig mögliche Form des Krieges geworden sind, zeigt eine fundamentale Änderung gegenüber allen früheren Perioden der Geschichte. Es ist etwas Wirklichkeit geworden, was vorher nicht existiert hat: die Welt als eine geschichtliche Realität! Der Ausdruck „Welt" – Kosmos – ist abgeleitet von der Einheit und strukturellen Harmonie der Natur. Er ist auch schon in religiösem Sinne verwendet worden, und schließlich wurde er auf die Geschichte angewandt. Der Begriff „Weltgeschichte" ist oft gebraucht worden, er konnte jedoch nur als ein metaphysischer, nicht als ein empirischer Begriff benutzt werden. Die Geschichte als Einheit geschichtlicher Wechselwirkungen ist nur durch die Verbindung möglich geworden, die die Technik zwischen allen Nationen der Erde herbeigeführt hat. Das ist geschehen, ist aber bis auf den heutigen Tag noch nicht verstanden worden. Die internationalen und nationalen Institutionen, die allgemeinen Lebens- und Denkformen der ganzen Welt sind noch nicht von der Einsicht getragen, daß es Welt gibt – im konkreten, technischen und geschichtlichen Sinne. Das ist einer der Gründe, warum das Entstehen der „geschichtlichen Welt" zunächst Weltkriege zeitigte. Die Welt als eine geschichtliche Realität ist in den Geburtswehen zweier Kriege geboren worden. In dieser Tatsache kommt die tragische Situation des Menschen zum Ausdruck, aber sie zeigt zugleich, wie nötig eine Umwälzung aller menschlichen Einrichtungen ist, um sie der neuen Wirklichkeit anzupassen. Wir müssen tatsächlich das werden, was wir potentiell schon geworden sind, nämlich eine „Welt".

Der allgemeine Charakter der revolutionären Umwandlung, in deren Mitte wir leben, kann in folgender Weise beschrieben werden: nach dem Zusammenbruch der natürlichen oder automatischen Harmonie, auf der das System des Lebens und Denkens im 18. und 19. Jahrhundert begründet war, wird jetzt der Versuch gemacht, ein System des Lebens und Denkens aufzubauen, das auf einer bewußten und geplanten Einheit beruht. Dieser Versuch bezieht sich auf alle Bereiche der menschlichen Existenz.

a) Die wirtschaftliche Entwicklung

Die wirtschaftliche Sphäre ist der wichtigste geschichtliche Faktor – nicht zu allen Zeiten, wie einige dogmatische Marxisten behaupten, aber sicherlich im bürgerlichen Kapitalismus. Seine Entwicklung vom 19. zum 20. Jahrhundert kann in vier Stadien beschrieben werden. Die erste Periode ist die des liberalen Kapitalismus im Sinne der klassischen Theorie des ökonomischen Liberalismus: viele kleine Unternehmer erscheinen auf dem Markt in relativ freiem Wettbewerb. Der Markt war umgeben von einem großen, nichtindustriellen Bereich, teils agrarischer, teils kolonialer Art, der in der Lage war, gemäß den Marktgesetzen zu kaufen. Unter diesen Bedingungen stimmte die Voraussetzung des Harmonieglaubens, daß das ökonomische Interesse des Ganzen am besten garantiert sei, wenn jeder seinem persönlichen ökonomischen Interesse folgt, mit der Wirklichkeit in weitem Maße überein. Das enorme Anwachsen des sozialen Wohlstandes und der allgemeine Lebensstandard während dieser Periode sind der experimentelle Beweis dafür, daß die Theorie der automatischen Harmonie in bezug auf die ökonomische Sphäre weitgehend richtig war. Aber die natürliche Entwicklung dieser Periode führte zu einer zweiten Periode, die (unvorhergesehen für die klassische Theorie) durch eine monopolistische Struktur charakterisiert ist. Die kleinen Wettbewerber wurden mehr und mehr von den großen Trusts bezwungen und schließlich vernichtet, ein Prozeß, in dem das Grundelement der liberalen Wirtschaft – der freie Wettbewerb – in wachsendem Maße eingeschränkt ist und nur noch für verhältnismäßig kleine Gruppen großer Wettbewerber besteht. Diese Entwicklung enthielt einige gefährliche Veränderungen der ursprünglichen Situation. Die großen Investitionen, die die monopolistischen Unternehmungen machten, konnten nur in einer sich ausdehnenden Wirtschaft gewinnbringend bleiben. In dem Augenblick, in dem die Ausdehnung zum Stillstand kam, sei es durch ein Nachlassen der Kaufkraft oder durch die Industrialisierung der agrarischen und kolonialen Bereiche (wie zum Beispiel während des ersten Weltkrieges), konnten die Investitionen nicht genügend Gewinn abwerfen, und die Krise – der dunkle Schatten über allem ökonomischen Liberalismus – wurde mehr und mehr ein Dauerzustand. Die stärkere Konkurrenz machte die Anwendung aller technischen Mittel notwendig und erzeugte zusätzliche Arbeitslosigkeit, wodurch die Kaufkraft der Massen weiter eingeschränkt und die Krise vertieft wurde.

Aber wichtiger als die unmittelbaren wirtschaftlichen Folgen des monopolistischen Stadiums sind seine psychologischen Wirkungen auf die Massen. Diese Wirkungen haben einen revolutionären Zustand in der gesamten westlichen Welt hervorgebracht. Es gibt kein schlimmeres Schicksal als das dauernder Arbeitslosigkeit. Die ausgebombten Arbeiter Londons sagen uns, daß die Drohung der Arbeitslosigkeit schlimmer ist als die Bedrohung durch den Tod. Der Arbeitslose ist nicht nur wie jeder andere Arbeiter im Kapitalismus eine bestimmte Menge Arbeitskraft, die gekauft und verkauft werden muß, sondern er ist eine Arbeitskraft, die keine Verwendung findet. Hierbei ist nicht das wirtschaftliche Elend, das mit der Arbeitslosigkeit verbunden ist, das Schlimmste, sondern das Gefühl der absoluten Sinnlosigkeit. Die Gesichter der ewig Arbeitslosen, die ich in Deutschland 1931 und in England 1936 sah – Gesichter, die ich nie vergessen werde –, sind Zeugen für die zerstörerische Macht der Arbeitslosigkeit. Die Tatsache, daß dies das wirkliche oder drohende Schicksal für Millionen in allen Ländern der westlichen Zivilisation war, ist der Hintergrund für die gegenwärtigen revolutionären Bewegungen.

Das dritte Stadium der wirtschaftlichen Entwicklung – das nur dem 20. Jahrhundert angehört – ist gekennzeichnet durch den Eingriff des Staates in das System des freien Unternehmertums. Er wurde notwendig, da der Staat die Zerstörung der großen Monopole, von denen das Leben der Nation weitgehend abhängig war, nicht zulassen konnte. Der Staat mußte sie in der Krise unterstützen, damit ein allgemeiner Zusammenbruch und nachfolgendes Chaos vermieden wurde. Der Staat mußte die „Verluste sozialisieren", und danach mußte er seine Einmischung fortsetzen, damit die Krise sich nicht wiederholte. So wurde eine gewisse staatliche Einmischung zur Gewohnheit. Die klassische Form dafür ist der *New deal.* Aber staatliche Einmischung ist nur eine halbe Maßnahme und trägt die Gefahr in sich, beide Seiten zu benachteiligen. Der sich einmischende Staat störte die Disposition der freien Unternehmer und konnte sie doch gleichzeitig nicht davon abhalten, seinen sozialen Absichten in bezug auf Arbeitslosigkeit, Löhne und Ausnutzung der Rohstoffe entgegenzuarbeiten. So konnte die staatliche Einmischung die Gefahren der allgemeinen Lage nicht bewältigen; sie schuf eine neue Gefahr, die politische halbfaschistische Opposition der monopolistischen Gruppen, die sich ihrer unbegrenzten wirtschaftlichen Macht durch die bürokratische Einengung beraubt fühlten. In Mitteleuropa hat sich daraus schließlich die faschistische Organisation der Wirtschaft entwickelt. Sie wird in allen Ländern zu einem neuen – dem vierten – Stadium der wirtschaftlichen Entwicklung führen.

Das Charakteristikum des vierten Stadiums ist der Ersatz der staatlichen Einmischung durch den staatlichen Befehl. Es ist die „befohlene

Wirtschaft" oder der „Staatskapitalismus". Wie auch immer die praktische Durchführung sein wird, wie viele liberale Elemente auch immer eingebaut werden können, in einem Punkt ist dessen Struktur klar: seine Planung wird immer von den Notwendigkeiten des Ganzen diktiert sein; er will die Arbeitslosigkeit und den Unterkonsum der Massen überwinden, er will – wie hoch der Preis dafür auch sein mag – die Freiheit von Angst und Not herbeiführen, und zwar von der Angst und Not, die zum Spätstadium des Kapitalismus gehören. Die totalitären Länder haben in dieser Richtung einen radikalen Schritt getan. Sie taten ihn auf eine verkehrte und schließlich selbstzerstörerische Weise, aber sie taten ihn wenigstens. Und was tun die Demokratien?

b) Die internationale Organisation

Ein System der Harmonie existierte mit gewissen Einschränkungen nicht nur im wirtschaftlichen Bereich, sondern auch im Bereich der internationalen Beziehungen. Das politische Zentrum, identisch mit dem wirtschaftlichen Schwergewicht, lag in Europa. In den anderen Teilen der Welt gab es Kolonien, Dominien und Einflußgebiete. Die Vereinigten Staaten brachten ihre kontinentale Expansion zum Abschluß. In Europa balancierte Großbritannien – das Zentrum des europäischen Marktes – die Beziehungen der Kontinentalmächte gegeneinander aus. Trotz vieler Einzelstörungen arbeitete dieses System des „Gleichgewichtes der Mächte" ziemlich gut und schien die allgemeine Auffassung von der Harmonie zu bestätigen. Gleichzeitig war es ein angemessener Rahmen für die liberale Weltwirtschaft.

Als jedoch der imperialistische Wettstreit der großen Nationen zum ersten Weltkrieg führte, brach dieses System der Harmonie zusammen. Während des Krieges verlor Europa sowohl politisch als auch wirtschaftlich seine Vormachtstellung, die Vereinigten Staaten und Japan stiegen zu Mächten ersten Ranges auf, und Rußland wurde von dem europäischen Konzert getrennt. Die Errichtung der französischen Hegemonie in Mitteleuropa erwies sich als Fehlschlag, und die Schaffung einer großen Zahl souveräner Nationalstaaten auf dem kleinen europäischen Kontinent wurde zur Katastrophe und zum genauen Gegenteil von dem, was die Situation verlangte. Jede der kleinen Mächte unterhielt eine unabhängige Armee, Diplomatie und Wirtschaft, richtete sich gegen alle anderen und spielte ein Spiel, das ihnen allen den vollständigen Verlust der Unabhängigkeit brachte. Der Versuch, den üblen Konsequenzen dieser Art von Souveränität durch den Völkerbund entgegenzuarbeiten, schlug fehl, weil der Bund selbst auf dem gleichen Prinzip nationaler Souveränität aufgebaut war. So zeigte der zweite

Weltkrieg noch stärker als der erste, daß die Harmonie des Gleichgewichtes der Mächte verschwunden war und daß sie ersetzt werden muß durch eine geplante Einheit der Nationen in Asien, Amerika und auf dem europäischen Kontinent und durch eine allumfassende Einigung aller Nationen. Zu dieser Vereinigung müssen die großen asiatischen Nationen gehören, nicht als Kolonie oder als europäische Einflußsphäre, sondern als gleichberechtigte Partner der angelsächsischen und kontinentalen Nationen. Nicht nur Japan, sondern auch China und Indien benutzen die augenblickliche Weltrevolution, um die Herrschaft der weißen Nationen vollständig abzuschütteln. Die Achsenmächte haben das alles erkannt, sie haben in Europa durch Eroberung und Unterdrückung eine Einheit erzwungen und die weißen Herrscher aus vielen asiatischen Ländern vertrieben, indem sie diese ihrem eigenen Imperialismus unterwarfen. Sie taten und tun es in einer verkehrten und selbstzerstörerischen Weise, aber sie taten es wenigstens. Was sind unsere Pläne?

c) Das politische System

Demokratie ist kein politisches System *in abstracto*, das jederzeit und überall angewandt werden kann, sie benötigt immer bestimmte historische Voraussetzungen, um überhaupt funktionieren zu können. Sie setzt ein hohes Maß natürlicher Harmonie und Konformität voraus. Es gehört dazu eine grundsätzliche Übereinstimmung zwischen den Parteien trotz mancher Gegensätze. „Seiner Majestät Opposition" muß „äußerst loyal" sein. Ferner muß von seiten der Wähler den Abgeordneten ein hohes Maß an Vertrauen entgegengebracht werden. Die Delegierten müssen tatsächlich „unsere Delegierten" sein. Beide Forderungen setzen ein fundamental gemeinsames Interesse der gesamten Nation voraus, das jedem einzelnen wichtiger ist als seine eigenen, besonderen, abweichenden Interessen. Wenn das der Fall ist, kann sich jeder Bürger bereitwillig den Entscheidungen der Majorität unterwerfen, da er sie als den „allgemeinen Willen" akzeptiert, von dem sein Wille ein Teil ist. Eine funktionierende Demokratie setzt ein grundlegend gemeinsames Interesse aller ihrer Glieder voraus, gleichgültig, ob dies ein tatsächliches oder eingebildetes Interesse ist.

Wenn diese harmonische Grundlage eines demokratischen Systems schwindet, bricht das System zusammen. Wenn die Minorität das Gefühl bekommt, daß ihre Grundinteressen dauernd durch die Majorität mißachtet werden, hört die Loyalität ihrer Opposition auf. Das System als Ganzes wird abgelehnt; eine totalitäre Partei wird gebildet mit dem Ziel, das bestehende politische System auf revolutionäre Weise zu stürzen. Das war die Situation in Europa, besonders in Mitteleuropa. Von zwei Seiten erhob sich Unzufriedenheit gegen das demokratische System, sowohl von den herrschenden Klassen als auch von den verelendeten Massen. Die Massen fürchteten, daß die demokratische Methode niemals imstande sein würde, sie von Elend und Arbeitslosigkeit zu befreien, selbst unter einer Regierung, in der ihre eigenen Delegierten saßen. Sie waren zu oft enttäuscht worden. Und die regierenden Klassen fürchteten, das demokratische System könnte schließlich eine parlamentarische Mehrheit zustandebringen, die die enterbten Massen repräsentierte und die Stellung der wirtschaftlich herrschenden Gruppen bedrohte. So stießen Teile beider Gruppen zu der prädemokratischen halbfeudalen Revolte von Desperados des Kleinbürgertums: dem faschistischen oder nationalsozialistischen religiös-politischen „Orden". Dieser Attacke von drei Seiten konnte das demokratische System nicht standhalten. Es brach zusammen mit seiner harmonistischen Grundlage. Die Situation ist in den ursprünglich demokratischen Ländern nicht so gefährlich wie in Mitteleuropa, mit Ausnahme von Frankreich. Die Grundlage des Konformismus, in dem die Demokratie wurzelt, ist noch lebendig in England, Amerika und einigen kleineren Nationen; aber auch hier wurde der Gefahrenpunkt in den großen Wirtschaftskrisen fast erreicht, und die amerikanische Demokratie wurde nur deshalb gerettet, weil man die Macht der zentralen Bürokratie in solchem Maße stärkte, daß eine vollständige Katastrophe verhindert werden konnte. Zur Zeit hat der Krieg in allen Ländern, selbst in denjenigen, in denen die demokratische Methode noch intakt ist, einen bürokratischen Zentralismus herbeigeführt. Die kritische Lage des demokratischen Systems wird sich nach dem Kriege zeigen, wenn der Neuaufbau der in Trümmer liegenden Welt Aufgaben schaffen wird, die mit gewöhnlichen demokratischen Methoden niemals gelöst werden können. Schon allein die Notwendigkeit einer zentralen Organisation der europäischen Wirtschaft – ganz zu schweigen von Asien – verlangt eine grundlegende Umwandlung des politischen Systems.

Trotz der abschreckenden Form der totalitären Methoden in Europa dürfen wir unsere Augen vor der dringenden Notlage nicht verschließen, aus der diese entstanden sind: aus dem Zusammenbruch des Harmonieglaubens. Und sie dürften uns an der Erkenntnis nicht hindern, daß eine Rückkehr zu den früheren Formen der liberalen Demokratie unmöglich ist. Die Diktatoren verstanden diese Situation. Können wir das auch behaupten?

d) Die kulturelle Bewegung

Das kulturelle Leben nach der Aufklärung gründete sich auf die Voraussetzung, daß die intellektuelle und moralische Entwicklung des Einzelnen zu einem kulturellen *common sense* führen würde, wodurch eine harmonische und fortschrittliche Zivilisation entstehen könnte. Man glaubte, das autonome Suchen nach Wahrheit durch „das Parlament der Wissenschaften" schaffe sichere und wahre Erkenntnis genug, um das Leben der Gesellschaft zu lenken. Man nahm weiter an, Erziehung zur sozialen Anpassung einerseits und kritischer Geist andererseits würden die Menschheit von Generation zu Generation auf eine höhere moralische Ebene und zu einem ständigen sozialen Fortschritt führen. Die Freiheit der persönlichen Erfahrung, unbehindert durch Tradition und Dogma, sollte imstande sein, gemeinsame Symbole von letzter Gültigkeit zu schaffen. Das Gesetz der Harmonie schien die Gefahren eines radikalen kulturellen Liberalismus auszuschalten.

Diese Annahme war nicht vollständig falsch. Sie war in gewisser Weise gerechtfertigt, solange ein starkes kulturelles Erbe und die damit verbundene natürliche Konformität vorhanden war. Auf dieser Grundlage wurde die Einheit der Gesellschaft durch die Freiheit eines jeden zu autonomem Denken und autonomer Kritik nicht gefährdet. Als jedoch durch das Anwachsen der sozialen und politischen Gegensätze die ideologische Harmonie schwand, wurde die unbegrenzte Freiheit zur Kritik zu einer Katastrophe, und es entwickelten sich autoritäre Tendenzen. Dies war die kulturelle Lage in Europa in den Jahren, ehe Hitler zur Macht kam.

Das Bild des westlichen Europa, von Großbritannien bis zu Italien, wie es sich mir in den Jahren 1936 bis 1937 darbot, war das Bild einer vollständigen kulturellen Zersetzung, vor allem in der jüngeren Generation. Diese Zersetzung kam bei den meisten der jungen und vielen der älteren Menschen im wesentlichen auf vier verschiedene Weisen zum Ausdruck.

In erster Linie herrschte ein Gefühl der Furcht, oder vielleicht genauer, einer unbestimmten Angst vor. Nicht nur die wirtschaftliche und politische, sondern auch die kulturelle und religiöse Sicherheit schien verloren zu sein. Es gab nichts, worauf man bauen konnte: alles war ohne Fundament. Man erwartete jeden Augenblick einen katastrophalen Zusammenbruch. Infolgedessen steigerte sich bei jedem Menschen das Verlangen nach Sicherheit. Eine Freiheit, die zu Furcht und Angst führt, hat ihren Wert verloren. Besser Autorität mit Sicherheit als Freiheit mit Furcht!

Mit dem Gefühl der Unsicherheit und Furcht war eine allgemeine

Ungewißheit verbunden. Etwa 1930 erschien ein Buch des französischen Schriftstellers Viennot, *„Incertitudes allemandes"*, in dem die deutsche Lage vor Hitlers Aufstieg zur Macht beschrieben wurde. Wie die Geschichte gezeigt hat, traf der Titel auch zu auf die Lage in Frankreich, Belgien und anderen Ländern. Der jungen Generation war es leid geworden, über alles selbst Entscheidungen zu treffen, einschließlich ihrer eigenen Existenz. Sie konnte die Last des autonomen Denkens und Handelns nicht mehr ertragen. Sie konnte ein Leben, in dem nichts sicher war, nicht mehr aushalten. Sie sehnte sich infolgedessen nach einer Gewißheit um jeden Preis, selbst um den Preis vollständiger Heteronomie und Unterwerfung unter einen Führer. Die Situation wird vielleicht verständlicher, wenn wir sie mit der Methode der fortschrittlichen Erziehung in Amerika vergleichen. Diese Methode hat zwei Seiten: die Erziehung zur Anpassung, und zwar an die Normen und Formen der bestehenden Gesellschaft, und innerhalb dieses Rahmens zu autonomem Denken und Diskutieren. Das letztere ist nicht gefährlich, solange das erstere stabil ist, denn auch die schärfste Kritik wird dann die Grenzen der sozialen Konformität nicht sprengen, der der Schüler angepaßt ist. Wenn jedoch die gegebene soziale und geistige Struktur zerfällt und die Konformität schwindet, dann wirkt die Autonomie des Schülers im leeren Raum und kann jenes Maß von Sicherheit, ohne das das Leben auf die Dauer unmöglich ist, nicht erreichen. Genau das war die europäische Haltung.

Das dritte Charakteristikum der kulturellen Zersetzung war die Einsamkeit. Im System der Harmonie wird die metaphysische Einsamkeit jedes Individuums besonders betont in der Lehre, daß es keine „Türen und Fenster" von einer „Monade" zur anderen gibt. Jede einzelne Einheit ist in sich selbst einsam und ohne direkte Verbindung mit den anderen. Das Schreckliche an dieser Vorstellung wurde durch die Voraussetzung des Harmonieglaubens überwunden, daß in jeder Monade die ganze Welt potentiell enthalten ist und daß die Entwicklung eines jeden Individuums sich in natürlicher Harmonie mit der Entwicklung aller anderen vollzieht. Das ist das tiefste metaphysische Symbol für die Situation in der Frühzeit der bürgerlichen Kultur. Es traf für diese Situation zu, weil es noch eine gemeinsame Welt gab, obwohl die soziale Atomisierung schon im Wachsen war. Als jedoch die Reste der gemeinsamen Welt zusammenbrachen, wurde das Individuum in vollständige Einsamkeit und die damit verbundene Verzweiflung gestürzt. Aus dieser Situation versuchte die jüngere Generation aller europäischen Länder zu entfliehen, die Einsamkeit des Individualismus zu überwinden und eine neue Gemeinschaft zu finden. Die Jugendbewegung seit Anfang des 20. Jahrhunderts ist der sichtbarste Ausdruck dieser Sehnsucht.

Das vierte und wichtigste Symptom der kulturellen Zersetzung ist das Gefühl der Sinnlosigkeit und der daraus entstehende Zynismus. Nicht nur die religiösen Symbole früherer Jahrhunderte hatten ihre Macht verloren, dem Leben Sinn zu geben, sondern auch die philosophischen und politischen Symbole, von denen man annahm, daß sie die religiösen ersetzen könnten. Es gab also nichts mehr, das einen absoluten Anspruch auf Hingabe und Verehrung erheben konnte. Die Jugend verlangt aber nach einem solchen Anspruch, sie verlangt starke, unzweideutige, fordernde Symbole. Sie sucht religiöse Symbole – und, wenn sie keine finden kann, religiöse Ersatzsymbole. Sonst verzweifelt die Jugend – und nicht nur sie allein – an jedem Sinn des Lebens. Skeptizismus und Zynismus bemächtigen sich des Geistes und machen die Herzen bereit für das Eindringen „dämonischer" Symbole. Wer solche vorweist, kann leicht zum Führer werden, und vom Zynismus ist es nicht weit zum Fanatismus.

Das war die Chance für die faschistischen und nationalsozialistischen Revolutionen. Faschisten und Nationalsozialisten erfaßten ihre Chance und nutzten sie mit allen Mitteln aus. Sie versprachen Sicherheit, Gewißheit, Gemeinschaft und einen neuen Lebenssinn. Und sie lieferten das alles, wenn auch in einer dämonischen und selbstzerstörerischen Art. Sie opferten die Freiheit für die Sicherheit, die Autonomie für die Gewißheit, die Individualität für die Gemeinschaft und die Persönlichkeit für ein absolutes Symbol. Sie erfüllten die Sehnsucht eines großen Teils der jüngeren Generation. Und was haben wir ihr zu bieten?

e) Die religiöse Situation

Die Frage nach dem Sinn unseres Lebens, der in einigenden, machtvollen Symbolen für das, was uns unbedingt angeht, ausgedrückt wird, führt zu der Frage nach der religiösen Situation, denn religiös sein bedeutet: letztlich und unbedingt betroffen zu sein. Die Religion steht nicht außerhalb der allgemeinen Richtung unseres theoretischen und praktischen Handelns. So war auch die religiöse Lage ebenso wie die Lage auf allen anderen Gebieten durch die Idee der Harmonie bestimmt. Die historische Verwirklichung der Idee der Harmonie auf religiösem Gebiet ist der Protestantismus. Der protestantische Protest gegen die verzerrte Autorität und Sicherheit sowie gegen den Kollektivismus und Symbolismus der römisch-katholischen Kirche hat diese Art religiöser Freiheit und Autonomie, Individualismus und Personalismus hervorgebracht, durch den die protestantischen Kirchen ein Teil der modernen

Welt wurden. Sowohl bei Luther als auch bei Calvin finden wir die Voraussetzung, daß das bloße Hören oder Lesen der biblischen Botschaft genüge, einen religiösen *common sense* zu schaffen, und daß Predigen allein zur Bildung und Aufrechterhaltung der christlichen Kirche ausreiche. Wo immer das Wort Gottes richtig verkündigt wird, muß es die Gemeinschaft der Gläubigen schaffen: nahezu zwei Jahrhunderte lang ist selbst diese höchst idealistische Annahme richtig gewesen. Christliche Erziehung von mehr als einem Jahrtausend hat die Seele der europäischen Völker so geformt, daß ihre geistige Substanz durch die protestantische Autonomie nicht in Gefahr geriet. Diese Substanz wurde unmittelbar durch die evangelische Predigt angesprochen.

Aber seit der Aufklärung ist diese Substanz langsam verloren gegangen, und infolgedessen verlor das Gesetz der Harmonie seine Gültigkeit. Es war kein plötzlicher Zusammenbruch, denn die aufgeklärte Bourgeoisie behielt eine rationalisierte und abgeschwächte christliche Tradition bei, weil sie dadurch sich selbst und das soziale und kulturelle System, in dem sie wurzelte, zu erhalten trachtete. Aber diese „pragmatische" Rechtfertigung der religiösen Tradition konnte weder ihre vollständige Zersetzung verhindern noch das Entstehen einer völligen Profanisierung, nicht nur im Gegenspiel zur Religion, sondern auch innerhalb der Religion selbst. Auf diese Weise wurden die protestantischen Kirchen in den allgemeinen Auflösungsprozeß des Harmoniesystems der modernen Welt mit hineingezogen. Die Frage ist nur, ob dies das Ende des Protestantismus im Sinne der protestantischen Kirchen und Kulturen bedeutet, wie man aus der Analyse der jetzigen Revolution schließen könnte. Es gibt in den protestantischen Kirchen Bemühungen um ein besseres Verständnis der christlichen Symbole, um liturgische Reformen, um Stärkung der kirchlichen Autorität, um eine neue Wertung sakramentaler Wirklichkeit, um eine neue ökumenische Kirche. Können die protestantischen Kirchen solch eine Umwandlung durchmachen, ohne die sie tragenden protestantischen Prinzipien zu verlieren? Welche Hilfe kann die anglikanische Kirche – und in geringerem Maße auch die griechisch-orthodoxen Kirchen – in dieser Hinsicht leisten? Ist der mittlere Weg der Episkopalkirche ein neuer schöpferischer Weg, oder bedeutet er einen Kompromiß, der die Schwächen beider Seiten vereint? Das sind grundsätzliche Fragen zu den Stürmen unserer Zeit innerhalb der religiösen Sphäre, und die religiöse Sphäre ist die wichtigste, wenn wir wirklich nicht in einem Kriege nationaler Imperialismen leben, sondern in einem Krieg, der Ausdruck einer revolutionären Umformung der menschlichen Existenz bedeutet.

Auch in dieser Hinsicht verstanden die Führer der totalitären Staaten die Lage. Sie erneuerten den alten shintoistischen Kaiserkult, oder sie schufen einen neuen heidnischen Glauben, oder sie teilten Autorität und Symbole mit der katholischen Kirche, oder sie benutzten die eschatologische Hoffnung als treibende Kraft der sozialen Revolution. Sie schufen Quasi-Religionen, aber diese Quasi-Religionen wurden so starke und weitgehend siegreiche Konkurrenten des Christentums und des Protestantismus, daß wir erneut fragen müssen: Was haben wir zur Erfüllung der religiösen Forderung in der gegenwärtigen Weltrevolution getan?

Dieses Bild unserer Zeit können wir auf allen Gebieten unseres Lebens antreffen. Es ist nicht das gleiche in allen Ländern und in allen Schichten der Bevölkerung. Es gibt räumliche und zeitliche Unterschiede – die stärkste Auflösung hat in Europa, besonders in Mitteleuropa, stattgefunden. Rußland ist direkt aus der feudalen Form in seinen Typ einer neuen nachbürgerlichen Struktur hineingesprungen, Amerika lebt immer noch in einer glücklichen Abgeschiedenheit; Asien versucht, soweit wie möglich das bürgerliche Stadium zu vermeiden. Aber trotz aller dieser Unterschiede ist die allgemeine Richtung klar, und die treibenden Kräfte sind für jedermann sichtbar.

III.

Wenn dieser Krieg den Charakter einer Weltrevolution hat, dann muß sein Ziel ein Neuaufbau der Welt sein, und zwar so, daß die Ursachen dieser Revolution überwunden werden. Das gilt für alle Bereiche, in denen das System der Harmonie zerstört ist, das heißt, für die Gesamtheit unserer Existenz. Deshalb sind zwei Wege zur Beendigung dieses Krieges von vornherein ausgeschlossen: die Rückkehr zu der Situation vor Ausbruch des Krieges, die Status-quo-Lösung, und die bedingte Annahme der Pläne der Achsenmächte, die Kompromißlösung.

Die Status-quo-Lösung wird niemals in reiner und uneingeschränkter Form vorgeschlagen. Jeder weiß, daß die Geschichte sich niemals wiederholt, und jeder ist damit einverstanden, daß irgendwelche drastischen Änderungen vorgenommen werden müssen, besonders in den internationalen Beziehungen. Aber die meisten Menschen glauben, daß Verbesserungen an den alten Strukturen genügen. Würden sie durchgeführt, so hätte es folgende Konsequenzen: auf wirtschaftlichem Gebiet würde der Monopolkapitalismus wiederhergestellt und die staatliche Einwirkung vollständig aufgehoben – bis zur nächsten Krise. Ein paar Dutzend souveräner Staaten würden wieder den europäischen Kontinent zerreißen – bis zur nächsten Katastrophe. Asien würde unter die weiße Herrschaft zurückfallen – bis zu einem radikalen Rassenkrieg. Die

Demokratie würde einem chaotischen Haufen ruinierter, verachteter und entwurzelter Gruppen einfach aufgezwungen werden – bis zum Auftreten kriegerischer diktatorischer Generale. Freiheit würde solchen Völkern aufgezwungen, die sich angstvoll nach Sicherheit sehnen, Individualismus solchen, die nichts notwendiger brauchen als Gemeinschaft, Autonomie denen, die Führung brauchen, und Selbständigkeit der Persönlichkeit den Massen, die einende, absolute und faszinierende Symbole brauchen. Das sind die Inhalte der Status-quo-Lösung, wie vorsichtig man sie auch immer formulieren mag. Es hat den Anschein, daß das Schicksal klüger ist als die Vertreter dieser Lösung. Der radikale Fortschritt der Revolution scheint solch einen weltgeschichtlichen Rückschritt unmöglich zu machen.

Es bedarf keines besonderen Beweises dafür, daß die Annahme der Kriegsziele der Achsenmächte, selbst in einer sehr eingeschränkten Form, die Zerstörung aller Werte und Symbole des Christentums und des Humanismus bedeuten würde. Die Kompromißlösung ist keine Lösung, sondern der Sieg der Gegenseite. Aber obwohl darüber keinerlei Zweifel bestehen kann, gibt es doch gewisse Gruppen unter den alliierten Nationen, deren Widerstandswille gegen jeden Kompromiß mit den derzeitigen Führern der Achse in Zweifel gezogen werden muß. Diese Tatsache ist zu verstehen aus der Eigenart des Faschismus und des Nationalsozialismus. Beide Bewegungen werden von Menschen getragen, die aus der Zersetzung aller sozialen Klassen, der arbeitenden und der herrschenden Klassen, der Intelligenz und des Kleinbürgertums hervorgegangen sind. Obwohl das Kleinbürgertum für die faschistische Ideologie besonders wichtig ist, spielt es doch für die Dynamik der Bewegung eine weit geringere Rolle, als man oft annimmt. Ein großer Teil der führenden Nationalsozialisten steht der Ideologie zynisch gegenüber. Die Tatsache jedoch, daß der Faschismus seine Anhänger aus allen sozialen Schichten nimmt, gibt ihm die Möglichkeit, Menschen aller Kreise anzusprechen. Wie stark diese Wirkung in vielen Ländern war, ist bekannt – trotz aller gegenteiligen Versicherungen hat er auch jetzt noch starken Einfluß in großen Teilen der Welt und bei vielen einzelnen.

Viele Menschen in den demokratischen Ländern neigen einem Kompromiß zu, weil sie sich darüber klar sind, daß jedes zusätzliche Kriegsjahr die Chance für eine Rückkehr zur Vergangenheit und damit zur Status-quo-Lösung vermindert. Für sie ist es der Krieg nicht wert, daß man ihn führt – und, vor allem, bezahlt, besonders wenn er sich tatsächlich als ein revolutionärer Krieg erweist. Diese Haltung hat viel Unterstützung gefunden durch den Eintritt Rußlands in den Krieg und die Furcht, Rußland und seine Ideologie könnten den Wiederaufbau

Europas und Asiens entscheidend beeinflussen. Dagegen gibt es eine andere Gruppe, die die Unmöglichkeit der Status-quo-Lösung erkannt hat. Diese Menschen verstehen den revolutionären Charakter dieses Krieges, aber sie wollen ihm eine Richtung geben, die sich nicht wesentlich von den faschistischen Methoden und Zielen unterscheidet. Sie arbeiten für eine amerikanische oder britische Art des Faschismus, ohne ihn so zu nennen, ohne seine antichristliche oder antihumanistische Propaganda zu übernehmen und ohne ihre wirklichen Absichten so offen wie die europäischen Diktatoren darzulegen. Antisemitische und ausländerfeindliche Propaganda, *Anti-New-deal* und Anti-Arbeiterpropaganda, die beständig in den Vereinigten Staaten zunehmen, sind der Ausdruck für die amerikanische Art des Faschismus. Sie wollen durchaus nicht Hitlers Sieg, aber sie wollen ihren eigenen Faschismus, wenn der Status quo doch nicht wiederhergestellt werden kann. Es gibt ähnliche Bestrebungen in England, wenn auch zur Zeit weniger ausgeprägt als in USA, aber sie sind vorhanden. Für alle diese Menschen sind Hitler und Mussolini nicht einfach „Feinde", sondern gleichzeitig in gewisser Weise Vorbilder. Diesen beiden Gruppen gegenüber, den Verfechtern des Status quo und des Kompromisses, muß immer wieder der wahre Sinn des Krieges hervorgehoben werden. Nichts ist gefährlicher für die Kriegsanstrengungen der alliierten Nationen als das Fehlen eines großen und machtvollen Kriegszieles. Die allgemeine Forderung nach der Aufstellung von Kriegszielen hat zur *Atlantic Charta* geführt, die mehr ist als gar nichts, aber viel zu wenig für das, was wir brauchen. Das Versäumnis, Asien miteinzubeziehen, vermindert ihren Wert bedeutend. Es gibt viele private und offizielle Gruppen, die einen Plan für den Wiederaufbau nach dem Kriege ausarbeiten. Diese Tatsache bestätigt die allgemeine Überzeugung, daß der nur negative Zweck des Krieges, ihn zu gewinnen, nicht ausreicht. Wir haben schon einen Krieg gewonnen und den Frieden grausig verloren. Wenn diejenigen, die den Frieden machen, und die sie tragende öffentliche Meinung die Forderungen nicht verwirklichen sollten, die aus den Ursachen und den Nöten dieses Krieges folgen, dann wird der Friede noch einmal verloren sein. Es kann hier meine Aufgabe nicht sein, ein Programm der Kriegsziele zu geben, wie ich es an anderer Stelle getan habe. Die Analyse selbst hat schon die Richtung gewiesen, in der ein Wiederaufbau nach dem Kriege stattfinden muß: eine geplante Wirtschaft mit soviel individueller Spontaneität wie möglich, ein Bund der Völkerbünde ohne militärische oder wirtschaftliche Souveränität der Mitgliedstaaten, eine zentralisierte Staatsmacht mit demokratischem Korrektiv, eine Sicherheit, die die Freiheit garantiert, und zwar Freiheit von

Not und Angst, eine Autorität, die Führerschaft und nicht Zwang ist, eine Gemeinschaft, die die Einsamkeit des Menschen durch eine mehr kollektivistische Lebensform überwindet, ohne den Sinn und die Rechte des Einzelnen zu opfern, Symbole, die in überzeugender und einender Weise das ausdrücken, was uns letztlich, unbedingt und fordernd angeht, und die den kommenden Generationen einen Lebenssinn verleihen. Das ist die Richtung, in der wir denken und handeln müssen; es ist die Richtung, in der ein Programm gesucht werden muß, aber es ist nicht das Programm selbst.

Zum Schluß drei Fragen, durch die unsere Haltung zum Sinn dieses Krieges geprüft werden kann.

Wenn wir gegen Japan kämpfen, führen wir damit einen Rassenkrieg, einen Krieg für die Aufrechterhaltung des europäischen Imperialismus in Asien, oder kämpfen wir für die Freiheit Asiens auch von uns selbst?

Wenn wir Seite an Seite mit Rußland kämpfen, tun wir das, weil es augenblicklich nützlich für uns ist, aber mit der Absicht, Rußland aufs neue aus den europäischen Angelegenheiten auszuschalten, oder erkennen wir ernstlich sein Recht an, auf gleicher Basis mit den westlichen Nationen das Geschick Europas und Asiens zu bestimmen?

Wenn wir in Europa Krieg führen, tun wir das, um zu bestrafen, zu erziehen, kulturell und wirtschaftlich zu erobern, kurz, um das „amerikanische Jahrhundert" zu verwirklichen, oder tun wir das, um Europa am Leben zu erhalten und ihm bei seinem Wiederaufbau in neuen Formen und für eine neue Zukunft zu helfen?

Die Antwort auf diese drei Fragen ist nicht nur für uns hier, die wir über den Frieden nachdenken, wichtig, sondern auch für alle Soldaten, die an der Front stehen und wissen wollen, wofür sie kämpfen. Welche Hoffnung können wir für eine konstruktive Beantwortung dieser drei Fragen haben? Wieviel Hoffnung gestattet uns die Lage in Großbritannien, wieviel die in Amerika? Ich kann die Frage nicht beantworten. Ich weiß nur eines: wenn die Bedeutung dieses Krieges nicht verstanden und erkannt wird, dann wird auf Generationen hinaus die Nacht über uns hereinbrechen.

DIE GEGENWÄRTIGE WELTSITUATION (1945)

Von einer „Weltsituation“ zu sprechen ist, anders als noch im 19. Jahrhundert, nicht mehr kühne Vorwegnahme oder utopische Schau. Zwei Weltkriege innerhalb eines Vierteljahrhunderts haben gezeigt, daß die „Welt“ eine geschichtliche Wirklichkeit geworden ist. „Welt“ im geschichtlichen Sinne bedeutet eine solche gegenseitige Abhängigkeit aller die Menschheit bildenden Gruppen, daß Ereignisse in einem Teil der Welt auch auf alle anderen unmittelbar einwirken. „Welt“ in diesem Sinne gibt es – antizipiert durch die stetige Zunahme des Weltverkehrs, der Weltwirtschaft und weltpolitischer Beziehungen – seit dem ersten Weltkrieg. Dieser Prozeß hat sich vor Beginn und während des zweiten Weltkrieges mit zunehmender Geschwindigkeit entwickelt. Allerdings, es gibt solch eine „Welt“ nur im formalen Sinn als allgemeine gegenseitige Abhängigkeit aller Nationen. Noch gibt es keine Einheit des Geistes, der Kultur, der Organisation, der Ziele. Überdies ist selbst diese formale Einheit der Welt im Westen deutlicher als im Osten, und die folgende Analyse wird notwendigerweise vornehmlich aus der Perspektive der westlichen Welt unternommen. Kulturumformende Kräfte dominieren jedoch nicht nur in Europa und den beiden Amerika. Sie haben den Osten vom Westen her durchdrungen und nicht etwa umgekehrt, und haben Asien und Afrika und Australasien gleichfalls in einen einzigen revolutionären Wirbel hineingezogen. Es ist deshalb nicht nur möglich, sondern sogar notwendig, von einer „Weltsituation“ zu sprechen, die innere Logik und den Sinn dieser Situation aufzuspüren und zu fragen, welche Botschaft ihr das Christentum zu bringen hat.

1. Allgemeine Charakterisierung der gegenwärtigen Weltsituation

Die gegenwärtige Weltsituation hat sich – im Westen unmittelbar und andernorts mittelbar – aus dem Aufstieg, dem Sieg und der Krise dessen ergeben, was wir die „bürgerliche Gesellschaft“ nennen können. Diese Entwicklung hat sich in drei Stufen vollzogen, die sich zwar überlagern, aber doch deutlich voneinander unterscheiden. Auf der ersten Stufe kämpfte die neue Gesellschaft gegen die im Schwinden begriffene Feudalordnung, um sich durchzusetzen; das war die *Periode der bürgerlichen Revolutionen.* Auf der zweiten gewann die neue Gesellschaft triumphale Macht, vor allem dank der Schaffung eines Weltmechanismus von Produktion und Handel; das war die *Periode des siegreichen Bürgertums.* Auf der dritten kämpft die Menschheit darum, die Herrschaft über die selbstzerstörerischen Kräfte zurückzugewinnen, die von der herrschenden industriellen Gesellschaft freigesetzt wurden – das ist die *gegenwärtige Krisis der Kultur.* Zerfall und Umwandlung der bürgerlichen Gesellschaft bilden das dynamische Zentrum der jetzigen Weltsituation.

Die erste Periode war gekennzeichnet durch große politische, wirtschaftliche und kulturelle Revolutionen in Westeuropa und Amerika. Der religiöse wie der politische Feudalismus wurden vernichtet. Die bürgerliche Lebensform wurde zum bestimmenden, wenn auch nicht einzig einflußreichen Faktor in der westlichen Kultur.

Das leitende Prinzip dieser revolutionären Periode bildete der Glaube an die Vernunft. Vernunft bedeutet nicht den Prozeß vernünftiger Schlußfolgerung, sondern die Macht der Wahrheit und Gerechtigkeit, die im Menschen als Menschen verkörpert ist. Der Mensch, der Natur und Gesellschaft beherrscht, war das Ideal, das aus der humanistischen Theorie der Renaissance stammte, unter dem Schutz des aufgeklärten Absolutismus heranreifte und zur Erfüllung kam durch die bürgerlichen Revolutionen. Die Vernunft war das eigentliche Prinzip der *humanitas*, die dem Menschen Würde gibt und ihn von der Knechtschaft religiöser und politischer Absolutismen befreit. Diese Vernunft ist dem göttlichen *logos* der Stoiker enger verwandt als der Beherrschung technischer Mittel, die in der zweiten Periode der bürgerlichen Gesellschaft solche großen Triumphe feierte. Charakteristisch war die Anbetung der „Vernunft" als einer Göttin in der französischen Revolution. Die Grundlage für den siegreichen Kampf gegen die Unterdrückung durch den Feudalismus und gegen jede Form des Absolutismus und der Tyrannei bildete die Anerkennung eines jeden Menschen als eines rationalen Wesens, das in seinem religiösen wie in seinem weltlichen Leben der Autonomie fähig ist.

Diesem Kampfe, aus dem die moderne Welt hervorging, lag immer eine Voraussetzung zugrunde, die manchmal offen zugegeben, manchmal stillschweigend anerkannt wurde: der Glaube, daß sich aus der Befreiung der Vernunft in allen Menschen eine universale *humanitas* und zwischen dem Einzelnen und der Gesellschaft ein System der Harmonie entwickeln werde. Die Vernunft in jedem Einzelnen werde sich in Harmonie mit der Vernunft in jedem anderen Einzelnen erweisen. Dieses Prinzip der automatischen Harmonie werde sich in jedem Lebensbereich zeigen. Im ökonomischen Bereich glaubte man, der Wohlfahrt werde am besten gedient, wenn jeder Einzelne uneingeschränkt seinen eigenen wirtschaftlichen Interessen nachgeht; das Gemeinwohl sei gewährleistet durch das automatische Funktionieren der „Marktgesetze". Dies war das Grundprinzip der Wirtschaft des *laissez faire*. Im politischen Bereich nahm man an, das politische Urteil eines jeden Staatsbürgers führe automatisch zu richtigen politischen Entscheidungen, die durch eine Mehrheit von Staatsbürgern herbeigeführt werden, und die Gemeinsamkeit der Interessen biete Gewähr für ein gesundes demokratisches Verfahren. Im internationalen Bereich meinte man, aus dem freien Spiel der Interessen der einzelnen Nationen werde sich ein verhältnismäßig stabiles Gleichgewicht der Kräfte zwischen den souveränen Staaten ergeben. Im Bereich der Bildung bestand die Auffassung, die Rationalität, die zum Wesen der menschlichen Natur gehört, werde durch den freien Ausdruck jedes Einzelnen zu einer harmonischen Gemeinschaft führen. In der Religion glaubte man, die persönliche Auslegung der Bibel und die individuelle religiöse Erfahrung werde bei allen Gläubigen ungefähr der gleichen Richtung folgen, so daß die sittliche und geistige Konformität gesichert sei und sich eine religiöse Gemeinde gläubiger Menschen, die Kirche, bilden und erhalten könne. Und schließlich fand diese alles beherrschende Idee ihren philosophischen Ausdruck in den verschiedenen Lehren von einer „prästabilierten Harmonie" – wie der von Leibniz und seinen Schülern. Die einzelne Monade ist ein Mikrokosmos der Welt; indem sie gemäß dem ihr eigenen inneren Gesetz der Logik heranreift, entwickelt sie sich in „prästabilierter Harmonie" mit dem Ganzen des Seins.

Dies war der Glaube fast aller geistigen und politischen Führer der revolutionären Bewegung, und die Wirklichkeit schien ihn zu bestätigen. In jedem Bereich konnte man Elemente der automatischen Harmonie entdecken. Die Befreiung der individuellen Vernunft in Wirtschaft und Religion, in Politik und Bildung führte keineswegs zu den zerstörenden Folgen, die von den Vertretern der Tradition und den Reaktionären vorausgesagt worden waren. Im Gegenteil, ungeheure schöpferische Kräfte wurden freigesetzt, ohne jene Konformität zu zerstören, die nötig ist, um nationale und religiöse Gemeinschaften zu erhalten. Der enthusiastische Glaube an die Vernunft wurde gerechtfertigt durch die bewunderungswürdigen Fortschritte der Mathematik im 17. Jahrhundert, die Entwicklung der autonomen Nationalstaaten nach den Zerrüttungen der Religionskriege, die Aufrichtung natürlicher Ordnungen in der Sozial- und Individualethik. Das Gesetz der Harmonie schien das Wesen der Wirklichkeit auszudrücken. In der Kraft dieses Glaubens überwand die neue Gesellschaft den Widerstand des Feudalismus und Absolutismus. Das 19. Jahrhundert kann ungeachtet aller reaktionären Opposition als die Periode des siegreichen Bürgertums angesehen werden.

Die Vernunft – das war die These – beherrscht die Natur: im Menschen und außerhalb seiner, denn man nahm an, daß Natur und Vernunft in essentieller Harmonie stünden. Aber in dem Maße, in dem die bürgerliche Revolution Erfolge errang, verschwand der revolutionäre Schwung, und der Charakter der Vernunft als leitendes Prinzip veränderte sich. Die neue herrschende Klasse konnte mit den Überresten des Feudalismus und des Absolutismus Kompromisse schließen und tat es auch. Sie opferte die Vernunft als Prinzip der Wahrheit und Gerechtigkeit und gebrauchte sie vor allem als Werkzeug im Dienste der technischen Gesellschaft, die sie mit allen Mitteln zu vervollkommnen trachtete. Die „technische Vernunft" wurde das Instrument eines neuen Produktions- und Handelssystems.

Die technische Vernunft stellt Mittel für Zwecke bereit, gibt aber keinerlei Anleitung, welcher Art die Zwecke sein sollen. In der ersten Periode hatte sich die Vernunft mit Zwecken befaßt, die jenseits der bestehenden Ordnung lagen. Die technische Vernunft befaßte sich mit den Mitteln zur Stabilisierung der bestehenden Ordnung. Die revolutionäre Vernunft war hinsichtlich der Mittel konservativ gewesen, hinsichtlich der Zwecke aber „utopisch". Die technische Vernunft ist konservativ hinsichtlich der Zwecke und revolutionär hinsichtlich der Mittel. Sie läßt sich für jeden Zweck, den der Wille diktiert, gebrauchen, und das heißt, auch für einen Zweck, der Vernunft im Sinne von Wahrheit und Gerechtigkeit verneint. Diese Verwandlung der revolutionären Vernunft in technische Vernunft ist kennzeichnend für den Übergang von der ersten zur zweiten Periode der modernen Gesellschaft.

Die Verdrängung der revolutionären Vernunft durch die technische Vernunft wurde von weitreichenden Änderungen in der Struktur der menschlichen Gesellschaft begleitet. Der Mensch lernte immer besser, die physikalische Natur zu beherrschen. Mit Hilfe der Werkzeuge, die ihm die technische Vernunft zur Verfügung stellte, schuf er auf der ganzen Welt einen weitreichenden Mechanismus der Großproduktion und Konkurrenzwirtschaft, und dieser gewann Gestalt als eine „zweite Natur" über der physikalischen Natur und knechtete nun seinerseits den Menschen. Während der Mensch die physikalische Natur immer besser zu handhaben und zu beherrschen lernte, verlor er immer mehr die Herrschaft über diese „zweite Natur“. Er wurde von seiner eigenen Schöpfung verschlungen. Schritt für Schritt wurde das Ganze des menschlichen Lebens den Forderungen der neuen weltumspannenden Wirtschaft unterworfen. Die Menschen wurden zu Einheiten von Arbeitskraft. Der Profit einiger weniger und die Armut der vielen bildeten die treibenden Kräfte des Systems. Verborgene und unverantwortliche Mächte beherrschten einige Teile des Systems, aber niemand beherrschte das ganze System. Die Bewegung des Produktions- und Konsumtionsmechanismus wurde irrational und unberechenbar. So wurde er für die Massen zu einem dunklen und unverständlichen Schicksal, das ihr Leben bestimmte: heute hob es sie auf einen höheren Lebensstandard, als sie ihn je zuvor gekannt hatten, morgen stürzte es sie in äußerstes Elend und in den Abgrund chronischer Arbeitslosigkeit. Charakteristisch für die Periode des siegreichen Bürgertums ist der Verlust der Herrschaft der menschlichen Vernunft über die geschichtliche Existenz des Menschen. Dies hat sich deutlich an den beiden Weltkriegen und deren psychologischen und soziologischen Folgen gezeigt. Die Selbstzerstörung der bürgerlichen Gesellschaft mit ihrem ausgearbeiteten Schema der automatischen Harmonie kennzeichnet die gegenwärtige Periode des Übergangs.

Heute steht die Welt in der dritten Entwicklungsphase der modernen Geschichte, wenn auch in den einzelnen Ländern und Erdteilen nicht in gleichem Maße. Am stärksten ausgeprägt ist diese Entwicklung in den Industriestaaten des kontinentalen Europa. In den angelsächsischen Ländern haben sich die Hauptzüge der zweiten Periode bis jetzt einigermaßen erfolgreich gehalten. In Rußland und in Teilen Asiens setzte sich die dritte Entwicklungsstufe durch, ehe die zweite voll entwickelt war. Diese Unterschiede dürfen nicht vergessen werden. Übersieht man sie, dann wird die Analyse falsch und kann zu praktischen Vorschlägen führen, die von vornherein zum Scheitern verurteilt sind. Dennoch lassen sich gemeinsame Strukturtendenzen unterscheiden, die für die gegenwärtige Weltgesellschaft in allen ihren verschiedenen Typen charakteristisch sind. Die Dynamik der bürgerlichen Gesellschaft, die die gegenwärtige Weltsituation so schnell herbeigeführt hat, herrscht nicht nur in den kontinentaleuropäischen Industriestaaten mit ihrer unausgeglichenen Wirtschaft, sondern ebenso in Großbritannien, in Amerika und in einigen kleineren europäischen Ländern, deren Situation einigermaßen stabil ist, und auch in Rußland und im Osten; dort führte das Ressentiment gegen die vordringende westliche Ausbeutung zu einem Sprung von der ersten zur dritten Stufe der modernen Gesellschaftsentwicklung: von der feudalen und autoritären Gesellschaft zur totalitären Ordnung.

In der dritten Periode – der Periode, die unsere Weltsituation bestimmt – ist das Fundament der bürgerlichen Gesellschaft zusammengebrochen, nämlich der Glaube an die automatische Harmonie zwischen dem individuellen und dem allgemeinen Interesse. Es hat sich gezeigt, daß das Prinzip nur in beschränktem Maße und nur unter besonders günstigen Umständen gültig war. Seine Gültigkeit hing von bestimmten Bedingungen ab, und diese Bedingungen waren die fortdauernde Macht traditioneller Werte und Institutionen – stark genug, um den zerstörenden Folgen des Prinzips entgegenzuwirken; die wachsende Stärke einer liberalen Wirtschaft – stark genug, um den inneren Widersprüchen des Systems durch intensive und extensive Expansion entgegenzuwirken; die verbleibende Macht feudaler und absolutistischer Überreste – stark genug, um die Verwandlung des ganzen sozialen Lebens in ein Marktsystem zu dämpfen. Als diese hemmenden und verhüllenden Faktoren wegfielen, wurde das Prinzip der automatischen Harmonie in seinem ganzen Ungenügen sichtbar. Es wurden nun Versuche unternommen, dieses Prinzip durch Planwirtschaft zu ersetzen. Man griff nach der „Rationalisierung" als einer Methode, der „zweiten Natur" Herr zu werden.

Der erste Schritt in dieser Richtung war der Totalitarismus. Die faschistischen Systeme bilden eine seiner Formen. Sie waren imstande, Teilerfolge zu erringen, weil sie den Zusammenbruch des Prinzips der automatischen Harmonie begriffen hatten und das Verlangen nach einer geplanten Organisation für das Leben der Massen befriedigten. In einer Anzahl wichtiger Punkte bedeuten die faschistischen Systeme einen Fortschritt über die bürgerliche Gesellschaft hinaus. Sie haben allen ein Mindestmaß an Sicherheit gegeben. Sie haben unangreifbare Autorität und zwingende Verpflichtungen wiedereingeführt. Für diese Zwecke haben sie die technische Vernunft höchst wirksam eingesetzt. Aber die faschistischen Systeme konnten keinen dauernden Erfolg haben, weil ihre Basis national war und sie so die Spaltung der Menschheit förderten, statt die Menschheit gemäß dem Prinzip der Vernunft zu vereinen. Sie haben jeden Rest von revolutionärer Vernunft zerstört und durch einen irrationalen Willen zur Macht ersetzt. Der Absolutismus kehrte wieder, jedoch ohne die sozialen, kulturellen und religiösen Traditionen, die die feste Grundlage für die früheren absoluten Systeme geliefert hatten.

Die Tendenz zu einer geplanten Gesellschaft hat noch einen anderen grundsätzlichen Ausdruck gefunden: das Sowjetsystem. Sein Erfolg beruht auf denselben Gründen, die auch die Teilerfolge in dem faschistischen System herbeigeführt haben. Und dieses System erzielte sogar eine noch größere Sicherheit für die Massen. Überdies hat es die revolutionäre Vernunft, wenigstens grundsätzlich, als letztes kritisches Prinzip beibehalten. Aber auch dieses System ist eine Rückkehr zum Absolutismus ohne dessen Verwurzelung in der Tradition. Es ist schließlich unter die Herrschaft einer Bürokratie geraten, die die Tendenz hat, die revolutionäre Vernunft nach dem Muster der zweiten Periode der bürgerlichen Gesellschaft durch die technische Vernunft zu ersetzen. Die Freiheit des Einzelnen ist hier genauso verlorengegangen wie in den faschistischen Systemen.

Beide Systeme sind Reaktionen gegen den bürgerlichen Glauben an die automatische Harmonie. Beide sind zweideutig: einerseits versuchen sie, den unberechenbaren Mechanismus der Weltwirtschaft unter die Herrschaft des Menschen zurückzuzwingen, andererseits verstärken sie die selbstzerstörerischen Kräfte, die sich im zweiten Stadium der bürgerlichen Gesellschaft gebildet hatten. Beide suchen die technische Vernunft zur „planenden Vernunft" zu erheben, dem typischen Zug der dritten Periode und dem bestimmenden Prinzip unserer gegenwärtigen Weltsituation.

Die Logik in dem Kampf der bürgerlichen Gesellschaft um ihre Selbsterhaltung zeigt sich in der Entwicklung der Vernunft von der „revolutionären" über die „technische" zur „planenden" Vernunft. Bei jeder Analyse der gegenwärtigen Lage, bei jeder Frage und Antwort bezüglich der Zukunft müssen wir diese Entwicklung deutlich im Auge behalten. Diese Entwicklung läßt sich nicht mehr rückgängig machen. Wir können nicht zu einem halbfeudalen Absolutismus zurückkehren. Weder die geistigen noch die ökonomischen Bedingungen für eine solche Rückkehr sind vorhanden. Wir können auch nicht zum Prinzip der automatischen Harmonie zurückkehren, wie sie sich im *laissez faire* des wirtschaftlichen Liberalismus ausdrückte. Die gegenwärtige Weltkatastrophe hat die politischen und sozialen Bedingungen für die Wiedererrichtung des Status quo zerstört. Und bei den Massen, denen diese Entwicklung dreißig Jahre hindurch nichts als ein ständiges Hin- und Herschwanken zwischen Krieg, Konjunktur, Krise und wiederum Krieg bedeutete, läßt sich der Glaube an die automatische Harmonie nicht mehr wiederherstellen. Unter der Leitung der „planenden Vernunft" müssen wir fortschreiten zu einer Organisation der Gesellschaft, die den totalitären Absolutismus genauso wie den liberalen Individualismus vermeidet. Einen solchen Kurs festzulegen oder zu befolgen ist nicht leicht. Angewidert von der unmenschlichen Brutalität totalitärer Planung, sind wir in Versuchung, es mit einer Rückkehr zu einem mehr oder weniger versteckten *laissez faire* zu versuchen. Oder wir neigen, desillusioniert durch die erschütterte und in Verruf geratene Philosophie von der automatischen Harmonie, zu irgendeiner Form von Absolutismus. Unsere Aufgabe ist es, einen Weg zwischen diesen Extremen und über sie hinaus zu finden.

Ein biblisches Symbol kann uns bei diesem Versuch helfen. Als Hobbes seine Theorie vom absoluten Staat entwickelte, fand er in der Gestalt des „Leviathan" ein Bild des alles Maß überschreitenden Ungeheuers, das im Interesse des Staates alle Elemente eines unabhängigen Lebens – politische, ökonomische, kulturelle oder religiöse – verschlingt. Der Kampf gegen den Leviathan des spätmittelalterlichen Autoritarismus war die treibende Kraft der bürgerlichen Revolutionen gewesen. Aber die Revolutionäre hatten nicht vorausgesehen, daß der Leviathan sich ein anderes Gesicht geben kann, das auch unter der Maske des Liberalismus versteckt nichts von seinem Schrecken verliert: der allesverschlingende Mechanismus der kapitalistischen Wirtschaft – eine „zweite Natur", vom Menschen geschaffen, die aber die Massen der Menschen ihren Forderungen und unberechenbaren Schwankungen unterwirft. Seit dem ersten Weltkrieg ist das dämonische Gesicht dieses Leviathan enthüllt. Der Kampf gegen die zerstörerischen Folgen dieses Mechanismus hat zur totalitären Organisation des nationalen Lebens geführt. Und wieder erscheint der Leviathan, nun mit einem dritten Gesicht, das die Züge des ersten mit denen des zweiten vereint. Der Kampf zwischen dem Leviathan des zweiten und dem des dritten Stadiums und die Bemühungen von Einzelnen und Gruppen, die nach einem Weg zu seiner Bekämpfung suchen, bilden die Grundstruktur der heutigen Weltsituation. Das Christentum muß seine Botschaft einer Welt verkünden, in der der Leviathan in seinen verschiedenen Formen die Wurzeln der menschlichen Existenz bedroht.

2. Die gegenwärtige Weltsituation im Spiegel des kulturellen Lebens

Der allgemeine Charakter der gegenwärtigen Weltsituation bestimmt alle Aspekte der menschlichen Existenz. In allen Lebenssphären läßt sich die ihr zugrunde liegende Struktur als mittelbar oder unmittelbar dominierend erkennen. In manchen Bereichen ist der Widerstand gegen die allgemeine Tendenz stärker als in anderen, aber keiner ist von den bestimmenden Faktoren unabhängig.

Zwar haben in unserer heutigen Welt soziale und ökonomische Kräfte die Vorherrschaft, aber der geistige Bereich trägt die Züge des „dreigesichtigen Leviathan" ebenso deutlich wie die ökonomische Sphäre, in mancher Hinsicht sogar noch deutlicher. Der Mechanismus der Massenproduktion und -verteilung hat nicht nur auf die ökonomischen und politischen Strukturen tief eingewirkt, sondern auch auf das innerste Zentrum des persönlichen Lebens, auf den Charakter aller menschlichen Gemeinschaften und auf die Ziele und Methoden der Erziehung. Wir beginnen deshalb mit einer Untersuchung des kulturellen und geistigen Lebens und kommen später auf die ökonomischen und politischen Faktoren zurück, die sich dabei als besonders grundlegend und bestimmend erweisen.

Persönlichkeit und Gemeinschaft sind in ihrer wechselseitigen Abhängigkeit Substanz und Basis aller sozialen Strukturen. Die Propheten der bürgerlichen Gesellschaft hatten geglaubt, daß der Sieg über den Feudalismus und Autoritarismus voll entwickelte autonome Persönlichkeiten schaffen werde und zugleich die wahre Gemeinschaft aller, die zu persönlicher Freiheit emanzipiert waren; das Prinzip der automatischen Harmonie schien eine harmonische Gesellschaft zu garantieren. Aber nirgends zeigte sich der zersetzende Einfluß der bürgerlichen Gesellschaft deutlicher als in dem Verhältnis von Persönlichkeit und Gemeinschaft. Das „rationale" Einzelwesen ist von allen anderen Einzelwesen isoliert. Die Gesellschaft ersetzt die Gemeinschaft; die Kooperation ersetzt die Einheit in einer gemeinsamen Wirklichkeit.

Hierfür können wir ein Beispiel aus der Kunst nehmen. Der ästhetische Bereich liefert immer das empfindlichste Barometer für ein geistiges Klima. „Die Kunst zeigt an, wie beschaffen eine Geisteslage ist; sie zeigt es unmittelbarer, direkter an als die Wissenschaft . . . Die Wissenschaft ist wichtiger für das Werden einer Geisteslage, die Kunst ist wichtiger für ihre Erkenntnis." [1]

Wenn wir die Bildnisse von Rembrandt, vor allem die Bildnisse aus seiner Spätzeit, betrachten, so finden wir Persönlichkeiten, die wie in sich geschlossene Welten sind: stark, einsam, tragisch, aber ungebrochen; sie tragen die Spuren ihrer einzigartigen Geschichte in jedem Zug ihres Gesichtes, sie sind Ausdruck des Persönlichkeitsideales eines humanistischen Protestantismus. Der Vergleich dieser Bildnisse mit Giottos Gemälden vom heiligen Franziskus und seinen Mönchen zeigt zwei völlig verschiedene Welten. Giottos Franziskus ist Ausdruck einer göttlichen Macht, die von den Menschen Besitz ergriffen hat und ihn über seinen

---

[1] Paul Tillich, Die religiöse Lage der Gegenwart. Siehe S. 33.

individuellen Charakter und seine persönliche Erfahrung erhebt. Und so sind alle übrigen Figuren in Giottos Gemälden. Zwischen Giotto und Rembrandt stehen die Bildnisse von Tizian – individueller Ausdruck der *humanitas* als solcher, Repräsentanten menschlicher Größe, Schönheit und Macht. Die transzendente Wirklichkeit, der Giotto alle Personen und ihre Handlungen und Gefühle unterwirft, ist verschwunden, aber die einmalige Persönlichkeit, wie auf den Bildnissen von Rembrandt, ist noch nicht erschienen. Die Persönlichkeit, die in Rembrandts Gemälden ihr höchstes Abbild gefunden hat, ist die Persönlichkeit des frühen bürgerlichen Geistes, noch absoluten Kräften unterworfen, noch vom protestantischen Gewissen geformt, aber schon auf sich selbst gestellt, von transzendenter Gnade ebenso unabhängig wie von der *humanitas*. In diesen drei Malern findet die Entwicklung des Persönlichkeitsideals in der modernen Welt ihren klassischen Ausdruck.

Tun wir den großen Schritt zu den Bildnissen, die seit der Mitte des 19. Jahrhunderts entstanden sind, dann stehen wir in einer wiederum völlig anderen Welt. Vor uns erscheinen Personen mit hochentwickelter Intelligenz und starkem Willen: die Träger der technischen Vernunft, die Schöpfer der Weltwirtschaft, der großen Monopole, die Bezwinger der Naturkräfte und die anonymen Lenker des weltumspannenden Mechanismus der kapitalistischen Gesellschaft. Die Persönlichkeit ist zugleich Beherrscher *und* Diener des Leviathan geworden. Willenskraft und technische Vernunft haben sich verbunden, und so ist der Weg bereitet für den Typ des Faschisten, in dem sich die letzten Spuren des klassischen und humanistischen Persönlichkeitsideals völlig verlieren.

Zur Zeit Giottos gab der Bezug auf die transzendente Wirklichkeit dem persönlichen Leben Sinn, Mittelpunkt und Gehalt. Bei Tizian schuf der Glaube an die Göttlichkeit des Menschlichen und die Menschlichkeit des Göttlichen das Sinnzentrum. Bei Rembrandt wurde die persönliche Existenz von der Erfahrung des Lebens mit seiner Tragik und letzten Hoffnung geprägt. In der Periode des siegreichen Bürgertums aber wurde die Persönlichkeit von Zwecken ohne letzten Sinn und von Empfindungen und Handlungen ohne geistige Mitte bestimmt. Es war eine Persönlichkeit, die sich der Traditionen noch zu ästhetischem Genuß bedienen konnte, aber nicht mehr von ihnen geformt wurde. Sie war geformt von den Forderungen der modernen Wirtschaft, nicht von Göttlichkeit oder Menschlichkeit, auch wenn humanitäre oder religiöse Verpflichtungen in Gestalt moralischer oder konventioneller Maßstäbe für die bürgerliche Gesellschaft beibehalten wurden.

Das Prinzip der Harmonie zwischen Vernunft und Natur hatte eine harmonische Entwicklung des persönlichen Lebens verheißen, sobald erst einmal die kirchlichen und politischen Schranken gefallen wären. Das personale Zentrum eines jeden Menschen, nahm man an, werde alle körperlichen und geistigen Funktionen zu sinnvoller Einheit fügen. Das Persönlichkeitsideal als Verwirklichung aller menschlichen Möglichkeiten in jedem gebildeten Einzelnen ersetzte das Ideal der Partizipation eines jeden Menschen, gleich, ob gebildet oder nicht, an einer gemeinsamen geistigen Wirklichkeit, die ihn transzendiert und ihm dennoch zugleich ein personales Zentrum gibt.

Da die Mehrheit der Menschen an der Verwirklichung des individualistischen Zieles nicht partizipieren konnte, blieb sie ausgeschlossen von einer wesentlichen Partizipation an dem Ideal. Sie blieb den Resten der religiösen Tradition oder der Ausbildung der technischen Vernunft und konventionellen Moral überlassen. Aber sogar in den privilegierten Gesellschaftsschichten war die Lage nicht viel anders. Technische Intelligenz ersetzte die humanistische Vernunft. Prophetische Geister des 19. Jahrhunderts erkannten, welche Veränderungen sich vollzogen, und sahen ihre Folgen voraus. Aber sie konnten sie nicht verhindern. Trotz ihrer Proteste verbreitete sich die technische Entpersönlichung des Menschen nicht nur in Europa und Amerika, sondern auf der ganzen Welt.

Aber ein Mensch kann nur auf dem Boden und im Zusammenhang mit nicht-rationalen Faktoren rational sein. Daher rief die Vorherrschaft der technischen Vernunft eine Reaktion der Vitalkräfte des Menschen hervor. Sie erhoben sich und machten sich in Theorie und Praxis geltend. Ob sie nun „Instinkt" genannt werden oder „Leidenschaft", „Libido", „Interesse", „Trieb", „Wille zur Macht", „élan vital" oder „unbewußter Grund" – sie lassen sich nicht leugnen. Sie verhindern die Verwandlung des Menschen in einen psychologischen Mechanismus mit Intelligenz und Anpassungsfähigkeit. Sie rebellieren gegen die Herrschaft einer bloß utilitaristischen Vernunft. Der konventionelle Schleier, der das dynamische Zentrum des lebendigen Menschen verbarg, wird zerrissen. Der „élan vital" tritt an die Stelle des rationalen Zentrums des frühen Humanismus.

Der vitalistische Protest gegen die Mechanisierung des Menschen ist jedoch ebenso zweideutig wie die Reaktionen gegen den Leviathan in anderen Bereichen. Diese Proteste haben zwar sein Gesicht, aber nicht sein Wesen geändert. Das Bewußtsein entdeckt das Unbewußte und versucht, es seinen eigenen Zwecken zu unterwerfen. Statt das Unbewußte zu unterdrücken, wie die Moral des 19. Jahrhunderts forderte, hebt der vitalistische Protest das Unbewußte auf die gleiche Höhe wie das Bewußtsein. Die „angepaßte" Persönlichkeit wird zu einem noch besseren Instrument für einen allesbeherrschenden Willen, da sie sich fanatisch irrationalen und bedingungslosen Zwecken unterwirft.

Parallelen zu dieser Entwicklung der modernen Persönlichkeitsidee in ihren Hauptstadien finden sich in der Struktur aller Gemeinschaften, seien es natürliche wie die Familie, oder geschichtliche wie der Staat.

Im ersten Stadium – repräsentiert von den Gemälden Giottos – nimmt jeder Einzelne an einer gemeinschaftlichen Bewegung teil, die durch Bindung an eine transzendente Wirklichkeit geschaffen wird. Es ist eine allumfassende Gemeinschaft, in der jeder, Bauer wie Fürst, von der gleichen geistigen Wirklichkeit getragen wird. Im Leben der Renaissance dominieren hervorragende Individuen. Sie sind isoliert; jedes von ihnen repräsentiert auf seine Weise die allgemeine *humanitas*, aber es ist eine privilegierte Gesellschaft und nicht mehr eine Gemeinschaft, die das Verhältnis zu den Mitmenschen bestimmt. Der Mensch des protestantistischen Humanismus ist Glied einer aktiven Gruppe, die verbunden ist durch gemeinsame Zwecke – die Verteidigung der reinen Lehre, den Kampf gegen den Absolutismus, den Kreuzzug für die Errichtung des Reiches Gottes. Das ist jedoch eine Gemeinschaft, die nicht auf dem gemeinsamen Boden einer universalen Autorität beruht, sondern auf der gemeinsamen Hingabe an Einzelziele, um die gekämpft werden muß. Die geistige Mitte einer solchen Gemeinschaft liegt in der Zukunft.

Im zweiten Stadium der bürgerlichen Gesellschaft ist nicht nur der gemeinsame geistige Boden, sondern auch das gemeinsame geistige Ziel verschwunden. Infolgedessen lösen sich die verschiedenen Formen der Gemeinschaft auf. Die Familie zerfällt in Individuen, deren jedes für sich im Dienste des Gesellschaftsmechanismus lebt. Die Bünde und Zünfte werden durch Massenkooperation unpersönlichen Charakters ersetzt. Patriarchalische Verantwortung für den Diener, seine Wohlfahrt und Treue wird durch gesetzliche Verträge verdrängt. Nachbarschaft als Form der Gemeinschaft verliert ihren Sinn. Die Staatsgemeinschaft erlangt nur Wirklichkeit, wenn sie angegriffen wird, und verliert sie wieder, sobald die Gefahr vorüber ist. Selbst die Gemeinschaft der Freundschaft wird durch die allgemeine Herrschaft der Konkurrenz zerstört. Die bürgerliche Gesellschaft vernichtet in ihrer zweiten Phase die Gemeinschaft, weil sie jede gemeinsame Grundlage und jedes gemeinsame Ziel zunichtemacht. Der Dienst am Mechanismus der Massenproduktion kann einer Gemeinschaft keine geistige Mitte geben. Er trennt die Einzelnen voneinander und überläßt sie der geistigen Vereinsamung und dem Konkurrenzkampf. Er macht sie zu Atomen im Dienste mechanischer Prozesse. Er ist nicht auf einer gemeinsamen Idee begründet, sondern auf der – ökonomischen oder psychologischen – Notwendigkeit, sich dem Mechanismus zu unterwerfen. So zerfallen die Gemeinschaften in Massen. Massen haben weder einen gemeinsamen Boden noch gemeinsame Ziele. Sie werden in ihrer objektiven Existenz von den unberechenbaren Bewegungen des Produktionsmechanismus getrieben, subjektiv von den Gesetzen der Massenpsychologie. Das bildet das wesentliche soziologische Gepräge der zweiten Periode der bürgerlichen Gesellschaft. Viele scharfe Beobachter haben im Laufe des 19. Jahrhunderts diesen Zerfall der Persönlichkeit in Atome und diese Auflösung der Gemeinschaft in Massen erkannt und die kulturelle und politische Selbstvernichtung der Gesellschaft vorausgesagt.

Allerdings haben die geschilderten Tendenzen niemals einen völligen Sieg errungen. Vorbürgerliche Gruppen und vorkapitalistische Haltungen haben sich erhalten. In Rußland ist der größte Teil der Bevölkerung kaum vom Zerfall der Gemeinschaft berührt worden. In Amerika sind die protestantischen humanistischen Ideale der Persönlichkeit und Gemeinschaft in großen Teilen des Landes noch lebendig. In Asien hat das System der Großfamilie der bürgerlichen Atomisierung standgehalten. Aber diese traditionellen Formen sind einem ständig vorrückenden Angriff ausgesetzt. Der Zerfall der Familie, der Nachbarschaft, der persönlichen Zusammenarbeit schreitet schnell voran. Noch wichtiger ist der Umstand, daß jeder Versuch, dem allgemeinen Mechanisierungsprozeß Einhalt zu gebieten, schließlich selber dem Mechanismus verfiel, gegen den er seinen Protest richtete. Die europäische Jugendbewegung suchte zum Beispiel durch die Flucht in die Natur und in die Gefühlsgemeinschaft einen Ausweg. Aber sie wurde in die totalitären Bewegungen eingefangen und in Instrumente der autoritären Maschinerie umgewandelt. Sicherlich fühlten sich die Einzelnen in diesen Gruppen nicht länger isoliert und einsam. Sie wurden organisiert, und all ihr Handeln, Denken und Fühlen war geplant und ihnen vorgeschrieben. Sie nahmen oft eine gewisse Ähnlichkeit an mit den „Kampforden" zur Zeit des früheren entgegengesetzten Übergangs vom Feudalismus zur Freiheit. Diese Gruppen, die nun in faschistischen und kommunistischen Ländern die ganze jüngere Generation umfassen, sind „befohlene" Gemeinschaften – ein logischer Widerspruch, aber in der Praxis eine sehr wirksame Methode zur Überwindung des Einsamkeitsgefühls, das in der zweiten Periode so stark dominierte, und sehr viel wirksamer als der Aufruf zur Solidarität in den Arbeiterbewegungen des 19. Jahrhunderts. Der neue Persönlichkeitstyp, der in diesen Gemeinschaften geprägt wurde, hat sein geistiges Zentrum völlig außerhalb seiner selbst in dem Kollektiv, zu dem er gehört. Der Einzelne ist jetzt das freiwillige Instrument eines allesbeherrschenden Willens, nicht das unbewußte und halb widerstrebende Instrument der „zweiten Natur" im Großkapitalismus. Bedingungslose Hingabe an einen bedingungslos anerkannten Zweck, Verzicht auf jede Autonomie, fanatische Ergebenheit sind das Gepräge dieses Persönlichkeitstyps. Im Kollektiv handelt es sich um bewußt entmenschlichte Gruppen menschlicher Wesen, sehr verschieden von den automatisch entmenschlichten industriellen Massen des 19. Jahrhunderts.

So wurde in dem dritten Stadium der bürgerlichen Entwicklung der Versuch zu einer Wiederherstellung der Gemeinschaft gemacht, und zwar auf dem Boden antibürgerlicher Lehren durch Kampfgruppen, die, angefeuert von fanatischem Willen zu einer neuen Lebensordnung, zu jener Einheit zusammengeschmiedet wurden, die stets die Kampfperiode einer revolutionären Bewegung kennzeichnet. Die Frage aber ist, ob sich in diesen Gruppen eine wirkliche Gemeinschaft gebildet hat und ob ein neues „Wir-Bewußtsein" entstanden ist, das die Atomisierung der mechanisierten Gesellschaft zu überwinden vermag. Die Situation ist hier ebenso zweideutig wie in allen anderen Bereichen. Einerseits: Erhebliche Anstrengung ist gemacht worden, um die Vereinsamung der Individuen durch Aufnahme in eine „verschworene Gemeinschaft" zu überwinden. Andrerseits: Die Methode, die bei diesem Versuch angewandt wurde, stellt die radikalste Mechanisierung als Dienst an der neuen Idee dar. Der Kampf gegen die Entmenschlichung, die vom Mechanismus des modernen Kapitalismus hervorgerufen wird, wendet selber noch stärker mechanisierte Methoden der Erziehung an und führt damit den Prozeß der Entmenschlichung zu seinem logischen Ende.

Die Spaltung und Verwandlung der Persönlichkeit und der Gemeinschaft wurde bewußt und unbewußt gefördert durch Änderungen in der Philosophie und in den Erziehungsmethoden.

Bis in unsere Zeit hinein war Hauptziel der Erziehung, die Person in die lebendige Gemeinschaft und Tradition der Kirche einzuführen. Es war bezeichnend, daß die Bildung von der Kirche ausging, überwiegend von der Kirche geleitet wurde und von den Voraussetzungen und Zielen des christlichen Glaubens durchdrungen war.

Die Vernunft als Prinzip der Wahrheit fordert dagegen die Erziehung eines jeden zu Vernunft durch Vernunft, und die großen Errungenschaften in Erziehungstheorie und -praxis in der westlichen Kultur sind diesem schöpferischen Impuls zu verdanken. Das Ziel der humanistischen Bildung war, in jedem Einzelnen die *humanitas* zu verwirklichen. Das soziale Ziel war die Weltbürgerschaft, die formgebende

Tradition des klassischen Humanismus. Die Religion wurde als ein Element anerkannt, aber nicht als Basis oder Zentrum in der Entwicklung der humanistischen Persönlichkeit. Dieses Ideal hatte während der ganzen ersten Periode der bürgerlichen Gesellschaft großen Einfluß. Es wurde der traditionellen kirchlichen Bildung entgegengestellt, und aus ihm gingen viele hervorragende Vertreter des christlichen Humanismus hervor.

Aber dieses humanistische Bildungsideal konnte keinen Einfluß auf die Massen ausüben. Seine Verwirklichung hängt von günstigen Umständen ab, die von der Gesellschaft nur wenigen gewährt werden – ein großes Maß von wirtschaftlicher Unabhängigkeit, besondere geistige Fähigkeiten, das Aufwachsen und die Bildungsmöglichkeiten in einer kultivierten Tradition usw. Die Erziehung breiter Massen konnte diesem Muster nicht entsprechen. Sie wurde entweder vernachlässigt – wie in England – oder einem mehr technischen Ziel angepaßt – wie in Deutschland.

In der zweiten Periode verlor das humanistische Bildungsideal seine Bedeutung, und es wurde immer mehr zu einem Schmuckstück, das man um des sozialen Prestiges und beruflicher Vorteile willen pflegte. Die humanistische Bildung für eine vollkommene *humanitas* wurde in immer stärkerem Maße durch eine Berufsausbildung für spezielle Zwecke ersetzt. Den Forderungen der technischen Vernunft gehorchend stützte sich die sogenannte realistische Bildung auf die Naturwissenschaft und Technik und verdrängte Schritt für Schritt die Bildung durch rein menschliche Werte. Inzwischen erweiterte und verfeinerte man die technische Ausbildung der Massen für den Nutzen der Großindustrie. Immer mehr wurde die „Anpassung" zum Bildungsprinzip – die Anpassung an die bestehende Gesellschaft. Jeder mußte in die Volksschule gehen, jeder mußte die Fertigkeiten lernen, die dem Erfolg im Produktionsmechanismus am nützlichsten sind, jeder mußte sich den Idealen und Normen des herrschenden Systems unterwerfen. Hauptzweck der Erziehung wurde für viele jener Grad der Anpassung, der verhindert, daß die herrschende Ordnung durch unkontrollierbare individuelle Initiative oder revolutionäre Gruppenaktion ernstlich gestört wird. Sicherlich war dies sowohl den Erziehern wie den Erzogenen oft nicht bewußt. Man pflegte die individuelle Spontaneität; die schöpferischen Kräfte wurden nicht unterdrückt, man ermutigte sie sogar; man erkannte die religiöse und humanistische Tradition an und bediente sich ihrer. So schien diese Bildung wahrhaft „liberal" zu sein, dem humanistischen und christlichen Erbe getreu. In Wirklichkeit umwoben die kulturellen Errungenschaften der Vergangenheit die Nacktheit dieser

Bildung mit einem idealistischen Schleier und verhüllten das Gesicht des Leviathan, der ihr wahrer Herr war. Ihre ursprüngliche Bedeutung, ihre Macht als Ausdruck menschlicher Möglichkeiten und letzter Wirklichkeit war verlorengegangen. In dem Maße, in dem die Bildung dem Mechanismus der modernen Gesellschaft unterlag, hat sie ihren Bezug zu Wahrheit und Gerechtigkeit und damit jeden letzten Sinn verloren. So fällt sie den mannigfachen nichtrationalen Mächten, die ihr einen Sinn zu geben trachten, allzu bereit zum Opfer.

Diese ganze Richtung spiegelt sich deutlich wider in der Entwicklung der spezifisch religiösen Erziehung. Religiöse Erziehung war ursprünglich Einführung in die Tradition, den Glauben und die sakramentale Erfahrung der christlichen Kirche. Das gilt noch von den Kirchen der Reformation, obwohl sie in wachsendem Maße die individuelle Erfahrung betonten. Im Frühstadium der modernen Periode konnte die autonome Vernunft die Religion als ein Element innerhalb der vollen Entwicklung der menschlichen Persönlichkeit verwenden. Die radikaleren Typen der bürgerlichen Erziehung allerdings schlossen die religiöse Erziehung aus oder erkannten die Religion lediglich als ein Objekt geschichtlichen Interesses an. Innerhalb der Kirche versuchte die religiöse Erziehung sich entweder selbst den Forderungen der autonomen Vernunft anzupassen, oder sie suchte sich von den herrschenden Tendenzen in der umgebenden Kultur abzuschließen. Wurde die Methode der Anpassung gewählt, so wurde die religiöse Erziehung immer mehr zum Mittel, die Ideale der bürgerlichen Gesellschaft durch die Autorität der religiösen Tradition zu sanktionieren. Wo die Kirche sich abschloß, wurde die religiöse Erziehung immer weniger annehmbar für die jüngere Generation. Tatsächlich hat die Abschließung heftigen Widerstand erregt, sowohl gegen die religiöse Erziehung wie gegen die Religion selbst, und hat auf diese Weise einen fruchtbaren Boden für die totalitäre Erziehung der Pseudoreligionen bereitet.

Aber Erziehung ist nicht möglich ohne ein bestimmendes Zentrum. Seit die Kirche mit ihrem Glauben und ihren Symbolen nicht mehr die treibende Kraft der Erziehung war, setzten sich in steigendem Maße der Staat oder die örtliche Gemeinde an ihre Stelle. Der Staat oder die Stadt übernahmen die Verantwortung für die Erziehung. Die Nation und nicht mehr die Kirche war die Gemeinschaft, deren Leben von dem Lehrenden gedeutet werden mußte. Ihre Geschichte, ihre Verfassung und ihre gegenwärtigen Bedürfnisse waren die Realitäten, denen der Lehrer seinen Schüler anzupassen hatte. Mit der Nation sind gefühlsmäßige Elemente wie Sprache, Heimat, Landschaft, Freundschaften verknüpft. Die Nation wurde zum ideologischen Mittelpunkt, der völlige

Hingabe forderte, selber aber jeder Kritik enthoben war. Auch auf diesem Gebiet wurde der Weg zum dritten Stadium vorbereitet.

Das Schwanken der Erziehungsmethode zwischen den Idealen der Autonomie und der Anpassung nahm ein Ende in der dritten Periode. Die Anpassung verschlang in Form der vollkommenen Unterwerfung immer mehr die autonomen Elemente der liberalen Bildung. Der Zusammenbruch des Glaubens an die Vernunft hatte zu geistiger Unsicherheit und Zynismus geführt. Die bürgerlichen Konventionen, die in der Periode des siegreichen Bürgertums den Eindruck rationaler Harmonie gemacht hatten, verloren ihre Macht. In dem totalitären System wurde die Erziehung zur Einführung in die kämpfende und schließlich herrschende Gruppe. Rationale Kritik war nicht erlaubt. Wissen um seiner selbst willen wurde abgewertet. Alles wurde auf das Endziel der Gruppe bezogen. Der Einzelne hatte alle persönliche Autonomie außerhalb des Gruppenlebens aufzugeben. Die Erziehung zum Tode, dieses dämonische, vom Nationalsozialismus geschaffene Symbol, ist Ausdruck dieser Endform der Erziehung im Dienste des Leviathan. Wenn auch wenig Gefahr bestehen mag, daß nach dem Sturz des Faschismus eine totalitäre Erziehung dieses extremen Typs in größerem Umfang weiter herrschen wird, so muß man doch einsehen, daß die standardisierte Kommunikation mittels Rundfunk, Film, Presse und Mode die Tendenz hat, standardisierte Menschen zu schaffen, die nur allzu empfänglich sind für Propaganda im Dienste alter oder neuer totalitärer Zwecke.

Der zweideutige Charakter der totalitären Erziehung ist offensichtlich. Einerseits führt sie über die unfruchtbare Anpassung an den Mechanismus des industriellen Systems hinaus, sie transzendiert die Leere eines solchen Zieles, schafft Begeisterung, Hingabe, ja Fanatismus. Andererseits opfert sie das persönliche Leben und das individuelle Schöpfertum, die verbleibenden Elemente von Vernunft und Harmonie, radikaler, als sie je zuvor geopfert wurden.

Die christliche Antwort auf das Erziehungsproblem kann nur in Zusammenhang mit der Antwort auf die Probleme der Persönlichkeit und der Gemeinschaft gegeben werden. Das Christentum verwirklicht sich in einer Gemeinschaft, die auf dem Erscheinen der letzten Wirklichkeit in einer geschichtlichen Person, in Jesus Christus, gründet. Für den christlichen Glauben ist dieses Geschehen in tiefem Sinne die Mitte der Geschichte. Die Gemeinschaft, die den Geist Jesu Christi durch die Jahrhunderte trägt, ist die „Gemeinde Gottes", die Kirche. Aber diese Kirche folgt auf eine jahrhundertelange Vorbereitung – eine allgemeine Vorbereitung in allen Religionen und Kulturen auf der ganzen Welt und eine besondere in einem „auserwählten Volke". Demgemäß müssen wir nicht nur die sichtbare Kirche, sondern auch eine „latente" und „potentielle" Kirche erkennen, die überall und zu allen Zeiten besteht.

Im Idealfall wäre Erziehung die Einführung in diese Kirche, die Deutung ihres Sinnes und die Vermittlung ihrer Macht. Eine solche Erziehung enthielte humanistische, naturwissenschaftliche und technische Elemente. Aber sie gäbe ihnen allen Sinn und Zusammenhang. Die mehr kollektivistischen Geschichtsperioden hatten insofern recht, als sie ein Erziehungsziel aufstellten, das für alle gleichermaßen gültig war und unmittelbar oder mittelbar allem Bedeutung verlieh. Sie hatten unrecht insofern, als sie die freie Entwicklung der individuellen und sozialen Kräfte einschränkten und alle Erziehung auf ein geistiges Zentrum ausrichteten. Die christliche Antwort auf die gegenwärtige Situation in der Erziehung muß die Menschen auf eine Gemeinschaft hinweisen, die konkret genug ist und genügend verlangt, um die Herzen der Einzelnen und der Massen zu gewinnen, und dennoch transzendent und universal genug, um alle menschlichen Ideale und Möglichkeiten zu umfassen.

3. Die gegenwärtige Weltsituation im Spiegel des wirtschaftlichen, politischen und internationalen Lebens[1]

Nach dem Axiom der bürgerlichen Kultur wäre, wie bereits erwähnt, im Bereich der Wirtschaft der Wohlfahrt aller am besten gedient, wenn jeder Einzelne uneingeschränkt seine eigenen Interessen verfolgte. Das Allgemeinwohl wäre durch das automatische Funktionieren der „Marktgesetze" gewährleistet. Das war das Grundprinzip des *laissez faire*.

In Wirklichkeit hat es aber niemals eine Zeit gegeben, in der die Wirtschaft des *laissez faire* uneingeschränkt herrschte. Seit Beginn des 20. Jahrhunderts läßt sich eine Tendenz zur Abkehr von der rücksichtslosen Anwendung dieses Prinzips beobachten. Die Operationen des freien Marktes werden immer stärker durch staatliche Unterstützung und Planung ergänzt. Die Notwendigkeit derartiger Eingriffe war seit dem ersten Weltkrieg und vor allem in den Tagen der letzten großen Wirtschaftskrise immer deutlicher geworden. Sogar in Amerika zeigte sich die Unzulänglichkeit des liberalen Individualismus für eine Großwirtschaft, die unter der Herrschaft des rasenden technischen Fortschritts

---

[1] Die hier vorliegende Übersetzung dieses Teils hat sich angelehnt an die frühere Übersetzung, die unter dem Titel „Christentum, Wirtschaft und Demokratie" erschienen ist in: Neue Auslese, Jg. 1, Nr. 7, 1946. (D. Hrsg.)

stand. Die Wirtschaftskrisen wurden immer häufiger, umfassender, vernichtender. Die chronische Arbeitslosigkeit, die mit ihr verbundene Not und Verzweiflung in großen Teilen der Bevölkerung, die unerträgliche Unsicherheit und Furcht vor allem anderen, die entmenschlichende Wirkung eines Lebens, das für viele seines Sinnes und seiner Hoffnung beraubt war – all dies hat die Grundkrankheit der kapitalistischen Wirtschaft sichtbar gemacht. Auf dasselbe Übel ließ sich ferner aus der Tatsache schließen, daß zwischen der Produktionskapazität und dem Konsumbedarf kein gesundes Gleichgewicht erreicht werden konnte und daß zur Verhinderung eines völligen Zusammenbruches die Privatunternehmen künstlich gestützt werden mußten. So entstand eine revolutionäre Situation. In sehr kritischen Momenten, wenn der drohende Zusammenbruch von Großindustrien die gesamte Wirtschaft gefährdete, sahen sich selbst die rücksichtslosesten Individualisten des *big business* nach staatlicher Intervention um. In solchen Zeiten war ihnen die „Sozialisierung ihrer Verluste" willkommen, aber schon im nächsten Augenblick, sobald die unmittelbare Gefahr vorüber war, widersetzten sie sich energisch jedem Versuch des Staates, Bedingungen zu schaffen, die eine Wiederholung der Krise verhindern könnten. Das heutige Stadium der Wirtschaftsentwicklung ist primär bestimmt durch das Eingreifen des Staates in den selbstzerstörerischen Mechanismus der kapitalistischen Wirtschaft.

Staatliche Intervention war aber in den meisten Fällen ein zweischneidiges Unternehmen: sie rettete das monopolistische System zwar vor dem völligen Zusammenbruch, rief aber in denjenigen, die sie rettete, Ressentiments hervor, weil sie ihnen die freie Ausnutzung ihrer wirtschaftlichen Macht beschnitt.

Die staatliche Intervention war eine halbe Maßnahme, der keine lange Dauer beschieden war. In faschistischen Ländern suchte man ihre Widersprüche dadurch zu lösen, daß man die führenden Monopole mit dem Staat verschmolz und beide diktatorisch verwaltete, aber ohne das Privateigentum abzuschaffen. In Rußland wurde der private Industriebesitz völlig abgeschafft, und die gesamte Wirtschaft wird dort von einer Bürokratie beherrscht, die an der Steigerung der Produktion und dem damit verbundenen Zuwachs an Prestige und Macht interessiert ist, aber nicht am Privatprofit. In den Vereinigten Staaten von Amerika hingegen erweckte die staatliche Intervention eine wachsende Reaktion gegen die Verwaltungsbürokratie und eine starke Tendenz zurück zu industrieller Autonomie. In Großbritannien schwankt die öffentliche Meinung zwischen diesen beiden Extremen und sucht nach einem dritten Weg im Sinne eines allumfassenden Systems sozialer Sicherheit unter

Beibehaltung der kapitalistischen Eigentumsverhältnisse. Inzwischen ist die Wirtschaft sämtlicher Länder völlig einer zentralisierten Kriegsadministration unterstellt worden.

Die Grundfrage in der gegenwärtigen Situation ist daher: Soll die Menschheit zurückkehren zur monopolistischen Wirtschaft, aus der sich unser heutiger wirtschaftlicher, politischer, psychologischer Verfall ergeben hat? Oder soll die Menschheit vorwärtsschreiten zu einer vereinheitlichten Wirtschaft, die weder totalitär ist noch ein Notbehelf im Krieg? Falls die früher herrschenden Schichten den ersten Kurs gegen die von den Massen erhobenen Forderungen nach Sicherheit durchsetzen, läßt sich voraussagen, daß sich die Geschichte der vergangenen Jahrzehnte, die zur Katastrophe führte, wiederholen wird. Sind dagegen die Massen mächtig genug, ihren Weg in die Zukunft gegen die festgewurzelte Macht der traditionell herrschenden Schichten zu erzwingen, dann erhebt sich die Frage, wie sich eine rationale Organisation der Weltwirtschaft entwickeln läßt, ohne daß ein Mechanismus entsteht, der so bedrückend ist wie die „zweite Natur", die der Kapitalismus geschaffen hat. Kurzum, wie lassen sich für jedermann Sicherheit und ein annehmbarer Lebensstandard erreichen im Einklang mit den unendlichen Produktivkräften der Menschheit ohne eine völlige Entmenschlichung und Mechanisierung des Menschen? Das ist die Frage, auf die das Christentum eine Antwort geben muß.

Das Christentum kann freilich keine technischen Ratschläge zur Wirtschaftsplanung geben, aber das ist auch nicht nötig. Nach Ansicht führender Volkswirtschaftler darf das Wirtschaftsproblem heute nicht mehr nur als ein Problem der Vervollkommnung der Wirtschaftstechnik betrachtet werden. Die technischen Seiten einer Planung für Stabilität und Leistungsfähigkeit sind nach allen Richtungen theoretisch und praktisch untersucht worden. Das Problem, wie ein Wirtschaftssystem allen die Sicherheit dauernder Vollbeschäftigung und die Gewißheit eines angemessenen Lebensstandards geben kann, liegt viel mehr auf dem Gebiet politischer und moralischer Entscheidungen. Das ist das Gebiet, in dem religiöse Prinzipien entscheidend sind. Das Christentum kann darauf bestehen, daß die praktisch unbegrenzte Produktionskapazität der Menschheit zum Vorteil aller verwendet wird und nicht von den Profitinteressen einer herrschenden Klasse und dem Machtkampf zwischen einzelnen Gruppen innerhalb dieser Klasse eingeengt und vergeudet wird. Das Christentum muß den Teufelskreis aufdecken und zerstören, der darin besteht, daß Mittel zu Zwecken produziert werden, die ihrerseits zu Mitteln ohne irgendein letztes Ziel werden. Das Christentum muß den Menschen befreien aus der Knechtschaft eines unberechenbaren und unmenschlichen Produktionssystems, das die schöpferischen Seelenkräfte durch rücksichtslosen Wettbewerb, Furcht, Verzweiflung und das Gefühl äußerster Sinnlosigkeit lähmt. Und das Christentum muß zweierlei ablehnen: erstens einen religiösen Utopismus, der die Abschaffung des Profitmotivs durch Überredung versucht, um notwendige soziale Änderungen zu vermeiden, und zweitens eine religiöse Wirklichkeitsflucht, die eine transzendente Sicherheit ewiger Werte verkündet, um die Massen von ihrer heutigen wirtschaftlichen Unsicherheit abzulenken. Zugleich muß das Christentum totalitäre Lösungen des Wirtschaftsproblems zurückweisen, sofern sie die Spontaneität in den Beziehungen zwischen Mensch und Arbeit zerstören und den Einzelnen seiner Grundrechte als Person berauben. Das Christentum muß die Pläne für eine Neugestaltung der Wirtschaft unterstützen, die eine Überwindung der Antithese von Absolutismus und Individualismus versprechen, auch wenn diese Pläne eine revolutionäre Änderung der jetzigen Gesellschaftsstruktur und die Liquidierung großer rechtmäßiger Interessen mit sich bringen.

Politik und Wirtschaft lassen sich nicht trennen, sie sind voneinander abhängig.

Die Waffe, mit der das kämpfende Bürgertum den Absolutismus besiegte, war die Demokratie. Aber es war eine begrenzte Demokratie. In England ist sie bis heute begrenzt durch Einschränkungen des Wahlrechts und ein aristokratisches und exklusives System der Erziehung und Auslese zur politischen Führerschaft. In Frankreich war die Demokratie nach der großen Revolution begrenzt durch einen Zensus, der die bürgerlichen Oberklassen vor einer Beteiligung der enterbten Massen an der Regierung des Staates schützen sollte. In den Vereinigten Staaten von Amerika war die Demokratie begrenzt durch das traditionelle Zweiparteiensystem, das die industriellen Klassen hinderte, eine unabhängige politische Macht zu werden; im Süden wurde sie außerdem begrenzt durch eine Wahlsteuer, die einen Einfluß der Massen auf die Politik verhinderte. Im deutschen Kaiserreich bildeten die Macht des konservativen Preußen und die Macht des Kaisers und Königs ein wirksames Gegengewicht gegen die Autonomie des Reichstages. Neben diesen Beschränkungen des demokratischen Systems gab es wichtige Ventile für den steigenden Druck der Massen – in Amerika das offene Grenzland und die unerschöpflichen Mittel eines ganzen Erdteils, in Frankreich die Vorherrschaft des Kleinbürgertums und eine unvollständige Industrialisierung, in Deutschland einen rasch steigenden Lebensstandard, in Großbritannien das Kolonialreich und die kluge Anpassung der herrschenden Klassen an die Erfordernisse der Stunde.

Heute hat sich die Lage geändert, zum Teil infolge einer Verschiebung jener Faktoren, die eine lebenskräftige Demokratie ermöglicht hatten, zum Teil infolge des wachsenden Druckes der Massen, die – unruhig geworden unter der Wirkung der letzten politischen und wirtschaftlichen Katastrophen – volle Beteiligung an der demokratischen Planung fordern. In vielen Ländern, in denen sie in unterschiedlichem Ausmaß bestand, ist sie vernichtet worden. In anderen Ländern wurde sie durch drastische Modifikationen der ursprünglichen Theorie und Praxis gerettet. In allen demokratischen Ländern macht sich eine deutliche antidemokratische Tendenz bemerkbar. Diese Suche nach neuen Formen des politischen Lebens findet in drei Haupttypen Ausdruck: Entweder versucht eine einzelne Partei die totalitäre Herrschaft über die ganze Nation zu erreichen, indem sie jede Art demokratischer Einschränkung ihrer Machtausübung abschafft: der faschistische Typ. Oder, zweitens, aristokratische und monopolistische Elemente versuchen, ihre Herrschaft zu stärken, indem sie die demokratischen Einrichtungen und den Glauben an die Demokratie zu untergraben streben: der reaktionäre Typ. Oder, drittens, eine auf demokratischem Weg eingesetzte Bürokratie macht sich in zunehmendem Maße selbständig und schafft die Mittel für eine geplante Neuordnung der Gesellschaft: der *New Deal* repräsentiert diesen Typ. Die Zuflucht zu derartigen Maßnahmen scheint die Rettung der Demokratie in ähnlicher Weise zu ermöglichen, wie die Zuflucht zu staatlicher Intervention zeitweise den Kapitalismus retten konnte.

Alle diese verschiedenen Entwicklungen beweisen, daß der Theorie des Liberalismus in Politik wie Wirtschaft nur begrenzte Möglichkeiten offenstehen. Sie kann nur unter verhältnismäßig günstigen Umständen funktionieren. Voraussetzung für die Demokratie ist eine natürliche Harmonie zwischen den verschiedenen Interessen, die ein befriedigendes Gleichgewicht der Interessen wahrscheinlich macht. Ist dieses gestört, dann kann die Demokratie nicht mehr funktionieren. Genauer: die Demokratie ist nur solange erfolgreich, als die Interessen der verschiedenen Gruppen in einem solchen Maße harmonieren, daß die Minderheit sich lieber der Entscheidung der Mehrheit fügt, als daß sie durch revolutionäre Taten den Sturz der Mehrheit zu erreichen sucht. Wird der Punkt erreicht, an dem die Minderheit die Entscheidung der Mehrheit nicht mehr hinnimmt, dann versagt das demokratische System. Das kann geschehen durch Initiative revolutionärer Gruppen von unten her oder durch Initiative reaktionärer Gruppen von oben oder, wie beim Faschismus, durch ein Bündnis revolutionärer und reaktionärer Elemente in der Mitte.

In der jetzigen Situation erhebt sich die wichtige politische Frage: Ist eine Rückkehr zu demokratischen Institutionen möglich, die zum Teil infolge der Entwicklung der Demokratie selber zerstört worden sind? Ist eine Umkehr möglich, während vor uns die gigantische Aufgabe liegt, eine Welt in Trümmern wiederaufzubauen, eine Welt, in der Millionen Menschen eine kaum noch menschliche Existenz leben? Wenn aber eine solche Rückkehr nicht möglich ist, müssen wir dann auf eine zentralisierte Weltbürokratie zusteuern? Bedeutete das nicht das Ende der Demokratie auf der ganzen Welt? Und wäre damit nicht wiederum die große Masse des Volkes ausgeschlossen vom Aufbau einer Welt, die angeblich ihre Welt sein soll?

Bevor diese Fragen beantwortet werden können, muß die Zweideutigkeit des Begriffes „Demokratie" erkannt werden. Demokratie als ein verfassungsmäßiges Verfahren zur Bildung einer Regierung ist eine politische Form, die eine Vielfalt von Methoden umfaßt. Sie ist als ein Mittel zum Zweck, aber keineswegs als Selbstzweck anzusehen. Sie läßt sich nur so lange anwenden, als sie erfolgreich ist, und nicht länger. Demokratie als Lebensform, die der Würde eines jeden menschlichen Wesens gerecht wird, ist das Grundprinzip der politischen Ethik. Aber es ist durchaus möglich, daß sich Demokratie in diesem Sinne nur verwirklichen läßt, wenn die Demokratie im erstgenannten Sinne begrenzt oder verändert wird. Jeffersons Prophezeiung, daß das demokratische Verfahren nur so lange funktioniert, als die Unterschiede an Macht und Eigentum nicht zu groß sind, hat sich als richtig herausgestellt. Zur Rettung der „demokratischen Lebensform" im ethischen und religiösen Sinne bedürfen wir neuer Methoden. Diese Methoden müssen eine geplante Gesellschaft herbeiführen, die weder faschistisch noch reaktionär ist. Das Christentum muß eine solche Planung ebenso unterstützen wie die entsprechende Planung für soziale Sicherheit und höheren Lebensstandard. Das Christentum muß beides unterstützen – nicht durch technische oder gesetzliche Vorschläge, sondern in erster Linie durch Schaffung einer neuen Gemeinschaft, die in politischen Formen Ausdruck finden kann. Das Christentum darf sich keinesfalls mit irgendeiner speziellen politischen Form identifizieren, weder mit dem Feudalismus noch mit dem bürokratischen Patriarchalismus oder mit der Demokratie. Es kann keine demokratischen Formen gutheißen, die die Zerstörung der Gemeinschaft und der Persönlichkeit verschleiern. Niemals kann es den doppelgesichtigen Leviathan annehmen, gleichgültig, ob sich dieser in demokratischen oder autoritären Strukturen zeigt. Das Christentum muß deutlich machen, daß in der künftigen Geschichtsperiode nur diejenigen politischen Formen als gerecht anerkannt werden dürfen, die eine Gemeinschaft schaffen und erhalten können, in der die ständige Furcht der Massen vor Verelendung und Sinnlosigkeit behoben ist und in der jeder Mensch schöpferisch an der Selbstverwirklichung der Gemeinschaft teilnimmt – sei sie lokal, national, regional oder international.

Dies führt zu dem Problem der internationalen Beziehungen. Die gegenwärtige internationale Lage zeigt eine unbestreitbare Tatsache: Aus der Teilung der Welt in eine Vielzahl von Staaten, deren jeder unbegrenzte Souveränität und Selbstbestimmungsrecht besitzt, hat sich nicht ergeben, was man davon erwartet hatte: ein Gleichgewicht der Mächte nach dem Prinzip der automatischen Harmonie. Die heutige internationale Lage widerlegt dieses Prinzip nicht minder deutlich, als es die wirtschaftliche und politische Lage tun. Das gilt nicht nur vom europäischen Kontinent, wo dies am deutlichsten sichtbar ist, sondern auch von Süd- und Nordamerika, von Asien und dem Nahen Osten. Es gilt von allen Teilen der Welt, eben weil *Welt* heute eine geschichtliche Wirklichkeit ist.

Das Gleichgewicht der Mächte war das gegebene Prinzip für die Beziehungen der Nationen zueinander in einer Zeit, als die Einheit des Heiligen Römischen Reiches zerfallen und eine Anzahl unabhängiger souveräner Staaten entstanden war. Wie in der Wirtschaft und Politik die früheren Grundlagen der Einheit durch die Theorie von der automatischen Harmonie ersetzt wurden, so wurden in der Weltpolitik die religiösen Bindungen durch die angeblich automatische Harmonie der souveränen Staaten ersetzt. Es gibt im Leben immer einen gewissen natürlichen Machtausgleich, aber die Theorie vom „Gleichgewicht der Mächte" geht über diesen natürlichen Ausgleich der Lebenskräfte hinaus. Sie setzt zudem ein zweites Prinzip voraus, das Prinzip der nationalen Souveränität. Diese beiden Prinzipien bilden einen logischen Widerspruch, und nur ein starker Glaube an eine prästabilierte Harmonie konnte annehmen, daß sie vereinbar seien. Dieses Vertrauen war nicht ganz unberechtigt. Wie in Amerika die offene Grenze die günstigste Vorbedingung für eine liberale Demokratie war, so bildete die offene Wirtschaftsgrenze im Frühkapitalismus die günstigste Vorbedingung für ein Gleichgewicht der Mächte. In einer Welt, die der äußeren Entwicklung fast unbegrenzten Raum und der inneren Entwicklung ebenso unbegrenzte Möglichkeiten bot, hatten Konflikte zwischen den Staaten, auch wenn sie nicht ganz zu vermeiden waren, keine verderblichen Folgen. Stets blieben einige Nationen außerhalb solcher Verwicklungen; die Kriege zwischen den Völkern wurden nicht zu Weltkriegen. Die *Welt* war eine Idee, aber noch keine Wirklichkeit.

Heute ist die *Welt* Wirklichkeit. Der Konflikt zwischen absoluter nationaler Souveränität und automatischer Harmonie, wie sie sich im Gleichgewicht der Mächte ausdrückt, ist offen zutagegetreten. Je stärker die innere und äußere Expansion einzelner Nationen durch die Weltkonkurrenz und die industrielle Entwicklung der zurückgebliebenen und unterworfenen Völker gehemmt wurde, desto schärfer und blutiger wurden die internationalen Konflikte. Die Bildung des Völkerbundes war ein Eingeständnis, daß die natürliche Harmonie in den internationalen Beziehungen zusammengebrochen war. Der Völkerbund war jedoch – ebenso wie die staatliche Intervention in der Wirtschaft und die Bürokratie in der Innenpolitik – nur eine halbe Maßnahme. Er versuchte, die Souveränität zu begrenzen, aber auf Grund der Anerkennung der Souveränität. Die Mitglieder des Völkerbundes behielten sich letzte Souveränitätsrechte vor. Auf diese Weise hat der Völkerbund das Prinzip der Souveränität gerettet – genauso, wie die staatliche Intervention das Prinzip der monopolistischen Produktion gerettet hat. Und in einigen der souveränen Staaten, die der Völkerbund garantierte, hat er genauso Ressentiments hervorgerufen, wie die staatliche Intervention Ressentiments hervorrief bei den Monopolkapitalisten, deren Rettung sie war.

Verglichen mit der Zweideutigkeit des Völkerbundes hat der Faschismus den Versuch zu einer Radikallösung gemacht. Er fegte kleinere souveräne Staaten hinweg und schuf Einheit durch Eroberung und wirtschaftliche Konsolidierung. Wenn aber die Souveränität und das Gleichgewicht der Mächte durch militärische Okkupation vernichtet wird, so kann daraus eine Tendenz zurück zur absoluten Souveränität entstehen. In den unterjochten Völkern hat der Haß gegen den Sieger bereits den nationalen Fanatismus und das nationale Selbstbewußtsein gesteigert. Und es verheißt nichts Gutes, daß in Asien die Feindschaft gegen die weiße Rasse zu der gleichen Entwicklung führt, nämlich zum verstärkten Nationalismus und zu übertriebenen Forderungen nach absoluter Souveränität. Die Notwendigkeit einer Welteinheit verführt inzwischen die Siegerstaaten dazu, ein zentralisiertes Weltherrschaftssystem unter ihrer Kontrolle zu errichten. Damit erhebt sich aber die Frage, ob eine Gruppe von Nationen in der Welt Einheit schaffen kann, ohne zugleich auf der ganzen Welt die schöpferische Freiheit zu vernichten. Andernorts wiederum bemüht man sich, einen dritten Weg in Form einer Föderation zu finden.

Das Christentum sollte dies unterstützen, so wie es den dritten Weg in der Wirtschaft und Innenpolitik unterstützen muß. Aber das Christentum muß die Frage stellen: Auf welcher realen Grundlage soll sich die Föderation aufbauen? Ohne einen gemeinsamen Boden in der Substanz des sozialen Lebens kann eine Föderation nicht am Leben bleiben. Eine solche gemeinsame Basis läßt sich zunächst in der offenkundigen gegenseitigen wirtschaftlichen Abhängigkeit aller Völker finden. Das Problem der internationalen Beziehungen läßt sich wahrscheinlich sehr viel leichter durch die Betonung dieser Abhängigkeit lösen als durch einen unmittelbaren Angriff auf nationale Vorurteile und Solidaritätsgefühle, die durch den Krieg eher verstärkt als verringert werden. Das Christentum darf sich jedoch nicht damit begnügen, die absolute Souveränität zu untergraben, indem es die wirtschaftliche Einheit der Menschheit betont, sondern es muß darüber hinaus auf die Notwendigkeit eines gemeinsamen Geistes in jeder Föderation von Staaten hinweisen.

4. Die gegenwärtige Weltsituation im Spiegel des geistigen Lebens

In der ersten Periode der modernen Geschichte waren für das tiefere Verständnis des Charakters dieses Zeitalters die Gebiete der Wissenschaft und der Philosophie am wichtigsten. Hier kam der Glaube an die autonome Vernunft zum Ausdruck und rechtfertigte sich vor dem menschlichen Geist. Die Vernunft wurde als das Organon der Wahrheit aufgefaßt, und zwar sowohl in der Philosophie wie in der Wissenschaft, in den humanistischen Studien wie in der Psychologie und Soziologie. Die Entwicklung der Vernunft als Suche nach der Wahrheit wurde mit der Entwicklung der *humanitas* gleichgesetzt. Wenn sich jeder Einzelne der Suche nach Erkenntnis widmet, dann kann die Wahrheit entdeckt werden und ein „natürliches System" des Denkens und Handelns zustandekommen. Man faßte die Wahrheit auf als Wahrheit über das Leben als ganzes, das sowohl Politik wie Ethik, Ästhetik und Religion umfaßt. Obwohl die Mathematik als Modell dieser Methode galt, sollten alle Seins- und Sinnsphären in die Konstruktion dieses „natürlichen Denk- und Lebenssystems" einbezogen werden. Das 18. Jahrhundert hat sich selbst gern das „philosophische Jahrhundert" genannt, nicht, weil es große Systeme hervorgebracht hätte, sondern weil es theoretisch und praktisch versucht hat, jeden Aspekt des Lebens in den Bereich der Philosophie einzubeziehen. Die Vernunft war im 18. Jahrhundert daher revolutionäre Vernunft. Sie hatte kein Interesse, das, was ist, nur darum zu beschreiben, weil es ist, sondern weil es den Stoff abgibt zum Neubau der Gesellschaft in Übereinstimmung mit dem, was natürlich und vernünftig ist.

Ganz anders war die Auffassung des 19. Jahrhunderts. Der riesige Mechanismus der industriellen Zivilisation schwoll zur Höhe seiner Macht an, brachte alle Seiten des Denkens wie des Lebens in seine Gewalt und veränderte dadurch radikal sowohl die leitenden Prinzipien des menschlichen Geistes wie die aktuellen Bedingungen der menschlichen Existenz. Der Zeitgeist, der durch die Reaktion auf den revolutionären Rationalismus des 18. Jahrhunderts bestimmt war, wurde skeptisch, positivistisch und konservativ mit einer einzigen Ausnahme, der Technik. Die Naturwissenschaften lieferten das Modell für alles Erkennen und auch für das praktische Leben und die Religion. Die Wissenschaft selbst wurde positivistisch: die Wirklichkeit muß so, wie sie ist, akzeptiert werden, rationale Kritik an ihr ist unzulässig. Das sogenannte „Faktum" und seine Anbetung trat an die Stelle von Sinn und Sinndeutung. Statistiken traten an die Stelle der Normen. Der Stoff trat an die Stelle der Struktur. Logische Möglichkeiten traten an die Stelle existentieller Erfahrung. Die Suche nach der Wahrheit wurde zu einer Methode, mit deren Hilfe man die Zukunft voraussagte, statt sie zu schaffen. An die Stelle der rationalen Wahrheit traten Instinkte und pragmatische Meinungen. Und die Instinkte und die Meinungen waren die der herrschenden Klasse und ihrer Konventionen. Die Philosophie wurde zum großen Teil auf Erkenntnistheorie beschränkt. Sie wurde zur Magd des technischen Fortschritts, seiner wissenschaftlichen Grundlagen und wirtschaftlichen Beherrschung. Nach dem Zusammenbruch des Glaubens an die rationale Wahrheit als bestimmenden Faktor im Leben wurde überall, wohin sich die Herrschaft des abendländischen Einflusses erstreckt, die technische Vernunft entscheidend; sie strebte nicht danach, Wahrheit zu bringen, sondern wollte lediglich Mittel zur Verwirklichung von Zwecken liefern, die von Instinkt und Willen gesetzt werden.

Die allgemeine Tendenz in den beiden ersten Perioden der modernen Entwicklung spiegelt sich deutlich wider in den Versuchen des Menschen, sich selbst zu verstehen. Es ist die Geschichte von der Selbstentfremdung des Menschen und seinen Bemühungen um eine Rückkehr zu sich selbst. Nachdem er, der Methode von Descartes folgend, die menschliche Natur in zwei verschiedene Wirklichkeiten – die *res cogitans* und die *res extensa* – gespalten hatte, löste er sein Denken von diesen Wirklichkeiten und machte jede von ihnen zu einem Objekt neben anderen Objekten, zu Gegenständen, die man analysieren und unter allgemeine Gesetze einordnen kann, wie man einen Stein oder eine Amöbe analysieren und klassifizieren kann. Man zerlegte den Menschen in einen physikalischen Mechanismus ohne Spontaneität und einen psychologischen Mechanismus ohne Freiheit und behandelte dann beide gesondert als Elemente im allgemeinen Mechanismus der Natur – entweder mit Hilfe von Begriffen der physikalischen Mechanik oder der mechanistischen Psychologie oder eines metaphysischen Mechanismus, der beiden zugrundeliegen sollte. Auf diese Weise ging die lebendige Einheit der menschlichen Existenz im Prozeß der Selbstinterpretation verloren. Der Mensch wurde zu einem Teil in einem abstrakten Mechanismus, den er selbst zum Zweck der Beherrschung der Wirklichkeit geschaffen hatte. Er war Teil der Maschine geworden, in die er sich und seine Welt theoretisch und praktisch verwandelt hatte. Weil der Mensch um mechanischer Zwecke willen die Herrschaft über die Wirklichkeit erlangen wollte, hat er sich selbst verloren. Diese Selbstentfremdung war der Preis, den er der modernen Wissenschaft und Wirtschaft zu zahlen hatte.

Gewiß hat es immer Gegenbewegungen gegen diese dominierenden Tendenzen gegeben – Revolten des alten Feudalismus und der neuen Massen gegen die bestehende Entmenschlichung des Lebens, Proteste des alten Idealismus und des neuen Vitalismus gegen den Verlust des Spontanen, des Schöpferischen, des Konkreten in den Begriffen vom menschlichen Sein und von der Wirklichkeit überhaupt. Aber solange der bürgerliche Geist an Macht zunahm und die Widersprüche der bürgerlichen Kultur noch nicht sichtbar waren, konnten diese Reaktionen unterdrückt werden. Der ungeheuere Erfolg der Naturwissenschaften und der Technik verurteilte jeden Protest, der sich theoretisch gegen deren universale Gültigkeit richtete, zum Mißerfolg.

Wie zu erwarten, fanden dieselben allumfassenden Tendenzen im ästhetischen Bereich ihren empfindlichsten und extremsten Ausdruck. In Übereinstimmung mit dem Prinzip, das wir oben erwähnten, wurden zuerst auf dem Gebiete der Kunst die Reaktion auf die Vorherrschaft der technischen Kultur und ihre Folgen für die Persönlichkeit sichtbar.

Der Naturalismus in der Literatur und bildenden Kunst begleitete den Triumph der siegreichen mechanistischen Wirtschaft der Großproduktion und ihr theoretisches Gegenstück, die Mechanisierung der ganzen Wirklichkeit. Auch der ästhetische Naturalismus begann wie der wissenschaftliche mit der Wahrnehmung der objektiven Realität. Der Realismus schilderte in Wort und Farbe eine Welt unter der Herrschaft des Mechanismus, unter der Herrschaft der „zweiten Natur". Er enthüllte jedoch nicht nur die Feindschaft zwischen dem Menschen und seiner Schöpfung, sondern auch die Kluft zwischen den Menschen in der herrschenden Gesellschaft. Das führte zwangsläufig zu einer starken

Reaktion gegen den Realismus, denn er bedrohte die Gesellschaft, die jahrzehntelang versucht hatte, ihre brutale Wirklichkeit mit einem idealistischen Mäntelchen zu umhüllen. Der Naturalismus zog sich darauf in den Bereich des Subjektiven zurück und bemühte sich um die Beschreibung des Eindruckes, den die Wirklichkeit auf das sinnlich wahrnehmende Subjekt macht. Der Impressionismus ist ein subjektiver Naturalismus, der die objektive Realität samt allen Verzerrungen und Schrecken als Stoff der ästhetischen Anschauung benutzt. Das ist ein Ausweg, der nur denjenigen, die mittelbar oder unmittelbar zur herrschenden Gruppe gehören, zugänglich ist, eine Flucht in die Sphäre des *l'art pour l'art,* in der die Ästhetik zum Selbstzweck wird und im rein ästhetischen Genuß die Selbstentfremdung des Menschen vergessen wird. Der ästhetische Naturalismus hatte daher eine doppelte Bedeutung. Einerseits war er Ausdruck der allgemeinen Entwicklung der zweiten Periode und unterstützte deren Haupttendenz zu einer Mechanisierung der Welt. Andererseits enthüllte der ästhetische Naturalismus aber auch die Selbstentfremdung des Menschen in dieser Periode und trug auf diese Weise zu den revolutionären Reaktionen der folgenden Epoche bei.

Der Naturalismus war in seinen beiden Formen der große schöpferische Stil der Kunst und Literatur des 19. Jahrhunderts. Er war allerdings nicht der einzige. Romantische und klassische Opposition waren stets da, denn die bürgerliche Gesellschaft umfaßte niemals alles. Aber schöpferische Kraft und Fortschritt zeigten sich nur in denjenigen ästhetischen Werken, die entweder der allgemeinen Tendenz zum mechanisierten Naturalismus folgten oder die revolutionäre Opposition gegen ihn vorwegnahmen. Der Idealismus in Kunst und Philosophie, wie er von den der Mittelklasse angehörenden Schöpfern der „zweiten Natur" gepflegt wurde, diente als Schleier, der das naturalistische Antlitz des Leviathan verdeckte. Als die Widersprüche der Geschichte und die schnelle Proletarisierung dieser Gruppe den Schleier wegrissen, wurden die Menschen dieser Mittelklasse oft zu Hauptstützen des Faschismus.

Die Entwicklung von der zweiten zur dritten Periode wird in der Kunst im Expressionismus und Surrealismus sichtbar. Es ist bemerkenswert, daß die Künstler und Schriftsteller vom Anfang des 20. Jahrhunderts eine fast prophetische Sensibilität in bezug auf die kommenden Katastrophen besaßen. Sie wandten sich vom Naturalismus in beiderlei Gestalt ab, entweder in dem mehr mystischen Stil des Expressionismus oder in dem mehr dämonisch-phantastischen Stil des Surrealismus. Man hat den Expressionismus sehr treffend als eine Warnung vor dem sich nahenden Erdbeben bezeichnet. Der Surrealismus bedient sich der Mechanismen der bürgerlichen Gesellschaft und zerstückelt sie gleichzeitig. Die wirkliche Welt verschwindet, und die Gegenständlichkeit verwandelt sich in eine Phantasmagorie, die sich aus Teilen und Bruchstücken der bürgerlichen Welt zusammensetzt. Eine von Panik besessene Menschheit offenbart in den Schöpfungen ihrer Kunst und Dichtung, daß ihre Welt dem Untergang geweiht ist.

Seit Ende des 19. Jahrhunderts war deutlich geworden, daß der mechanistische Naturalismus auf allen Gebieten der Erkenntnis zusammengebrochen war. Für die Geschichte, die Psychologie, die Biologie, die Physik und sogar für die Mathematik begann eine Zeit der Krisis in bezug auf ihre wahren Grundlagen, ihre gegenseitigen Beziehungen und ihre Bedeutung für das Leben. Man suchte nach einer umfassenden Wahrheit, nach einer nicht nur theoretischen, sondern auch praktischen Wahrheit. Die Philosophie trug selber zur Vorbereitung dieser neuen Lage bei. Gegen die Vorherrschaft der technischen Vernunft, der man die unpersönliche sachliche Erkenntnis des mechanistischen Naturalismus verdankte, erhob man die Forderung nach einer Erkenntnis des Lebens, in der eben die Existenz des Erkennenden selbst miteinbezogen ist. Das neue Ziel war die „existentielle Wahrheit". Eine Wahrheit, die uns als lebendige entscheidende Menschen angeht, ist etwas ganz anderes als die Wahrheit, zu der die Vernunft – ob nun humanistische oder technische Vernunft – führen kann. Diese Wahrheit ist keine allgemeine Wahrheit, die von jedem auf Grund seiner rationalen Natur angenommen werden kann. Sie läßt sich nicht mit Hilfe objektiver Analysen und nachprüfbarer Hypothesen gewinnen. Es ist eine partikulare Wahrheit, die Anspruch auf Gültigkeit erhebt, weil sie einer konkreten Situation adäquat ist. Den verschiedenen Formen existentieller Wahrheit ist eines gemeinsam: sie haben kein Kriterium außer dem der Fruchtbarkeit. Wird die Vernunft als Führer zur Wahrheit aufgegeben, dann wird notwendig jeder objektive Maßstab der Wahrheit aufgegeben. Folglich kann zwischen widersprüchlichen Wahrheitsansprüchen nur auf Grund eines pragmatischen Prüfsteins entschieden werden, nämlich der Kraft einer „existentiellen Wahrheit", sich selbst Universalität zu verschaffen, notfalls mit Gewalt. Auf diese Weise konnte politische Macht zum Maßstab für den Besitz der Wahrheit werden.

Wahrheit, die das Leben angeht, behauptete man, muß aus dem Leben hervorgehen. Aber aus wessen Leben? Die einzelnen „Existenzphilosophien" sind so verschieden voneinander wie die Erfahrungen, die für die verschiedenen Existenzphilosophen den Ausgangspunkt für ihre Interpretation der Wirklichkeit bilden. So kann es einmal die ethische Existenz des angsterfüllten und einsamen Individuums sein, dessen Anliegen die Ewigkeit ist, wie bei Kierkegaard; zum anderen die revolutionäre Existenz des enterbten Proletariats, dessen Anliegen seine Zukunft ist, wie bei Marx; oder die Existenz der Aristokratie, deren Anliegen ihre Macht über das Leben ist, wie bei Nietzsche; oder die Existenz des vitalen Intuitionisten, dessen Anliegen die Fülle der Erfahrung ist, wie bei Bergson; oder die Existenz des experimentierenden Pragmatisten, wie bei James; und endlich die gläubige Existenz der religiösen „Aktivisten", wie bei den Verkündern des *social gospel*. In jeder dieser Definitionen der Existenz hat Wahrheit einen anderen Inhalt; aber in jeder ist Wahrheit Sache des Schicksals und der Entscheidung, nicht Sache neutraler Beobachtung oder letzter rationaler Prinzipien. Trotzdem wird von ihr behauptet, daß sie Wahrheit sei, Wahrheit, die universale Gültigkeit, wenn auch keine allgemeine Notwendigkeit besitzt. Sie soll beweisbar sein durch weitere Erfahrung, wenn auch nicht auf die gleiche Art wie ein wissenschaftlicher Versuch.

Das Problem der existentiellen Wahrheit ist aufgetaucht und kann nicht mehr übergangen werden. Aber es ist zweideutig: einerseits repräsentiert es einen Protest gegen den Produktionsmechanismus, dem die Vernunft als Prinzip der Wahrheit geopfert worden war. Andererseits erfährt dieser Mechanismus, die „zweite Natur", durch die existentielle Wahrheit eine Verstärkung. Denn auch die existentielle Wahrheit gibt die Vernunft auf und bedient sich für ihre nichtrationalen Zwecke nur der technischen Vernunft. Sie zerstört das Kriterium der Wahrheit und damit den Schutz gegen irrationale Mächte.

Wahrheit, so verstanden, betrifft die menschliche Existenz als solche und spezielle Erkenntnis nur soweit, als diese unmittelbar abhängig ist von der Entscheidung über Wesen und Sinn der menschlichen Existenz. „Existentielle Wahrheit" braucht nicht mit den Methoden der empirischen Forschung in Konflikt zu geraten, aber die Sinndeutung dieser Forschung und ihre Ergebnisse kann sie beeinflussen und ändern. Sie hat zu tun mit den Grundlagen der Erkenntnis und der Art, wie der Mensch sich selbst und seine Situation in der Welt versteht.

Daher geht dieses Problem nicht nur die Philosophie an, sondern alle Wissensbereiche. Nicht der stetige Fortschritt der Erkenntnis in den Spezialwissenschaften wird in Frage gestellt, wohl aber ihre Beziehung zu anderen Wissenschaften, zur Wahrheit als solcher, zur Gesamtheit des Lebens, zum Sinn der Existenz. Es geht um die rechte Beziehung zwischen empirischer und existentieller Erkenntnis.

In der Praxis ist es immer schwierig, zwischen empirischer und existentieller Erkenntnis eine klare Grenzlinie zu ziehen. Die totalitären Systeme haben die Grenze so bestimmt, daß alles, was unmittelbaren Bezug auf die Technik hat und dadurch auf die Herrschaft über Natur und Mensch, von der Frage der Existenz nicht berührt wird. Die Technik selber wird nicht in Frage gestellt. Ihre Aufgabe ist lediglich, Werkzeuge zu liefern, mit denen „existentielle Wahrheiten" in die Wirklichkeit umgesetzt werden können. Alle übrigen Lebensbereiche haben ihre Autonomie verloren und werden herangezogen, um die erwählte existentielle Wahrheit auszudrücken. So dient in der dritten Periode der modernen Gesellschaft die technische Vernunft dazu, die Forderungen einer existentiellen Entscheidung auszuführen, für die es kein rationales Kriterium gibt. Die vitalistische Interpretation der Wirklichkeit mit ihrem Irrationalismus ist der revolutionären Interpretation mit ihrer kalten Anwendung der Vernunft für bestimmte Zwecke radikal entgegengesetzt – ein grundlegender Unterschied zwischen Faschismus und Kommunismus. Aber in beiden Fällen ist die Idee der Wahrheit gegründet auf einem besonderen Typ der menschlichen Existenz, der den Anspruch erhebt, eine existentielle Wahrheit entdeckt zu haben, die zugleich universal ist.

Der Mißbrauch des existentiellen Denkens und die von sich selbst entfremdete Rolle der Vernunft fordern eine Antwort, in der existentielle Wahrheit und letzte Wahrheit vereint sind. Vor einer sehr ähnlichen Aufgabe stand das Christentum in seiner Frühzeit, als die griechische Rationalität, bar aller Vitalität und aller Gültigkeit für das Leben, einer neuen existentiellen Wahrheit begegnete, die dem Erleben und Glauben der jungen christlichen Gemeinde entsprungen war. In diesem kritischen Augenblick seiner Geschichte fand das Christentum die Antwort in seiner Lehre vom *logos*. Sie wies auf ein konkretes Geschehen hin, das das Christentum leidenschaftlich als eine zugleich existentielle und universale Wahrheit für jeden Menschen verkündete – die besondere und konkrete Verkörperung der göttlichen Vernunft. „Jesus der Christus ist der *logos*." In dieser kurzen Formel vereinte das Frühchristentum zumindest prinzipiell existentielle und rationale Wahrheit.

Die gegenwärtige Weltsituation stellt dem Christentum im wesentlichen ein paralleles Problem. Und das Christentum muß im wesentlichen die gleiche Antwort geben, wenn auch mit anderen Begriffen und mit anderen geistigen Mitteln. Vor allem muß das Christentum versuchen, die Kirche zu einer umfassenden Realität zu entwickeln, die verschiedene existentielle Interpretationen der Wirklichkeit in sich vereint, soweit sie sich miteinander und mit den christlichen Prinzipien vertragen. Je erfolgreicher die Kirche hierin ist, desto besser kann sie die rationale Wahrheit als einen dem christlichen Glauben zugehörigen Teil aufnehmen. Wird die rationale Wahrheit mit ihrem Beitrag zu den verschiedenen Erkenntnisbereichen ausgeschlossen, so wird der christliche Glaube zwangsläufig sektiererisch und exklusiv. Wird die existentielle Wahrheit mit ihrem praktischen Einfluß auf religiöses und ethisches Handeln ausgeschlossen, so wird der christliche Glaube relativistisch und unfruchtbar. Nur durch eine rechte Verbindung dieser beiden ist es möglich, den geistigen Erfordernissen unserer gegenwärtigen Weltsituation zu begegnen.

5. *Das Christentum in der gegenwärtigen Weltsituation*

Das Christentum ist eine Glaubensbewegung, die weit älter ist als die bürgerliche Gesellschaft. In den neunzehn Jahrhunderten seiner Geschichte mußte es sich mit den verschiedenen Kulturen und Philosophien auseinandersetzen. Es war unvermeidlich, daß es sich auch den drei Entwicklungsphasen der modernen Kultur anpaßte. Aber das Verhältnis des Christentums zu einer bestimmten Kultur darf niemals allein als Anpassung verstanden werden. Es liegt in der Natur seiner Botschaft, daß es versuchen muß, über jede besondere geschichtliche Situation hinauszugehen; und die Geschichte zeigt, daß es der Kirche tatsächlich immer gelungen ist, sich ein gewisses Maß von Unabhängigkeit zu bewahren. Daher ist die heutige Aufgabe des Christentums eine doppelte: es muß sich der gegenwärtigen Weltsituation anpassen und zugleich über diese hinausgehen.

Soweit sich das Christentum dem Charakter der modernen Gesellschaft angepaßt hat, kann es nur eine sehr unvollkommene Antwort auf deren Probleme geben, denn das Christentum bildet, da es in die zerstörerischen Widersprüche des gegenwärtigen Geschichtsstadiums hineingezogen ist, selber einen Teil des Problems. Das trifft zwar auf die Kirche in jedem Zeitalter zu, ist aber in der gegenwärtigen Periode besonders wichtig, weil diese ihrer Natur nach weniger Affinität zu einer christlichen Lebensordnung hat als frühere Perioden.

Im Spätmittelalter und in der Reformation trug die Religion tatsächlich selbst dazu bei, den Boden für das Wachstum der Autonomie in allen Lebensbereichen vorzubereiten. Sie empörte sich gegen die totalitäre Herrschaft, die von der römischen Kirche ausgeübt wurde. Sie bahnte durch die vorreformatorischen und reformatorischen Angriffe auf den katholischen Autoritarismus den Weg für die autonomen Nationalstaaten und die Unabhängigkeit der Wissenschaft, der Wirtschaft und der Künste. Sie befreite die Persönlichkeit und die Gemeinschaft von der hierarchischen Herrschaft. Und vor allem befreite sich die Religion selbst aus der kirchlichen Knechtschaft.

Aber auf diese Weise trug die Religion selbst dazu bei, daß neben ihr ein profaner Bereich entstand, der Schritt für Schritt in die religiöse Sphäre eindrang und sich zu ihrem Herrn machte. Damit wurde die Religion selbst säkularisiert und in die Konflikte und Widersprüche der neuen Gesellschaft hineingezogen. Dieser Vorgang läßt sich in jedem wichtigen Aspekt dieser Gesellschaft deutlich erkennen.

Die Entwicklung der profanen Kunst in Unabhängigkeit von der Kirche führte nicht nur zu einer Verarmung der religiösen Kunst, sondern auch zu ihrer Profanisierung. Sie wurde zu einer profanen Kunst mit religiösem Inhalt, statt religiöse Kunst mit universalem Inhalt zu sein. Wir stellten diese Wandlung bereits fest an der Entwicklung der Malerei von Giotto über Tizian und Rembrandt zu den verschiedenen Schulen der zeitgenössischen Malerei. Vom religiösen Standpunkt läßt sich der Expressionismus als ein Versuch zu einem neuen religiösen Stil und einer neuen Verschmelzung von Religion und Kunst betrachten. Das Scheitern dieses Versuches beweist, daß das heutige Leben sich nicht in einem wahrhaft religiösen Stil ausdrücken läßt. Das Christentum kann diese Situation durch Reformen des Ritus allein nicht ändern, so nützlich dies auch sein mag. Eine neue Einheit von Kultus und Kunst ist notwendig, und diese kann nur erreicht werden, wenn die gegenwärtige Trennung des profanen Bereichs vom religiösen Bereich überwunden wird. Religiöse Kunst setzt eine religiöse Wirklichkeit voraus, die einen transzendenten Ursprung und eine geistige Mitte hat. Die totalitären Versuche, eine solche Wirklichkeit auf einer begrenzten immanenten Basis zu schaffen, haben nur einige wenige Bruchstücke pseudoreligiöser Kunst hervorgebracht. Die Unfruchtbarkeit der totalitären Versuche in dieser Hinsicht beweist, daß ihnen jede letzte und universale Bedeutung fehlt. Aber sie haben zumindest das Problem geahnt, während innerhalb der christlichen Kirchen das Problem der religiösen Kunst als Ausdruck einer wahren religiösen Wirklichkeit meist noch nicht erkannt worden ist.

Das Auftreten autonomer Persönlichkeiten und Gemeinschaften hat die wahre religiöse Persönlichkeit und Gemeinschaft praktisch vernichtet.

Mit der Herrschaft der autonomen Vernunft wurde die transzendente Mitte des persönlichen Lebens zerstört, die Persönlichkeit zerfiel in auseinanderstrebende Elemente, deren Einheit teilweise durch das Weiterbestehen eines traditionellen Glaubens oder aus konventionellen und technischen Bedürfnissen gewahrt wurde. Innerhalb der religiösen Sphäre führte die Persönlichkeit einen verzweifelten Kampf gegen ihre Auflösung. Von Pascals Protest gegen die cartesianische Mechanisierung der menschlichen Existenz bis zu Kierkegaards leidenschaftlicher Behauptung der „existentiellen Persönlichkeit" – der Person in der Krisis der Entscheidung über ihre ewige Bestimmung – und bis zu Dostojewskis eindrucksvoller Gegenüberstellung von Jesu persönlicher Beziehung zu Gott und der weltlichen Überheblichkeit des Inquisitors setzte sich der Kampf um die Erhaltung der wahren religiösen Persönlichkeit fort. Aber meist folgte die Theologie diesen Propheten nicht, weil sie vornehmlich den Weg des negativen Widerstands einschlug. Bei diesem Versuch sind gewisse Richtungen der modernen Theologie zu veralteten Formen der Orthodoxie zurückgekehrt und haben einen kämpferischen Typ der religiösen Persönlichkeit geschaffen, der groß in seinem „Nein", aber schwach in seinem „Ja" ist. So versuchte Barth, die christliche Persönlichkeit vor profanem Zerfall wie vor totalitärer Mechanisierung zu retten, schuf aber keinen neuen Typ des persönlichen Lebens. Seine Bewegung hat keinen Versuch zur Bezwingung des neuen Leviathan gemacht, sondern sich eher vor ihm zurückgezogen und damit der fanatischen Dynamik der totalitären „unpersönlichen Persönlichkeit" das Feld überlassen.

Die religiöse Gemeinschaft – vorbereitet von den Laienbewegungen des Spätmittelalters und zur Vollendung gebracht von der Reformation und den Sektenbewegungen – fiel ebenfalls dieser Entwicklung zum Opfer. Die religiöse Gemeinschaft muß sich auf objektivem Glauben und Sakramenten aufbauen. Sie kann für kurze Zeit durch kollektive Begeisterung geschaffen werden, kann aber in dieser Form nicht überdauern. Sie erfordert „Objektivität". Und seit dem Aufstieg der autonomen Vernunft gab es keine universal mächtige Objektivität außer der mechanischen Objektivität eines technischen Prozesses. Daher ging die religiöse Gemeinschaft ebenso wie die religiöse Persönlichkeit großenteils zugrunde, denn es fehlte an einer bestimmenden geistigen Mitte. Es gab und gibt zwar noch eine religiös gefärbte Gesellschaft, aber keine wahre religiöse Gemeinschaft. Der allgemeine religiöse Hintergrund der Gesellschaft kann dem zerstörenden Einfluß des Naturalismus[1] nur so lange Widerstand leisten, als ihr dieser erhalten bleibt. Hat er sich aber erschöpft, ist der Weg frei für neue totalitäre Systeme. Vor allem in seinen Anfangsstadien schuf der Totalitarismus Kampf-

[1] In diesem Aufsatz wird das Wort „Naturalismus" im Sinne von „Humanismus" gebraucht.

gruppen mit absolutem Glauben, unbedingter Hingabe und einem beherrschenden geistigen Zentrum. Diese Gruppen waren weder religiöse Gemeinschaften noch religiöse Gesellschaften, sondern fanatische Orden mit quasi-religiösen Zügen, in denen Persönlichkeit wie Gemeinschaft untergegangen waren.

Besonders prägnant und bedeutsam ist die Situation im geistigen Bereich. Der Triumph der autonomen Erkenntnis, vor allem in den Naturwissenschaften, hat die religiöse Erkenntnis beiseitegedrängt. Sie wird entweder völlig abgelehnt oder in eine Ecke geschoben oder durch profane Interpretationen umgebogen. Das letztere ist am verhängnisvollsten, eben weil es scheinbar die Gesamtheit der christlichen Wahrheit bewahrt, in Wirklichkeit aber den Sinn aller Glaubenssätze verändert. Es macht sie zu einer Stufe der profanen Erkenntnis – zu einer Erkenntnis, die nur mit gewissen Objekten innerhalb der gesamten Wirklichkeit oder mit gewissen subjektiven Prozessen, vornehmlich in der Sphäre des Gefühls, zu tun hat. Die religiösen Ideen werden auf die Ebene physikalischer oder psychologischer Gegenstände herabgezogen. Gott wird als ein Wesen neben anderen gedacht, wenngleich als das höchste Wesen. Christus wird lediglich als eine geschichtliche Person betrachtet, deren Charakter und deren Existenz von den Ergebnissen der Geschichtsforschung bestimmt wird, wie die Existenz Gottes und sein Wesen Gegenstand wissenschaftlicher Forschung oder menschlicher Werturteile sind. Der Glaube wird zu einem Gefühl unter anderen oder zu einer geringeren Ordnung kognitiven Begreifens, das Wahrscheinlichkeit, aber keine Gewißheit vermittelt. Die Gegenstände des Glaubens können oder können auch nicht existieren. Durch diese Umwandlung wird die religiöse Erkenntnis der rationalen Erkenntnis unterworfen und ihr unbedingter Charakter zerstört. Zwischen zweifelhafter Objektivität und unbewiesener Subjektivität schwankend, verliert die religiöse Erkenntnis ihre Autorität. Sie ist nicht mehr Ausdruck für die Gegenwart des transzendenten Seins- und Sinngrundes in aller Wirklichkeit, sie richtet sich vielmehr auf partikulare Wirklichkeiten, deren Existenz und Natur entweder Sache der Beweisführung oder des irrationalen Glaubens sind. Aber weder der Weg des Argumentierens noch der des irrationalen Glaubens ist in der Lage, die religiöse Einsicht von den Fesseln der technischen Vernunft zu befreien, jener nicht, weil er innerhalb der Voraussetzungen der technischen Vernunft verbleibt, dieser nicht, weil der Irrationalismus nur die Verneinung eines falschen Rationalismus ist und daher nichts Neues schaffen kann.

Es ist bekannt, daß alle großen Religionen diesen Prozeß der Säkularisierung durchgemacht haben. Soweit der Einfluß der abendländischen

Kultur gedrungen ist, hat der religiöse Glaube seine Macht verloren, und die Gefahr einer naturalistischen Pseudoreligion bedroht alle Völker. Weil eine christliche Theologie fehlt, die eine letzte Wirklichkeit und geistige Mitte in Form eines religiösen Glaubens ausdrücken könnte, entwickelten sich Skepsis und Zynismus gegenüber allem, was uns unbedingt angeht.

Der Totalitarismus hat diese Lage erfaßt und Lehren und Symbole formuliert, die eine letzte Wirklichkeit ausdrücken sollen. Er hat versucht, seinen Anhängern eine „existentielle Wahrheit" einzuprägen. Aber sein Unbedingtes ist kein wahrhaft Unbedingtes, denn es geht nicht über relative Interessen und Anliegen hinaus. Der Totalitarismus versucht, einer partikularen Realität unbedingte Gültigkeit zu verleihen. Einerseits wird an den totalitären „Theologien" sichtbar, zu welchem Ergebnis die Abwertung der echten religiösen Wahrheit durch die technische Vernunft schließlich führt, andererseits offenbaren sie das mächtige Verlangen nach einem Durchbruch zu neuen Glaubenssätzen und Bindungen.

Das Schicksal der religiösen Erkenntnis ist symptomatisch für das Schicksal der Kirchen. Die christliche Kirche sollte die Antworten geben, die die gegenwärtige wirtschaftliche, politische und internationale Lage verlangt. Aber den Kirchen fehlt dazu meist das Recht, weil sie selber zu Instrumenten des Staates, des Volkes und der Wirtschaft geworden sind. Nach dem Zusammenbruch der autoritären Herrschaft des Katholizismus traten an die Stelle der einen Kirche viele Kirchen, die entweder vom Staat – wie vorwiegend in Europa – oder von den herrschenden Gesellschaftsschichten – wie besonders in Amerika – gestützt werden. In beiden Fällen haben die Kirchen ihre kritische Freiheit großenteils aufgegeben. Sie neigten dazu, entweder das Werkzeug des Staates oder das Instrument der herrschenden Klassen zu werden. Daher waren sie nicht imstande, den Leviathan der modernen Industrie, die liberale Auflösung der Gemeinschaft oder die nationalistische Zerspaltung der Welt, zu überwinden. Sie wurden in großem Ausmaß eine gesellschaftliche Institution zum Schutz der anerkannten Moralmaßstäbe. Auf diese Weise stützte ihr Einfluß die herrschenden Klassen und die bestehende Gesellschaftsordnung, selbst wenn sie innerhalb der allgemeinen Voraussetzungen der bürgerlichen Kultur an ihnen Kritik übten. Nur prophetische Einzelne und revolutionäre Gruppen führten den Angriff gegen das System als solches, die offiziellen Kirchen folgten ihnen nicht. Sie legten zwar die Übel der Klassengesellschaft bloß, versuchten, die nationalen Grenzen der Menschheit zu transzendieren und kämpften gegen den Zerfall des liberalen Individualismus, aber das eigentliche Wesen des Systems, das sie zu verbessern trachteten, haben sie nicht erkannt oder nicht verstanden.

Der totalitäre Angriff gegen das System wurde zwangsläufig zu einem Angriff gegen die Kirchen. Ja, die totalitären Bewegungen haben sich an die Stelle der Kirche gesetzt, und man kann sie nicht richtig verstehen, wenn man ihre halbkirchlichen Prätentionen nicht sieht. Da sie eine allesbeherrschende Idee proklamieren, so dämonisch diese auch sein mag, sind sie in der Tat eine ernste Konkurrenz für die Kirche. Ihre Angriffe gegen die christlichen Kirchen sind durchaus folgerichtig: sie können eine Kirche mit einem Absolutheitsanspruch in Konkurrenz zu ihrem eigenen Anspruch niemals dulden.

In dieser Situation liegt ein ungeheures Problem für die Kirche, vor allem für die protestantischen Kirchen und insbesondere für den liberalen Protestantismus. Die protestantische Orthodoxie kann sich von der gegenwärtigen Weltsituation, zumindest bis zu einem gewissen Grad, fernhalten. Der Katholizismus kann seine Hoffnung auf den Augenblick setzen, in dem der antichristliche Totalitarismus verdrängt werden wird. Dem liberalen Protestantismus steht keiner dieser Wege offen. Er muß jedoch eine Lösung für das Problem seines Verhältnisses zum gegenwärtigen Stadium der Kultur finden. Er darf nicht zur Stellung eines Dieners in einem Gesellschafts- und Kultursystem zurückkehren, dessen Widersprüche jetzt deutlich geworden sind. Er darf aber auch nicht dem totalitären Weg folgen, weder seiner heidnischen noch seiner katholischen Form. Nur wenn der liberale Protestantismus wahrhaft „katholisch", d. h. allgemein, wird, kann er den Erfordernissen der Stunde genügen.

Das Christentum hat sich nicht nur an die gegenwärtige Welt in ihren hauptsächlichen Aspekten angepaßt, in vieler Hinsicht und in wechselndem Maße ist es auch über die moderne Kultur hinausgegangen. Allen kirchlichen und profanen Verzerrungen zum Trotz hat es versucht, seine unverfälschte Botschaft zu bewahren. Das Christentum ist nicht nur Teil der gegenwärtigen Welt, es ist auch Protest gegen sie und trachtet danach, sie kraft des christlichen Glaubens zu verändern. Und zwar gilt dies in beiden Gebieten – dem geistigen wie dem praktischen – in Hinsicht auf Glauben wie auf Leben.

Als erstes muß betont werden, daß das Christentum die Herrschaft der Vernunft nicht nur als einen Faktor in der profanen Welt, an die es sich anpassen muß, anerkannt hat, sondern auch als ein Mittel zur eigenen Erneuerung. Die Bejahung und Anwendung der Vernunft als Prinzip der Wahrheit hat gewisse orthodoxe „Steine des Anstoßes" beseitigt, die von der Reformation nicht berührt worden waren, sondern durch die scholastische Dogmatik, zu der sich das reformatorische Denken verhärtet hatte, sogar befestigt worden waren. So hat die Vernunft die christliche Theologie fähig gemacht, sich neuen Fragen zu stellen und neue Antworten im Licht gegenwärtiger Einsichten und Probleme zu suchen. Die historische Bibelkritik hat die christliche Wahrheit von legendären, abergläubischen und mythischen Elementen in der geschichtlichen Überlieferung befreit. Die Aufrichtigkeit und Radikalität dieser christlichen Selbstkritik ist etwas Neues in der Kirchengeschichte; sie schuf Werte, die bis dahin weder erkannt noch akzeptiert worden waren. Ohne sie hätte das Christentum dem modernen Geiste nicht begegnen und seine Botschaft verständlich und sinnvoll machen können. Fast das gleiche läßt sich von den neueren Untersuchungen der psychologischen und soziologischen Grundlagen und Bedingungen christlichen Denkens und Handelns sagen.

Das alles hätte aber noch nicht genügt, um die christliche Wahrheit vor der völligen Anpassung an das herrschende geistige Milieu zu schützen. Die christliche Botschaft selbst mußte durch die Hochflut der technischen Rationalität getragen werden. Das geschah auf drei grundsätzlich alternativen Weisen, die wir den „bewahrenden", den „vermittelnden" und den „dialektischen" Typ nennen wollen. Jeder Typ weist viele Abwandlungen auf. Der erste wird von der traditionellen Theologie repräsentiert, entweder in ihrer streng orthodoxen und fundamentalistischen Form oder in der Form gemäßigter Anpassung an die neuen Einflüsse, d. h. Anpassung in der Struktur, aber nicht in der Sache. Diesem Typ des christlichen Selbstverständnisses ist zu verdanken, daß die Schätze der Vergangenheit in einer Zeit erhalten blieben, in der viele keinen Zugang zu ihrem Verständnis hatten. Der zweite Typ wird von der sogenannten Vermittlungstheologie repräsentiert, die sich von Schleiermacher, Hegel und Ritschl über die liberale Theologie bis zu gewissen modernen Formulierungen der ökumenischen Theologie entwickelt hat. Die Vermittlungstheologen unterscheiden sich vom Humanismus durch ihre Ablehnung, das Christentum völlig den Forderungen der heutigen Mode anzupassen. Sie unterscheiden sich von der Orthodoxie dadurch, daß sie bereit sind, jedes theologische Problem im Lichte der Zeitfragen zu prüfen. Diesem Typ des neuen christlichen Selbstverständnisses ist zu verdanken, daß die Theologie eine lebendige Macht in der Kirche und der Welt geblieben ist. Der dritte Typ wird von Kierkegaard und seinen Nachfolgern repräsentiert, die sich – obwohl selbst durch die moderne Welt geformt – der Gefahren der Anpassung und der Vermittlung bewußt sind. Der dialektische Weg verwirft die Berufung auf die „Jenseitigkeit", mit deren Hilfe der erste Typ die christliche Tradition zu erhalten sucht. Er zerbricht die schützende Schale, um unserer Zeit die Bedeutung ihres Gehaltes zu offenbaren. Aber im Unterschied zum zweiten Typ fängt er diesen Gehalt nicht mit den Ideen unseres Zeitalters auf. Statt dessen setzt er sie zueinander in Beziehung und unterzieht sie radikaler Kritik. In diesem Sinne ist er dialektisch. Er sagt gern Nein und Ja in einem Atem. Diesem Typ des christlichen Selbstverständnisses ist zweierlei zu verdanken: daß die Gefahren aller Anpassung an das heutige Denken erkannt und daß die Reichtümer und Tiefen der Tradition innerhalb der Kirche wieder sichtbar wurden. Aber auch die Gefahr der dialektischen Methode ist deutlich geworden. Als das theologische Denken dieses Typs versuchte, konstruktiv zu werden, fiel es einfach in die Wiederholung der Tradition zurück: es wurde zur „Neu-Orthodoxie".

Das Christentum hat die Vernunft nicht nur im theoretischen, sondern auch im praktischen Bereich als Instrument der Selbsterneuerung angewandt. Die Vernunft hat die religiöse Emanzipation des Laien vollendet, die in der Reformation begonnen hatte, aber in den orthodoxen protestantischen Kirchen zum Stillstand gekommen war. Nachdem die Priesterherrschaft abgeschafft war, hat die Vernunft nun die Herrschaft der Geistlichen gebrochen. Die Aufklärung war in gewisser Hinsicht eine protestantische Laienbewegung. Als solche schuf sie neue Ideale der Persönlichkeit und Gemeinschaft. In vielen Teilen der Welt hat sie die patriarchalische Form der Gemeinschaft mit all ihren Implikationen für Sexualität, Familie und Arbeitswelt zerstört. Die Vernunft hat ungefähr die gleiche Emanzipation für die christliche Persönlichkeit bewirkt. Sie hat ihr die Reichtümer des Humanismus erschlossen und hat die unterdrückten Schichten des persönlichen Lebens freigesetzt. Sie hat den Einzelnen von dem grausamen religiösen Absolutismus befreit.

Das Christentum wäre jedoch völlig in der bürgerlichen Gesellschaft aufgegangen, wenn es sich der Vernunft nur praktisch bedient hätte und nicht zugleich über sie hinausgegangen wäre. Der christliche Glaube mußte das wahre christliche Leben den dämonischen Mächten der modernen Welt gegenüber bewahren. Dies wurde gleichfalls auf drei alternative Weisen, analog zu den drei Typen der theologischen Neuinterpretierung des Christentums, vollbracht; es sind der pietistische oder evangelistische, der ethische und der paradoxe Typ. Der Pietismus hat in allen seinen Spielarten die Wärme, Intensität und schöpferische Kraft eines persönlichen Verhältnisses zu Gott bewahrt. Er hat vielen Richtungen neues religiöses Leben eingeflößt. Der evangelischen Tradition ist zu verdanken, daß in den Kirchen der modernen Zeit die Elemente der frühchristlichen Begeisterung nie ganz gefehlt haben. Der ethische Typ, der Vermittlungstheologie entsprechend, hat zur Zeit am meisten Einfluß im Christentum. Er ist ebensowenig bloße Moral, wie die Vermittlungstheologie bloßer Humanismus ist. In ihm sind persönliche Religion und ethisches Anliegen so miteinander verbunden, daß die Religion an ihren ethischen Früchten gemessen wird und das moralische Leben seine Impulse von der Religion empfängt. Diesem Typ des praktischen Christentums ist zu verdanken, daß das Christentum verschiedene Bereiche des kulturellen Lebens durchdringen und die moderne Gesellschaft lange Zeit vor einem völligen Rückfall in ein nationalistisches Heidentum bewahren konnte. Aber die Unzulänglichkeit einer nur ethischen Form des christlichen Lebens wurde so deutlich, daß sich ein dritter Typ entwickelte, der dem dialektischen Typ der Theologie entspricht. Der paradoxe (oder, mit Kierkegaards Worten, der „existentielle") Typ geht ebenso über den ethischen wie über den pietistischen Typ hinaus. Er macht die Religion zum Maßstab der Ethik, nicht umgekehrt, und er betont den paradoxen Charakter jeder individuellen christlichen Existenz, die von Gott zugleich verneint und bejaht wird. Aus diesem Grund geht er auch über den pietistischen Typ hinaus, für den die Intensität des religiösen Erlebens wichtiger ist als das paradoxe Handeln Gottes.

Durch diesen zugleich theoretischen und praktischen Widerstand des Christentums gegen die völlige Herrschaft der technischen Vernunft und der technischen Wirtschaft über das menschliche Leben gelang es der Kirche, eine echte Spiritualität und Transzendenz zu bewahren. Trotz teilweiser Säkularisation hat die Kirche auf die „christlichen" Nationen und die profane Kultur starken Einfluß ausgeübt. Ihre Existenz allein war und ist noch ein Zeichen, das über den Mechanismus hinausweist, der, durch die technische Vernunft des Menschen geschaffen, nun der Freiheit und Erfüllung des Menschen entgegenwirkt. Durch Predigt, Erziehung und praktisches Handeln haben die Kirchen eine, meist unterbewußte, Wirkung auf die Massen und auf Einzelne ausgeübt. Dieser meist unbemerkte Einfluß trat in dem Widerstand der christlichen Massen gegen die Versuche des heidnischen Totalitarismus, das Christentum durch Stammeskulte zu ersetzen, deutlich zutage. Überdies haben die Kirchen trotz ihrer Anpassung an die moderne Gesellschaft Persönlichkeiten hervorgebracht, die das totalitäre System und dessen Unterstützung durch das Christentum erkannten, aufdeckten und angriffen. Die tiefere Bedeutung der gegenwärtigen Weltsituation wird von vielen Einzelnen und Gruppen innerhalb der Kirche erkannt. Trotz der nationalistischen Opposition gegen eine religiöse und kulturelle Einigung der Menschheit haben die christlichen Kirchen die ökumenische Bewegung geschaffen, in der Christen aller Länder – der christlichen und nichtchristlichen, der versklavten und freien – vereint sind. Diese Bewegung ist die einzige Welteinheit, die in der gegenwärtigen dämonischen Zerrissenheit der Menschheit übriggeblieben ist.

6. Richtlinien für die christliche Antwort

Es liegt nicht im Rahmen dieser Arbeit, zu versuchen, die christliche Antwort auf die Fragen zu geben, die durch eine Analyse der gegenwärtigen Weltsituation aufgeworfen werden. Aber einige Punkte, die der Antwort die Richtung weisen, sollen kurz angedeutet werden.

1. Eines steht fest: Die christliche Botschaft an die heutige Welt kann nur dann eine wahre überzeugende und erneuernde Botschaft sein, wenn sie aus der Tiefe unserer gegenwärtigen geschichtlichen Situation geboren ist. Die Tiefen der Weltsituation kann kein einzelner Denker, keine einzelne theologische Bewegung ermessen. Weder theoretische noch praktische Gruppen allein, noch irgendwer in Amerika oder Rußland oder China oder Europa allein kann versuchen, die Tiefe der gegenwärtigen Weltsituation zu erfassen. Es sind nicht einfach Tiefen des Leidens oder großer Einsicht oder die Tiefen der proletarischen Situation oder persönlicher Glaubensgemeinschaft, sondern etwas von alledem und mehr als das. Je mehr Elemente aus all diesen verschiedenen Aspekten der heutigen Welt eine christliche Gruppe umfaßt, desto besser wird sie die wahren Fragen verstehen und desto treffender ihre Antworten prägen. Das bedeutet, daß die christliche Kirche nur dann mit Autorität und Erfolg zu unserer heutigen Welt sprechen kann, wenn sie wahrhaft ökumenisch, das heißt: universal ist.

2. Die christliche Antwort muß ferner die moderne Entwicklung als geschichtliche Tatsache anerkennen, die weder umgehbar noch umkehrbar ist und die wie jedes historische Schicksal in bezug auf ihren Sinn und ihren Wert zweideutig ist. Unsere Analyse hat sich vornehmlich mit den negativen Zügen der modernen Kultur beschäftigt, mit ihren Widersprüchen und Abirrungen, die Antworten verlangen. Die Antworten hingegen müssen die positiven Beiträge der modernen Periode anerkennen und aufnehmen. Hier besteht der entscheidende Punkt in der Erhebung der Vernunft als Prinzip der Wahrheit über alle Formen des Autoritarismus und Obskurantismus. Das ist eine wahrhaft christliche Verpflichtung, auch wenn für sie großenteils in humanistischen Begriffen gekämpft wird. Der christliche Glaube, der den Christus als

den *logos* verkündet, darf die Vernunft nicht als Prinzip der Wahrheit und Gerechtigkeit verwerfen. Die christliche Antwort muß mit der klaren Erkenntnis ausgesprochen werden, daß die Errungenschaften der bürgerlichen Periode der zukünftigen Menschheit nicht verlorengehen dürfen.

3. Ferner muß die christliche Botschaft von der Einsicht getragen sein, daß die tragische Selbstzerstörung unserer gegenwärtigen Welt nicht allein das Ergebnis der speziellen Widersprüche ist, die diese Welt mitbrachte, sondern auch das Ergebnis der Widersprüche, die menschliches Leben stets kennzeichnen. Die Geschichte zeigt, daß sich die Werke des Menschen wie mit tragischer Logik immer wieder gegen den Menschen kehren. Das stimmt genauso für die großen schöpferischen Werke des sakramentalen Glaubens wie für die Werke der technischen Vernunft. Deshalb kann die christliche Botschaft keine zukünftige Situation antizipieren, die ohne Tragik ist, selbst wenn die dämonischen Kräfte der gegenwärtigen Lage überwunden würden. Die echte christliche Botschaft ist niemals utopisch – weder in Form eines Fortschrittsglaubens noch in Form eines Glaubens an die Revolution.

4. Weiter gibt das Christentum seine Antwort nicht in Form eines religiösen „Eskapismus", einer Weltflucht. Es behauptet vielmehr, daß keiner geschichtlichen Situaton jemals die Wirksamkeit der göttlichen Gnade fehlt. Es setzt diese unmittelbar oder mittelbar zur Geschichte der göttlichen Offenbarung in Beziehung und insbesondere zu ihrer zentralen Wirklichkeit – Jesus Christus. Es verwirft die Neigung, die sich bei vielen Menschen, Christen oder Humanisten, findet – sich aus den Kämpfen unserer Zeit zurückzuziehen. Das Christentum sieht der Zukunft ohne Furcht entgegen.

5. Und endlich muß die christliche Antwort beides zu gleicher Zeit sein: theoretisch und praktisch. Sie wird nur dann Wirklichkeit, wenn sie in Wort und Tat die Antwort von Menschen ist, für die die Probleme der Zeit ein tiefes Anliegen sind. Trotz ihrer starken Abhängigkeit von der gegenwärtigen Weltsituation sind die christlichen Kirchen die geschichtliche Gruppe, durch die die Antwort gegeben werden muß.

DIE AUFLÖSUNG DER GESELLSCHAFT IN DEN CHRISTLICHEN LÄNDERN (1948)

Eine Gesellschaft ist integriert, wenn die schöpferischen Kräfte in ihr durch die Macht eines umfassenden und bestimmenden Prinzips im Gleichgewicht gehalten werden. Eine Gesellschaft löst sich auf, wenn dieses Gleichgewicht durch den Verlust des einenden Prinzips zerstört ist. Störungen des sozialen Gleichgewichts sind naturgemäß unvermeidbar, da die Dynamik jedes Lebensprozesses Spannungen zwischen statischen und vorwärtstreibenden Tendenzen einschließt. Eine solche Spannung enthält die Gefahr von Konflikten, Niederlagen und teilweiser Zerstörung. Vielen und tiefen Spannungen ohne Zerfall widerstehen zu können, sind Ausdruck der Kraft und Stärke eines Lebensprozesses. Aber es gibt eine Grenze, die nicht überschritten werden kann. Diese Grenze ist die Erhaltung eines einigenden und das Gleichgewicht wahrenden Prinzips.

In den meisten christlichen Ländern hat die gegenwärtige Gesellschaft solch ein Prinzip verloren und ist entweder einem geistigen Vakuum verfallen oder hat Prinzipien angenommen, die nicht einigen, sondern trennen. Das ist eine allgemeine Not unserer Zeit und die Ursache ihrer vorherrschend selbstzerstörischen Züge. Und die gleiche Entwicklung, die unsere Gesellschaft eines umfassenden und entscheidenden Zentrums beraubte, hat sie der christlichen Botschaft weitgehend unzugänglich gemacht. Einst lieferte das Christentum das einigende Prinzip, aber es ist von dem allgemeinen heutigen Zerfall derart in Mitleidenschaft gezogen worden, daß viele es heute nicht mehr für fähig halten, eine Reintegrierung der säkularen Gesellschaft in den christlichen Ländern zu bewirken. Wenn also versucht wird, durch die Verkündung des Evangeliums den Säkularismus innerhalb des Christentums zu überwinden, so steht man vor einer zweideutigen Situation. Einerseits ist der säkulare Geist von der unbewußten oder bewußten Frage nach einem neuen geistigen Zentrum zutiefst bewegt. Andrerseits nimmt er die christliche Botschaft nicht als Antwort auf seine Fragen an; er betrachtet sie als einen bekannten und erfolgreich widerlegten Teil des Evangeliums der zerrissenen westlichen Kultur. So muß sich also der Verkündiger des Evangeliums zwei Hauptfragen vorlegen: Durch welche Entwicklung hat das Christentum seine Macht als einigendes Lebenszentrum der christlichen Länder verloren, und wie kann es in der gegenwärtigen Situation wieder zum geistigen Mittelpunkt der westlichen Zivilisation werden? Um diese beiden Fragen geht es in der folgenden Betrachtung.

1. Determiniertes und automatisches Gleichgewicht

Es steht außer Frage, daß jede Gesellschaft ein „Gleichgewicht der Kräfte" darstellt – politisch, sozial, intellektuell und geistig. Selbst die gleichförmigste Gesellschaft – sei sie primitiv oder entwickelt – schließt tatsächliche und mögliche Verschiedenheiten in sich, die beständig in das Ganze des Lebensprozesses integriert werden müssen. Da erhebt sich unmittelbar die Frage: Was liefert das Gleichgewicht? Zwei grundsätzlich verschiedene Antworten sind möglich.

Im ersten Falle wird das Gleichgewicht durch einen bestimmenden Mittelpunkt hergestellt. Dieses „Zentrum" hält politische, kulturelle und geistige Elemente in fester gegenseitiger Abhängigkeit zusammen. Es stellt eine umfassende und alles tragende Autorität dar, spontan anerkannt von dem „gesunden Menschenverstand" der Gesellschaft, die es eint.

Im zweiten Falle wird das Gleichgewicht einem Prozeß der Selbstregulierung zugeschrieben. Hier fehlt eine sichtbare zentralisierende Autorität. Fundamentale politische, kulturelle und geistige Unterschiede können sogar betont werden, ohne sprengend zu wirken wegen des Glaubens an eine automatisch wirkende Harmonie zwischen uneinheitlichen Kräften.

Die moderne Gesellschaft hat einen langsamen, aber nicht aufzuhaltenden Übergang von dem ersten zu dem zweiten Strukturprinzip vollzogen. Der Verlust des bestimmenden Prinzips der europäischen Vergangenheit und die starke Bejahung einer automatischen Ausgleichung der sozialen Prozesse ist das große Thema der letzten Jahrhunderte abendländischer Geschichte. Es war ein langsamer Prozeß, und er hat sein Ziel nie vollständig erreicht; andrerseits war die frühere zentralbestimmte Gesellschaft niemals völlig frei von auseinanderstrebenden Elementen. Aber in der Geschichte ist die vorherrschende Tendenz entscheidend.

Der Zustand der heutigen westlichen – und als Folge weltweiter Rückwirkungen in gewissem Umfang auch der östlichen – Gesellschaft zeigt, daß der Glaube an ein automatisches Gleichgewicht nur so lange gerechtfertigt ist, wie Reste des ersten Strukturtyps bewußt oder unbewußt mitbestimmend sind. Wenn er ganz verschwindet und automatische Anpassung die einzige Weise ist, in der divergierende politische, kulturelle und geistige Tendenzen reguliert werden können, so beginnt ein rascher Zerfallsprozeß, und das Bedürfnis nach einem neuen Zentrum wird lebhaft empfunden. Der Erfolg aller sogenannten totalitären Bestrebungen erklärt sich aus der Tatsache, daß sie dies Bedürfnis zu befriedigen scheinen. Diese Bestrebungen sind gefährlich – und im letzten Grund Zeichen von Schwäche –, weil das von ihnen geschaffene Zentrum so einseitig ist, daß es andersdenkenden Gruppen durch Terror aufgezwungen werden muß. Deshalb hat die Reaktion gegen ein unzentriertes, automatisches Gleichgewicht zu einer völligen Zerstörung jeglichen Gleichgewichts geführt und zu einer gründlichen Aufsplitterung auf allen Gebieten der menschlichen Existenz. Diese Reaktion darf jedoch nicht nur negativ gewertet werden: wie die griechische Tragödie hat sie enthüllenden Charakter; sie zeigt die menschliche Situation im Lichte des Ewigen. Sie kann der christlichen Verkündigung von heute einen Anknüpfungspunkt geben, wie es ihn seit Jahrhunderten nicht gegeben hat.

2. Das Prinzip der Immanenz und sein Dilemma

Das „Immanenzprinzip" wird in diesem Aufsatz als *terminus technicus* gebraucht. Es soll eine Anschauung kennzeichnen, die Sinn, Wert und Wirklichkeit ausschließlich in natürlichen und menschlichen Vorgängen findet und die deshalb den Glauben verwirft, daß diese Vorgänge (und ihr Sinn und Wert) einen transzendenten Grund haben. So verstanden, bezieht sich der Ausdruck auf pantheistische Anschauungen wie die von Bruno und Spinoza, aber er schließt auch den modernen Naturalismus ein. Was auf den folgenden Seiten kritisch zum Immanenzprinzip gesagt wird, darf nicht so verstanden werden, als sei es gegen den Glauben an die Immanenz des (transzendent-immanenten) Gottes gerichtet.

„Religiöses Zentrum" ist in diesem Abschnitt der *terminus technicus* für das bestimmende Zentrum der Gesellschaft im ganzen. Diese Terminologie ist gerechtfertigt, weil weder im kulturellen noch im politischen Bereich ein Zentrum errichtet werden kann ohne eine religiöse Grundlage, von der es seine (spontan anerkannte) Autorität herleitet. Selbst die autoritären Systeme haben das anerkannt, trotz ihres antireligiösen und einseitig politischen Charakters. Sie haben ihre politischen Organisationen mit dem letzten Lebenssinn identifiziert und haben – in Denken und Handeln – quasi-religiöse Symbole zur Errichtung und Aufrechterhaltung ihrer Autorität gebraucht. Auf diesem Wege traten sie in Wettbewerb mit jenen Gruppen, die ein religiöses Zentrum aus der Vergangenheit bewahrten, insbesondere mit den Kirchen.

Ein Zentrum, das nicht auf einer religiösen Basis beruht, kann die Gesellschaft nicht einen. Andrerseits ist ein religiöses Zentrum nicht real und hat keine ausgleichende Macht, wenn es nicht von einer politischen Gruppe getragen wird und in kulturellen Formen Ausdruck findet. Selbst die am stärksten antipolitischen und antikulturellen religiösen Ideen können sich diesem Sachverhalt nicht entziehen. „Geist" ist Sinn *und* Macht des persönlichen und des Gemeinschaftslebens, und nicht nur sein Sinn.

Der Verlust eines religiösen Zentrums in der modernen Gesellschaft fällt mit dem Aufkommen des Immanenz-Prinzips zusammen. Die Ursachen für das Aufkommen dieses Prinzips sind sowohl „materieller" wie „ideeller" Art und seine Auswirkungen politischer so gut wie kultureller und religiöser Art. Aber wo immer es die Vorherrschaft gewann, hat es das religiöse Zentrum des persönlichen wie des Gemeinschaftslebens zerstört.

Das Immanenzprinzip reduziert die Existenz zu einer Summe von begrenzten Lebenszentren und ihren gegenseitigen Beziehungen. Jedes endliche Zentrum des Seins, des Sinnes und Zweckes wird von anderen Zentren mitbestimmt. Alle sind vergänglich und zweideutig. Keines ist geeignet, ein letztes Anliegen zu vertreten, bedingungslose Hingabe wachzurufen, ein religiöses Zentrum zu werden, das alle übrigen bestimmt und ins Gleichgewicht bringt. In der Totalität des Endlichen gibt es kein Gleichgewicht-schaffendes Prinzip; in der „Welt" findet sich keine Kraft letzter Integration.

Die moderne Gesellschaft ist auf diese Weise in ein unlösbares Dilemma getrieben worden: Entweder muß sie auf das als automatisch angenommene Gleichgewicht endlicher Lebenszentren vertrauen, oder sie muß eines von ihnen zur allumfassenden und obersten Macht erheben, die alle anderen beherrscht. Vertraut sie auf das automatische Gleichgewicht – was zumeist im Namen der Freiheit geschieht –, dann treibt sie auf einen Zustand zu, in dem menschliche Werte den unpersönlichen wirtschaftlichen und politischen „Gesetzen" untergeordnet werden. Verläßt sie sich auf die Schaffung einer konkreten immanenten Macht als eines Gleichgewichtszentrums, so beherrscht sie willkürlich alle anderen endlichen Interessen, indem sie einem partikularen Zentrum (oder mehreren) absolute Macht verleiht. Und wenn das Prinzip der Ordnung auf diese Art zur Tyrannei wird, wird die menschliche Gesellschaft enweder durch Aufstand oder durch Versklavung zerstört.

In unserer Zeit ist die zweite Möglichkeit auf die erste gefolgt und hat so die tatsächliche Tiefe des Zerfalls enthüllt, der den Glauben an das Immanenzprinzip und den daraus folgenden Verlust eines religiösen Zentrums begleitet. In der Gegenwart ist ein hervorragendes Beispiel für dieses Dilemma die Spaltung der Welt zwischen einem amerikanischen und einem russischen Weltmachtzentrum. Man hofft auf ein Gleichgewicht zwischen ihnen. Da jedoch kein beide transzendierendes religiöses Zentrum vorhanden ist, treibt jeder der beiden Schritt für Schritt auf eine einseitige „monolithische" Struktur der Weltorganisation zu. Das Vertrauen in die automatische Harmonie zwischen den endlichen Zentren bricht zusammen, sobald irgendeine wichtige Entscheidung getroffen werden muß.

Ein weniger augenscheinliches, vielleicht aber um so bedeutsameres Beispiel für das Fehlen eines geistigen Zentrums finden wir in der Familie. Die Funktion der modernen Familie ist fast völlig zu einer „utilitaristischen" geworden. Sie erfüllt das Bedürfnis des Geschlechtsverkehrs; sie stellt die kleinste ökonomische Einheit dar; sie garantiert die Einführung der jüngeren Generation in eine traditionelle Form der Lebensführung; sie schafft für das Individuum von seiner frühesten Kindheit an eine Schutzgemeinschaft aus Kameradschaft, Freundschaft und Liebe. In allen diesen Punkten tut die Familie noch ihren Dienst und erhält die gegenwärtige Gesellschaft. Aber sie hat gegen große Schwierigkeiten anzukämpfen. Und wo es kein einendes Prinzip gibt, das utilitaristische Erwägungen transzendiert, da hängt das Leben der Familie von der Stärke oder Schwäche der erwähnten Faktoren ab: sexueller Befriedigung, wirtschaftlichem Erfolg, gegenseitiger Sympathie sowie sozialem Schutz und sozialer Anpassung. Da diese Faktoren den gewaltigen Schwankungen und Unsicherheiten einer Konkurrenzgesellschaft unterworfen sind, wird der Familienzusammenhalt von Tag zu Tag lockerer. Kein aufgeklärtes Selbstinteresse auf seiten der Familienmitglieder ist stark genug, die entstehenden Konflikte selbsttätig zu lösen, besonders solche, die in der Dynamik des Unbewußten ruhen.

Dies führt uns zu einem dritten Beispiel: der auflösenden Wirkung des Immanenzprinzips auf die Einzelpersönlichkeit. Hier bildet der Konflikt zwischen den verschiedenen unbewußten Strebungen, deren jede das Bewußtseins-Zentrum zu beherrschen sucht, das Grundproblem der Integration. Eine einflußreiche Richtung der modernen Psychologie glaubt, daß eine persönliche Integration durch ein automatisches

Gleichgewicht der verschiedenen persönlichen Triebkräfte zustandekommen könne; sie setzt so etwas wie eine prästabilierte Harmonie zwischen ihnen voraus. Diese Harmonie kann, wie die Psychologen meinen, durch äußere Einflüsse besonders in früher Jugend gestört werden. Aber sobald die strukturellen Wirkungen dieser frühen Störungen auf therapeutischem Wege beseitigt worden sind und die Persönlichkeit „befreit" ist, setzt ein automatischer Ausgleich ein, und das Bewußtseinszentrum ist in der Lage, freie Entscheidungen zu treffen, unangefochten durch die Zwangsgewalt krankhafter Faktoren. Von diesem Gesichtspunkt aus ist ein bestimmendes religiöses Zentrum nicht nur überflüssig, sondern geradezu gefährlich. Man behauptet, daß das „religiöse Zentrum" in zahllosen Fällen ein Werkzeug der Verdrängung und eine Quelle von Zwangserscheinungen sei. Daß gewisse theologische Ideen zum Zweck der Verdrängung gebraucht worden sind und noch gebraucht werden, ist nicht zu leugnen. Man denke an das hoffnungslose Schuldgefühl vor dem Zorn einer willkürlich handelnden Gottheit, die Angst vor der Hölle, den Glauben an eine doppelte Prädestination usw. Ja, mehr noch: der autoritäre, unterdrückend wirkende Charakter transzendenter Prinzipien ist zum Teil verantwortlich für Bewegungen in der modernen Geschichte, die ein religiöses Zentrum durch einen automatischen Prozeß ersetzt haben. Es war die erdrückende Herrschaft der zentralisierten spät-mittelalterlichen Kirche, die die Reaktion des Nationalstaates mit seiner Betonung der absoluten politischen Souveränität und dem Vertrauen auf das Gleichgewicht der Kräfte hervorrief. Es war der Mißbrauch patriarchalischer Autorität und ihrer rituellen Sanktionierung durch die Kirchen, die eine Reaktion – zunächst der Frau, dann der Kinder – gegen häusliche Tyrannei wachrief. Eine starre und phantasielose Haltung gegenüber heiligen Ehegesetzen und der von ihnen gesicherten sozialen Konvention hat zu der Rebellion gegen die Einehe beigetragen. Schließlich hat die falsche Identifizierung von Religion und Gesetzesforderungen zu einer explosiven Reaktion gegen jede Unterdrückung geführt sowie zu dem Vertrauen auf das automatische psychologische Gleichgewicht, das die Befreiung der Persönlichkeit (Autonomie) mit sich bringen soll. Im Hinblick auf diese Entwicklung ist es verständlich, warum die moderne Psychotherapie gegenüber Versuchen, die dem persönlichen Leben wieder ein religiöses Zentrum geben wollen, mißtrauisch ist. Die Erkenntnis der zerstörenden Folgen der religiösen Autorität in der Vergangenheit verleitet zu der Annahme, daß eine Autorität dieser Art immer Willkür und Unterdrückung bedeuten werde. Was aber die heutige Psychoanalyse weitgehend übersieht, ist die Tatsache, daß auch die „befreite"

Persönlichkeit wie jede andere eines richtunggebenden und tragenden Lebenszentrums bedarf. Selbst wenn unterdrückende Methoden überwunden sind, werden neue Formen der Knechtschaft – etwa anarchische und exzentrische statt des Zwangs und der Gleichschaltung – jene ersetzen, die ausgerottet wurden. Alles hängt von der Natur des neuen Zentrums ab, d. h. ob es einseitig und folglich destruktiv oder allumfassend und folglich schöpferischer Art ist. Nur ein „letztes" Interesse kann die verschiedenen bedingten Interessen unseres persönlichen Lebens im Gleichgewicht halten. Die Psychotherapie kann uns helfen, innere Konflikte, Angst und Feindschaft zu verringern; aber sie kann von sich aus keine Ziele und Werte setzen, die von den Verzerrungen rein persönlicher oder kultureller Zwänge frei sind. Geisteskrankheit ist heute bei weitem am stärksten in Ländern verbreitet, in denen auf eine starke Tradition der Unterdrückung eine unzentrierte säkulare Kultur gefolgt ist. Die Psychotherapie hat zur Beseitigung der Verdrängungen geholfen, aber sie kann nicht heilen, und in mancher Hinsicht bescheinigt sie sogar das Schwinden eines religiösen Zentrums.

All diese Entwicklungen werden durch Veränderungen unterstützt, die in der Beziehung des Menschen zum Bereich der „Dinge" eintreten. Diese Beziehung liefert das vierte Beispiel für den Verlust eines religiösen Zentrums unter dem Einfluß des Immanenzprinzips. Dieser Einfluß ist so eindeutig, daß ihm die Interpreten unserer Zeit ihr Hauptaugenmerk widmeten. Man kann diesen Vorgang als eine „Verkehrung von Mitteln in Zwecke" bezeichnen, infolge des Verschwindens eines letzten Zweckes. Ein letzter Zweck transzendiert notwendig alle vorläufigen Zwecke; er macht sie zu Mitteln für etwas, das jenseits ihrer Welt liegt. Deshalb ist er das religiöse Zentrum, nach dem wir unser gesamtes Verhalten zu den „Dingen" richten können. Wenn die Religion, indem sie uns einen letzten Zweck als „überweltlich" vor Augen stellt, die vorläufigen Zwecke ihrer Bedeutsamkeit beraubt, so läßt sie die unendlichen ans Wunderbare grenzenden Mittel unbenutzt, die in der Struktur der Natur liegen und in der Fähigkeit des Menschen, die Natur zu verstehen und zu beherrschen. Über Jahrtausende der Menschheitsgeschichte und Jahrhunderte der christlichen Geschichte hat das transzendente Ziel die freie Entwicklung immanenter Zwecke und unbegrenzter Mittel zu deren Erfüllung verhindert. Der Sieg des Immanenzprinzips hat die Lage jedoch von Grund auf verändert. Er befreite den Menschen von seiner tiergleichen Versklavung an die Natur. Die Entdeckung neuer Mittel hat wiederum neue Zwecke geschaffen, und dieser Entdeckung neuer irdischer Güter durch die Wissenschaft scheint keine Grenze gesetzt zu sein. Gleichzeitig aber ist der

Maßstab für den Wert eines Zweckes verlorengegangen. Der Mensch wird von einem ständigen Strom von Zwecken verschlungen, die sich in Mittel verwandeln, und von Mitteln, die sich zu Zwecken verkehren. Die Wellen dieses Stromes kommen und gehen, ohne etwas Unbedingtes auszudrücken und ohne auf ein geistiges Zentrum bezogen zu sein. Eines der ausdrucksvollsten Symbole dieser Lage ist die Art, in der sich das Geld aus einem Mittel in einen Zweck verwandeln kann – in den alles umfassenden Zweck für Unzählige. Der Mensch selbst wird zu einem Mittel im Dienst von „Dingen" und wird innerlich leer, indem er ohne letzten Zweck einen vorläufigen Zweck nach dem anderen verfolgt. Daher ist er bereit, jedes anscheinend letzte Ziel zu bejahen, das sich ihm mit hinreichender Leidenschaft und Überzeugungskraft darbietet. Aber unter der Herrschaft des Immanenzprinzips kann kein Zweck wirklich transzendent und unbedingt sein, wenn es mitunter auch den Anschein hat. Und in dem Kampf um die Absolutsetzung irgendeines endlichen Zweckes werden die unermeßlichen, von der Wissenschaft entdeckten technischen Mittel zu unermeßlicher Zerstörung verwandt. Der Glaube, daß die Ausweitung der wissenschaftlichen Beherrschung der Natur durch ein automatisches Gleichgewicht endlicher Zwecke erreicht wird, bricht genauso zusammen wie die Theorie des automatischen Gleichgewichts in Politik und Wirtschaft, in Familie und Gemeinschaftsleben und in der Psychologie der Persönlichkeit.

Aus diesem Zusammenbruch erhebt sich die Frage nach einem neuen geistigen Mittelpunkt, der wahrhaft transzendent, unbedingt und universal ist. Die Verkündigung der Kirche sollte den Weg zu einer Antwort zeigen können.

3. Immanenz und Individualität

Das Immanenzprinzip hat eine Folge, die eine besondere Erörterung verdient, nämlich den unerwarteten Aufstieg des Individuums als Individuum. Die Individualisierung hat zweideutigen Charakter. Sie überbrückt und trennt zugleich. Auf der menschlichen Ebene besitzt das individuelle Selbst Freiheit und die Fähigkeit zur Selbst-Transzendierung: darum steht der Mensch auf der obersten Stufe alles Seins. Zugleich ist die menschliche Individualität völlig selbstbezogen, isoliert und einsam (Selbstbezogenheit ist eine strukturelle, keine moralische oder unmoralische Qualität des Menschen). Sicher hat der Mensch als individuelles Selbst die Kraft zur Wiedervereinigung, zur Liebe und zur Gemeinschaft, die jedem untermenschlichen Sein fehlt. Diese Kraft zur Wiedervereinigung indessen hängt ab von einer Realität, die das individuelle Sein transzendiert, ohne die Struktur der Selbstbezogenheit aufzulösen. Diese Realität hat man „Gnade“ oder „Liebe“ *(agape)* oder „neue Kreatur“ genannt. Sie ist der Hauptinhalt der christlichen Predigt, man erwartet von ihr die Überwindung der Zweideutigkeit der individuellen Selbstheit.

Das Christentum hat das individuelle Selbst immer als Träger des göttlichen Ebenbildes gewertet, aber es hat nicht immer die Bedeutung des Individuums als einzigartigen Spiegel des göttlichen Lebens und als Verwirklichung einer einzigartigen ewigen Bestimmung verstanden. Das Christentum hat seine einende Kraft benutzt, um den Anspruch des individuellen Selbst abzuweisen, und somit ungewollt die individualistische Reaktion hervorgerufen, die den Säkularismus charakterisiert. Der Säkularismus wiederum hat das religiöse Zentrum verloren, das das Individuum von Isolierung und Einsamkeit befreit. Charakteristisch für das Leben der christlichen Nationen ist die Entfremdung der Individuen voneinander. Das Wort „Individualismus“ ist nicht nur überlebt, sondern trifft nicht einmal den Kern der Sache, nämlich die tragische Isolierung des Individuums durch den Verlust eines überindividuellen einigenden Zentrums.

Das Individuum ist stark, solange es von einer religiösen Gemeinschaftssubstanz lebt, die sich in ihm auf einzigartige Weise ausdrückt. Das Individuum verliert seine Macht in dem Maße, in dem die religiöse Substanz vertan wird oder fehlt. Dann setzt der folgende Prozeß ein: das Individuum fällt der Masse zum Opfer, es wird ein Atom innerhalb dieser Masse, es wird normalisiert, standardisiert, getrieben von Kräften der Massenpsychologie. Das vereinsamte Individuum versteckt sich hinter der Schablone seiner Gruppe. Es hat keine Kraft, ihr zu widerstehen. Es besitzt keinen religiösen Maßstab, nach dem es die Gruppe (und sich selbst) beurteilen könnte. Sobald dies eintritt, ist die Situation reif für den Aufstieg einzelner machtvoller Individuen, die dann die Lebensformen eines jeden Einzelnen in der Gruppe, deren Führer oder Diktatoren sie geworden sind, bestimmen. Die genormten Individuen unterwerfen sich denen, die ihre genormten, oft unbewußten Ideale verkörpern. Dann kann eine Kollektiv-Situation entstehen, in der das Individuum seine zeitliche wie seine ewige Bedeutung verliert. Es ist nicht mehr einsam, weil es sein individuelles Selbst aufgegeben hat und ihm kein Lebensinhalt übrigbleibt, der ihm ermöglicht, sich vom Kollektiv zu unterscheiden. Die Furcht vor Isolierung und Einsamkeit ist überwunden. Der dafür bezahlte Preis aber ist das Opfer der individuellen Persönlichkeit. Das Verlangen nach Standardisierung und Kollektivisierung in den christlichen Nationen ist ein indirektes Suchen nach einem religiösen Zentrum. Aber der eingeschlagene Weg führt zu einer Auslöschung des Individuums als Individuum und somit zu einer dämonischen, unpersönlichen Lebensstruktur. Das ist die tragische Folge des Verlustes des Christentums als des religiösen Mittelpunktes für die „christlichen" Nationen. Die Reaktion gegen einen leeren Individualismus führt zu einem dämonischen Kollektivismus.

4. Anknüpfungspunkte für die Verkündigung des Christentums im Leben der abendländischen Gesellschaft

Der allgemeine Anknüpfungspunkt für die evangelische Apologetik ist das (bewußte oder unbewußte) Verlangen nach einem neuen religiösen Zentrum von seiten der heutigen abendländischen Menschheit. Die christliche Verkündigung als Antwort auf die Bedürfnisse der Menschen in unserer sich auflösenden abendländischen Welt muß zeigen, daß das Christentum fähig ist, ein transzendentes und unbedingt gültiges Zentrum zu schaffen und gleichzeitig die konkreten und auseinanderstrebenden Elemente im Gleichgewicht zu halten, die Teil unserer gegenwärtigen sozialen, politischen und religiösen Existenz sind. Die christlichen Kirchen können dies zu beweisen suchen: erstens durch ihr bloßes Dasein, zweitens durch ihr evangelistisches Zeugnis und drittens durch ihre apologetische Kraft. Wenn ihm dieser Beweis gelingen soll, muß sich das Christentum notwendig von jenen Verzerrungen freimachen, die zu dem Zerfall der christlichen Nationen beigetragen haben. Damit sind zwei Dinge gemeint. In erster Linie muß das Christentum die Prinzipien der Immanenz und eines leeren Individualismus in sich selbst überwinden; zweitens darf das Christentum nicht wieder autoritär (heteronom) in Form von Unterdrückung und Willkür werden.

Die Auflösung der Gesellschaft innerhalb der christlichen Nationen verschließt dem Christentum den einen Weg und eröffnet ihm einen anderen. Sie verschließt den traditionellen Weg der christlichen Kirchen und eröffnet einen neuen, noch nicht völlig zu überschauenden Weg, dessen Richtung aber schon zu erkennen ist.

Als erstes muß sich das Christentum von der zerfallenden westlichen Gesellschaft distanzieren. Keine Religion, die ein bloßer Teil des Zerfallsprozesses ist, kann zu einer heilenden Kraft werden; nur etwas, das den Prozeß transzendiert, kann ihm ein neues geistiges Zentrum geben. Das Christentum kann sich nur in der Kraft jenes Fundaments von der zerfallenden Gesellschaft freimachen, das zugleich sein eigener

Richter ist: durch das „Neue Sein", wie es sich in Jesus als dem Christus manifestiert. Die prophetische Haltung (nicht das theologische System), die bei Barth und seinen Freunden anklingt, muß als Loslösung des Christentums von den „christlichen Nationen" und ihrer zerfallenden Kultur verstanden werden. Barth weist auf die absolute Transzendenz des Absoluten hin, den unbedingten Charakter des Unbedingten, die Göttlichkeit des Göttlichen. Diese scheinbaren Tautologien sind das Thema jeder prophetischen Botschaft wie der Trennung jeder heilenden Kraft von dem, was heil werden soll.

Wenn diese Trennung durchgeführt wird, so tritt die Möglichkeit eines neuen religiösen Zentrums hervor. Das Immanenzprinzip ist gebrochen und damit die verhängnisvolle Alternative zwischen einer automatischen und einer tyrannischen Situation des sozialen Lebens. Die Transzendenz des religiösen Prinzips bürgt dafür, daß es nicht mit irgendeinem bedingten, endlichen Zentrum identisch ist. Andrerseits überläßt es das menschliche Leben dennoch nicht einfach seinen automatischen, zwangsläufigen und selbstzerstörerischen Eigenkräften. Die prophetische Stimme, die eine Loslösung fordert – in der jüdischen Prophetie, im Neuen Testament, in der Reformation, in der neuen Orthodoxie –, sanktioniert niemals die Errichtung eines neuen Götzendienstes. Die Menschen mißverstehen sie natürlich rasch und identifizieren das neue religiöse Zentrum mit einer absoluten Nation, einer absoluten Kirche, einem absoluten Glaubensbekenntnis oder einer absoluten Theologie. So oft dies Mißverständnis eintritt, führt die Loslösung zu einem anderen, oft noch tyrannischeren Versuch, irgendeine bedingte Lebensform als unbedingt aufzustellen.

Die Loslösung der christlichen Botschaft von der zerfallenden westlichen Gesellschaft erfordert ein richtiges Verständnis des Verhältnisses von Transzendenz und Immanenz. Die orthodoxe supranaturalistische Form dieses Verhältnisses ist verhängnisvoll. Sie betrachtet das Transzendente als einen zweiten gegenständlichen „Bereich" wunderbarer Geschehnisse und himmlicher Gestalten (einschließlich Gottes) neben der natürlichen Welt der Geschichte. Solange das Verhältnis in dieser Weise gesehen wird, ist der Naturalismus immer im Recht, wenn er es ablehnt, diesen transzendenten Bereich anzuerkennen. Der schöpferische Grund, die richtende Macht und der erfüllende Sinn aller endlichen Zentren und Geschehnisse ist nicht ein zweiter „Bereich"; es ist die Quelle, die innere Ordnung und der letzte Sinn der *einen* Welt, in der es endliche Zentren und Geschehnisse gibt. Es ist die Absicht der christlichen Kirche gewesen und müßte es immer sein, auf diesen letzten Punkt des Lebens und der Erfahrung hinzuweisen und auf diese Weise jede Generation zu dem einen religiösen Zentrum ihrer eigenen Existenz zu führen. Die christliche Kirche sollte diese Aufgabe für die „christlichen Nationen“ der gegenwärtigen Zeit erfüllen.

Die wahre Distanzierung des Christentums von der zerfallenden westlichen Welt schließt deshalb eine echte Verbindung mit der abendländischen Kultur und allen anderen Teilen unserer Welt ein. Der Supranaturalismus – einer echten Trennung des Unbedingten vom Bedingten unfähig – ist ebenfalls unfähig, beide wahrhaft miteinander zu verbinden. Er versucht, die endlichen Zentren von Sinn und Sein von außen zu beherrschen und zu unterdrücken, statt sie von innen her zu durchdringen und zu bestätigen. Aber Verbindung und Distanzierung stehen in einer sehr genauen Abhängigkeit voneinander, und beide müssen umfassend sein. Die jüdischen Propheten waren groß, weil sie Vollkommenheit in beidem erreichten. Indem sie die Gerechtigkeit Gottes von allen endlichen menschlichen Zielen unterschieden, zeigten sie einen Weg zum rechten Verhältnis zwischen beiden. Ähnlich muß heute die Kirche das religiöse Zentrum für eine Reintegrierung des Lebens sein, indem sie ihre Botschaft von den zerstörten Erwartungen und Illusionen der abendländischen Kultur unterscheidet. Sie muß ein religiöses Zentrum für die Heilung der neurotischen Geistesverfassung des Einzelnen und des gespaltenen Bewußtseins der Massen werden. Sie muß zum religiösen Zentrum werden für die Kinder in ihrem Verhältnis zu ihren Eltern, sowie für die Eltern in ihrem Verhältnis zueinander und zu den Kindern. Sie muß für den Menschen zum religiösen Zentrum in seinem Verhältnis zur Natur, zur Maschine, zum Geld und zum Konkurrenten werden. Sie muß zum religiösen Zentrum werden für den sich selbst anklagenden Wissenschaftler und für den Erzieher, dessen Aufgabe ihren Sinn verloren hat, weil er (und seine Kultur) der jungen Generation keine feste Ordnung von Werten darzubieten hat. Wenn der christliche Glaube unfähig ist, durch die Kirche solch ein neues, allumfassendes religiöses Zentrum – frei von jeder Tyrannei – zu geben, dann hat er unserer Zeit nichts Wesentliches mehr zu sagen, und er wird im Abendlande als ein endliches Zentrum des Lebens und der Sinngebung neben anderen in dem großen Zerfallsprozeß der westlichen Welt untergehen. Das Christentum ist entweder die Kraft, die die menschliche Existenz von Grund auf heilt, oder es ist ein Faktor neben anderen, die zu der persönlichen und sozialen Krankheit unserer Zeit beitragen, mit denen es untergehen wird.

Das in diesem Aufsatz behandelte Problem führt also unvermeidlich zu der fundamentalen Frage nach der heilenden Kraft des Christentums. Sofern das Christentum ein bloßes Kulturphänomen neben anderen ist, ist es mit den die abendländische Gesellschaft zerstörenden Kräften verstrickt. Es kann dem Zerfall nur dadurch widerstehen, daß es ein religiöses Zentrum bereitstellt, das die Form der abendländischen Kultur transzendiert; und es kann die Basis für eine neue Integration des Lebens nur dadurch schaffen, daß es das Prinzip der Immanenz durch ein Prinzip ersetzt, das alle endlichen Interessen – die politischen, die des persönlichen und des Gemeinschaftslebens – mit ihrem letzten Grunde eint. Natürlich kann niemand sicher sein, daß die abendländische Welt zu retten ist. Noch kann man sagen, daß es Gottes Plan für die Welt sei, das Abendland und die mit ihm verbundenen Kirchen zu retten.

Dieser Beitrag wurde aus der Überzeugung geschrieben, daß die abendländische Kultur in der Vergangenheit große innere Werte verkörpert hat, daß sie wert ist, gerettet zu werden, wenn sie gerettet werden kann, und daß das einzige Mittel die Erneuerung des Evangeliums von Christus ist als der Kraft, die die Krankheit der Gesellschaft von innen, vom Grund ihres Seins, zu heilen vermag. Selbst wenn die abendländische Kultur zerstört würde, dann bliebe das Evangelium immer noch das Evangelium, und Gottes Vorsehung würde durch andere Menschen und auf anderen Wegen zu ihrem Ziele kommen.

ANGST-REDUZIERENDE KRÄFTE IN UNSERER KULTUR (1950)

I.

Kulturelle Akte sind zweideutig. Daher rufen Kräfte, die der Angst entgegenwirken, gleichzeitig neue Angst hervor, und daher hat es sowohl in der Antike als auch in der Moderne Menschen gegeben, die der Angst dadurch zu entfliehen suchten, daß sie sich von der Kultur zurückzogen. Aber das ist Selbsttäuschung, denn Flucht vor der Kultur ist selbst ein kultureller Akt. Der Mensch ist seinem Wesen nach kulturschöpferisch: er ist nur insofern Mensch, als er die Natur – sowohl seine eigene als auch die Natur außer ihm – kulturell prägt. Aus diesem Grunde muß das Problem der Angst innerhalb des kulturellen Bereichs gelöst werden.

Das grundlegende Element aller Kultur ist das Wort. Worte und Urteile befreien von dem Zwang des Gegebenen. Sie ermöglichen es dem Menschen, über die konkrete Situation hinauszugehen und etwas von universaler Gültigkeit zu erkennen und gemäß dieser Einsicht zu handeln. Das Wort hat eine grundlegende kulturelle Wirkung, und das legt die Frage nahe: In welcher Weise vermag es, die Angst zu reduzieren? Die Antwort darauf lautet: Das Wort hat Macht, Macht auf das Fühlen und Denken. Es hat Macht, und alle Angst kommt aus einem Mangel an Macht. Das Wort bannt das Chaos, die Drohung des Nichtseins – in uns und außer uns. Die zahllosen Formen, in denen – vom primitivsten Mythos bis zur höchsten Stufe religiöser Symbolik – die Mächte des Chaos angeschaut werden, sind Ausdruck der Grundangst des Menschen: des Schicksals, endlich zu sein und um diese Endlichkeit zu wissen. Diese Quelle der Angst kann niemals beseitigt werden, denn sie ist identisch mit uns selbst, unserem ureigensten Wesen. Das schöpferische Wort kann diese Quelle eindämmen und Leben ermöglichen: wer über das Wort verfügt, hat Macht über das Chaos und somit über die Angst. Er verwandelt die Angst in Furcht, indem er ihr durch das Wort ihre Unbestimmtheit nimmt, und der Furcht kann man mit Mut begegnen. Aus diesem Grunde kann Furcht überwunden werden, während die Angst nur in Schranken gehalten werden kann. Sie kann nur soweit überwunden werden, wie sie in Furcht umgewandelt wird. Das alles vermag das Wort, indem es Ordnung, Sinn, Bestimmtheit und Sachlichkeit in das Chaos bringt.

Das Gesagte gilt nur mit einer Einschränkung: Nur das „rechte Wort" vermag das Chaos zu bannen. Daraus erwächst eine neue Angst, die Sorge um das „rechte Wort", den *orthos logos*. Griechischer Sprachgebrauch bezeichnet das Verfehlen des richtigen Begriffs im Denken und der richtigen Norm im Handeln mit *hamartema*, was soviel bedeutet wie „das Ziel verfehlen". In der Bibel ist *hamartema* das griechische Wort für Sünde. Wir alle kennen die Angst um das „rechte Wort", die Angst, daß wir handeln und reden müssen, aber dazu nicht imstande sind, und zugleich wissen, daß das falsche Wort und das Verfehlen der richtigen Norm uns und unsere Welt zerstören können. Hier liegt ein Grund für innere Hemmungen, Selbstabkapselung, Sich-Verstecken, Flucht in die Konvention – im Reden und Handeln – und Flucht in autoritäre Bindungen in der Hoffnung, dort das „rechte Wort" zu finden. Das ist auch der Grund für den Eifer, den *orthos logos* (das „rechte" oder das „ortho-doxe" Wort) vor jeder Abweichung zu schützen, weil sie in die Katastrophe, ins Chaos des Nichtseins und der Sinnlosigkeit führen kann. Der Häretiker ist ein Gegenstand tiefer Angst, bevor er der Verbannung oder Verfolgung anheimfällt. Das gilt nicht nur für autoritäre religiöse und politische Systeme, sondern auch für einen liberalen Konformismus. Sie alle behaupten, die Angst überwinden zu können, weil sie das „rechte Wort" besitzen, und daher ist jeder Angriff auf sie eine Bedrohung der Sicherheit, wie sie sie verstehen. Nonkonformisten, Reformer, Revolutionäre und Ketzer, die Schwächen in einem orthodoxen System offenbar machen, bedrohen damit die Sicherheit derer, die in dem System leben. Die Angst, die sie dadurch hervorrufen, führt zu ihrer oft fanatischen Verwerfung.

Der Mensch braucht das „rechte Wort", um Herr über das Chaos zu werden, aber er leistet Widerstand, wenn es Gestalt gewinnt. Was der Analytiker „Widerstand" nennt, ist eines von vielen Symptomen des menschlichen Bemühens, das „rechte Wort" zurückzuweisen. Denn nähme er es an, dann würde es den Menschen aus seiner scheinbar sicheren, aber in Wirklichkeit unsicheren Stellung herausreißen, von der aus er sich gegen das Chaos verteidigt. Die meisten kulturellen Einrichtungen gewinnen ihre Macht, mit der sie scheinbar die Angst eindämmen, dadurch, daß sie das Bestreben des Menschen noch fördern, das „rechte Wort" zu meiden. Was wir beim Individuum eine gut aufgebaute, schützende Neurose nennen, erscheint in der Gesellschaft als gut gebaute Schutzeinrichtung zur Verringerung der Angst: Familie, Schule, Militär, Nation, ideologische Parteien und Bewegungen, Sekten und Kirchen – sie alle können zur Ursache sozialer Neurosen werden, die die Funktion haben, auf einer fragwürdigen, aber leidenschaftlich verteidigten Basis vor der Angst zu schützen. Indem viele Gruppen Bewegungen, die Angst hervorrufen, verwerfen (z. B. moderne Kunst, Sozialismus, Psychoanalyse, radikal-kritische Theologie, unkonventionelle Sexual-Anschauungen, nationale Selbstkritik), zeigen sie selbst Züge der Unterdrückung und eine tiefe Angst vor dem Verlust der eingewurzelten Existenzformen. Diese Formen scheinen zwar manchmal fragwürdig, werden aber dennoch für die einzig möglichen erachtet. Daraus resultiert das große Problem: Wie kann man beurteilen, ob kulturelle Kräfte auf dem rechten Wort, das in einem bestimmten geschichtlichen Augenblick eine Macht darstellt, beruhen oder ob sie an einem Wort festzuhalten versuchen, das schon immer das falsche Wort war oder zum mindesten geworden ist?

II.

Wenn man die Situation in Europa mit der in den Vereinigten Staaten vergleicht, ist man überrascht, wie verschieden der psychische Gesundheitszustand in Europa, besonders in England und Deutschland, von dem in den Vereinigten Staaten ist. Ich habe den Eindruck, daß die Lage in den Vereinigten Staaten viel ungünstiger ist als in Europa trotz seiner Trümmer und seines Elends. Wenn meine Beobachtung richtig ist – und sie wird durch Statistiken und Erfahrungen gestützt –, so könnte sie dadurch erklärt werden, daß die Zeit des Krieges, der Bombenangriffe, der Invasionen, der Besatzung ständig Angst in Furcht verwandelt hat. Diese Ereignisse waren ganz bestimmte Gegenstände der Furcht, und man konnte ihnen mit Mut begegnen. Die unmittelbar akute Gefahr vermindert die Angst. Sie erzeugt Mut statt Neurose. Neurose entwickelt sich dann, wenn der Mensch der Quelle der Gefahr, der Bedrohung durch das Nichtsein, nicht ins Auge sehen kann. Eine solche Situation ist in einer wohlsituierten und scheinbar gesicherten bürgerlichen Gesellschaft gegeben. In Europa war sie schon nach dem ersten Weltkrieg im Schwinden begriffen. Aber statt sich von der Angst überwältigen zu lassen, entwickelte der europäische Geist Mut, und zwar in verschiedenen Stufen. Als wir aus dem ersten Weltkrieg heimkamen, konnten wir in allen Lebensbereichen einen schöpferischen Willen beobachten, der durch Schaffen des Neuen die

Angst erfolgreich bekämpfte – trotz des verlorenen Krieges, trotz Inflation und Bürgerkrieg. Bald wuchs jedoch die Angst von neuem mit dem Stärkerwerden der faschistischen Kräfte und verschaffte sich Ausbruch in einer visionären Schau der kommenden Katastrophe. Die Angst wurde überwältigend in der Wirtschaftskrise Ende der zwanziger, Anfang der dreißiger Jahre, die sich wie ein dunkles, unbegreifliches und unabwendbares Schicksal auf die Menschenmassen senkte. In einer solchen Zeit erschien Mut nutzlos geworden, weil man ein solches Schicksal nicht greifen konnte, um sich mit ihm zu messen. Hitler erfaßte diese Situation mit dämonischem Instinkt und verwandelte das anonyme Schicksal in genau benannte Urheber des Übels: die Sozialisten, die Kommunisten, die Intelligenz, die Juden, die Freimaurer, die Kirchen, die Demokratien. Denn wirkliche Übel kann man bekämpfen, und dieser Kampf erfordert Mut und vermindert Angst. Und als die Angst wiederkehrte, nachdem der innere Kampf gewonnen war, kam der Krieg, und Angst wurde wiederum in aktuelle Furcht und aktuellen Mut umgewandelt.

Nach dem endgültigen Zusammenbruch werden drei Möglichkeiten, die Angst durch Mut zu verringern, ergriffen. Der erste Weg ist der Versuch, jede geschichtliche Wirklichkeit zu transzendieren und sich in die Sicherheit zu begeben, die einerseits von der katholischen Kirche, andrerseits von der alten oder neuen protestantischen Orthodoxie gewährt wird. Der zweite Weg ist der Versuch einer völligen Gleichgültigkeit gegenüber allen möglichen Wechselfällen der Geschichte und der Natur, einschließlich des Todes. Einer solchen Haltung begegnete ich sehr oft in der Form der Versicherung, daß einen Menschen nichts mehr beeindrucken könnte, der durch die extremsten Möglichkeiten menschlicher Existenz immer wieder hindurchgegangen ist. Ein solcher Neo-Stoizismus ist in Europa weit verbreitet. Schließlich gibt es einen dritten Weg: „zurück zur Normalität". Dieser Weg ist mit Hilfe der westlichen Besatzungsmächte so erfolgreich gewesen, daß die Menschen in der sowjetisch besetzten Zone Deutschlands – soweit sie antikommunistisch denken – Gefühle der Verachtung und des Mißtrauens, gemischt mit Bitterkeit und Neid, gegenüber den Westdeutschen und Westeuropäern empfinden. Sie fühlen, daß der Weg zurück in die Vergangenheit – wenn auch wünschenswert vom Standpunkt der Bequemlichkeit – ein unstatthaftes Ausweichen im Kampf gegen die schreckliche Drohung des Nichtseins ist. Sie glauben, daß die Pseudosicherheit des Status quo schöpferischen Mut verhindere und schließlich einen neuen Zirkel von Angst, falschgeleitetem Mut und Katastrophen hervorbringen könnte. Ich war tief beeindruckt durch Gespräche mit diesen Menschen, die täglich in

Gefahr sind, Freiheit und Leben zu verlieren, und die, obwohl sie sich oft nach dem Westen sehnten, seine Methoden, der Angst zu begegnen, ablehnten, weil sie eine Täuschung seien und daher letztlich zerstörerisch wirken müssen.

III.

Wenn man unter dem Eindruck der Kritik solcher zwischen Ost und West stehender Menschen unsere gegenwärtige amerikanische Situation betrachtet, vermißt man das Wort, das sich als das „rechte Wort" erweist, nämlich durch seine Macht, die Zunahme der neurotischen Angst abzubauen. Zwar sind Spuren von dem, was einst das „rechte Wort" war, noch lebendig – und das ist der Grund, warum in Amerika die Situation weniger bedrängend ist als in Europa zu Beginn dieses Jahrhunderts –, aber diese Spuren verlieren mehr und mehr ihre Kraft. Die moderne Psychotherapie hat in unserer Zeit drei Formen der Angst beschrieben: erstens die Angst, die durch das System der Konkurrenz hervorgebracht wird; zweitens die Angst, die aus der Isolierung des Individuums folgt, und drittens die Angst, die aus der überwältigenden Macht des wirtschaftlichen Schicksals erwächst, dem jeder unterworfen ist. Zweifellos tragen diese Faktoren zur Angstsituation in unserer Kultur bei. Aber die Wurzeln liegen tiefer, die Gründe sind universaler. Letztlich gründet die Angst in einer bestimmten Haltung gegenüber der eigenen Existenz und in einem bestimmten Verständnis vom Menschen und vom Sinn des Lebens.

An dieser Stelle wird das religiöse Problem direkt sichtbar. Es kann nicht beiseite geschoben werden, wenn die Angst in ihrer tiefsten Schicht, im Lichte dessen, was uns letztlich angeht, betrachtet wird. Religion bedeutet nichts anderes als „letztlich betroffen sein". „Letztlich" in diesem Zusammenhang hat die Bedeutung von „unbedingt" und „unendlich". Das ist der fundamentale Begriff von Religion. Alle Mythen, Rituale und Symbole, alle Formen der Anbetung, alle ethischen Forderungen sind konkreter Ausdruck eines unbedingten Anliegens. Dieses unbedingte Anliegen, das die Religion zum Ausdruck zu bringen sucht, hat eine negative und eine positive Seite: Negativ ist es das Bewußtsein der Drohung des Nichtseins in Form von Endlichkeit, Schuld und Sinnlosigkeit; positiv ist es die Annahme des Wortes, das die unbedingte und unendliche Macht hat, dem Nichtsein zu widerstehen; negativ ist es die Erfahrung einer fundamentalen, unentrinnbaren Angst, die zu äußerster Verzweiflung führen kann, positiv ist es die Erfahrung eines höchsten Mutes, der die Angst auf sich nimmt und der Drohung des Nichtseins ins Angesicht schauen kann. Kein menschliches Wesen, keine menschliche Gruppe – in keiner Epoche – war gleichgültig gegenüber ihrem eigenen Sein und dem Sinn ihres Lebens, wenngleich ihnen das nicht zum vollen Bewußtsein kam. Auch unsere Situation heute ist durch eine solche Bewußtseinslage charakterisiert; wir sind nicht unreligiös, denn niemand ist unreligiös, wenn Religion unbedingtes Ergriffensein bedeutet. Aber wir unterscheiden nicht mehr, wovon wir unbedingt ergriffen sein sollten und wovon nicht. Auch Vorläufiges – Wichtiges und Unwichtiges – spielt in unserem Leben die Rolle eines letzten und unbedingten Anliegens. Das, was uns in Wahrheit unbedingt angehen sollte, versuchen wir aus unserem Bewußtsein und dem Bewußtsein anderer zu verdrängen. Das ist der letzte Grund unserer wachsenden Angst.

IV.

Die Ursachen, die zu der eben geschilderten Situation geführt haben, sind oft beschrieben worden. Die erste Ursache war der Aufstand der konstruktiven Vernunft gegenüber einer religiösen Verkündigung, die ihre heilende Kraft verloren und aus dem späten Mittelalter eine Periode der tiefsten und weitverbreiteten Angst gemacht hatte. Das Zeitalter der konstruktiven Vernunft – weithin identisch mit dem 17. Jahrhundert – wurde vom Zeitalter der kritischen Vernunft abgelöst, dem 18. Jahrhundert. In beiden Zeitaltern meinte man, daß die Vernunft das „rechte Wort" hätte und damit die alten Ängste überwinden und einen neuen Mut schaffen könne. Tatsächlich wurde vieles geschaffen, was Angst zu reduzieren vermochte – und das alles im Namen der Vernunft und mit der Absicht, von angsterregenden Formen des Glaubens und des Aberglaubens zu befreien: Akademien, wissenschaftliche Zeitschriften, Enzyklopädien, Volksschulen, Erziehungsreformen, humanitäre Gesetze und Einrichtungen, philosophische und theologische Aufklärung, demokratische Regierungsmethoden und liberale Wirtschaftsformen. Die treibende Kraft, die hinter all dem stand, war ein unbedingtes Anliegen, von existentieller Leidenschaft getragen. Die Vernunft, in deren Namen alle diese Anstrengungen gemacht wurden, verstand man als die universale Struktur des Geistes und der Wirklichkeit. Man verstand sie als den göttlichen *logos*. Gott wurde zur Vernunft für die Theologie, und die Vernunft wurde zu Gott für die Revolution. Und der Tod als die unausweichliche Drohung des Nichtseins wurde aus dem Bewußtsein des Alltags – oft sogar aus der kirchlichen Verkündigung – entfernt, ganz ähnlich dem Vorgang, wie das Wort Sünde aus dem Wortschatz – selbst der Theologen – verschwand. Alle traditionellen Quellen der Angst schienen damit zum Versiegen gebracht worden zu sein. Der Mensch hatte den Mut gefunden, sich selbst zu bejahen und die Welt für seine Zwecke zu gestalten. Aber er konnte in diesem Bestreben nur erfolgreich sein, wenn er sich einer anderen Form der Vernunft bediente; nicht die konstruktive, nicht die kritische Vernunft führte ihn zum Ziel, nur die technische Vernunft konnte das leisten. Mit dem Aufkommen der technischen Vernunft beginnen die konstruktiven und kritischen Funktionen der Vernunft zu schwinden. Die Vernunft hat nun mit Mitteln und nicht mit Zielen zu tun, wie das in den beiden früheren Perioden der Fall war. Ziele werden dem Gefühl und dem historischen Zufall überlassen. Die Vernunft ist nicht mehr identisch mit Gott. In der Weise eines Handwerksmannes sammelt sie Fakten, erklärt Ereignisse, erfindet Apparaturen. Die Vernunft hat ihre religiöse Qualität verloren, sie ist kein unbedingtes Anliegen mehr. Sie hat das Wort, das die Angst bannt, verloren. Und das ist unsere Situation.

V.

Diese Situation spiegelt sich in allen Kulturbereichen. In der Philosophie fehlt den logischen Positivisten jedes Verständnis für das Problem von „Sein oder Nichtsein" (Hamlet). Sie weisen es mit dem Argument zurück, daß es für sie ganz unverständlich sei. Im Gegensatz zu ihnen ist eine Philosophie entstanden, die auf jeder Seite die Drohung des Nichtseins enthüllt – die Existenz-Philosophie, die man eine „Anthologie der Angst" nennen könnte. Ihre Größe besteht in dem Mut, die tiefverwurzelte Verzweiflung in den Grundlagen unserer Kultur aufzuzeigen. Ihre Grenzen liegen in ihrem Genügen an der bloßen Frage, ohne zu bemerken, daß selbst das Fragen – sofern es mit letztem Ernst geschieht – einiges Wissen um die Antwort voraussetzt. Ganz offensichtlich ist keine dieser vorherrschenden Richtungen unserer gegenwärtigen Philosophie imstande, die Angst abzubauen: Der logische Positivismus kann es nicht, weil er darauf bedacht ist, der Angst auszuweichen, statt sich mit den wirklichen Problemen unserer Lage zu befassen; der Existentialismus kann es nicht, weil er – obschon er sich mit den Problemen ernstlich befaßt – dies in solcher Weise tut, daß er das Problem zur Antwort macht und auf diese Weise ängstlich einer wahren Antwort auszuweichen versucht.

Was für die Philosophie nicht gelten kann, könnte die Psychotherapie – in Theorie und Praxis – beanspruchen, nämlich die stärkste Kraft bei der Eindämmung der Angst zu sein. Sie verringert tatsächlich die Angst in dem Maße, in dem die Medizin in Theorie und Praxis Krankheiten bekämpft. Jedoch das eigentliche Anliegen dieses Vortrages sind soziale und kulturelle Fragen, und in dieser Hinsicht hat die Psychotherapie zwei klare Grenzen: erstens befaßt sie sich mit Individuen oder manchmal mit kleinen Gruppen, ohne die kulturelle oder soziale Umwelt zu verändern, aus der sie kommen und zu der sie zurückkehren; und zweitens kann sie wohl von angstvollen Zwängen befreien, aber sie kann nicht das Wort vermitteln, das die Macht hat, der Angst des Nichtseins zu begegnen. Die Psychotherapie kann zu einer besseren Anpassung verhelfen, aber was nützt das letztlich, wenn die Gegebenheit, an die sich der Mensch mit ihrer Hilfe anpassen soll, selbst eine Quelle fundamentaler Angst ist?

Der Begriff der Anpassung führt zu einem anderen kulturellen Bereich, in dem der Anspruch erhoben wird, Angst-reduzierende Wirkung auszuüben: zur Erziehung. Die ursprünglich zugrundeliegende Idee der Erziehung ist *ducere*, führen, nämlich aus dem Stadium der Formlosigkeit zu einem Zustand der Form und Struktur. Aber, muß man fragen, welche Formen sind es, zu denen Erziehung führen soll? Darauf werden zwei Antworten erteilt: schöpferische Selbständigkeit und Anpassung. Die erste bietet keinen Inhalt und führt von selbst zu der Angst, Entscheidungen fällen zu müssen, ohne die nötige Grundlage dazu zu haben. Die zweite, das Prinzip der Anpassung, führt zu den Zweideutigkeiten unserer sozialen und kulturellen Verfassung zurück.

Zweifellos gehen in der gegenwärtigen Situation weder von dem politischen noch von dem wirtschaftlichen Bereich unserer Kultur Angst-reduzierende Kräfte aus. Obwohl jede gutgeleistete Arbeit in hohem Maße die Angst verringert, enthält unsere gegenwärtige Situation eine doppelte Drohung: die der Arbeitslosigkeit, die vor allem den Verlust sinnvollen Tuns und damit einen Abgrund der Sinnlosigkeit im Gefolge hat, und die der Zwangsarbeit, die in der großen Maschinerie halb- oder ganztotalitärer Staaten zur Entmenschlichung führt. Derselbe Zwiespalt beraubt den politischen Bereich seiner Macht, Angst zu reduzieren, die er an sich als eine Struktur der Ordnung hat. Die ungeheure politische Angst, die alle Länder durchdringt, kann letztlich beschrieben werden als eine „Schizophrenie der Menschheit", eine Spaltung, die nicht nur die Menschheit in zwei Hälften teilt, sondern durch alle Nationen und Individuen hindurchgeht. Niemand kann im Ernst glauben – ohne daß er einige Elemente in sich in fanatischer und neurotischer Weise unterdrückt –, daß er auf Grund seiner Zugehörigkeit zu der einen Hälfte der Menschheit völlig im Recht ist, während der Mensch auf der anderen Seite ganz und gar unrecht hat. Aus diesen Gründen ist die politische Wirklichkeit heute eine der stärksten Angst-erzeugenden Faktoren.

Diese Sachverhalte spiegelt die moderne Kunst wider. Anders als die Kunst anderer Kulturen und Epochen schafft sie Angst, und zwar auf zwei verschiedene Weisen. Alle, die die moderne Kunst ablehnen, aber zugeben müssen, daß beinahe alle Künstler, die heute einen Namen haben, sich des modernen Stils in allen Bereichen künstlerischen Schaffens bedienen, fühlen sich in ihrem überkommenen Wertsystem heftig angegriffen und reagieren zwangsläufig mit Widerstand. Die anderen, die von den neuen Ausdrucksformen ergriffen sind, müssen sich zuerst sehr bemühen, deren Sinn zu begreifen, und, wenn ihnen das gelungen ist, sind sie von der Vision des Nichtseins überwältigt trotz des hohen ästhetischen Genusses und sind im Tiefsten erschüttert. Hieran wird die innere Verwandtschaft der modernen Kunst mit der Existenzphilosophie und der Tiefenpsychologie sichtbar.

Als letzte Kraft, von der man annimmt, daß sie Angst zu reduzieren vermag – und das mehr als jede andere – sei die Religion genannt. Wenn wir Religion als einen Zustand des unbedingten und unendlichen Betroffenseins definieren, dann muß die Religion der Ort sein, wo die Angst des Nichtseins ebenso wie das Angst-bannende Wort zur vollen Erscheinung kommen. Das aber ist der Sinn aller Religion. Aber es trifft nicht auf die religiösen Organisationen in der Praxis zu. Die Kirchen sind weithin von der allgemeinen zweideutigen Situation unserer Gesellschaft erfaßt. Sie vermindern Angst durch Anpassung, sie helfen dazu, daß sich Einzelne und Gruppen an eine Welt anpassen, die von der technischen Vernunft beherrscht wird. Andererseits ziehen sie ständig Kraft aus der Bewahrung und Neubelebung der klassischen religiösen Symbole. Besonders die Symbole der Vorsehung, der Vergebung und des ewigen Lebens haben Angst-mindernde Kraft. Obwohl diese Symbole ein Bewußtsein der Drohung des Nichtseins in der Form von Endlichkeit, Schuld und Tod voraussetzen, versuchen sie doch gleichzeitig, einen Mut zu vermitteln, mit dem man diesen Drohungen begegnen kann. Sogar die mehr liberalen Kirchen sind zu diesen Symbolen zurückgekehrt und haben die Wirklichkeit, auf die diese Symbole hinweisen, besser verstanden. Selbst vor dem Auftreten der sogenannten neu-orthodoxen Theologie zwischen den beiden Weltkriegen war der Gott, der nur noch Vernunft war, durch den Gott, der Geheimnis blieb, zunehmend verdrängt worden. Wenn trotzdem der Angst-reduzierende Einfluß der religiösen Einrichtungen so begrenzt ist, daß die Menschen Kunst, Erziehung und Psychotherapie der Verkündigung der Kirchen vorziehen, so erklärt sich das durch die Tatsache, daß die Botschaft der Kirche aufgehört hat, das „rechte Wort" zu sein, jedenfalls für die Mehrzahl der Menschen in den christlichen Ländern. In dieser Situation schaffen die Kirchen eine doppelte Angst: sie erzeugen in denen, die sich abseits von der Kirche, aber doch in Kontakt mit ihr halten, Angst als Schuldgefühl wegen ihres Fernbleibens von der Kirche, und sie schaffen in denen, die in der Kirche stehen, Angst, weil sie um das Wort besorgt sind, das die Kirche verkündigen und verkörpern sollte. Viele dieser Menschen sind tief bestürzt darüber, daß es außerhalb der Kirche noch eine Welt gibt, und über deren kritische Haltung, die nicht einfach als Gottlosigkeit verbannt werden kann. Sie fühlen, daß deren Kritik Wahrheit enthält, aber sie unterdrücken dieses Gefühl und geraten sehr oft in die verschiedensten Formen des religiösen Fanatismus – hierarchischer Absolutismus in der katholischen Kirche, Fundamentalismus in den protestantischen Kirchen, ekstatischer Radikalismus in den Sekten. Religion als Teil der Kultur erzeugt mehr Angst, als sie abbaut. Nur wenn die Religion die Substanz der Kultur und ihr letzter Grund ist, kann sie im Menschen den Mut erzeugen, sich seiner fundamentalen Angst zu stellen.

Dieser Überblick zeigt, daß die verschiedensten Kulturbereiche unserer Zeit mehr Angst hervorbringen als zurückdrängen. Niemand in diesen Kulturbereichen kennt das Wort, das das Chaos bannt, das Wort, das Macht über Nichtsein und Angst hat. Ein erster Schritt, das „rechte Wort" zu finden, wäre getan, wenn die Verantwortlichen in allen kulturellen Bereichen (Männer der Kirche, Psychotherapeuten, Erzieher, Wissenschaftler und Staatsmänner) zugäben, daß sie nicht die Macht haben, die sie haben sollten, besonders nicht die Macht, dem drohenden Chaos und der wachsenden Angst in unserer heutigen Welt entgegenzuwirken. Als zweiten Schritt müßten alle, denen es aufgetragen ist, der Angst entgegenzuwirken, merken, wieviel Angst sie selbst erzeugen. Wenn das geschehen ist und die bedrohlichen Aspekte unserer Kultur mit unbedingtem Ernst erkannt sind, dann ist der dritte Schritt nicht mehr fern: das Wiederfinden des „rechten Wortes", des Wortes, das die Macht hat, Chaos und Angst zu überwinden. Denn wo die Frage radikal gestellt wird, erscheint schon der Umriß einer Antwort.

RELIGION UND DIE FREIE GESELLSCHAFT (1958)

I.

Es fällt mir nicht ganz leicht, über Religion und die freie Gesellschaft zu sprechen. Was bedeutet überhaupt der Ausdruck „freie Gesellschaft"? Meint man damit dasselbe wie das Schlagwort „freie Welt" (mir kommen dann Spanien, Südamerika und Formosa in den Sinn); meint man damit die Völker, in denen eine demokratische Verfassung tatsächlich funktioniert, wie z. B. in den angelsächsischen Ländern; meint man ein Ideal, das sich irgendwann einmal verwirklichen läßt; oder meint man das Reich Gottes, auf dessen Verwirklichung in Raum und Zeit man vergeblich warten wird, aus dem einfachen Grunde, weil der Mensch stets die Freiheit hat, seine Freiheit aufzugeben?

Als ich mir solche Gedanken über unser Thema machte, schloß ich sogleich die letzte dieser vier Möglichkeiten aus. Denn in der freien Gesellschaft, die mit dem Reiche Gottes gleichzusetzen ist, wird es keine Religion geben. Wie uns die Offenbarung des Johannes verkündet, wird Gott unter ihnen wohnen, und sie werden keinen Tempel haben. Ich schloß auch die zuerst genannte Bedeutung des Begriffs im Sinne von „freier Welt" aus, weil er nur zu Propagandazwecken geprägt wurde und überhaupt ein ganz künstlicher Begriff ist. Übrig bleiben somit nur die zweite und dritte Möglichkeit, d. h. die gegenwärtigen Demokratien und eine ideale „freie Gesellschaft", von der sich wenigstens denken läßt, daß sie im Laufe der Geschichte einmal Wirklichkeit wird.

Das ist nach meiner Ansicht die einzige Möglichkeit, wie sich das Verhältnis zwischen Religion und „freier Gesellschaft" sinnvoll und sachlich erörtern läßt. Darum wiederhole ich noch einmal, daß ich unter „freier Gesellschaft" die gegenwärtigen Demokratien verstehe, und zwar im Hinblick auf ihre idealen Möglichkeiten, die sich in Raum und Zeit verwirklichen lassen. Auf dieser Grundlage stelle ich mir die Frage nach der Rolle der Religion bei der Entfaltung und Erhaltung solcher Demokratien, vor allem aber bei der Verwirklichung ihrer idealen Möglichkeiten.

Als ich mein anfängliches Unbehagen über den Titel „Religion und die freie Gesellschaft" überwunden hatte, kam mir noch ein Bedenken. Kann denn Religion überhaupt in den Dienst einer anderen Sache gestellt werden? Die Antwort darauf lautete natürlich: nein. Wenn Religion der Zustand des Betroffenseins durch das Unbedingte ist, dann kann sie nicht als Mittel für irgend etwas gebraucht werden. Das Unbedingte kann nicht ein Mittel für etwas Bedingtes sein.

Selbst die freie Gesellschaft oder die ideale Demokratie sind nichts Letztgültiges, aber die Religion zielt auf das Letztgültige. Die ideale Demokratie kann untergehen, und nicht immer muß sinnvolles Leben denen versagt sein, die unter einer totalen Tyrannei leben müssen. Selbst in Ketten können Menschen sich den Sinn dafür bewahren, was sie unbedingt angeht. Wir haben Berichte von gefangenen Christen, die in den römischen Kupferbergwerken arbeiten mußten. Sie hatten keine freie Gesellschaft, aber sie hatten etwas anderes, und dieses andere kann niemals zu einem Werkzeug gemacht werden, auch nicht im Dienste der besten freien Gesellschaft.

Somit verengt sich unser begrifflich sehr weit gefaßtes Thema auf die eine Frage: Ergeben sich aus dem lebendigen religiösen Bewußtsein, wie es viele Menschen innerhalb einer freien Gesellschaft haben, irgendwelche Folgen für diese Gesellschaft, seien sie nun schädlich oder segensreich?

Zunächst möchte ich in diesem Zusammenhang die Frage stellen, ob Religion eine freie Gesellschaft gefährden kann. Ich glaube, daß es in der Religion tatsächlich Tendenzen gibt, die schon immer die Entfaltung einer freien Gesellschaft gehemmt haben und das auch weiterhin tun werden. Vier solche Tendenzen seien hier genannt, nämlich religiöser Konservativismus, religiöser Autoritarismus, religiöse Intoleranz und religiöser Transzendentalismus. Bei einer ernsthaften Erörterung des Verhältnisses zwischen Religion und freier Gesellschaft können wir den Problemen, die sich aus diesen Tendenzen ergeben, nicht ausweichen. Die Geschichte unserer Zeit hat sie uns eindringlich vor Augen geführt, und durch die Erinnerungen einer vieltausendjährigen Vergangenheit haben sie sich dem Unterbewußtsein des heutigen Menschen eingeprägt. Wie können diese Tendenzen in der Religion durch die Religion selbst überwunden werden?

Der konservative Charakter der Religion beruht erstens auf dem Unbedingtheitscharakter des religiösen Anliegens, zweitens auf der Unerreichbarkeit des Unbedingten, das selbst, nachdem es sich offenbart hat, ein Geheimnis bleibt, drittens auf der Tatsache, daß sich das Unbedingte, das Heilige, in Raum und Zeit nur sehr schwach bekundet, und schließlich auf unserer Neigung, das Heilige mit den Menschen zu verwechseln, die es uns übermitteln.

Das sind einige Gründe dafür, warum der Konservativismus in jeder Religion eine freie Gesellschaft gefährden kann. Natürlich ist zu sagen, daß die Verehrung, die den Trägern des Heiligen entgegengebracht wird, selbst etwas vom Wesen des Heiligen an sich hat. Die Hingabe an die Träger des Heiligen, seien es Personen, Ereignisse, Bücher oder Riten, kann durchaus eine Erfahrung des Heiligen sein. Das Unbedingte, wahrhaft Bedeutsame und Ernste ist in ihnen verkörpert und offenbart sich uns nur dadurch, daß es in ihnen Gestalt gewonnen hat.

Daraus kann sich ein institutioneller Konservativismus ergeben. Die Institutionen, Personen, Bücher, Riten und Gegenstände sind nun mit einem Tabu umgeben; man darf sie nicht anrühren. Wenn man es dennoch tut, entweder tatsächlich, d. h. physisch, oder in Gedanken, also kritisch, entsteht ein Schuldgefühl. Ich kenne niemanden, der dies noch nicht erfahren hat.

Das führt zur Frage: Kann eine Gesellschaft frei genannt werden, in der freie Kritik an überkommenen Einrichtungen und Überlieferungen die Verletzung eines heiligen Tabus bedeutet? Das ist meine erste Frage.

Die zweite Frage betrifft den autoritären Charakter der Religion. Die hauptsächliche Hemmung gegenüber aller radikalen Kritik an religiösen Überlieferungen ist die Autorität, die die Religionen ihrer eigenen Vergangenheit und den Vertretern dieser Vergangenheit verleihen. Aber ist eine Gesellschaft frei, wenn sie ganz oder teilweise von einer religiösen Autorität abhängt, die zu jeder Zeit auf die Einrichtungen der Gesellschaft, sogar auf die freie Gesellschaft selbst, einwirken kann? Ist sie frei, wenn diese Autorität z. B. Massen von Wählern für sich mobilisieren kann, die auf Grund des genannten Schuldgefühls gegenüber den Tabus den ihnen gegebenen Anweisungen nicht widerstehen können? Diese Frage hat besonderes Gewicht, wenn die religiöse Herkunft solcher Anweisungen nicht mit den Grundlagen einer freien Gesellschaft in Einklang gebracht werden kann.

Der dritte Punkt, der einer Erörterung bedarf, ist die Intoleranz in der Religion. Aber was ist Toleranz? Sie kann vielerlei bedeuten. Ist sie Mangel an Überzeugung? Ist sie Gleichgültigkeit gegenüber einem bestimmten Problem? Ist sie Nächstenliebe? Oder ist sie gar selbst eine religiöse Überzeugung, und, falls das zutreffen sollte, wie ist Toleranz möglich, wenn Religion ihrem Wesen nach auf das Unbedingte gerichtet ist?

Wir müssen zunächst zur Kenntnis nehmen, daß selbst die bedeutendsten Vertreter der Toleranzidee – ich denke hier an die Briefe John Lockes zu diesem Thema – der Toleranz gewisse Grenzen setzen. Es ist vielleicht nicht genügend bekannt, daß Locke hier zwei Gruppen ausschließen wollte, nämlich die Katholiken und die Atheisten. Die unbedingten Wahrheiten einer religiös geweihten liberalen Gesellschaft sind für Locke das Absolute. Dieses Absolute macht ihn intolerant gegenüber allen, die nicht liberal sind – hier nennt er besonders die Katholiken –, und gegenüber denen, die jede religiöse Weihe ablehnen, und damit meint er die Atheisten.

Abermals stelle ich eine Frage: Ist eine freie Gesellschaft, die gewiß nur auf Toleranz begründet sein kann, überhaupt möglich, oder widerspricht sie nicht der menschlichen Natur, wenn selbst die größten Verkünder der Toleranz ihrer eigenen Toleranz Grenzen setzten? Ist eine Gesellschaft, die letztgültige Überzeugungen hat, absoluter Toleranz fähig?

Der transzendente Charakter der Religion, und das ist der vierte Punkt, den ich hervorheben möchte, bedeutet, daß sie die vertikale Linie, die ins Jenseitige weist, betont und somit viele Menschen von der horizontalen Linie des politischen Engagements entfernt. Ich denke dabei an das Beispiel, das uns die Lutherischen Kirchen in Deutschland gegeben haben. Sie kümmerten sich nicht um die politischen Ereignisse, selbst nach Hitlers Machtergreifung. Erst als die politischen Instanzen sich in die Angelegenheiten der Kirche selbst einmischten, keinen Augenblick früher, wagten sie ein Wort des Protestes gegen die Verfolgung der Juden oder die Morde Hitlers, die vor seiner Machtergreifung begangen worden waren.

Das Beispiel des Religiösen Sozialismus in Deutschland ist ebenfalls interessant. Ich selbst gehörte dieser Bewegung in den zwanziger Jahren an. Man warf uns oft vor, die Stoßkraft der sozialistischen Bewegung zu schwächen, weil wir das religiöse Anliegen betonten, das von den sozialistischen Parteien und ihren Führern völlig vergessen worden war. Wir hatten es nicht leicht, uns zu rechtfertigen. Wenn jemand nicht an die unmittelbar bevorstehende Verwirklichung der klassenlosen Gesellschaft oder des Reiches Gottes auf Erden glaubt, ist dann seine dynamische Kraft ebenso groß wie die Kraft derer, die daran glauben? Aber wenn man daran glaubt, steht man vor einer großen „metaphysischen Enttäuschung", weil etwas für endgültig gehalten wird, was nicht endgültig ist.

II.

Religion ermöglicht die Entfaltung und den Bestand einer freien Gesellschaft in dreifacher Weise: erstens, indem sie sich selbst kritisch überprüft, zweitens, indem sie die Träger einer freien Gesellschaft formt, und drittens, indem sie das Leben der freien Gesellschaft ihrem Urteil unterwirft.

Beginnen wir mit der Religion, die sich der Selbstkritik stellt. Das ist natürlich der erste und grundlegende Gesichtspunkt. Es gibt zwei Elemente in jeder Religion: das unbedingte Anliegen und die konkreten Anliegen. Wenn wir sagen, daß Religion die Bindung an das Endgültige, Unbedingte oder Unendliche ist, machen wir damit unmittelbar deutlich, daß Religion zwei Elemente hat. Das erste Element betrifft die Erfahrung von etwas Unbedingtem, Endgültigem und Ernsthaftem, von etwas, das in das Absolute hineinreicht; das andere Element ist der konkrete Ausdruck dieses unbedingten Anliegens in den Formen einer besonderen Überlieferung mit ihren Symbolen, Lehren, Rechtsnormen und Verfassungen.

Nun ist es einleuchtend, daß das erste Element an sich keine Gesellschaftsform gefährdet. Es befähigt die Religion, sich selbst kritisch zu beurteilen. Die Kritiker der Religion übersehen eines: sie vergessen, daß, geschichtlich gesehen, die Wurzeln des kritischen Geistes in der Selbstkritik der Religionen liegen. Propheten und Seher geißeln unerbittlich die Priester, aber nachdem sie das von den Priestern geschaffene System durch ihre Kritik reformiert haben, entwickelt sich das Priestertum in neuer Form. Das ist überall die Dialektik des religiösen Lebens. Jedesmal richtet sich der prophetische Angriff gegen die Verwechslung des heiligen Gegenstandes mit dem Heiligen selbst, also dagegen, daß etwas Endliches zu etwas Unendlichem gemacht wird.

Diese Verwechslung des Endlichen mit dem Unendlichen gefährdet die freie Gesellschaft. Der Angriff der Propheten, der vom Prinzip der Gerechtigkeit ausgeht, richtet sich gegen alle „heiligen" Ungerechtigkeiten: die Propheten verwerfen die „absolute" Autorität von etwas Endlichem, sie wenden sich gegen einen Konservativismus, der etwas heiligen will, das im Verfall begriffen ist. Wenn die Kirchen den prophetischen Geist der Selbstkritik unterdrücken, stellen sie sich damit gegen die Ideale einer freien Gesellschaft. Das ist die Bedingung dafür, daß Religion und freie Gesellschaft sich füreinander öffnen.

Natürlich kann solche Kritik zu einer Aushöhlung der religiösen Substanz führen. Das Konkrete an der Religion kann sich auflösen. Wenn der Priester verschwindet, verliert der Prophet die Substanz, in der er wurzelt. Dennoch muß der Prophet anerkannt werden, und wenn das nicht geschieht, sind freie Gesellschaft und Religion unvereinbar.

Die zweite Möglichkeit der Religion, eine freie Gesellschaft zu stärken, ist nach meiner Überzeugung die Art, wie sie die Träger einer solchen Gesellschaft formt. Das vollzieht sich in vielfacher Weise. Es geschieht zunächst einmal unmittelbar dadurch, daß die Religion religiöse Erziehung ausübt. Diese Erziehung macht mit dem Sinn der religiösen Symbole und Handlungen vertraut und führt in die Formen des Gemeindelebens ein. Eine Erziehung, die nicht weiß, wohin sie den jungen Menschen führen soll, die nur ihren Ausgangspunkt kennt, ist in Wahrheit keine Erziehung.

Religiöse Erziehung ist die ursprünglichste Art, wie die Religion die Träger einer freien Gesellschaft formt, und sie ist zugleich die wirksamste Art. Aber sie ist auch voller Gefahren. Ist sie erfolgreich, führt sie leicht zu Absolutismus. Doch trotz dieser Gefahr möchte ich sagen, daß ohne den ständigen Impuls solcher Erziehung alle anderen Methoden, Menschen einer freien Gesellschaft durch Religion zu formen, letzten Endes scheitern müssen. So stellt sich also die Frage, wie die Gefahren einer religiösen Erziehung vermieden werden können. Meine Antwort darauf ist, daß im richtigen Zeitpunkt in jeder religiösen Erziehung das kritische Element geltend gemacht werden muß. Ich bin der Ansicht, daß es drei Stufen in der religiösen Erziehung der Jugend gibt.

Zuerst müssen wir den jungen Menschen die Symbole der religiösen Tradition, zu der sie gehören, vermitteln. Ich habe das früher einmal versäumt, und das erwies sich als falsch. Ich habe aus dieser Erfahrung gelernt. Falls man die Jugend nicht zuerst mit den Symbolen vertraut macht, entsteht ein Vakuum, und wenn sie dann heranwächst, macht sie uns für dieses Vakuum in ihrem Leben verantwortlich.

Die zweite Stufe beginnt in dem Augenblick, in dem die Kinder Fragen stellen, in dem der kritische Geist sich regt. Das ist der fruchtbare Augenblick für den religiösen Erzieher. Den Kindern muß klargemacht werden, daß die religiösen Symbole, die man sie gelehrt hat, nicht wörtlich zu nehmen sind, sondern daß diese Symbole auf ihre Fragen Antwort geben. Wenn das geschieht, geht die kritische Periode vorüber, und die Gefahr einer völligen Auflehnung gegen die Religion wird vermieden – die Symbole werden als lebendige Antworten auf lebendige Fragen begriffen.

Die dritte Art, wie die Menschen einer freien Gesellschaft durch die Religion geprägt oder geformt werden, vollzieht sich indirekt. Sie ergibt sich aus der Weise, wie Religion die Substanz einer Kultur formt. Jeder Humanismus hat religiöse Wurzeln und eine religiöse Substanz. Wenn man mit einer gewissen Distanz urteilt, erkennt man sofort, daß sich der Geist verschiedener Kulturen niemals vollständig gleicht; das gilt trotz aller Ähnlichkeit ihrer philosophischen Begriffe, Kunstformen und sprachlichen Wendungen. Der Geist einer bestimmten Kultur ergibt sich aus dem letzten Anliegen dieser Kultur. Das ist die mittelbare Art, in der die Religion alle Menschen einer gesellschaftlichen Gruppe formt, auch die, die nachdrücklich ihre rein weltliche Gesinnung betonen. Aber sie können sich doch nicht der Tatsache entziehen, daß in der Art, wie sie Musik oder Theater erleben oder wie sie sich anderen Menschen gegenüber moralisch verhalten, bestimmte Grundsätze wirksam sind und daß diese Grundsätze aus einer bestimmten Erfahrung des Unbedingten hervorgingen. Natürlich muß sich die Welt der Kultur autonom entwickeln. Sie muß sich gemäß ihren eigenen inneren Gesetzen entfalten, nach den Gesetzen der Wissenschaft, der Kunst, der Moral, der Politik. Aber die Substanz dieser kulturellen Formen, das, was sie berechtigt, sich als Prinzipien geltend zu machen, hat einen anderen Ursprung – es ist vorgegeben.

Wir können fragen: Gibt es bestimmte Religionen, die einer freien Gesellschaft wesensgemäßer als andere sind? Soweit ich mit den asiatischen Religionen vertraut bin, möchte ich diese Frage mit einem eindeutigen Ja beantworten. Warum? Weil die freie Gesellschaft bestimmte Annahmen voraussetzt, die auf dem Alten Testament und den aus ihm stammenden Traditionen beruhen, vor allem der christlichen. Die Grundlage einer freien Gesellschaft, so wie ich diese am Anfang meiner Untersuchung definierte, ist die These, daß die Person vor Gott einen unendlichen Wert hat.

Es gibt zwei Lehren – symbolische Lehren natürlich, so wie alles Religiöse symbolisch ist –, die allein eine freie Gesellschaft ermöglichen, und zwar erstens die Lehre von der Schöpfung, zweitens die Lehre vom geschichtlichen Werden. Schöpfung bedeutet, daß alles gut ist, insofern es ist; nicht insofern es entstellt, sondern insofern es geschaffen ist. Das bedeutet, daß jedes Individuum vom Ewigen her gesehen einen unendlichen Wert hat. Nur auf dieser Grundlage ist die freie Gesellschaft möglich. Und darum glaube ich, daß eine freie Gesellschaft nur von den Kräften einer solchen Religion gespeist werden kann, die tief in der jüdischen Überlieferung verwurzelt ist.

Ich fühle mich in dieser Annahme durch Berichte bestärkt, die mir immer wieder zu Ohren kommen, daß nämlich in Indien gerade die frömmsten Menschen, die großen Heiligen dieses Landes, ihre Bediensteten am schlechtesten behandeln. Sie tun das, weil für sie der Begriff der Person keine Bedeutung hat. Für sie befindet sich der Mensch jeweils in einem bestimmten Stadium der Entwicklung, an deren Ende seine Rückkehr in das „letzte Eine“ steht, das keineswegs das Nichts bedeutet, sondern einen Zustand jenseits der Spaltung von Subjekt und Objekt, in dem die Persönlichkeit und somit auch die Gemeinschaft einer Liebesbeziehung unmöglich ist.

Die zweite Lehre ist die von der Heilsgeschichte, der Geschichte, in der Veränderung möglich ist, eine Veränderung zwar, die sich nicht nur im Kreise bewegt wie in Griechenland oder Indien, sondern die etwas Neues bewirkt. Nach dieser Auffassung hat alles geschichtliche Handeln im westlichen Kulturkreis, jede Befreiung vom Joche tückischer Tyrannei eine unendliche Bedeutung für das Reich Gottes. Diese Auffassung verleiht geschichtlichem Handeln jenen unendlichen Ernst, den ich wiederum in keiner anderen vergleichbaren Religion finde. Und das heißt, daß wir im Westen an die Möglichkeit glauben, jede vorgefundene Wirklichkeit verändern zu können, und einen Sinn darin sehen, wenn wir z. B. gegen Ungerechtigkeit ankämpfen.

Ich sprach von der inneren Verwandtschaft zwischen der westlichen Religion und der Idee einer freien Gesellschaft. Eine solche Verwandtschaft bedeutet aber noch nicht, daß die freie Gesellschaft das Ergebnis einer zwangsläufigen Entwicklung ist. Vielleicht kommt diese Gesellschaft nie zustande. Die Entwicklung der Gesellschaft kann durchaus in die entgegengesetzte Richtung gehen, und dann kann etwas zustandekommen, das viel schlimmer ist als alles, was auf der Grundlage der anderen Religionen möglich ist – auch das haben wir erlebt. Das religiöse Fundament der westlichen Kultur kann auch zur Zerstörung der freien Gesellschaft benutzt werden. Diese Erfahrung haben wir mit den modernen totalitären Systemen gemacht.

Und nun zu meinem dritten Punkt, der kritischen Beurteilung der freien Gesellschaft durch die Religion. Wer sind hier die Richter? Die Richter sind nicht notwendigerweise die Führer der Kirchen, kirchliche Synoden oder die Kirchgänger; es mag durchaus der Fall sein, daß sie aus den Reihen derer kommen, die den Kirchen fern stehen. Aber wer sie auch sein mögen, sie wurzeln in der jüdisch-christlichen Überlieferung. Ich erinnere mich noch an die große Konferenz in Oxford 1937, wo ich dem „Ausschuß für Sozialismus und Kommunismus und deren Verhältnis zum Weltrat der Kirchen“ angehörte. Wir formulierten eine Erklärung, in der es hieß, es sei durchaus denkbar, daß Gott vernehmlicher durch Menschen spreche, die Feinde der Kirche sind, als durch die Kirchen selbst. Das war echtes prophetisches Empfinden und wurde auch als solches von der ganzen Konferenz anerkannt. Es war ganz im Geiste biblischer Prophetie.

Welcher Art ist das prophetische Gericht? Ganz allgemein gesagt, muß es Grundsätze festlegen und Mißstände kritisieren. Aber es darf nicht im Namen der Kirche mit konkreten Vorschlägen hervortreten, die auf bestimmte Reformen des sozialen Lebens abzielen. Das ist besser denen zu überlassen, die direkt oder indirekt, eben als Mitglieder der Kirchen, von der Substanz der Religion beeinflußt sind. Die Kirchen als solche haben sich hier herauszuhalten. Das ist eine Erfahrung, durch die ich hindurchgegangen bin. Als in den zwanziger Jahren die Bewegung des Religiösen Sozialismus in Deutschland ihren Höhepunkt erlebte, hatten wir in unseren Reihen Pastoren, Laien, Juden und „Heiden" aller Art – ich setze Heiden in Anführungsstriche, weil es im Grunde in der westlichen Welt nur christliche Humanisten gibt. Wir bemühten uns um einen Weg, auf dem die Lutherischen Kirchen und die utopische sozialistische Bewegung zusammenkommen sollten. Wir versuchten das, indem wir Begriffe und Symbole bereitstellten, in denen das ihnen Gemeinsame irgendwie zum Ausdruck gebracht werden konnte. Wenn junge Geistliche, die zu unserer Gruppe gehörten, ihre Kanzel besteigen wollten, riet ich ihnen immer zu zwei Dingen: die Grundsätze zu verkünden, auf die sich der Religiöse Sozialismus stützt, nämlich das Prinzip der Liebe, wie es in der Einheit von Gerechtigkeit und Macht zum Ausdruck kommt, und dann erst herauszuarbeiten, was hier und jetzt gegen die Gerechtigkeit verstößt: die Reduzierung von Menschen zu Rädern einer Maschine, zu Objekten und bloßen Dingen. (Das war die hauptsächliche Ungerechtigkeit jener Zeit, wie sie das noch heute in unserem Lande ist.) Sagt das, riet ich jenen Pastoren, aber predigt nicht den Religiösen Sozialismus. Alle Vorstellungen vom Sozialismus seien lediglich politische Ansichten, die nicht mit der Würde des Heiligen geweiht werden dürften.

Und nun noch ein letztes Wort über zwei Grundsätze der Kritik. In einer Zeit der Unruhe und Verwirrung, die sowohl das Leben der einzelnen Menschen wie auch das gesamte Dasein der Völker erfaßt hat, verweist die Kirche auf ihre Symbole, die zeigen, daß es eine unbedingte Gewißheit gibt, trotz Unruhe und Chaos. Das ist die eine Botschaft, die die Kirche zu allen Zeiten verkünden muß. Wenn ich an die heutige Generation der College- und Universitätsstudenten denke, erscheint mir das als die wichtigste Botschaft, die sie von uns erhalten kann. In einer sich auflösenden Gesellschaft, angesichts des Verlustes aller Symbole, des Zynismus und des schrecklichen Gefühls der Leere müßte die Kirche zeigen, daß es noch eine andere Dimension der Existenz gibt – eine Quelle erfüllten Daseins, des Sinnes und der Wahrheit. Das ist das eine, was die Kirche für die freie Gesellschaft tun kann. Das andere ist folgendes: Wenn das Leben eines Menschen offensichtlich ins Wanken gekommen ist, kann die Kirche die Kräfte seines Seins so anstacheln, daß es ihm schwer wird, den Kampf aufzugeben. Das ist die zweifache Aufgabe der Kirche in einer freien Gesellschaft. Die Zerstörer der freien Gesellschaft gehen in ein Chaos hinein. So war es in Deutschland, und so war es in Rußland. Durch Gleichgültigkeit wird die Freiheit langsam, aber sicher um des Wohllebens und Konformismus willen preisgeben. Ich bin überzeugt, daß keine andere Kraft imstande ist, diese beiden Gefahren zu bannen, als die Kraft, die aus der Bindung an das Unbedingte kommt.

BIBLIOGRAPHISCHE ANMERKUNGEN

DIE RELIGIÖSE LAGE DER GEGENWART. Berlin: Ullstein 1926 (Wege zum Wissen Nr. 60).

DIE GEISTIGE WELT IM JAHRE 1926. In: Reichls Bücherbuch, 17. Jahr. Darmstadt 1926. S. 6—14.

DAS CHRISTENTUM UND DIE MODERNE GESELLSCHAFT. In: The Student World (Genf). Jg. 21. 1928. S. 282—290.

DIE GEISTESLAGE DER GEGENWART: RÜCKBLICK UND AUSBLICK (1930). Bisher unveröffentlichtes Manuskript.

DER TOTALE STAAT UND DER ANSPRUCH DER KIRCHEN. Deutsches Original von: The Totalitarian State and the Claims of the Church. In: Social Research (New York). Jg. 1, H. 4. 1934. S. 405—433.

DIE KIRCHE UND DER KOMMUNISMUS. Übers. von: The Church and Communism. In: Religion in Life (New York). Jg. 6, H. 3. 1937. S. 347—357.

GESCHICHTE ALS DAS PROBLEM UNSERER ZEIT. Übers. von: History as the Problem of Our Period. In: Review of Religion (New York). Jg. 3, H. 3. 1939. S. 255—264.

DIE EUROPÄISCHE LAGE: RELIGION UND CHRISTENTUM. Deutsches Original von: De Situatie van Europa: Religie en Christendom. In: Het Kouter (Arnheim). Jg. 4, H. 9/10. 1939. S. 325—337.

FREIHEIT IM ZEITALTER DES UMBRUCHS. Übers. von: Freedom in the Period of Transformation. In: Freedom, its Meaning. Hrsg. v. Ruth Nanda Anshen. New York: Harcourt, Brace 1940. S. 123—144. (Science of Culture Series (Bd. 1).

DER ZERFALL UNSERER WELT. Übers. von: Our Disintegrating World. In: Anglican Theological Review (Evanston). Jg. 23, H. 2. 1941. S. 134—146. (Church Congress Syllabus Nr. 6: Drift or Mastery in a Changing World?)

DIE BOTSCHAFT DER RELIGION AN DEN HEUTIGEN MENSCHEN. Übers. von: The Word of Religion. In: The Protestant Era. Chicago: The University of Chicago Press 1948. S. 185—191. Deutsche Übers. in: Der Protestantismus. Stuttgart: Steingrüben 1950. Hier: die überarbeitete deutsche Übersetzung.

STÜRME UNSERER ZEIT. Übers. von: Storms of Our Times. — Rede, gehalten auf dem 5. Kirchenkongreß der „Protestant Episcopal Church" in Indianapolis am 6. Mai 1942. In: The Protestant Era. S. 237—252. Deutsche Übers. in: Der Protestantismus. Hier: die überarbeitete deutsche Übersetzung.

Die gegenwärtige Weltsituation. Übers. von: The World Situation. In: The Christian Answer. Hrsg. v. Henry van Dusen. New York: Scribner 1945. S. 1—44.

Die Auflösung der Gesellschaft in den christlichen Ländern. Übers. von: The Disintegration of Society in Christian Countries. — Beiträge zur Vorbereitung der Weltkirchenkonferenz in Amsterdam vom 22. August bis 4. September 1948. In: The Church's Witness to God's Design. New York: Harper 1948. S. 53—64 (Man's Disorder and God's Design. Bd. 2). Deutsche Übers. in: Die Kirche bezeugt Gottes Heilsplan. Furche-Verlag Tübingen in Verbindung mit Evangelisches Verlagswerk Stuttgart 1948. S. 58—71 (Die Unordnung der Welt und Gottes Heilsplan Bd. II). Hier: die überarbeitete deutsche Übers.

Angst-reduzierende Kräfte in unserer Kultur. Übers. von: Anxiety-Reducing Agencies in Our Culture. — Vortrag, gehalten vor der „American Psychopathological Association", New York, am 3. Juni 1949. In: Anxiety. Hrsg. v. Paul H. Hoch und Joseph Zubin. New York: Grune & Stratton 1950. S. 17—26.

Religion und die freie Gesellschaft. Übers. von: Freedom and the Ultimate Concern. — Vortrag, gehalten im „Seminar on Religion in a Free Society" am 9. Mai 1958 im „World Affairs Center", New York. In: Religion in America. Original Essays on Religion in a Free Society. Hrsg. v. John Cogley. New York: Meridian Books 1958. S. 272—286.

NAMEN- UND SACHREGISTER

Bearbeitet von A. Müller

FSC
www.fsc.org
MIX
Papier | Fördert
gute Waldnutzung
FSC® C083411

Kolibri 360 GmbH
Ferdinand-Jühlke-Straße 7
99095 Erfurt, Deutschland
produktsicherheit@kolibri360.de